养猪与猪病防治

主　编　王发明（兴安职业技术学院）
　　　　刘永宏（内蒙古农业大学）

副主编　姜　泅（湖北三峡职业技术学院）
　　　　王雪飞（河南牧业经济学院）
　　　　高　魁（鄂尔多斯市东胜区城郊动物卫生监督站）
　　　　刘明强（广西扬翔股份有限公司）
　　　　伞志豪（特驱集团北方区技术总监）

参　编　赵　丽（内蒙古农业大学）
　　　　曾作财（江西农业工程职业学院）
　　　　金红岩（西藏职业技术学院）
　　　　佟慧媛（兴安职业技术学院）
　　　　卜艳明（兴安职业技术学院）
　　　　朝克图（兴安职业技术学院）
　　　　和茂盛（兴安职业技术学院）
　　　　宫淑艳（兴安职业技术学院）
　　　　陈振峰（兴安职业技术学院）
　　　　朱　蒙（兴安职业技术学院）

审　稿　季海峰（北京市农林科学院畜牧兽医研究所）
　　　　胡景艳（兴安职业技术学院）
　　　　梁武英（兴安职业技术学院）

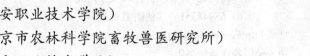

北京理工大学出版社
BEIJING INSTITUTE OF TECHNOLOGY PRESS

内 容 提 要

本书面向养猪与猪病防治专业群猪养殖学习人员进行编写，以国家最新的法律、法规、规章、规范性文件及有关技术规范标准为依据，结合猪养殖各类岗位所需要的猪养殖技术与猪病最新防治知识，主要阐述了各时期猪饲养与管理和常发猪病防治知识。本书共分5章，主要内容包括各时期猪的饲养与管理、猪病防治基础知识、养猪过程常发疾病、猪病中草药防治技术、养猪过程安全用药知识。

本书可作为全国高等农业院校畜牧兽医相关专业的教材，也可作为猪养殖场相关技术和管理人员工作参考书。

图书在版编目（CIP）数据

养猪与猪病防治 / 王发明，刘永宏主编 .—北京：北京理工大学出版社，2019.3
ISBN 978-7-5682-0013-4

Ⅰ.①养… Ⅱ.①王… ②刘… Ⅲ.①养猪学－高等学校－教材 ②猪病－防治－高等学校－教材 Ⅳ.① S828 ② S858.28

中国版本图书馆 CIP 数据核字（2019）第 051527 号

出版发行 /	北京理工大学出版社有限责任公司
社　　址 /	北京市海淀区中关村南大街 5 号
邮　　编 /	100081
电　　话 /	（010）68914775（总编室）
	（010）82562903（教材售后服务热线）
	（010）68948351（其他图书服务热线）
网　　址 /	http://www.bitpress.com.cn
经　　销 /	全国各地新华书店
印　　刷 /	河北鸿祥信彩印刷有限公司
开　　本 /	787 毫米 ×1092 毫米　1/16
印　　张 /	16
字　　数 /	350 千字
版　　次 /	2019 年 3 月第 1 版　2019 年 3 月第 1 次印刷
定　　价 /	60.00 元

责任编辑 / 李玉昌
文案编辑 / 李玉昌
责任校对 / 周瑞红
责任印制 / 边心超

图书出现印装质量问题，请拨打售后服务热线，本社负责调换

　　近年来，我国国民经济迅速发展和人民生活水平不断提高，推动了养猪业的持续稳定增长，养猪业已成为我国国民经济的重要组成部分。我国的养猪方式正从传统落后的自给型、分散型、粗放型向商品型、集约型、现代化方向过渡。

　　受到市场供求关系影响，猪肉价格呈周期性变动，致使我国养猪业市场不稳定。大型养殖企业能够及时了解养殖业动态，进行合理调整，通常会收到良好的经济效益；而中小养殖户往往由于信息不畅或疏于关注，致使养殖收入不稳定。本书在编写过程中，借鉴季海峰研究员主编的《目标养猪新法》一书，让学习者明确各时期猪的养殖目标，避免胡子眉毛一把抓。养猪过程常发疾病章节主要参考了全国高等农林院校"十二五"规划经典教材——陈溥言主编《兽医传染病学（第六版）》一书，使主要内容与普通高等教育农业部规划教材同步。近年，养猪逐步向无抗生物添加方向发展，本书针对这一发展趋势，编写过程中增加了猪病中草药防治技术这一章内容，为学习者提供一种无抗养殖思路。针对近年养猪生产中出现的兽药滥用现象，本书单列一章就兽药滥用的危害进行了阐述。

　　本书主要针对全国高等农业院校畜牧兽医专业养猪与诸病防治课程编写。根据畜牧兽医专业养猪与诸病防治课程教学目标，有针对性地减少理论知识内容，实现理论知识够用，不烦冗。本书语言简要明了，通俗易懂。

　　本书由多所高校教师以及行业企业专家参与编写，实用性较强。考虑到学习者今后工作岗位的多样化，本书编写过程中按照规模化养殖场生产过程这一主线编写，同时将小规模和家庭养猪技术进行了简要介绍，使学习者能够适应不同的养殖规模。

　　由于科学发展日新月异，知识更新速度加快，而编者水平、时间有限，因此本书必有疏漏之处，恳请读者批评指正！

编　者

Contents **目 录**

绪　论

近年来，我国国民经济的迅速发展和人民生活水平的不断提高，推动了养猪业的持续稳定增长，养猪业已成为我国国民经济的重要组成部分。我国的养猪方式正从传统落后的自给型、分散型、粗放型向商品型、集约型、现代化方向过渡。

受到市场供求关系影响，猪肉价格呈周期性变动，致使我国养猪业市场不稳定。大型养殖企业能够及时了解养殖业动态，进行合理调整，通常会收到良好的经济效益；而中小养殖户往往由于信息不畅或疏于关注，致使养殖收入不稳定。本书在编写过程中，借鉴季海峰研究员主编的《目标养猪新法》一书，让学习者明确各时期猪的养殖目标，避免胡子眉毛一把抓。

一、养殖目标

养殖者首先应确定养猪目标。当然我们都知道，养猪是为了赚钱，这里的目标是指养殖者要从养猪的哪个环节赚钱的问题。要想明白上述问题，养殖者就要认真学习技术、分析市场，了解养猪各个环节，使养猪成本降到最低，收益达到最高，实现科学养猪的高效率和高效益。

明确养猪目标，避免了养猪的盲目性，可以使养殖者清楚什么样的养猪模式更适合自己，在什么样的技术和市场条件下养猪能赚钱，在什么样的形势下养猪会亏本，在什么条件下可以增加养猪头数，在什么条件下必须压缩养猪规模。总之，要想使养猪取得高效益，必须研究生产技术和经营之道。

二、养猪效益的影响因素

影响养猪效益的因素，概括起来有三个方面：市场、生产技术和经营管理。很多养殖户（场）比较重视生产技术，而忽略了市场和经营管理，导致养殖效益不乐观，甚至亏本。

生产技术主要包括增产技术和节约技术。增产技术以产仔数和出栏肥猪数量的增加、质量的提高为目标。这可以通过保持公猪强的性欲和高的配种受胎率，母猪高的窝产仔数和高的年产仔窝数，保持高的成活率，以及快速育肥技术来实现。节约技术是以尽可能少的投入，生产出同样数量和质量的产品，包括基本建设节约、饲料节约、人力和其他成本的节约等。增产技术和节约技术提高了，在同样的市场条件下，经营者就有更强的竞争力，能获得较好的养猪效益。当然，养猪技术还受其他因素的制约，尤其是市场变化影响，经营者必须在饲养模式、饲养规模、资金情况和市场形势的相互促进或相互制约中得到发展。这个问题就是经营之道，反映在经济效益上，就是赢利、持平或者亏损。

农村的饲料资源充足，养猪可以将饲料转化为动物产品而升值。但养猪生产也应遵守市场规律，物以稀为贵，市场过剩则不值钱。表现在养猪形势上是时而赚钱，时而亏钱。在养猪头数和价格上，有高潮，也有低谷，呈现周期性变化，一般 5～6 年为一个周期。在一个周期中，有 1～2 年的时间，养猪赚钱；另 1～2 年，养猪不盈也不亏，收支平衡；还有 1～2 年，养猪是亏本的。所以，在决定养不养猪，或者是否扩大养猪规模时，要认真考察当前的养猪形势和市场规律，预测好未来几年的发展趋势。如果现在养猪很赚钱，处在养猪高峰阶段，不要眼馋，不要盲目发展，因为接下来的几年，很可能会养猪过剩，价格下跌，出现亏损。这个时候，没有养猪经验的就不要养猪了，养猪赚了钱的就要有清醒的认识，并适当压缩养殖规模、减少消耗。在养猪亏损阶段，猪价便宜，可以购进种猪，发展生产。因为接下来的 1～2 年，猪肉紧缺，价格会逐渐回升。规模小、品种差的养猪场，可以在猪价低迷的时候，适当更换品种，扩大优良种猪规模，等待高利润时期的到来。所以，何时扩大养猪规模，何时压缩养猪规模，生产管理者要认真根据市场规律而定。时机掌握好了，该赚钱的时候能赚大钱；无法赚钱的时候，不亏或者少亏钱。相反，如果跟在人家屁股后面跑，把握不好时机，该赚钱的时候，你没有猪，赚不了钱；行情不好的时候，你的猪上市了，必亏无疑。

三、养猪效益核算

养猪效益受多因素影响，特别是饲料原料价格影响较大。我国猪场在正常经营情况下，盈亏平衡点为猪粮比价为 5.5 : 1。也就是说，如果市场上的饲料价格为 1.5 元 / 千克，那么，要使养猪不亏钱，肉猪的价格必须在 1.5 元 / 千克 ×5.5=8.25 元 / 千克以上。假设肉猪的出售体重平均为 100 千克，那么，一头猪的成本价应该在 100 千克 ×8.25 元 / 千克 = 825 元左右。如果卖出比 825 元 / 头高的价钱，你就赚了；相反，你就亏了。所以，在正常饲养管理条件下，决定养猪赚不赚钱的根本因素有两个：一个是买入的饲料价；另一个是卖出的肉猪价。养猪者在经营过程中，必须密切关注这两个最主要因素的变化。也可以用猪与玉米的比价来简单测算养猪形势，因为玉米是饲料中的主要成分，占饲料比例的 60% 左右。经验表明，肉猪和玉米的比价为 6 : 1 时，为养猪盈亏的平衡点。也就是说，如果市场上的玉米价格为 1.6 元 / 千克，那么，肉猪卖到 1.6 元 / 千克 ×6=9.6 元 / 千克，才能保证养猪收支平衡。但这里并不提倡养殖户（场）为了降低饲料成本而使用劣质饲料，应综合考虑饲料转化率。

四、养猪过程中的几点启示与建议

1. 尊重经济和自然规律，确定适宜的发展目标

在市场经济条件下，生猪市场的正常波动是一种市场机制配置养猪资源的客观表

现，但波动幅度过大则会严重影响到生猪产业的健康发展和社会稳定。历史经验表明，大起和大落往往互为因果，大起不好，大落也不好。应坚持平稳发展、均衡供给的目标，增强生产的协调性和稳定性，防止大起大落。

2．兼顾生产者和消费者的利益，发挥市场机制和政府调控的作用

根据生猪生产和市场波动的周期性规律以及国内外应对生猪波动的经验，要想使生猪价格波动控制在一定的范围内，就必须对生猪价格波动实行反周期逆向调控政策，建立生猪生产预警机制。在生猪价格处于低谷时，采取增加收购、补贴母猪等措施保护生产积极性；在生猪价格处于高位时，适度抛出库存平抑市场价格。在进行政府调控时，应根据市场供求和生产成本的变化，兼顾生产者和消费者利益，综合运用调控政策。

3．着力抓好基础能力建设，不断提高发展水平

能繁母猪的波动直接影响生猪生产波动的周期和波幅，稳定母猪和种猪生产是保护生产能力的主要抓手。不断提高良种化水平，扶持能繁母猪，保持一定的存栏规模，可以促进生猪生产从波谷快速恢复。要尽量避免疫情对生猪生产和价格波动的助推作用，搞好动物疫病防控，强化对生猪高致病性蓝耳病、猪瘟和口蹄疫等主要生猪疫病的基础免疫工作，提高疫苗免疫覆盖率。

4．促进饲养方式转变，提高规模化、集约化程度

要加快生产方式转变，推动规模养殖场和养殖小区的标准化改造，扩大规模养殖场的生产能力，避免分散饲养形成的一哄而起和一哄而散的局面。通过发展专业合作组织，提高散户饲养的组织化程度，通过发展饲养小区，提高规模化饲养水平。

5．建立健全预警机制，提高风险防范能力

生猪监测预警体系既要包括国民经济增长、能繁母猪变动、仔猪和饲料价格等关键指标，也要包括生猪疫病早期预报系统和疫情应急机制等方面的内容。每当GDP增长超过10%，能繁母猪快速下降时，要密切关注，提前采取政策措施。尽快对生猪业全面实行政策性保险制度，对养猪业，特别是规模化养殖场提供贴息贷款，适时推出生猪期货，实现稳定增产、增收。

第一章 各时期猪的饲养与管理

第一节 种公猪的饲养与管理

种公猪是专门与母猪配种或提供优良精液的公猪。在后裔猪的遗传组成中，种公猪占有 50% 的影响力。因此，优良种公猪的充分利用，将带来可观的经济效益。例如，一头母猪一年可以产仔 2 窝，繁殖后代 20～25 头。而一头成年种公猪在自然交配的情况下，一年可承担 20～30 头母猪的配种任务，其后代可达 600～1 000 头；若采取人工授精技术，其后代可达数千头，甚至万头以上。可见，养好种公猪，提高配种质量，能繁殖出更多、更好的健康仔猪，这对提高猪群数量和质量都是非常重要的。

一、种公猪的饲养目标

养猪生产中，种公猪的数量所占比例很小，但所起的作用很大。饲养种公猪的目的就是要及时完成配种任务，使母猪能够及时配种、妊娠，以获得数量最多、品质最好的仔猪。要完成这一任务，首先要使种公猪能够提供数量多、质量优的精液，即要提高种公猪的精液品质。其次，要求种公猪体质健康，配种能力强，能够及时完成配种任务。

二、种公猪的生理特点

与其他家畜相比，种公猪的生理特点有射精量大，总精子数量多，交配时间长，消耗体力大，消耗的营养物质相对较多等。种公猪一次射精，精液平均为 250 ml，多者可达 500 ml，比牛羊的射精量高 50～250 倍。种公猪精液是由精子和精清组成，其中精子比例占 2%～5%。

种公猪精液品质的好坏直接影响到母猪是否能够正常妊娠、产仔的质量高低和数量的多少，因此，必须十分重视种公猪的饲养，提高种公猪的精液品质和精子活力，增强种公猪的体质和配种能力。

三、种公猪的挑选与培育

一般来说，种公猪每年的更新率为 30%，一些年老体弱、配种能力低的种公猪要及时淘汰，选用年轻、优秀的后备公猪补充。后备公猪的补充有两条途径：一是到其他猪场选购；二是自己培育。

（一）种公猪的挑选

首先，要选择健康的猪；其次，要根据自己的生产目的或者母猪的品种类型，选择价格合理、生产性能高的品种；再次，要选择体形、外貌优秀的个体。

1. 健康猪的选择

（1）调查：调查出售种公猪的饲养场是否有传染病，不从疫区猪场买猪，也不从自由市场上买猪。即使这些猪表面上看是健康的，也不能保证其一定不携带传染病原。

（2）观察：猪只血缘清楚，表观上精神饱满，皮肤有弹性、无皮肤病，毛色光亮，身体发育良好，无遗传疾患。有疝气、隐睾的猪，不能作种用。

2. 品种的选择　在商品猪生产中，最适合作种公猪用的是国外引进品种，如杜洛克、汉普夏、大白猪、长白猪和皮特兰等。它们体形好，生长速度、饲料转化率和瘦肉率较高，对后代有改良效果。近几年，也有利用杂种公猪作终端杂交、生产商品猪的，如杜洛克×皮特兰、汉普夏×杜洛克、皮特兰×大白猪、长白猪×大白猪等，都收到较好的效果。如果不是搞纯种选育，一般不用地方品种的公猪，因为其生长速度慢、瘦肉率低。

3. 个体体形外貌的选择　猪只精神饱满、有活力，肢蹄强壮有力，睾丸发育良好，不是隐睾，背腰平直，毛色光亮，皮肤有弹性，体形外貌符合品种特征。例如，杜洛克背毛棕红色，四肢粗壮结实，全身肌肉发达；大白猪毛色全白，耳薄、向前直立，背腰平直，四肢结实；长白猪毛色纯白，头小清秀，耳大前倾，体躯较长，后躯肌肉丰满；汉普夏毛黑色，肩部和颈部结合处有一条白带围绕，后躯臀部肌肉发达；皮特兰背毛大块黑白花斑，体躯短、背幅宽，全身肌肉非常发达。

4. 生产性能的选择　如果是买性成熟以后的种公猪，最好检查一下精液品质。射精量少、精子数量少和畸形以及死精多的公猪，禁止使用。

（二）培育后备公猪

后备公猪与商品肉猪不同，商品肉猪生长期短，生后5～6月龄、体重达到90 kg出栏，追求的是快速的生长和发达的肌肉组织，而后备公猪培育的是优良种猪，不仅生存期长，而且承担着周期性很强、几乎没有间隙的繁殖任务，其过高的日增重、过度发达的肌肉和大量脂肪都会影响繁殖性能。应当在后备公猪生长发育的适当时期，控制饲料类型、营养水平和饲喂量，改变其生长曲线和模式，加速或抑制猪体某部位和组织器官的生长强度，使后备公猪具有强壮的体格，结实的骨骼，良好的消化、血液循环和生殖器官，适度的肌肉和脂肪组织。

1. 后备公猪的饲养管理

（1）限量饲喂全价饲料：限量饲喂可以控制体重的高速度增长，保证各器官系统的充分发育。体重达80 kg以上的后备公猪，日喂量占体重的2.0%～2.5%。要保证饲料的全价性，注意能量和蛋白质的比例，特别是矿物质、维生素和必需氨基酸的补充。一般采用前高后低的营养水平。

（2）运动：为了促进后备公猪的筋骨发达、体质健康、身体发育匀称、四肢灵活坚实，需要使其进行适度的运动。伴随四肢运动，后备公猪全身有 75% 的肌肉和器官同时参加运动，尤其是放牧运动可以使其呼吸新鲜空气，接受阳光浴，拱食鲜土和青绿饲料，对促进生长发育和增强抗病力有良好的作用。

（3）调教：后备公猪要从小加强调教管理，建立人与猪的和睦关系。从幼猪阶段开始，利用称量体重、喂食之便，进行口令和触摸等亲和训练，使猪愿意接近人，便于将来采精、配种等操作管理。禁止恶声恶气地打骂。怕人的公猪性欲差，不易采精。

在公猪被开始训练之前，调整假猪台的高度以适应年轻公猪的身材，精液采集区应当地板合适，配有防滑垫。7 月龄之前不调教公猪，最佳调教时间是 7 ～ 8 月龄。选择有耐心的人去训练公猪。训练成功后应该每隔一周采一次精。

（4）定期称重：后备公猪最好按月龄进行个体称量体重，任何品种的猪只都有一定的生长发育规律，不同的月龄都有相对应的体重范围。通过后备公猪各月龄体重变化，可以比较生长发育的优劣，做到适时调整饲料的营养水平和饲喂量，使个体达到良好的发育要求。

（5）日常管理：后备公猪同样需要防寒保温、防暑降温和清洁卫生等环境条件的管理。后备公猪达到性成熟以后会烦躁不安，经常相互爬跨、不好好吃食。为了克服这种现象，应在后备公猪达到性成熟后，实行单栏饲养、合群运动。

2. 后备公猪的选择　后备公猪有 2 月龄、4 月龄、6 月龄和初配前的多次选择。2 月龄选种是窝选，就是选留大窝（产仔数多的窝别）中的好个体。4 月龄选择，主要是淘汰那些发育不良或者有突出欠缺的个体。6 月龄选择，根据体形外貌、生长发育、性成熟表现、睾丸等外生殖器官的好坏、背膘厚薄等性状，进行严格的选择，淘汰量较大。初配前选择，主要是淘汰个别性器官发育不良、性欲低下、精液品质差的后备公猪。

四、种公猪的营养需求与饲料配方设计

（一）种公猪的营养需求

种公猪的交配时间长，平均 10 min 左右；射精量大，每次的射精量平均为 250 ml（150 ～ 500 ml），而且精子数多，每毫升精液约有 1 亿精子，总精子数达 150 亿～ 800 亿个。因此，精子的形成要消耗较多的营养物质。种公猪的营养水平和饲料喂量，与品种类型、体重大小、配种利用强度等因素有关。在季节性产仔的地区，种公猪的饲养管理分为配种期和非配种期。配种期饲料的营养水平和饲料喂量均高于非配种期，饲养标准提高 20% ～ 25%。一般在配种季节到来前 1 个月，在原日粮的基础上，加喂鱼粉、鸡蛋、多种维生素和青饲料，使种公猪在配种期内保持旺盛的性欲和良好的精液品质，提高母猪的受胎率和产仔数。经验表明，在配种后喂一个鸡蛋，可保持种公猪身体强壮。在寒冷季节，环境温度降低时饲养标准也应提高 10% ～ 20%。在常

年均衡产仔的猪场，种公猪常年配种使用，按配种期的营养水平和饲料喂量饲养。非配种期的营养标准为每千克配合饲料含可消化能 12.55 MJ，粗蛋白质 14%，日喂量 2.0 ~ 2.5 kg；配种期的营养标准为每千克配合饲料含可消化能 12.97 MJ，粗蛋白质 15%，日喂量 2.5 ~ 3.0 kg。

（二）饲料配方设计

设计种公猪的饲料配方时，主要考虑提高其繁殖性能：一方面，要求饲料中的能量适中，含有丰富的优质蛋白质、维生素和矿物质。另一方面，要求饲料适口性好，日粮的容积不大。因为日粮的容积过大会造成公猪垂腹，影响配种。所以，日粮中不应有太多的粗饲料。多种来源的蛋白质饲料可以互补，以提高蛋白质的生物学价值。饲料中的植物性蛋白质饲料可以采用豆饼、花生饼、菜籽饼和豆科干草粉，但不能用棉籽饼，因为其中的棉酚会杀死精子。饲料中的动物性蛋白质饲料（如鱼粉、鸡蛋、蚕蛹和蚯蚓等），可以提高精液品质。饲料中的维生素，特别是维生素 A、维生素 D 和维生素 E 的缺乏，以及矿物质钙、磷和微量元素硒等的缺乏，都会直接影响种公猪的精液品质和繁殖能力。适当补充一些青绿多汁饲料是有益的。种公猪的饲料严禁有发霉、变质和有毒饲料混入。如果饲养的种公猪头数少，在当地买不到专门的公猪料，自己又没有能力配制时，可用哺乳母猪料代替，但不宜采用其他猪群的饲料，如育肥猪料等。

五、种公猪圈舍设计

种公猪圈舍的设计，要注意以下几个方面：

1. 地势较高、干燥、平坦，水源充足，背风向阳。夏季应少接受太阳辐射，舍内通风良好；冬季应多接受太阳辐射，冷风渗透少。

2. 圈舍内的适宜温度为 18 ~ 20 ℃，适宜湿度为 60% ~ 80%。当温度超过 25 ℃ 或低于 10 ℃、湿度高于 85% 或低于 40% 时，种公猪的配种能力会受到明显影响。

3. 圈舍一般为单列式，带运动场，每个种公猪栏的面积应不低于 9 m²，隔栏高度为 1.2 ~ 1.4 m。舍内装有食槽和自动饮水器，或者能保证每天每头公猪 10 ~ 13 L 的饮水量。

4. 屋顶形式以单坡式为好。一是其跨度小、省料，便于施工；二是舍内光照、通风较好，但冬季要注意保温。

六、种公猪的饲喂与日常管理

适宜的营养水平提供种公猪充足全面的营养，是保持种公猪体质健壮、性功能旺盛和精液品质良好的基础。种公猪的饲养要严格遵循个体饲养，所提供的日粮应能全面满足种公猪对能量、蛋白质、氨基酸、矿物质、维生素的需要。

应防止种公猪过肥。种公猪一般在 7 ～ 8 月龄时开始使用，此时体重约为成年体重的 60%。种公猪过肥或过瘦都会降低配种能力。如果种公猪配种采精次数不多，或无限量地采食高能高蛋白饲料，往往会导致种公猪过于肥胖，性欲减退，逐渐失去种用价值。为解决这一问题，要注意控制种公猪采食量，不能喂得太多。当种公猪肥胖时，可减少精饲料 15% 左右，并加喂青粗饲料，同时增加运动，每天自由运动 1 ～ 2 h，以锻炼种公猪四肢的结实性，适当减肥和增强体质，从而提高精液品质。过瘦的种公猪则应提高日粮营养水平，并适当减少配种次数。

（一）每日工作流程框架示例

每日工作流程框架示例见表 1-1。

表 1-1　每日工作流程框架示例

时间	7：00 ～ 7：30	7：30 ～ 8：30	8：30 ～ 9：30	9：30 ～ 10：30	10：30 ～ 11：00	11：00 ～ 14：00
	14：00 ～ 14：30	14：30 ～ 15：30	15：30 ～ 16：30	16：30 ～ 17：30	17：30 ～ 18：00	18：00 以后
工作	饲喂	实验室准备	采精、稀释精液	调教种公猪	打扫卫生	吃饭、休息

（二）饲养管理内容

工作人员每天都要巡视圈舍，查看那些没有吃干净饲料的种公猪。在饲喂的时候要让所有的种公猪都站起来以观察肢蹄，观察是否有咳嗽或者呼吸问题，跟兽医协商治疗程序。如果不吃料或者已经过治疗，都需要记录并测量体温等。当把种公猪放入限位栏时应该排序，把年轻的种公猪放在一起，不要与成年公猪混着放。

种公猪一般是很温顺的，但是工作人员在训练、采精、治疗和赶猪的时候一定要注意危险性。当赶种公猪到采精区或者从采精区赶到限位栏的时候，用挡猪板走在种公猪的后面。

种公猪产生精液的最佳温度是 18 ～ 20 ℃。喷雾降温设施、湿帘和空调都可以用来给种公猪降温，同时要避免产生一个高湿的环境。公猪舍应该有充足的通风和空气流动以减少氨气和臭味，同时需要保持合适的温度。每天采精结束后清洗采精区域，每周对采精区域消毒（消毒液要刺激性气味小，挥发快）一次，包括所有的地方，如墙、栏舍、地面等。种公猪疫苗的免疫一定不能一起普免，要把种公猪分成 2 ～ 3 个批次进行免疫（尤其蓝耳疫苗更要注意）。

种公猪加强运动和接受充足的光照，可以促进食欲，增强体质，提高性欲和精液品质。运动不足会使种公猪贪睡、肥胖、性欲下降和精液品质差。建议上下午各运动一次，每次 1 h 左右；夏天可在早晚凉爽时进行，寒冬可在中午进行。

应定期对种公猪精液品质进行检查，建议每两周进行一次，特别是非配种期转入配种期之前和后备公猪开始使用之前，都要进行 2 ～ 3 次的检查。

（三）影响精液质量的管理因素

影响精液质量的管理因素见表1-2。

表 1-2　影响精液质量的管理因素

环境	具体情况	对种公猪的影响	恢复时间
较高环境温度	连续 3 天或者更长（29 ℃）	精液中非正常的精子数量急剧增加	持续 8 周
温和环境温度和高湿	26 ～ 29 ℃ +75% 的湿度持续 4 周或更长	精液中非正常的精子数量逐渐增多	6 ～ 8 周
发烧（疫苗或疾病）	2 ～ 3 天持续 39 ℃及以上	非正常精子数急剧增加	两周后正常
光照	> 16 h 光照，< 8 h 黑暗	性欲逐渐降低	不确定
不成熟公猪	小于 6 ～ 7 个月的公猪	精液体积少，少量的精子	成熟

（四）公猪隔离驯化

规模化养殖企业，一般都会设立公猪隔离舍，用于公猪的隔离检查。公猪一般在 6 月龄进入隔离室，待 4 ～ 8 周，在这段时间内要对公猪的重要疾病进行检测，同时对公猪进行免疫接种。根据需要免疫疫苗的数量，这个过程会贯穿整个隔离期，让公猪获得足够的保护。公猪舍的工作人员在快下班的时候进入隔离舍照看隔离的公猪，第二天进入公猪舍（不能当天返回公猪舍）。尽量派专人饲养。公猪进入隔离舍时应 100% 检测阴性。在把公猪从隔离舍转入公猪舍之前应该将转猪车辆进行清洗、消毒、干燥。在公猪检测结果呈阴性后尽可能快地将公猪转入公猪舍。记录隔离舍每天的最高温度和最低温度，并了解高低温度都出现在什么时段，做好相应的措施。在两个批次之间隔离舍必须进行清洗、消毒、干燥，对设备进行检修和维护。

所有的公猪在隔离期间每天都要进行临床检查，并且记录每头公猪的临床表现以及治疗情况。如果有公猪不吃料或者有临床异常症状需要对其进行测量体温，如果不吃料的公猪或者发烧的公猪每天都在增加或者当出现临床症状和发生死亡时，管理人员应尽早通知兽医。

（五）公猪饲喂

保持合适的体况是公猪保持性欲非常重要的一点，使公猪有能力产生精液的同时有能力跳上假猪台。

体况正常的公猪每天饲喂 2.3 ～ 2.7 kg，肥胖的公猪每天控制在 1.6 ～ 1.8 kg，而瘦的公猪每天应该饲喂 3.2 ～ 3.6 kg。可两周称量一次饲料的重量，确定料容比，调整饲料桶刻度（图 2-1）。

霉菌毒素能影响公猪的精液质量，猪场应定期检查饲料中霉菌毒素的含量。每次采完精之后可以给公猪 100 g 左右的饲料作为奖励。

养猪与猪病防治

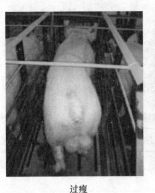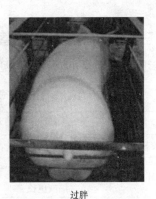

过瘦　　　　　　　　　　合适　　　　　　　　　　过胖

图 2-1　公猪体况

七、配种技术

猪的配种方式可以分为自然交配与人工授精。目前，规模化养殖企业主要采用人工授精的方式进行配种。下面主要围绕人工授精技术进行讲解。

自然交配时，通常 1～2 岁的青年公猪，可每隔 2～3 天配种一次；2 岁以上的公猪，生殖机能旺盛，在饲养管理水平较高的情况下，每天配种 1 次，必要时每天配种 2 次，连续配种 4～6 天后应休息一天；5 岁以上的公猪，年老体衰，可每隔 1～2 天配种一次，除非这头公猪有非常好的性能，不然的话，一般 5 岁以上的公猪要淘汰。

采取人工授精技术，每头种公猪可以承担上千头母猪的配种任务。成年公猪每周采精 3～4 次，每天 1 次，然后休息。如果种公猪是初次使用，或者有一段时间没有使用，其第一次采集的精液应废弃不用，这是因为长时间储存在体内的精子活力下降。

（一）公猪爬跨训练方法

后备公猪 7～8 月龄可以开始调教，有配种经验的公猪也可进行采精调教。将成年公猪的精液、包皮部分泌物或发情母猪尿液涂在假母猪臀部，将公猪引至假母猪处训练其爬跨，每天可调教 1 次。但每次调教时间最好不超过 15 min。只要它愿意接触假母猪，嗅其气味，有性欲要求，愿意爬跨，一般经过 2～3 天的训练，就能成功。若公猪啃、咬、拱假母猪，并靠假母猪擦痒、无性欲表现时，应马上赶一头发情旺盛的母猪到假母猪旁引起公猪性欲，当公猪性欲极度旺盛时，再将发情母猪赶走，让公猪重新爬跨假母猪，并让它射精，一般都能训练成功。

在训练公猪爬跨假母猪采精时，应注意防止其他公猪的干扰以免发生两头公猪咬架等事故，影响训练工作的顺利进行。一旦训练成功，应连续训练几次，以便巩固。

（二）采精方法

采精宜在室内进行，夏季采精宜在早、晚进行；冬季寒冷，室温最好保持在 17 ℃左右。

1. 采精前准备

（1）采精公猪的准备：剪去公猪包皮周围的长毛，将公猪体表脏物冲洗干净，并擦干体表水渍。

（2）采精器件的准备：集精器置于38 ℃的恒温箱中备用。另外，应准备好采精时清洁公猪包皮内污物的纸巾或消毒清洁的干纱布等。

（3）配置精液稀释液：配置好所需量的精液稀释液，在水浴锅中预热至35 ℃。

（4）精液质检设备的准备：调节好显微镜，开启显微镜载物台上的恒温板，预热精子密度测定仪。

（5）精液分装器件的准备：准备好精液分装器、精液瓶或袋等。

2. 采精程序　采精员一只手戴双层手套，另一只手持37 ℃保温杯（内装一次性精液袋）用于收集精液。用温水清洗其腹部和包皮。采精员挤出公猪包皮积尿，按摩公猪包皮，刺激其爬跨假母猪。待公猪爬跨假母猪并伸出阴茎时，脱去外层手套，用手（大拇指与龟头相反方向）紧握伸出的公猪阴茎螺旋状龟头，顺其向前冲力，将阴茎的S状弯曲拉直，待公猪射精时，用4层纱布过滤收集浓份或全份精液于保温杯内的一次性精液袋内。最初射出的少量精清（5 ml左右）不接取，直到公猪射精完毕。一般射精过程历时5～7 min。集精杯位置应高于包皮部，可防止包皮部液体流入集精杯内。

成年公猪每周定时采精2次，青年公猪每周采精1次。一般采精时间安排在周一和周五。

（三）精液品质检查

精液品质检查的目的是鉴定精液品质优劣、稀释或保存过程中精液品质的变化，以便决定能否用来输精。评定精液品质的主要指标是射精量、颜色、气味、pH（酸碱度）、精子活力、精子密度、精子存活时间和畸形精子等几个方面。

采集公猪精液后，用4～6层消过毒的纱布，过滤除去胶状物，置于30 ℃恒温水浴锅中，在室温25～30 ℃下迅速进行品质鉴定。

1. 射精量　射精量因品种、年龄、个体、两次采精时间间隔及饲养管理条件等不同而异。一次射精量一般为200～400 ml，精子总数为200亿～800亿个。

2. 颜色和气味　精液为乳白色或灰白色，略有腥味。如果呈黄色是混有尿；如果呈淡红色是混有血；如果呈黄棕色是混有脓。有臭味者不能使用。

3. pH（酸碱度）　以pH计或pH试纸测量，正常范围7.0～7.8。

4. 精子活力　是指精子活动的能力。一般用精子直线运动占的百分率来表示。检查方法为，在37 ℃预热载玻片上滴一滴原精液，然后轻轻放上盖玻片（不要有气泡，盖玻片不游动），在300倍显微镜下观察。精子活动有直线前进、旋转和原地摆动3种，以直线前进的精子活力最强。精子活力评定一般用十级制，即计算一个视野中呈直线前进运动的精子数目。100%者为1.0级，90%者为0.9级，以此类推，如活力低于0.5级者，不宜使用。

5. 密度　指每毫升精液中所含的精子数，是确定稀释倍数的重要标准。要求用血细胞计数板计数，或用精液密度仪测定。在猪场实际工作中，也常采用简单的判别方法。在显微镜下精子所占面积比空隙大的称之为"密"，反之为"稀"，密、稀之间者为"中"。

"稀"级精液也能用来输精，但不能再稀释。

6. 畸形精子检查　正常精子为蝌蚪状，凡是精子形态不正常的均为畸形精子。畸形率是指异常精子的百分率，一般要求畸形率不超过18%。其测定可用普通显微镜，但需伊红或吉姆萨染色；相差显微镜可直接观察活精子的畸形率。公猪使用过频或高温环境会出现精子尾部带有原生质滴的畸形精子。畸形精子种类很多，如巨型精子、短小精子、双头或双尾精子，顶体膨胀或脱落、精子头部残缺或尾部分离、尾部变曲。要求每头公猪每2周检查一次精子畸形率。检查方法为取原精液一滴，均匀涂在载玻片上，干燥1~2 min后，用95%酒精固定2 min，再用蒸馏水轻轻地冲洗，干燥片刻后，用伊红或吉姆萨染色3 min，再用蒸馏水冲洗，干燥后即可镜检，计算百分率。

7. 综合分析　检查精液品质的标准，要进行综合全面分析。有必要建立精液品质检查登记表，对公猪精液品质进行全面分析与数据保留。

（四）精液的稀释

稀释精液可以加大精液量，扩大母猪的配种头数，提高种公猪的利用率，还可以改善精子在体外的生存条件，补充精子需要的营养，延长精子的体外寿命，有利于长时间保存和运输。

1. 稀释液　稀释精液需要使用稀释液。稀释液应对精子具有保护、营养的作用；稀释液渗透压与精液的相等；pH以微碱性或中性（7.2左右）为宜；稀释液应含有电解质和非电解质两种成分，电解质（硫酸盐、酒石酸盐等）对精子原生质皮膜有保护作用，而非电解质葡萄糖对精子又起营养作用。目前商品化的精液稀释液已经十分普遍，如果地区不方便购买，也可用奶粉稀释液或牛奶代替。配好的稀释液应及时贴上标签，标明品名、配制日期和时间、经手人等。稀释液放入冰箱4℃保存，不超过24 h。

2. 精液稀释　采集精液后应尽快稀释，原精贮存一般不超过30 min。未经品质检查或检查不合格的精液不能稀释。稀释液与精液要求等温稀释，两者温差不超过1℃，即稀释液应加热至33~37℃，以精液温度为标准，来调节稀释液的温度，绝不能反过来操作。稀释时，将稀释液沿盛精液的杯壁缓慢加入，然后轻轻摇动或用已消毒玻璃棒搅拌，使之混合均匀。如作高倍稀释时，应先作低倍稀释（1:1~1:2），待0.5 min后再将余下的稀释液沿壁缓缓加入。稀释倍数的确定要求每个输精剂量含有效精子数30亿以上，输精量为80~100 ml。稀释后要求静置片刻，再做精子活力检查。如果稀释前后精子活力无太大变化，即可进行分装与保存；如果精子活力显著下降，不要使用。

（五）精液的保存

精液以每80~100 ml为一个单位进行分装保存。将稀释后的精液分装至精液瓶或袋中。要求装满封严，以防振荡和有气泡产生。在瓶或袋上标明公猪品种、耳号、生产日期、保存有效期、稀释液名称和生产单位等。猪的精液在17℃左右具有最好的存活能力。配制好的精液应置于室温（25℃）1~2 h后，放入17℃恒温箱贮存，也可将精液瓶用毛巾包严，直接放入17℃恒温箱内。在农村条件达不到上述要求时，也可以把配制好的精液放在铁盒或竹筒里，系上绳子沉于水井保存。每隔12 h轻轻翻动一次，防止精子沉淀而引起死亡。短效稀释液可保存3天；中效稀释液可保存4～6天；长效稀释液可保存7～9天。保存精液的稀释液应尽快用完。

精液运输时，应把其置于保温较好的装置内，温度保持在16～18 ℃。运输过程中避免温度发生变化，尽量避免震荡。

（六）输精

输精是人工授精的最后一关，对受胎率和窝产仔数的影响较大。输精的效果取决于技术熟练程度、使用的输精器具和输精时间的把握。

猪在自然交配时，螺旋状的阴茎旋转地插入母猪生殖道内，直到进入子宫颈，把大量精液射入子宫内。人工授精时，要模仿这些生理特点。

1. 输精时间　首先，要对母猪进行发情鉴定，根据发情征状确定最佳输精时间。发情母猪出现静立反射后8～12 h进行第一次输精，之后每间隔8～12 h进行第二或第三次输精。

2. 进行精液和输精管检查　从17 ℃恒温箱中取出精液，轻轻摇匀，用已灭菌的滴管取1滴放于预热的载玻片上，置于37 ℃的恒温箱上片刻，用显微镜检查精子活力。精子活力不小于0.7方可使用。使用的输精管应经过灭菌，没有消毒过的输精管不能进行输精。

3. 输精程序　输精人员清洁、消毒双手，清洁母猪外阴、尾根及臀部周围，再用温水浸湿毛巾擦干外阴部，从密封袋中取出灭菌后的输精管，手不应接触输精管前2/3部分，在其前端涂上润滑液，45°向上插入母猪生殖道内，当感觉有阻力时，缓慢逆时针旋转、同时前后移动，直到感觉输精管前端被锁定（轻轻回拉不动），从精液贮存箱取出品质合格的精液，确认公猪品种、耳号，缓慢颠倒、摇匀精液，用剪刀剪去瓶嘴，接到输精管上，确保精液能够流出输精瓶。控制输精瓶的高低来调节输精时间，输精时间要求3～10 min。当输精瓶内精液排空后，放低输精瓶约15 s，观察精液是否回流到输精瓶，若有倒流再将其输入。在防止空气进入母猪生殖道的情况下，使其滞留在生殖道内5 min以上，让输精管慢慢滑落。输精结束后，做好输精记录。

（七）配种过程中的注意事项

种公猪的配种年龄与使用强度存在品种间差异。国外引进品种如长白猪、大白猪、杜洛克和皮特兰等公猪，一般在6～7月龄、体重100～120 kg时出现性成熟。性成熟只说明生殖器官开始具有正常的生殖机能，这时还不能参加配种。因为此时的身体还没有发育好，过早配种不仅会影响生殖器官的正常发育，还会影响身体发育，以至缩短使用年限、降低种用价值。一般在8～9月龄、体重达140～160 kg时，开始配种较为合适。种公猪的配种需要有计划性，做到每头公猪均匀使用，特别是在配种高峰季节更应如此。如果公猪长期得不到使用，会出现发胖、性欲下降。

防止公、母猪间的近亲交配。近亲交配会使产仔数下降，死胎、畸形胎增多。即使产下活的仔猪，也往往体质不强、生长缓慢。一般应事先做好配种计划，配种时严格按配种计划执行，保证猪群三代内不发生近亲交配。

　　自然交配时公、母猪体格差异不能太大。如果母猪太小或后腿太软，公猪体格过大，则易使母猪腿部受伤；如果公猪过小、母猪过大，则不能使配种顺利进行。

　　公猪采食后半小时内不宜配种。因为刚采完食，公猪腹内充满食物，行动不便，影响配种质量；再者，配种时消耗体力较多，会影响食物消化，不利于身体健康。

　　选择一天中合适的时间配种。夏天中午太热，配种宜在早、晚进行；冬天早晨太冷，配种宜稍后进行。

　　配种地点以母猪舍附近为好，要禁止在公猪舍附近配种，以免引起其他公猪的骚动不安。配种场地不宜太光滑，否则加上配种过程中洒在地上的精液，容易使猪滑倒和受伤。

　　配种时的辅助工作很重要。当公猪爬上母猪后，要及时拉开母猪尾巴，避免公猪阴茎长时间地在外边摩擦而受伤或引起体外射精。交配时要保持安静。

　　配种后做好记录。

八、种公猪饲养效果评价

　　种公猪饲养效果良好的具体评价指标为：

1. 体形良好，膘情适中，身体健康，精力旺盛，性欲强，精液质量高；

2. 每次射精量达 250 ml 以上，精子总数 200 亿～ 400 亿个；

3. 初产猪的配种受胎率 80% 以上，经产猪的配种受胎率 90% 以上，仔猪健壮，表现良好；

4. 采用本交方式（自然交配）时，每头种公猪每年可以承担 25 头以上母猪的配种任务。采用人工授精技术时，每头公猪每年可以承担 1 500 头以上母猪的配种任务。

第二节　繁育母猪的饲养与管理

　　繁育母猪就是用于繁殖后代作种用的母猪，按繁殖生理的不同，母猪可分为空怀母猪、妊娠母猪和哺乳母猪。空怀母猪包括待配种的青年后备母猪和经产母猪。繁育母猪的科学饲养，就是要充分发挥母猪的繁殖生产性能，在其使用年限内繁殖生产出数量最多且健壮的后代。对于一个母猪群，要看平均每头母猪每年提供的断奶仔猪数量。每头母猪年提供的仔猪数越多，那么，每获得一头仔猪所分摊的母猪生产成本就越少，养殖户的经济效益就越高。国外研究结果显示，每头繁育母猪年提供 16 头断奶仔猪的生产成本，要比年提供 22 头断奶仔猪的生产成本多 52%。在实际生产中，这些繁殖生产性能指标除受母猪品种、舍内环境条件、饲养管理、发情配种和疾病防治等因素影响外，还受配种公猪及哺乳仔猪的饲养管理等其他生产环节的影响。然而，本节仅就母猪本身的各生产环节加以阐述，让学习者掌握母猪繁殖生产的技术要点，从而发挥繁育母猪群的繁殖性能，实现母猪的生产目标。

一、繁育母猪的饲养目标

繁育母猪的管理目标是充分发挥母猪生产性能，在其利用年限内以最低的生产成本投入，繁殖最多的健康后代，获取最大的经济效益。母猪群的总体生产目标是平均每头母猪每年提供断奶仔猪 19 头以上，平均每头母猪年消耗饲料在 1 100 kg 左右。由于母猪繁殖是个复杂的生理过程，要经过排卵、受精、妊娠及胎儿发育、分娩和哺乳等几大环节，母猪每个生理阶段的性能发挥都制约着生产目标的完成。

二、种母猪的挑选

（一）优良母本猪品种（品系）介绍

根据市场需求，养猪户要饲养瘦肉型猪种，即瘦肉率要达到 56% 以上。国内市场现有的瘦肉型猪种包括国外引进的和国内培育的两大类型。适合作为优良母本品种或品系的有长白猪、大白猪、三江白猪、湖北白猪 DIV 系、北京黑猪和苏太猪等。

1. 长白猪　原产于丹麦，目前许多国家都对长白猪品种进行选育，建立了本国的长白猪品系。我国引入的长白猪主要来自丹麦、加拿大、英国和比利时等国家。长白猪成年体重平均为 218 kg，初配年龄为 8 ～ 10 个月，初配体重在 120 ～ 135 kg，乳头数 6 ～ 7 对。初产母猪窝产仔数 10.44 头，经产母猪达 11.15 头，育肥期日增重 860 g，瘦肉率为 65%。

2. 大白猪　原产于英国，目前大白猪品种已在许多国家被育成了新的大白猪品系。我国引入的大白猪主要来自英国、加拿大和丹麦等国家。大白猪成年体重平均为 224 kg，一般在 8 月龄后、体重达 125 kg 以上开始配种，乳头数在 7 对左右。初产母猪平均产仔数达 10.2 头，经产母猪达 11.5 头，育肥期日增重 880 g，瘦肉率为 64%。

3. 三江白猪　为我国瘦肉型猪培育品种，育成于黑龙江省东部三江地区，1983 年通过品种验收。该品种保留了东北民猪耐寒、繁殖力高的优点，性成熟早，4 月龄可出现初情期，乳头数 7 对，初产母猪平均窝产仔数达 10.2 头，经产母猪达 12.4 头。6 月龄体重达 85 kg，瘦肉率为 59%。若用杜洛克公猪与三江白猪母本配套杂交，其杂种猪的瘦肉率能提高到 62%。

4. 湖北白猪 DIV 系　DIV 系是以我国培育品种湖北白猪为基础，进行母本猪的专门化品系选育，该品系继承了地方品种通城猪的优良繁殖特性，乳头数平均 7 对，性成熟早，初产母猪平均窝产仔数达 11.1 头，经产母猪达 13.2 头。育肥期日增重为 672 g，瘦肉率为 61.3%。本品系与杜洛克父本配套杂交后，其杂种猪平均日增重达 789 g，瘦肉率达 64.1%。

5. 北京黑猪　是杂交育成品种，具有早熟、抗病力强、抗应激和肉质好等特点。北京黑猪全身被毛黑色，体型中等，结构匀称，性情温顺，母性好；两耳半直立、向前平伸，头小、面微凹，嘴中等长，颈肩结合良好，背腰平直，腹不下垂，后躯发育较好，四肢结实健壮，乳头数在 7 对以上。成年公猪体重 200 ～ 250 kg，体长 150 ～ 160 cm，体高

72 ～ 82 cm；成年母猪体重 170 ～ 200 kg，体长 127 ～ 143 cm，体高 71 ～ 80 cm。母猪初情期在 6 ～ 7 月龄，发情持续 53 ～ 65 h，发情周期为 21 天，初产母猪窝产仔数 9 头以上，窝产活仔数 8 头以上，经产母猪窝产仔数 10 头以上，窝产活仔数 9 头以上，仔猪出生个体重1.1 kg 以上。北京黑猪出生后 6 月龄体重达到 90 kg 以上。20 ～ 90 kg 体重阶段，日增重 530 g以上，每千克增重消耗配合饲料 3.3 kg。北京黑猪 90 kg 体重屠宰测定，屠宰率达 70% 以上，背膘厚 2.8 cm 以下，瘦肉率 56% 以上，肌内脂肪含量 3% 以上，肉质鲜嫩，味道鲜美。

6. 苏太猪　是苏州、太湖地区生产商品瘦肉型猪较理想的母本之一。苏太猪全身被毛黑色、偏淡，耳中等大而垂向前下方，头面有清晰皱纹，嘴中等长而直，四肢结实，背腰平直，腹小、后躯丰满，身体各部位发育正常，具有明显的瘦肉型猪特征。苏太猪产仔数多、母性好，核心群母猪产仔数为 15.67 头。苏太猪生长速度较快，90 kg 育肥猪日龄为 178.9 天，平均日增重为 623.12 g，活体背膘厚 1.96 cm，料肉比为 3.18 ∶ 1，屠宰率和瘦肉率分别为 72.85% 和 55.98%。苏太猪母本与大白猪、长白猪公猪杂交，生产的商品肉猪有较大的杂种优势，生长速度、料肉比及瘦肉率都达到了较为满意的效果。到164.43 日龄时，体重达 90 kg，活体背膘厚 1.80 cm，瘦肉率 59.67%，料肉比 2.98 ∶ 1。

（二）种母猪的挑选方法

母猪养殖户挑选什么样的母猪留种，应从品种（品系）性能和母猪个体性状两方面进行选择评估。对于母猪品种（品系）性能的要求，除了瘦肉率达到瘦肉猪标准、生长发育快以外，更要注重其繁殖性能和对地方饲养条件的适应性。在这方面，国内培育品种占有明显优势，主要表现为产仔数多，性成熟早，发情征状明显，耐粗饲，适应性强等。

确定了母猪的品种（品系）后，就要挑选母猪的个体，对每头青年母猪的体质外貌及有关性状进行综合评定：一是母猪外生殖器应无明显缺陷，如阴门狭小或上翘；二是奶头数一般不少于 7 对，奶头间隔均匀、发育良好，无瞎奶头、翻奶头和副奶头；三是身体健康，结构发育良好，生长速度快，无肢蹄病，行走轻松自如；四是初情期要早，一般不超过 7 月龄；五是性情应温顺，过分暴躁的小母猪不宜作种用；六是有条件者可借助系谱资料，依据亲本和同胞的生产性能，对其主要生产性能进行遗传评估。

三、繁育母猪的生理特点

（一）发情、排卵和受精

1. 发情　后备母猪一般于 5 月龄左右会出现第一次发情，即为初情期。具体到每头后备母猪到达初情期的月龄，受品种、环境、营养、体重及管理等因素的影响，差别很大。如接触成年公猪的后备母猪，可使初期情提前到来。进入初情期后，母猪卵巢上呈现卵泡的生长发育、成熟和排卵等周期性变化。由于生殖激素分泌发生相应的改变，母猪的生殖道和行为表现也呈现规律性的变化，这种现象即为性周期活动。将母猪上一次发情排卵至下一次发情排卵的时期称为一个发情周期。猪的发情周期为 19 ～ 23 天，平均 21 天。每当卵泡长大后到成熟排卵的几天中，体内分泌的雌激素量达到高峰，母猪出现一系列发情征状,如行为不安,外阴红肿、流黏液,出现压背反应等,这一时期称为发情期。母猪发情开始时不接受爬跨,到发情的旺期,出现压背反应时接受爬跨。后备母猪接受公猪爬跨时间平均为 54.7 h,而成年母猪平均为 70 h。

2. 排卵与受精 猪是多胎动物,在一次发情中多次排卵,排卵高峰是在接受公猪爬跨后的 30 ~ 36 h。若从开始发情,即外阴红肿算起,在发情 38 ~ 40 h 之后。卵子在母猪生殖道内可保持受精能力的时间为 8 ~ 10 h。卵子的受精部位在输卵管的上段 1/3 处,配种后精子多数需要 2 h 到达,并保持 20 h 左右的受精能力。因而,合适的配种时间应当是在母猪排卵之前,这样能使受精部位有活力旺盛的精子在等待新鲜的卵子,保证更多的卵子受精。母猪的排卵数一般在 10 ~ 25 枚,但高产品种苏太猪的排卵数在 25 枚以上。排卵数除与品种有关外,还受胎次、营养状况、环境因素及产后哺乳期长短等影响。据报道,从初情期到第七个情期,每个情期大约提高一个排卵数。

(二)妊娠和分娩

猪是多胎动物,在妊娠第 10 天,子宫角内至少有 4 个胚胎存活时,才可阻止黄体的溶解,维持妊娠。母猪共计妊娠 114 天左右,期间胚胎经历 3 次死亡高峰。第一次出现在妊娠后 9 ~ 13 天,正值胚胎将要着床阶段。第二次在妊娠后 22 ~ 30 天,处于胎儿器官形成阶段。这两次高峰胚胎死亡最多,约占妊娠期胚胎死亡总数的 2/3。第三次死亡高峰是在妊娠后 60 ~ 70 天。母猪临近妊娠结束时,体内发生一系列生理变化,以便为分娩做准备。如产道及子宫颈松弛,这样仔猪易于通过。

(三)泌乳

母猪的各乳头之间相互没有联系,各乳房内没有乳池,不能够积贮乳汁,所以,分娩后不能随时挤出奶来。但在分娩前一两天,因体内催产素作用,使乳腺中肌纤维收缩,可随时排出乳汁。母猪分娩后的每一次泌乳,俗称放奶,是通过仔猪拱揉其乳房,刺激乳腺活动来完成的。完成一次放奶过程包括 3 个阶段,先是仔猪对母猪乳房进行 1 ~ 2 min 的拱揉按摩,接着就是母猪开始放奶阶段,时间很短,仅为 10 ~ 50 s,放奶结束后,仔猪继续对乳房进行按摩 2 ~ 3 min,至此放奶全过程结束。母猪在一天中要多次放奶,平均每天放奶在 20 次以上。通常母猪在哺乳前期的日放奶次数多于哺乳后期,夜间多于白天。在自然状态下,母猪泌乳期 57 ~ 77 天。而在人工饲养情况下,泌乳期取决于仔猪断奶时间,一般为 28 ~ 56 天。泌乳期内母猪每日泌乳量呈曲线变化。通常泌乳高峰在母猪产后的 20 ~ 30 天。就哺乳母猪各部位乳头泌乳量来讲,一般为前部乳头多于中部,中部乳头多于后部。

(四)母猪的繁殖周期

母猪是一种周期性发情的动物。在正常生理状态下,从后备母猪发情配种受胎起,母猪就开始经历不同繁殖生理阶段。首先要经过 112 ~ 116 天(平均 114 天)的妊娠期;妊娠结束,母猪分娩;分娩后,母猪便进入哺乳期,通常为 21 ~ 60 天(目前多为 28 ~ 35 天);

仔猪断奶后，母猪回到空怀期，一般经过 3 ～ 7 天或更长时间，母猪再次发情配种受胎，又重复经历同样的繁殖过程。在实际生产中，母猪经历空怀阶段、妊娠阶段和哺乳阶段。针对不同生产阶段的母猪，应分别给予科学的饲养管理措施，促进各阶段母猪的繁殖机能得到充分发挥。母猪由发情配种受胎，经分娩、哺乳到下一次发情配种的全过程，即为一个繁殖周期。母猪的一生能产多窝仔猪，经历多个繁殖周期。在规模化猪场的生产中，依据母猪的繁殖周期，制订母猪的生产计划，以保证猪群按照固定的生产节律，实行全场的均衡生产。规模化猪场通常按照 7 天（1 周）的生产节律来控制猪群生产。母猪的生产周期主要是通过控制发情配种时间、断奶时间和相应的饲养技术来实现。在生产中，要重视母猪的每个生产环节，以缩短母猪繁殖周期，提高各周期的产仔数和哺育率。

四、母猪发情鉴定与繁殖技术

（一）母猪发情鉴定与配种时机

1. 发情征状　母猪的发情具有明显的外部征状，可以概括为外阴部变化和行为变化两个方面。

（1）外阴部变化：青年母猪自发情前期开始，阴唇出现红肿、皮肤皱纹展平，阴门微开。到发情后期，肿胀减退，皱纹又复出现，变为暗紫色。但是，阴唇的颜色变化只能在白色品种或者外阴部缺乏色素的个体中显现出来。在外阴部出现红肿的同时，青年母猪的乳头也相应变得红肿。外阴部变化对经产母猪来说不明显，因此，不能作为判断的唯一依据。发情时，可看到阴门流出少量黏液。外阴部可因此而黏着少量褥草或尘土，这些现象有助于发情观察和判断。

（2）行为变化：发情前期和发情期，母猪兴奋不安，活动增多，睡卧减少，鸣叫增多，有些个体食欲减退。发情前期，对公猪或外圈任何猪的出现，甚至对饲养人员，都表现注意和警惕，常追逐同伴，企图爬跨。当公猪进入现场时，母猪表现出极大兴趣，以挑逗行为做出回应，但不接受爬跨。这些行为尤以青年母猪更为强烈。在发情期，母猪常越圈逃跑，寻找公猪。甚至只闻到公猪的异味、听到公猪的求偶叫声，立即表现静立、呆立不动、两耳频频扇动，直立耳型母猪的两耳耸立，以稳定姿态等待爬跨，也接受同圈其他发情母猪的爬跨。一旦发现某母猪的腰荐部粘有粪便、尘土或有被磨蹭的印迹，足以说明这头母猪已经接受了其他母猪的爬跨。

2. 发情鉴定　目前，众多养殖户饲养母猪的品种多为国外瘦肉型品种或其杂交猪种。这些品种的母猪发情行为和外阴部变化不及国内品种明显，甚至部分猪会出现安静发情，因而生产中不易发现，不能及时配种，大大降低了母猪利用效率。因此，在实际生产中，对母猪的发情鉴定，除观察母猪的行为变化外，还要结合黏液判断法、试情法、压背法和仿生法来进行发情鉴定，以提高配种受胎率。

（1）黏液判断法：用两指分开阴唇，由浅至深以目测和手感黏液特性相结合，仔细检查被鉴定母猪。未发情猪的黏膜干燥无黏液，无光泽；到发情期的母猪，出现黏液，并在不同发情阶段黏液特性也有区别。判定发情阶段后，便可掌握配种时机。

（2）试情法：借助于公猪，以观察母猪的性欲表现，并确定开始接受爬跨的时间。

（3）压背法：母猪处于发情盛期时，愿意接受公猪爬跨。当人工按压母猪背部时，母猪静立不动，则说明母猪处于发情盛期。而处在发情初期和末期的母猪，是不愿意接受爬跨的，不会出现压背反应。

（4）仿生法：模拟公猪发出的某些求偶信号，对发情母猪也是一种良性刺激。当母猪接收到这些信号以后，即反射性地表现特异行为，人们可以依据母猪特异行为的出现而判断是否发情。公猪的求偶信号主要是气味、声音、外形和行为。对于绝大多数（90%以上）的母猪，后两种信号不是绝对必需的。仅气味和声音两种信号已足以引起大多数发情母猪的特异行为，而且也易于模仿。声音信号，指公猪求偶时发出短促而有节律的声响信号，可用录音机录制和播送。气味信号，指公猪的颌下腺和包皮腺所分泌的一种性外激素，这是一种类似于雄性类固醇的物质，在国外已人工合成。母猪的特异行为：在播放公猪求偶鸣声或喷洒公猪性外激素的同时，检测人员用两手按压母猪的腰荐部或试骑其上，如母猪处于发情期，则表现静立反应。

有一部分发情母猪，无须任何公猪信号，仅由检测者单独进行压背实验，也可出现静立反应；也有一部分母猪必须伴有声音信号或者气味信号；还有一部分母猪同时需要两种信号；只有少数母猪，必须公猪出现，否则绝不出现静立反应。

对于集约化饲养的大猪群，以压背法最为理想。仿生法由于仿生信号尚不完善，有待改进和提高。在生产中使用压背法时，最好有成年公猪在场，所选用公猪最好是口嚼白沫多、性欲好的，以便让母猪接受公猪的声音和气味刺激，在这种情况下，发情检出率几乎为100%。若公猪不在场，会有1/3的母猪不出现压背反应。在日常生产中，养殖户应根据所饲养母猪的品种特性和有无好的试情公猪，以及饲养者的发情检定技术，可对上述检定方法灵活运用。既保证发情猪的检出，还要尽可能减少劳动量。对于发情行为明显的猪种，可通过观察法鉴定母猪的发情。但对于发情行为不明显的猪种，则需加以综合判断。除进行发情征状鉴定外，还可利用母猪的繁殖规律，大致预测母猪的发情时间，以便在这几天中进行重点发情观察鉴定。例如，经产母猪通常在断奶后 3 ～ 5 天开始发情，对于新选留的后备母猪，在留种前就可开始留意记录小母猪的发情时间，然后可按母猪平均 21 天的繁殖周期大致推算本次的发情时间。因此，在日常生产中，要对每头母猪做好断奶时间和日常发情时间的记录，包括每头猪的发情持续时间及发情特征。对母猪的发情鉴定要注意连续观察，一是为了防止发情母猪的漏鉴；二是可掌握母猪发情过程，以便确定最佳配种时机。据国外资料报道，对母猪的发情开始时间观察发现，母猪在夜间和白天都有开始发情即出现发情表现。英国研究人员对青年母猪的观察结果是：早上 6：00 开始发情的母猪占 54.8%，下午 6：00 和夜间 12：00 观察分别发现有 23.8% 和 21.4% 的母猪开始发情。所以，我们在生产中至少要保证每天早上和晚上两次对空怀母猪进行发情鉴定观察，特别是早上的一次发情鉴定不能漏过。生产中如果自己饲养有成年公猪，可借公猪配种之时，顺便哄赶公猪到场以对其他母猪进行辅助发情鉴定，提高母猪发情鉴定效果。

3. 配种时机　配种时机把握是否得当，直接关系到母猪能否受胎及其产仔多少。因此，在母猪发情期间何时配种，就成为母猪生产中的一个关键技术环节。最适当的配种时机，可使母猪排出的卵子尽量多地与精子结合，即受精。

（1）配种方式：配种方式有本交和人工授精两种。本交即人工辅助的公猪与母猪直接交配；人工授精即通过配种人员采集公猪精液，经过一定的处理后，再将其输到发情母猪的生殖道内。配种的实质是使母猪排出的卵子与公猪的精子结合，即卵子受精，由受精卵发育成胎儿。当母猪发情后，卵泡迅速长大、成熟，继而开始排卵。从排出的第一个卵子到最后一个卵子通常需要 2～6 h，情期排卵数一般在 20 枚左右。显然，要获得高的产仔数，则必须保证排出的新鲜卵子能及时受精。因为卵子和精子在母猪生殖道内所保持受精能力的时间是有限的，一般卵子为 10 h 左右，精子为 20 h 左右。由此看来，一旦配种时间过晚，错了排出卵子的可受精期限，卵子就不会受精；相反，配种过早，精子未遇到卵子就失去受精能力。所以，过早或过晚配种均会导致配种失败。轻则母猪产仔数减少；重则母猪不受胎。

（2）配种时间：要确定配种的适宜时间，关键是要判定发情母猪的排卵时间。研究表明，母猪排卵出现在发情的旺盛期内。依据发情鉴定，排卵是在压背反应出现后数小时进行。以长白猪为例，经产猪和初产猪压背反应持续时间分别为 28 h 和 39 h，而发情开始到出现压背反应的时间分别为 36 h 和 44 h。由此看来，如果生产中每天进行早晚两次发情鉴定，通常的配种方案是在发现母猪压背反应后 12 h 左右进行第一次配种，之后间隔 12 h 左右再配一次。如果个别母猪发情持续时间较长，两次配种后仍接受配种的话，还可加配一次。对发情母猪进行 2～3 次配种，可提高配种受胎率。然而在实际生产中，因不少母猪的发情持续期变化很大，1～3 天不等，对配种时机的掌握较难，机械地采用常规的配种方案很可能会失败。最近，国外有人通过对断奶母猪发情持续期、排卵和配种时间的研究得出了三个重要关系：一是发情持续期与断奶至发情的间隔呈负相关。也就是说，断奶后较早出现发情的母猪能够接受交配的持续时间，长于断奶后较晚出现发情的母猪。二是虽然不同母猪发情持续期不同，但排卵总是发生在整个发情持续期中的某个时候。比如，母猪发情持续期为 48～72 h，其排卵则分别发生在发情开始后的34～51 h。三是如果配种在排卵前 24 h 内进行，则受精率高于 90%。

原则上对断奶后较早出现发情的母猪，可推迟首次配种的时间；反之，对于断奶后较晚出现发情的母猪，宜在首次观察到呆立反应时就进行配种。较为合理的配种方案是，断奶后 5 天内出现发情的母猪，要在发情开始后 24 h 和 48 h 分别配种；断奶后超过 5 天开始出现发情，要在发情开始后 0 h 和 24 h 分别配种。

（二）母猪的同期发情处理

同期发情的目的在于实现整个母猪群的计划性配种，便于组织成批生产及猪舍的周转。同期发情的处理技术主要有以下几种。

1. 同期断奶　对于正在哺乳的母猪来说，同期断奶是母猪同期发情通常采用的有效方法。一般断奶后 1 周内绝大多数母猪可以发情。如果在断奶的同时，注射 1 000 国际单位的孕马血清促性腺激素，发情排卵的效果会更好。

2. 孕酮类物质　每天给母猪饲喂孕酮类物质，处理后 4～6 天出现发情，繁殖力正常，而且不会出现卵巢囊肿。虽然这些药的开支较大，但很适合集约化程度很高的养猪场，采用这种方法不仅有利于生产管理，而且可以减少人员劳动强度。后备母猪和经产母猪都可使用，很具有吸引力。

应该说明，当采用孕酮处理法对母猪进行同期发情时，往往引起卵巢囊肿，且影响母猪以后的繁殖性能，甚至导致不育；前列腺素在有性周期的青年母猪或成年母猪上使用价值不大，因为只有在周期的第 12 ～ 15 天时处理，黄体才能退化，因此，不能用于同期发情。

五、繁育母猪的营养需求与饲料配方设计

（一）空怀母猪

饲料中适宜的能量和蛋白质水平，可降低母猪体重、体脂，提高窝产仔数和利用年限。后备母猪体重在 70 kg 以前，可以饲喂育肥猪饲料，采取自由采食方式。体重 70 kg 至配种的后备母猪，要求饲喂后备母猪专用饲料或哺乳母猪饲料，不能饲喂育肥猪或妊娠母猪饲料，因为育肥猪或妊娠母猪的饲料在营养方面满足不了后备猪生理和生长发育需要。

对于自繁留种的猪场，当母猪到了 5 月龄、体重达 70 ～ 80 kg 时，经鉴定选留为后备母猪后，便由生长育肥圈调入母猪圈，并采取限制性饲养，可日喂 2 次。饲料经潮拌生喂，注意控制给料量，看膘投料，不使母猪过肥或过瘦，以八成膘为宜，通常每头后备母猪每天饲喂 2 ～ 2.5 kg。实际生产过程中可根据表 1-3 的营养需求，结合企业饲料原料种类，利用配方设计软件，进行配方设计及生产。

表 1-3　后备母猪营养需要量

体重（千克）	消化能（兆焦 / 千克）	粗蛋白（%）	钙（%）	有效磷（%）	锌、铁、硒（毫克/千克）	维生素 A（国际单位 / 千克）	维生素 D（国际单位 / 千克）	维生素 E（国际单位 / 千克）	赖氨酸（%）
20 ～ 60	13 ～ 14	17	0.75	0.3	100/150/0.3	6 000	600	44	0.9
60 ～ 90	13 ～ 14	15	0.7	0.25	100/150/0.3	6 000	600	44	0.8

（二）妊娠母猪

母猪怀孕后新陈代谢功能旺盛，对饲料的利用率提高。有试验证明，从配种到分娩期间，给妊娠母猪和空怀母猪饲喂同一种饲料，在喂量相同情况下，结果妊娠母猪除生产一窝仔猪外，自身体重的增加仍大于空怀母猪。妊娠母猪有如此高的饲料利用率，一是为满足特定的自身生理需要；二是为确保胎儿的生长发育营养需要；三是为产后泌乳储备营养物质。

一些证据表明，妊娠早期过高的饲养标准会降低尚未着床的胚胎存活率，而低水平饲喂会提高血浆孕酮含量，从而提高胚胎存活率。由此可见，在妊娠早期没有必要采用高的营养水平。

妊娠中期随着母体对胎儿的妊娠识别和相互关系的建立，母猪代谢机能旺盛，饲料利用率大大提高，但胎儿和增重速度较慢。所以，对妊娠中期母猪应当给予偏低的饲养水平。否则，两个多月的过度饲喂，不仅促使母猪体重过大，造成母猪以后的维持需要

增加，还增加了母猪代谢的负担，尤其是在夏季高温时期。

母猪妊娠后期为胎儿迅速生长期，需供给充足的营养。国内有研究表明，在该期和哺乳期均采用高于 NRC（美国国家科学院）营养标准的高能量和高蛋白的饲料，可使母猪分娩后 21 天和 35 天的仔猪平均体重分别比 NRC 营养标准的对照组提高 32.7% 和 31.0%。这说明高营养水平饲料对促进妊娠后期仔猪生长发育和增强哺乳母猪泌乳能力有明显效果。实际生产过程中可根据表 1-4 的营养需求，结合企业饲料原料种类，利用配方设计软件，进行配方设计及生产。

表 1-4　妊娠母猪主要营养需要推荐量

妊娠时间（天）	消化能（兆焦/千克）	粗蛋白（%）	钙（%）	有效磷（%）	锌、铁、硒（毫克/千克）	维生素 A（国际单位/千克）	维生素 D（国际单位/千克）	维生素 E（国际单位/千克）	赖氨酸（%）
0～90	12.5	14	0.9	0.4	120/150/0.3	6 000	600	40	0.65
90 以上	13.0	16	0.9	0.4	120/150/0.3	6 000	600	40	0.7

（三）哺乳母猪

哺乳母猪常因采食的营养不足，动用体内的储备，靠大量分解体脂来补充泌乳的能量需要，结果导致哺乳期母猪的失重现象。所以对于哺乳母猪，一方面要制定较高的营养水平，另一方面要增加采食量。饲料营养水平一般高于 NRC 的标准。调整饲料原料，选择优质的豆粕和鱼粉，适当添加诱食剂。有条件的养殖户，可加喂一些优质青绿饲料或添加 2%～5% 的油脂，以增加食欲，促进母猪泌乳，减少便秘。实际生产过程中可根据表 1-5 的营养需求，结合企业饲料原料种类，利用配方设计软件，进行配方设计及生产。

表 1-5　哺乳母猪的营养需要推荐量

消化能（兆焦/千克）	粗蛋白（%）	钙（%）	有效磷（%）	锌、铁、硒（毫克/千克）	维生素 A（国际单位/千克）	维生素 D（国际单位/千克）	维生素 E（国际单位/千克）	赖氨酸（%）
13.6	18	0.9	0.4	120/150/0.3	6 000	600	40	1.0

六、母猪舍设计

（一）母猪舍的样式

母猪舍按照屋顶形式分为单坡式、联合式、双坡式、钟楼式和平顶式等；按照猪舍纵墙的设置情况分为凉亭式、开放式、半开放式、有窗式和无窗式等。母猪舍样式的选择，要考虑母猪的需求与当地的气候条件、猪舍种类、跨度和建材条件等。

（二）母猪舍的平面设计

母猪舍的平面设计在于合理安排猪栏、饲喂通道、管理和清粪通道、门窗、附属房间和各种饲养管理设施设备。母猪栏的尺寸：后备母猪每圈 5 ～ 6 头，每头 1.0 ～ 1.5 m^2，围栏高 1.0 m，每头采食宽度 30 ～ 35 cm；空怀妊娠母猪每圈 4 ～ 5 头，每头 2.5 ～ 3.0 m^2，围栏高 1.0 m，每头采食宽度 35 ～ 40 cm；产床哺乳母猪每圈 1 头，每头 4.2 ～ 5.0 m^2，围栏高 1.0 m，每头采食宽度 40 ～ 50 cm；平养哺乳母猪每圈 1 ～ 2 头，每头 8.0 ～ 10.0 m^2，围栏高 1.0 m，每头采食宽度 40 ～ 50 cm。

母猪舍内的饲喂通道（净道）1.0 ～ 1.2 m 宽。除单列式外，应两列共用一条，并尽量不与清粪通道混用。管理通道（污道）为清粪、接产等设置，宽度一般在 0.9 ～ 1.0 m（包括粪尿沟 0.3 m）。长度较大的猪舍，在两端或中央设横向通道（与其他通道垂直），宽度为 1.2 ～ 1.5 m。每幢猪舍可酌情设置饲料间、值班室、锅炉间等附属用房。一般应设在靠场区净道一端。

（三）母猪舍的垂直设计

母猪舍内的地面一般比舍外高 0.3 m，同时考虑地面坡度和缝隙地板、粪尿沟的设置；窗台的高度一般应不低于 1.0 m；地窗下沿应高于其附近舍内地面 0.06 ～ 0.12 m；母猪舍檐高一般在 2.4 ～ 2.7 m；屋顶的风管一般应高出屋面 0.6 m 以上。

（四）母猪舍的种类和数量

母猪舍的种类是按猪群的划分而设置的，一般分为后备母猪舍、空怀母猪舍（也可包括公猪舍）、妊娠母猪舍和哺乳母猪舍（产房）。

各种母猪舍的数量主要取决于本场的条件、技术和管理水平。将各项生产指标作为工艺设计的基本参数。母猪的生产指标主要包括母猪的利用年限、空怀母猪的饲养天数、情期受胎率、分娩率、哺乳仔猪断奶日龄等。现代养猪生产必须实行常年均衡产仔、分群饲养的流水作业，以充分发挥母猪的繁殖性能。各母猪群的头数、猪栏数和占地面积等参见国家标准《规模猪场建设》（GB/T 17824.1—2008）。

（五）母猪舍的小气候条件

在母猪舍的设计中，应当按照母猪生理要求和当地气候特点，有效利用自然光照、通风和散热，采用中西结合的建筑方式，建造经济、实用的母猪舍，使养猪者获得更好的经济效益。无窗全封闭式猪舍，通风、光照和舍温全靠人工设备调控，舍内环境受外界气候条件的影响最小，能为猪只提供稳定适宜的环境条件，但猪舍造价和设备使用费较高，有财力的大型养猪场可以采用，但经济实力有限的中小型猪场和养殖户不宜采用这种方式。母猪舍的主要小气候指标参见国家标准《规模猪场环境参数及环境管理》（GB/T 17824.3—2008）。

哺乳母猪及仔猪对环境温度和护理等条件的要求较高，需要建造条件较好的产房。相比之下，空怀和妊娠母猪舍的建筑及生产设备要简单一些。

（六）产房的设计要点

产房的设计要母仔兼顾。母猪因分娩过程中生殖器官和生理状态发生迅速而剧烈的变化，机体的抵抗力降低。所以，产后母猪对舍内环境和生产设备条件要求较高。产房适宜的温度为 20 ℃左右，舍温不能有大的变化。当舍温偏高接近 30 ℃时，母猪会出现明显的热应激反应，如气喘、厌食和泌乳机能下降等。当舍温偏低时，不利于母猪的产后生理机能恢复，还严重影响仔猪的发育和存活，因为初生仔猪体温调节机能发育不全，特别怕冷。因此，产房的建筑应具备良好的隔热、保温、防暑及通风等性能，必须设置必要的生产设备。

1. **房舍建筑**　产房式样可选用有窗户的封闭式建筑，分设前后窗户，进行舍内采光、取暖和自然通风。窗户的大小因当地气候而异，寒冷地区应前大后小。寒冷地区还应降低房舍的高度，加吊顶棚；采用加厚墙或空心墙，来增加房舍的保温隔热效果。此外，产房可根据情况适当添加一些供暖、降温和通风等设备。产房供暖可采用暖风机、暖气和普通火炉等方式。其中暖风机既可供暖，又可进行正压通风，但使用成本较高。所以，对于众多的小规模养殖户，选用火炉取暖更为经济实用。在夏季十分炎热的地区，产房可采用雾化喷水装置与风机相结合进行舍内防暑降温。有条件的猪场可选用国内生产的畜禽舍专用中央空调设备。国产的畜禽舍专用中央空调，由高效多回程无压锅炉、水泵、冷热温度交换器、空调机箱、送风管道和自动控制箱六大部件组成。其主要采用高效节能多回程无压锅炉的热水作为热介质，通过空调主机将空气预热后，经空调多级过滤网，由风机正压通风，将过滤后的热空气送进畜禽舍内。正压通风可给舍内补充 30% ~ 100%（大小可调）的新鲜空气。送进的空气都经过过滤，减少了粉尘，降低了舍内空气的污浊度。从根本上解决了暖气、热风炉供暖存在的弊端。夏季，该设备输入地下水作为冷源可降温，大大节省了设备的投资，达到一机多用的目的，该设备使用寿命在 10 年以上。

2. **生产设备**　产房要为母猪及哺乳仔猪设置专门的高床产栏。高床产栏可以是单列式，也可以是双列式，各猪场根据生产条件和管理需要而定。猪场内高床产栏的数量，根据繁殖母猪的规模和繁殖计划而定。每列高床产栏的前后要留出足够宽的走道，供母猪上下产栏、分娩接产和行走料车等。

高床产栏分为母猪限位区和仔猪活动区。母猪限位区设在产栏中间部位，是母猪分娩、生活和哺乳仔猪的地方。限位区的前部设前门、母猪饲料槽和饮水器，供母猪下床和饮食使用；后部设有后门，供母猪上床、人工助产和清粪等使用。限位架通常用钢管制成，一般长为 2.0 ~ 2.1 m，宽为 0.60 ~ 0.65 m，高为 0.90 ~ 1.00 m。这一狭小的空间结构可限制母猪的活动，并使母猪不能很快"放偏"倒下，而是缓慢地以腹部着地，伸出四肢再躺下。这给仔猪留有逃避受母猪踩压的机会，可有效防止仔猪被压死。仔猪活动区设在母猪限位区的两侧，配备有仔猪补料槽、饮水器和保温箱。保温箱内配有取暖保温装置。高床产栏的底部可采用钢筋编织漏粪地板网，地板网要架离地面一定的高度，使母猪和仔猪脱离地面的潮冷和粪尿污染，有利于母仔健康，使仔猪的断奶成活率显著提高。

（七）空怀和妊娠母猪舍的设计要点

空怀和妊娠母猪都具有一定的抗寒性。猪舍可采用不同程度的开放型式样，如开放式、半开放式和简易封闭式等。开放的建筑可有效利用自然光照和通风，十分有利于母猪的体质健康。各地因气候条件不同，可选用不同的式样，使房舍建筑更为经济实用。

1．开放式猪舍　开放式猪舍无前墙，向前直伸运动场，舍内设有走道。猪舍结构简单，通风好，但防寒差。半开放式猪舍比开放式猪舍多半截前墙，天冷时可在半截墙上加装草帘或塑料薄膜等材料，较开放式猪舍的保温性能好。在冬季十分寒冷的北方地区，则宜采用有窗封闭式或改进的塑料大棚猪舍，其建筑要点就是通过改进窗户或塑料棚的设置与面积，使舍内尽可能多地获得太阳光照，也有应用塑料大棚对有窗封闭式猪舍进行改进，既抗寒又经济，很适合寒冷的北方地区。建筑式样可归纳为"四周墙，人字梁，前坡短，塑料顶，后坡长，盖瓦片，水泥地，南北窗，冬天暖，夏天凉"。

空怀和妊娠母猪舍的生产设备较为简单，多为单列式。猪圈按单元分开，每个圈饲养5～6头母猪。地面可选用水泥或砖地面，并保持2%～3%的坡度，以利于排污和清扫粪便，保持地面干燥。

2．封闭式猪舍　多为双列式。封闭式猪舍的优点是便于温度和湿度等环境条件的控制，且占地面积小，是高度集约化的养猪方式。国内有的猪场采用母猪限位栏饲养。限位栏使用钢管结构，单栏高0.9～1.0 m，宽0.65 m，长2.2 m，每头母猪占用单独的栏位，以防止猪只间的攻击和抢食。但是，栏位狭小，限制了妊娠母猪的活动范围，而且在随后的哺乳期里，母猪继续在产床上忍受单栏限位饲养，这就意味着成年母猪在繁殖周期的绝大部分时间里都不能自由活动。据观测，长期采用单栏饲养，会影响母猪的体质和繁殖寿命。

近几年，随着养猪技术的改进，欧洲已经有许多地方成功地将母猪改为舍内群养或自由放养。圭尔夫大学设计了母猪的小群饲养与限位栏饲养的对比试验，结果表明，小群饲养方式比限位栏饲养的母猪生产寿命更长，淘汰率更低。前两个妊娠期的母猪淘汰率指标中，限位栏的为60%，小群饲养的为45%。所以，我们建议妊娠期母猪采用小群饲养。小群饲养的母猪圈舍一般5～6头一个圈，饲养密度不低于2.5 m²，圈舍分隔采用钢管结构，高0.9～1.0 m，地面可选用水泥或砖地面，并保持2%～3%的坡度，以利排污和清扫干粪，保持地面干燥。

3．发酵床式猪舍　是近几年出现的一种形式，主要解决猪场排污等问题，但仍存在学术争议，没有充分的数据证明其优劣。这里只作介绍，仅供参考、讨论或验证。发酵床分地上式发酵床和地下式发酵床两种。主要用于保育猪、育肥猪和妊娠母猪的饲养。南方地下水位较高，一般采用地上式发酵床。地上式发酵床在地面上砌成，要求有一定深度，再填入已经制成的有机垫料。北方地下水位较低，一般采用地下式发酵床。地下式发酵床要求向地面以下深挖70～100 cm，填满锯末、秸秆等农林业生产下脚料，并添加专门的微生态制剂。猪生活在垫料上，垫料里的有益微生物，用于降解粪、尿等排泄物。发酵床猪舍不需要冲洗，也不需要消毒，垫料3年清理1次。

七、繁育母猪的饲喂与日常管理

在整个母猪繁殖生产过程中，要通盘设计和实施各阶段母猪的饲养管理方案，因为任何一个环节出现饲养管理失误，都可能对母猪的生产性能造成长期影响，甚至没有补救的机会。处在不同生理阶段的母猪，除了维持自身的生长发育外，还要进行卵子发育、胚胎发育和泌乳等用于繁殖下一代的营养消耗，而且这部分的营养消耗量呈一定规律变化。2004年，我国发布实施的《猪饲养标准》（NY/T 65—2004），规定了不同生理阶段瘦肉型母猪的饲养标准，即每头母猪每日营养需要量和每千克饲粮中养分含量，这为养猪场（户）和饲料企业提供了重要参考数据。但随着养猪生产科学的发展，这些饲养标准还会不断调整。此外，根据母猪不同时期的生理特点，还应配套相应的科学饲养管理方法，以充分发挥母猪繁殖能力。

（一）空怀母猪的饲喂与日常管理

空怀母猪是指尚未配种妊娠的种母猪，包括后备母猪和断奶后尚未配种受孕的母猪。这一阶段的饲养管理要点是促使母猪早发情，多排卵，保证及时配种，多受胎。由于后备母猪还正处于身体快速生长发育阶段，因此，关于后备母猪和经产母猪的饲养标准和管理方式不尽相同。

1. 后备母猪　后备母猪管理得好坏，可影响其繁殖性能和使用寿命。后备母猪能量摄入过多，会导致乳房发育不良，因为过多的脂肪渗入乳腺泡，限制了乳腺系统的血液循环，从而影响泌乳量。如果过分限饲，又会推迟初情期的出现。所以，后备母猪的饲养管理越来越受到养猪者的重视。

无论是猪场母猪的扩群还是更新，每年都需要补充一定数量的后备母猪。为使猪场全年均衡生产，每年母猪的更新比例一般为1/3。后备母猪可以由外购入，也可以自群选留。如果从外选购，可在配种前的两个月进行，以保证配种前有足够的时间使母猪适应环境及饲养人员对其健康状况进行观察和进行配种前的免疫，而自群选留可在配种前一个多月进行。后备母猪的选留要认真参照本章中种繁育母猪的挑选方法实施，要从品种、系谱资料、个体发育、体形等几方面给予综合评定。外购时，要严格考察后备母猪的健康和免疫状况。引进的后备母猪应比本场种猪的健康程度高，以防引入新的病原，留下隐患。后备母猪的引种体重在40～70 kg较合适。如果体重小于40 kg，体形未固定，体形的缺陷有可能在以后的生长发育过程中表现出来；而体重大于70 kg，不利于配种前的隔离适应，而且引种的运输途中应激过大，容易出现瘫痪、肢蹄病、跛腿和脱肛等现象。

后备母猪体重在70 kg以前，可以饲喂育肥猪饲料，采取自由采食方式。体重70 kg至配种的后备母猪，要求饲喂后备母猪专用饲料或哺乳母猪饲料，不能饲喂育肥猪或妊娠母猪饲料。因为育肥猪或妊娠母猪的饲料在营养方面满足不了后备母猪生理和生长发育需要。总之，不能用饲养育肥猪的方法去饲养后备母猪。

对于自群留种的猪场，当母猪到了5月龄、体重达70～80 kg时，经鉴定选留为后备母猪后，便由生长育肥圈调入母猪圈，并采取限制性饲养，可日喂2次。饲料经潮拌生喂，注意控制给料量，看膘投料，不使母猪过肥或过瘦，以八成膘为宜，通常每头后备母猪每天饲喂2～2.5 kg。国外有报道称，配种时的背膘厚度在14～25 mm时，第一胎的繁殖性能最理想。饲料中适宜的能量和蛋白质水平，可降低母猪增重、体脂，提高窝产仔数和利用年限。

在配种的前十几天，可以实行短期催情补饲，促进后备母猪的发情排卵。每头日喂量可加到 2.5 ～ 3.0 kg。对于体形较小的国内培育品种可少加一点。短期催情时，选用的饲料营养水平要高于前期。

选留的后备母猪，从生长育肥圈转到母猪圈后，通过前期控料和后期催情补料的饲养方法，可有效促进后备母猪的发情排卵。较为实用的管理技术有：①增加后备母猪的运动量。将后备母猪小群圈养，4 ～ 6 头一圈。每圈面积不能过小，最好带有室外运动场。另外，有条件的规模化猪场，可设立专门的种猪舍外运动场，让配种前后备母猪和断奶母猪拥有更大的运动空间，以加强运动，增强体质，促进发情。②保持与公猪的接触。若圈舍为栏杆式，可在相邻舍饲养公猪，让后备母猪接受公猪刺激。隔栏的公猪可每周调换一次。若圈舍为实体墙式，可每日将公猪赶入母猪圈舍内，接触刺激数分钟。

2. 断奶母猪　如果哺乳期母猪饲养管理得当，无疾病，膘情也适中，大多数在断奶后 1 周内可正常发情配种。但在实际生产中，常会有多种因素造成断奶母猪不能及时发情。如有的母猪是因哺乳期奶少、带仔少、食欲好、贪睡，断奶时膘情过好；有的母猪却因带仔多、哺乳期长、采食少和营养不良等，造成断奶时失重过大，膘情过差。为了促进断奶母猪的尽快发情排卵，缩短断奶至发情时间间隔，则需在生产中给予短期的饲喂调整。

对于断奶时膘情好的、断奶前几天仍分泌相当多乳汁的母猪，为防止断奶后母猪患乳房炎，促使断奶母猪干奶，可在母猪断奶前和断奶后各 3 天减少精料的饲喂量，并多补给一些青粗饲料。3 天后膘情仍过好的母猪，应继续减料，可日喂 1.8 ～ 2.0 kg 精料，控制膘情，促其发情；对于断奶时膘情差的母猪，通常不会因饲喂问题发生乳房炎，所以在断奶前和断奶后几天中就不必减料饲喂。断奶后就可以开始适当加料催情，避免母猪因过瘦推迟发情。

断奶母猪的短期优饲催情，一方面，要增加母猪的采食量，尽量让母猪多吃，每日饲喂配合饲料 2.2 ～ 4.0 kg，日喂 2 ～ 3 次，潮拌生喂；另一方面，提高配合饲料营养水平，营养需要可参照哺乳母猪阶段的营养水平，在实际生产中，可以继续使用哺乳母猪料。

断奶空怀母猪的管理可参照后备母猪的促发情管理方法，并按断奶时母猪膘情，将膘情好的和膘情差的分开饲养。一个圈内的母猪不宜过多，一般为 4 ～ 6 头，这样便于饲喂控制和发情观察。

（二）妊娠母猪

妊娠母猪是指从配种受胎到分娩这一阶段的母猪。这一期间胎儿的生长发育完全依靠母体，所以通过对妊娠母猪的科学饲养管理，可以保证胎儿有良好的生长发育，最大限度地减少胚胎死亡，提高窝产活仔数及初生重。另外，可使母猪产后有健康的体况和良好的泌乳性能。

妊娠期内胎儿与母体间存在交叉复杂的生理过程，相互以内分泌活动为基础经历一个妊娠的识别、维持和终结（分娩）的完整过程。胎儿在不同发育时期，获取母体营养的方式不同。在妊娠早期，游离的受精卵发育着床后，开始胎盘的形成和发育。到妊娠的第四周才可观察到完整的胎膜，胎儿具备了与母体胎盘交换物质能力。胎盘发育成熟后，由胎盘进行养分吸收，成为仔猪出生前获取营养物质的主要途径，即"血液营养"方式。

胚胎在生长发育过程中，往往会因为外部条件的影响而出现母体生理变化，如营养缺乏、内分泌紊乱等，影响胚胎和胎盘的正常发育。加上猪是多胎动物，各胚胎在发育过程中存在相互竞争，所以妊娠期总会有一部分胚胎死亡。如果妊娠母猪的存活胚胎太少，还可使整个妊娠终止。在正常的配种条件下，母猪排出的卵子几乎都能受精。但妊娠期胚胎死亡数一般占到排卵数的 30% ~ 40%。妊娠期胚胎的生长发育速度随着日龄增长。妊娠 90 天时，胎儿重仅占出生重的 39%，即有 61% 的增重是在妊娠 90 天之后的 3 周多时间里完成的。可见，妊娠后期的胎儿增重极快，是胎儿体重增加的关键时期。

1. 妊娠期母猪的饲养　母猪怀孕后新陈代谢功能旺盛，对饲料的利用率提高。有试验证明，从配种到分娩期间，给妊娠母猪和空怀母猪饲喂同一种饲料，在喂量相同情况下，结果妊娠母猪除生产一窝仔猪外，自身体重的增加仍大于空怀母猪。妊娠母猪有如此高的饲料利用率，一是为满足特定的自身生理需要；二是为确保胎儿的生长发育营养需要；三是为产后泌乳储备营养物质。

妊娠期母猪的饲养水平，可根据胎儿生长发育特点分为三个阶段，即妊娠前 3 周的妊娠早期、妊娠期的中期和妊娠 90 天后的妊娠后期。

（1）妊娠早期。一些证据表明，过高的饲养标准会降低尚未着床的胚胎存活率，而低水平饲喂会提高血浆孕酮含量，从而提高胚胎存活率。由此可见，在妊娠早期没有必要采用高的营养水平。另外，为了减少妊娠早期胚胎的死亡，更应注意避免各种应激因素，如环境过热、攻击威胁和缺水少料等。

（2）妊娠中期。随着母体对胎儿的妊娠识别和相互关系的建立，进入妊娠中期母猪代谢机能旺盛，饲料利用率大大提高，但胎儿和增重速度较慢。所以，对妊娠中期母猪应当给予偏低的饲养水平。否则，两个多月的过度饲喂，不仅促使母猪体重过大，造成母猪以后的维持需要增加，还增加了母猪代谢的负担，尤其是在夏季高温时期。此外，母猪长期过度采食和长膘，很可能造成哺乳期母猪的厌食或采食量下降，导致哺乳母猪泌乳能力下降，从而影响哺乳期仔猪的生长发育，甚至影响到断奶后母猪的再次发情配种。

（3）妊娠后期。母猪妊娠后期，为胎儿迅速生长期，需供给充足的营养。国内有研究表明，在该期和哺乳期均采用高于 NRC 营养标准的高能量和高蛋白的饲料，可使母猪分娩后 21 天和 35 天的仔猪平均体重分别比 NRC 营养标准的对照组提高 32.7% 和 31.0%。这说明高营养水平饲料对促进妊娠后期仔猪生长发育和增强哺乳母猪泌乳能力有明显效果。相反，如果妊娠母猪的饲养水平下降，还会导致其他繁殖问题。有研究表明，母猪在分娩与断奶时背膘厚度如果分别低于 12 mm 和 10 mm，会延长断奶至发情间隔，降低下一胎次的窝产仔数。由此可见，在实际生产中，母猪妊娠期饲养水平应采用前低后高，妊娠母猪营养需要一般应高于 NRC 的标准。

妊娠的早期和中期每头猪日喂料量为 2.0 ~ 2.7 kg，妊娠后期为 2.5 ~ 3.2 kg，但在预产期前 3 天，每日的给料量应逐日递减，直到产仔当天停料。当然要真正实现合理饲喂，须把握看膘投料原则，应考虑母猪的品种、舍温、年龄和配种时膘情等因素。如对高产仔数的年轻的和配种时膘情差的妊娠母猪，以及在寒冷冬季每日可多喂 0.2 kg 饲料；炎热的夏季可适当减料，使妊娠母猪膘情控制在八成为宜。配合饲料可经潮拌后生喂，每日投喂 2 ~ 3 次，注意不喂发霉、变质、冰冻和刺激性饲料，保证充足、干净的饮水。

2. 妊娠期母猪的管理　此阶段母猪的管理重点在于减少各种刺激因素，降低胚胎死亡率，增加产仔数和仔猪出生重，为母猪分娩、泌乳等做好充分准备。

（1）日常管理方式。在日常管理中，妊娠母猪要保持适当运动和休息。任何使母猪发生争斗、惊吓的刺激都会引起应激。为此，可将妊娠母猪进行单圈饲养，既避免母猪相互接触刺激，又能控制每天母猪的进食量。但这种饲养因母猪活动受到限制，不利于母猪体质发育，易患肢蹄病。因此，实际生产中很多采用小群饲养，每圈母猪5～6头，以便于母猪的自由活动。母猪并圈应在配种前进行，使之相互熟悉。主要目的是防止配种后在妊娠早期因相互争斗造成流产或胚胎损失。到配种后的第18～24天，以及第39～45天，注意观察是否有母猪返情。如有返情，应及时转出圈配种，也可防止因其闹圈而危害其他已妊娠的母猪。此外，饲养人员对妊娠母猪态度要温和，不可打骂。

（2）猪舍环境条件。猪舍应保持良好通风。注意防寒、防暑，炎夏可采用自来水喷雾降温。每日清扫圈舍，使地面尽量干燥、平整和防滑。

（3）防疫注射。做好妊娠期的防疫注射。日常多观察母猪吃食、饮水、粪尿和精神状态，对病猪及时诊疗，禁止使用容易引起流产的药物（如地塞米松）治疗病猪。

（4）妊娠诊断。配种后有的母猪未能受孕或因胚胎死亡出现妊娠终结，所以要尽早进行妊娠诊断。对未妊娠母猪重新配种，以缩短其繁殖周期。妊娠诊断方法包括：妊娠征状法、超声波诊断仪法、激素注射法和尿液化学诊断法。在实际生产中，对于小规模养殖户，不适合应用后三种妊娠诊断法，应采用前者，此法简单易行。按母猪发情周期推算，如果在配种后的第一及第二发情周期观察母猪没有再出现发情，且食欲渐增，被毛顺溜、发亮，增膘明显，行动稳重，贪睡，阴户缩成一条线，一般诊断为已经妊娠。注意区别个别母猪出现的"假发情"现象，与真发情相比其征状不明显，持续时间短，不愿接近公猪，不接受爬跨。

（5）分娩日期的推算。母猪妊娠期平均为114天，即为3个月3周零3天，以此来推算妊娠母猪的预产期。在预产期的前一周将母猪转入产圈或产床，进行产前饲养管理，保证母猪的顺利分娩。

（三）哺乳母猪

哺乳期是从母猪分娩开始到仔猪断奶结束。一般饲养条件下，哺乳期为35～42天，近几年，国内的规模化猪场哺乳期一般为21～35天。哺乳母猪的饲养管理目标是：一方面，保证母猪安全分娩，多产活仔，促进母猪产后泌乳，以使仔猪健康发育，快速生长；另一方面，降低母猪断奶失重幅度，维持正常体况，以便断奶后及早发情，再次配种繁殖。

1. 分娩准备　在预产期前一周左右将母猪赶入产栏。进猪前对产房彻底清扫消毒，须对产栏侧面、底面及用具，用火碱水刷洗消毒，干燥后使用。对母猪体表也应清洁干净。准备接产用具和药品，如照明灯、干净擦布、锯末、脸盆、温水、剪牙钳、5%的碘酒、催产素、青霉素、仔猪保温箱和电热取暖器等。主要根据母猪的乳房、外阴和行为表现加以分娩识别。乳房膨大变硬，出现奶梗，轻轻按摩可挤出乳汁。当挤出乳汁清淡透明时，分娩近在2～3天内，当乳汁变成黄色胶状，则即将分娩。但也有个别母猪产后才分泌乳汁。外阴在分娩前3～5天开始红肿、下垂，尾根两侧出现凹陷。神经敏感，变得行动不安。分娩前母猪频繁起卧、饮水、排粪和排尿、啃咬圈栏。

2. 分娩与接产　母猪分娩时多数侧卧，腹部阵痛，全身哆嗦，呼吸紧迫，用力努责。阴门流出羊水，两腿向前伸直，尾巴向上卷，产出仔猪。有时，第一头仔猪与羊水同时被排出，此时应立即准备好接产。胎儿产出时，头部先出来的约占总产仔数的60%，臀部先出的约占40%，均属正常分娩现象。母猪分娩时应保持环境安静，以利于顺利分娩。母猪分娩多在夜间或清晨。当仔猪产出后，先用清洁的毛巾擦去口鼻中黏液，让仔猪开始呼吸，然后再擦干全身。接着给仔猪断脐，方法是先使仔猪躺卧，把脐带中血反复向仔猪脐部方向挤压，在距仔猪脐部 4～6 cm 处剪断，断面用碘酒消毒。处理完的仔猪应人工辅助尽快吃上初乳，放在保温箱内取暖。母猪顺产时，约需 2 h 分娩完毕，产程短的仅需 0.6 h，而长的可达 8～12 h。一般母猪很少难产，但有时因胎儿过大、母猪体质太弱无力阵缩等情况，会出现难产，需进行人工助产。如果母猪长时间阵缩产不出仔猪时，可先注射催产素。若仍不见效，接产人员就要修剪好手指甲，给手臂清洁消毒，涂上润滑剂，五指并拢，手心向上，在母猪努责间歇时，慢慢旋转进入产道。当摸到仔猪时，随着母猪阵缩慢慢将仔猪拉出。产完后，给母猪注射抗生素，防止产道感染。

3. 哺乳母猪的饲养　近几年，国内不断引进和推广国外的优良瘦肉型种猪，生产能力有了明显提高。但遗传改进给母猪饲养带来了新问题。较多的窝产仔数，会导致哺乳母猪负担过重，体况较瘦，而且食欲降低，导致泌乳不足和哺乳期母猪失重过大。所以，哺乳期的饲养目标，一方面争取最大限度地提高母猪的泌乳量和品质，以增加断奶仔猪窝重；另一方面尽量减少哺乳期母猪失重，以缩短断奶至发情时间间隔，提高下一繁殖周期的排卵数和窝产仔数。母猪在哺乳期营养需要量很大，特别是哺乳较多仔猪的母猪。一是因母猪整夜照料哺乳仔猪，使母猪的日常维持需要增加；二是因大量泌乳的营养消耗。母猪乳汁是仔猪生后 5 天内唯一的食物，21 天时也几乎全靠母乳，35 天时母乳提供的营养还占 66%，42 天时占 50%。可见，分泌大量优质的乳汁是仔猪成活和生长的关键因素。然而，哺乳母猪常因采食的营养不足，动用体内的储备，靠分解大量体脂来补充泌乳的能量需要，结果导致哺乳期母猪的失重现象。所以对于哺乳母猪，一方面要制定较高的营养水平，另一方面要增加采食量。饲料营养水平一般高于 NRC 的标准。

由于母猪饱食后影响分娩，因此应从分娩前就开始减料。分娩当天停料，喂给麸皮汤或盐水，分娩后又因体力消耗过大，身体疲倦，消化机能弱，要在分娩 2～3 天后，将饲料喂量逐渐增加，5～7 天达到哺乳期的正常量，每天 4.5 kg 以上，并尽量多喂，带仔多于 10 头的哺乳母猪，每多 1 头仔猪要加喂 0.5 kg，断奶前的 2～3 天每头每天饲喂量减少至 1.5～1.8 kg。为了提高哺乳母猪的采食量，建议采用以下措施：调整饲喂次数，一般每天饲喂次数为 3 次，但为了提高采食量，在夏季高温时，可改为每天 4 次，分别安排在早晨 5 点、上午 10 点、下午 5 点和晚上 10 点；饲料采用潮拌方式饲喂，在每次饲喂新料时，要清除料槽中的陈料，尤其是在夏季，不能饲喂变质的饲料；日常保证母猪的充足洁净饮水，饮水器要达到足够的流量；调整饲料原料，选择优质的豆粕和鱼粉，适当添加诱食剂，有条件的养殖户，可加喂一些优质青绿饲料或添加 2%～5% 的油脂，以增加母猪食欲，促进泌乳，减少便秘；控制舍内温度和湿度，做好夏季降温工作，加强

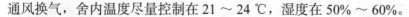

通风换气，舍内温度尽量控制在 21 ～ 24 ℃，湿度在 50% ～ 60%。

　　适当的管理可促进母猪的产后身体恢复和泌乳性能。保证充足的饮水，满足日常大量泌乳对水的需要，最好安装自动饮水装置；保持适宜的环境，日常需通风换气，冬季加以保温，防止贼风侵袭；夏季注意防暑，舍温过高时，可给哺乳母猪颈部滴水，降温效果较好；及时清扫圈舍粪便，时常保持清洁、干燥；定期消毒、灭蝇和灭鼠；保证圈栏光滑，地面平坦，防止划伤母猪的乳房和乳头。

八、繁育母猪饲养效果评价

　　繁育母猪群的总体生产目标是：充分发挥母猪生产性能，在其利用年限内以最低的生产成本投入，繁殖最多的健康后代，获取最大的经济效益。因此可以用母猪群的总体生产目标来评价母猪饲养效果。

　　1. 年平均产仔窝数 2.1 窝以上；

　　2. 平均每头母猪每年提供断奶仔猪 19 头以上；

　　3. 断奶后发情配种间隔期 7 ～ 15 天，配种受胎率 85% 以上，受胎分娩率 95% 以上；

　　4. 仔猪出生个体均重 1.25 kg 以上，断奶哺乳成活率 93% 以上；

　　5. 平均每头母猪年消耗饲料在 1 100 kg 左右。

第三节　哺乳仔猪的饲养与管理

一、哺乳仔猪饲养目标

　　提高哺乳仔猪成活率和断奶体重是哺乳仔猪饲养的主要目标。根据养殖规模与养殖方式的不同，养殖户（场）可以设计不同的断乳日期。通常规模化养殖场采取 21 ～ 28 天早期断乳。散养户由于饲养管理跟不上，建议延长断乳时间，确保成活率。

二、哺乳仔猪的生理特点

　　哺乳仔猪是指从出生至断奶前的仔猪。哺乳仔猪饲养期一般为 21 ～ 60 天不等。规模化养殖场通常采取 21 ～ 28 天早期断奶，以便提高母猪利用率。仔猪哺乳阶段是生长发育最为迅速，对营养物质最为敏感的阶段。仔猪饲养的好坏直接关系到养殖者的经济效益，因此，必须充分了解哺乳仔猪的生理特点，进行合理化养殖。

　　1. 消化系统发育不完全　哺乳仔猪消化机能不完善，具体表现为胃肠容积小，胃酸较低，消化酶系统发育不完善。仔猪出生一周，消化系统内通常只有消化母乳的酶系，一周后通过接触饲料，其他消化酶才开始发育。

2. 体温调节功能不完善　新生仔猪因大脑皮层发育不健全，其神经系统调节体温的能力较差，体内贮存能源也较少。当环境温度较低时，仔猪体温呈下降趋势，但下降到一定范围开始回升，下降幅度及恢复所用的时间一般根据环境温度而定。当温度低到仔猪承受极限时，极易引发疾病，造成仔猪死亡。因此，应做好初生仔猪的保温工作。

3. 生长发育快，代谢旺盛　虽然仔猪体重较小，不足成年猪体重的 1%，但出生后其生长发育非常快，利用养分能力非常强，如新出生仔猪体重约 1 kg，10 日龄时可达到初生体重的 2 倍，30 日龄时达到 5～6 倍，60 日龄时达到 10～13 倍。仔猪高速生长，决定了仔猪需要高能、高蛋白的营养特点。

4. 免疫机能不全　因为胎盘阻隔，胎儿不能从母体获得免疫能力。初生仔猪吃到初乳后，初乳中的母源抗体可由肠道进入血液。仔猪自身 10 日龄后才开始产生抗体，但直到 30～35 天数量还很少，此后逐渐上升至正常水平。仔猪 3 周龄左右是免疫球蛋白青黄不接阶段，应特别注意防病。

5. 仔猪容易缺铁　由于母乳中含铁较少，哺乳仔猪不能依靠母乳获得足够的铁。通常在仔猪生后 3～4 日内应进行补铁。

三、哺乳仔猪的营养需求与饲料配方设计

哺乳期与断乳后两周是仔猪营养设计的两个关键阶段。合理设计哺乳期仔猪饲料配方，对于提高仔猪的成活率，挖掘仔猪的最佳生长潜能，达到最大断奶重意义重大。

哺乳仔猪早期营养主要来源于母乳。随着仔猪日龄与体重的增加，母乳不能满足仔猪快速生长需要，需要为哺乳仔猪提供营养全面、易于消化的饲料来满足哺乳仔猪的快速生长需要。代乳粉营养全面，最为接近母乳，是理想化的营养提供源，但成本较高，不适合大范围使用。

哺乳仔猪特殊的生理特点，决定了其营养需求的多样性，饲料配制的复杂性。目前已知仔猪生长过程中涉及 80 多种营养因素。考虑到中小养殖户购买原材料品质没有保障，配制机械不足等因素，不建议中小养殖户自行配制开口料，建议购买规模化饲料生产企业的成品开口料。对于规模化企业，饲料原料品质有保障，机械设备完善，可以参考 NRC 标准进行配制。

配制仔猪开口料时应注意以下因素：①营养水平应略高于 NRC 标准；②原料应选择适口性好，易于消化的种类；③蛋白水平应适宜，不易过高，避免造成腹泻或浪费；④按规定剂量添加酸化剂、益生菌、中药提取物、抗生素等促生长制剂。

四、哺乳仔猪舍设计

哺乳仔猪是养猪生产过程中最重要的环节，所以哺乳仔猪舍是全场投资最高、设备最佳和保温性能最好的圈舍。由于哺乳母猪和仔猪生活在一起，但温度需求存在明显的差异，通常哺乳母猪适宜的温度为 16～18 ℃，而哺乳仔猪适宜的温度为 29～35 ℃。

因此在建设哺乳仔猪舍时，既要考虑到共性因素也要考虑到个性因素。主要考虑以下几方面因素：①哺乳母猪与仔猪适宜的温度差异问题；②采食不同饲料；③有足够的面积和防护栏，避免仔猪被母猪压死。因此哺乳仔猪舍应由三部分组成：一是母猪分娩限位栏；二是哺乳仔猪活动区；三是哺乳仔猪保温区。

限位栏用来限制母猪转身和后退，避免母猪突然躺下时压住仔猪。限位栏的尺寸一般为长 2.1 m，宽 0.65 m，高 1 m。限位栏前方应安装母猪食槽和饮水器。限位栏应留有可以让仔猪自由通过的通道，使仔猪能够在限位栏和活动区之间来回穿梭。活动区周围应设立围栏，围栏高度一般为 0.5 m。围栏过高，浪费材料，同时不利于人员进入；围栏过低，仔猪容易翻越。

通常采用保温箱的方式来为哺乳仔猪提供保温。保温箱可以利用各种材料制作，目前已有商品化的保温箱出售。保温箱内可以通过加热板和红外线加热灯进行取暖。

目前，规模化养殖企业哺乳仔猪舍采用"高床分娩哺乳栏"，有效地将粪污与仔猪分离，改善了饲养环境，降低了哺乳仔猪腹泻发病率，提高了仔猪成活率。对于高床分娩哺乳栏的建设，各场由于机械化程度不同，有所差异。采用人工清理粪便的网床，离地高度一般为 30 cm 左右，便于清理粪便；采用机械化清粪设备的应根据设备要求设计高度。

五、哺乳仔猪饲喂与日常管理

根据仔猪的生长发育规律及其生长特点，合理设计哺乳仔猪的饲喂与管理，是实现哺乳仔猪饲养目标的基础。哺乳仔猪的生长大致可分为两个阶段：第一阶段为出生后至 7 日龄，这个阶段重点工作是抓好仔猪的成活；第二阶段为 7 日龄至断奶日龄，此阶段的重点工作是抓好奶膘，训练仔猪早吃料，保障断奶重。

（一）出生至 7 日龄的饲养管理

1. 做好仔猪出生接产工作　正常分娩的母猪每间隔 5 ～ 25 min 产出一头仔猪，平均间隔时间为 15 min。分娩持续时间通常为 1 ～ 4 h，个别也有延长的。母猪通常在仔猪全部产出后 30 min 左右排出胎盘。母猪分娩需要安静的环境，故分娩多在夜间。

仔猪出生后，首先应将仔猪口、鼻处的黏液掏出，并用抹布擦拭干净仔猪身体，防止水分蒸发带走仔猪体热。

擦拭完仔猪身体后，应及时给仔猪进行断脐。在距腹部约 4 cm 处，用手将脐带内的血液向腹部方向挤压，用手或剪刀切断脐带。

完成上述两个步骤后，及时将仔猪放到保温箱或热源处，将仔猪身上的水分彻底烤干。

仔猪出生后 30 min，将仔猪送到母猪身旁进行哺乳。对于不会哺乳的仔猪应进行人工辅助。仔猪出生后，吃上初乳的时间最迟不要超过 2 h。寒冷季节应注意保温工作，避免仔猪受冻无法哺乳。

部分仔猪出生后呼吸停止，但心跳存在，这种现象称为假死。对于假死的仔猪可以将其四肢向上，一手托着肩部，一手托着臀部，进行屈伸运动，直到仔猪叫出声音为止；

或者倒提仔猪，拍打仔猪胸部，直到出声为止。

猪属于多胎动物，一般不容易发生难产。通常，头胎母猪容易发生难产。对于分娩无力引起的难产可以通过注射催产素来解决。对于母猪努责厉害，而又没有仔猪产出的，通常是仔猪阻塞生殖道。这时不能使用催产素，应进行人工助产，用手将仔猪掏出。对于难产的仔猪应该做好记录，多次难产后其后代也表现为难产的母猪，可能存在遗传性，价值不高的建议进行淘汰处理。

2. 早吃并吃足初乳　仔猪出生后会本能地寻找乳头进行哺乳。弱小仔猪四肢无力，行动不便，往往不能找到乳头，或被挤开。因此，仔猪出生后首次哺乳应进行人工干预。让仔猪尽早吃上初乳。仔猪出生后，一定要尽早让仔猪吃足初乳（一般最晚不超过3 h）。这是由于初乳中蛋白质、脂肪和维生素的含量明显高于常乳；初乳中还含有较多的镁盐，有利于胎粪的排出；初乳的酸度也较常乳高，这样有利于促进仔猪消化道的活动；更重要的是，在初乳中含有大量的抗体，由于初生仔猪无先天免疫能力，需要靠吃初乳来获得抗体，因此，在仔猪出生后，应当让仔猪尽早吃上和吃足初乳。

3. 尽早固定好乳头　一般来讲，母猪每次放奶的时间比较短，如果仔猪吃奶的乳头不尽早固定，就会导致仔猪相互争抢乳头，这样既干扰了母猪的正常泌乳，同时又容易造成仔猪在断奶时个体间发育不整齐，从而造成个体小的仔猪瘦弱死亡。所以在仔猪出生后2天内，必须固定好乳头，这是提高仔猪成活率的一项重要措施。一般可将体大健壮的仔猪固定在母猪靠后部分的乳头上，把体小瘦弱的仔猪固定在母猪靠前部分的乳头上。在固定乳头时，须先按摩母猪乳房，并且要注意在母猪躺卧时，应将压在下侧的乳头翻起，以便定位于下侧的仔猪哺乳。

4. 做好防压、保温工作　初生仔猪的最适温度为32 ℃，长至2月龄时仍需保持在22 ℃左右。如果温度过低，仔猪易被冻伤或冻死，还会导致仔猪的活力差，爱钻垫草，无精力吮乳，还较容易被母猪压死或饿死，同时，低温也是诱发仔猪下痢的重要原因。所以母猪最好不要在水泥地面分娩，其他地面也应铺放垫草，如果是在冬季，室内还要生火炉，或利用红外灯和红外产仔箱等进行保温。为防止母猪压死仔猪：一是要加强护理，以防母猪哺乳时压死仔猪；二是在产房内设护仔栏和保育间或保育箱，使仔猪自由进出舍内护仔栏。

5. 注意补铁铜硒等微量元素　铁是血红素的重要组成成分，而铜是造血和酶系统的主要原料。初生仔猪体内贮铁量一般约为50 g，仔猪每日生长需要7～10 mg铁，其体内贮存的铁在几天内就会耗尽，而仔猪每日仅可从母乳中获取1 mg铁，给母猪补铁又不能在短时间内提高乳中铁的含量，所以应在仔猪出生后及时补铁。一般10日龄左右就会因缺铁而出现食欲减退，被毛散乱，皮肤苍白，生长停滞和下痢等，严重会导致仔猪死亡。目前常用的补铁方法有：一种是称取硫酸亚铁2.5 g、硫酸铜1 g，将其混入1 000 ml水中，进行溶解过滤，在仔猪吃奶时，将溶液滴在乳头上，每日2次，每日每头剂量为10 ml，一直喂到20日龄；另一种补铁方法是给3日龄仔猪颈侧部肌注右旋糖酐铁钴合剂2～3 ml，10日龄时再注射1次。补硒的方法是在仔猪3日龄和断奶时分别肌注0.1%亚硒酸钠注射液0.5 ml和1.0 ml，以防仔猪白肌病和水肿病。

6. 尽早补料　仔猪从出生后7天开始，就必须进行补料。仔猪开食越早，越能适应断乳后采食饲料的生活方式。补料时可以把带有香甜味的诱料撒在补料栏内。建议购买商品化的开口料作为补料。对于不方便购买商品化开口料的养殖户，可采用炒熟的黄豆或麦粒等，将其放在仔猪经常活动和出入的地方，让其自由采食，或采取在配合饲料内加入少量糖水调制成稀糊状，涂抹仔猪嘴唇，任其舔食，经反复几次后，仔猪就可学会吃料。

7. 让仔猪早饮水　这是因为仔猪生理代谢旺盛，物质的分解与合成都需要大量的水，35 日龄前的仔猪每日需水量一般为体重的 1/5，若不给予饮水，仔猪就会感到口渴，易导致仔猪在圈内喝污水或尿液。所以，从 5 日龄后，可在舍内放置饮水槽，供给仔猪清洁干净的新鲜饮水。

8. 注意做好卫生和疫病预防工作　对圈舍每日都要进行清扫，使舍内保持卫生、干燥，给仔猪提供清洁、安静、空气新鲜的生活环境。尤其要做好仔猪免疫工作，从 30 日龄后，要根据当地传染病发生情况采取适当的免疫措施，如仔猪进行猪瘟、猪丹毒、仔猪副伤寒等疫苗的免疫，以预防各种传染病的发生。

（二）7 日龄至断奶的饲养管理

1. 尽早补料　仔猪在 7 日龄后，就需训练仔猪开食、补料，这是一项细微而重要的工作。仔猪开食越早，断奶个体重越大，越能适应断乳后采食饲料的生活方式。补料时可以将开口料或带有香甜味的诱导料撒在补料栏内，任其自由采食。

仔猪在 3 周龄时，生长速度非常快，饲料利用率高，尽量减少对仔猪的刺激，以使其达到最佳生长效果。在此期间，应提供给仔猪营养丰富，易消化、适口性好的优质饲料。

2. 早期去势　传统的去势时间是在仔猪 35 ～ 45 日龄。研究表明，仔猪在 10 ～ 20 日龄进行早期去势，易于操作，创口小，愈合快，并且不影响仔猪增重。3 日龄时，仔猪不太强壮；20 日龄时，仔猪抵抗疾病能力较差，这两个时间不易去势。

六、仔猪的饲养效果评价

1. 断乳时眼观仔猪精神饱满，健康活泼，体型匀称，背部肌肉外翻；
2. 每窝仔猪发育整齐，均匀度好，无弱猪；
3. 哺乳期成活率应达 95% 以上；
4. 3 周龄断奶平均体重 6.0 kg 以上，4 周龄断奶平均体重 7.0 kg 以上。

第四节　保育猪的饲养与管理

从断奶到 70 日龄这一阶段，为仔猪保育期。保育期内的仔猪称为断奶仔猪，也叫保育猪。保育猪处在快速的生长发育期，消化机能和抵抗力还没有发育完全。仔猪由原来的依靠母乳生活，过渡到自己吃颗粒料或粉状料的独立生活，生活环境由产房迁移到保育舍，并伴随着重新编群，更换饲料、饲养员和管理制度等，这些变化给保育猪造成了很大刺激，引发各种不良应激反应。如果断奶时间、断奶方法合理，饲养管理周到，可将各种应激造成的损失降到最低点，使保育猪安全度过这一非常时期，并能提高其成活率和生长速度，为生长育肥期打好基础；反之，如果饲养管理不当，各种不良应激反应的影响会很严重，引起保育猪生长发育停滞，形成僵猪，抵抗力下降，招致细菌、病毒的侵袭，引起疾病的发生，死亡率提高。因此，保育猪阶段是养猪生产中的一个关键阶段，应引起养猪者的高度重视。

一、保育猪饲养的目标

鉴于仔猪保育阶段特殊的生理特点，此阶段的饲养目标主要集中于两个方面：一是保持猪群较高的健康度，安全快速度过断奶应激期，从而获得较高的保育猪成活率；二是取得较高的生长速度。

二、保育猪的生理特点

1. 代谢机能旺盛　仔猪代谢旺盛，生长快，20 日龄仔猪的体重为出生时的 4.5 倍，每千克体增重的蛋白质沉积量为 9 ~ 14 g，而成年猪每千克体增重沉积的蛋白质仅为 0.3 ~ 0.4 g，前者是后者的 30 ~ 35 倍。因此，仔猪单位体重所需养分高，且对日粮营养物质的要求也很高。

2. 消化系统发育不成熟　保育猪消化道的重量和容积比较小，且发育不完全。消化器官随着日龄的增长而增长，如出生时胃的重量为 4 ~ 8 g，仅为成年猪的 1% 左右，直到体重达到 50 kg 时，胃的重量才接近成年猪。其他消化器官变化规律基本相同。

3. 消化酶系统发育不健全　新生仔猪主要分泌胰脂肪酶、乳糖酶用于母乳的消化。25 日龄前乳糖酶的活性很高，但麦芽糖酶和蔗糖酶分泌量少，21 日龄前淀粉酶分泌量也不足，从而导致早期断奶仔猪对植物性蛋白和淀粉的消化率较低。因此，选择仔猪补料原料时，必须考虑原料可消化性，使之与仔猪所分泌的酶相一致。

4. 胃酸分泌不足　仔猪胃酸分泌量低，断奶前主要通过母乳中的乳糖发酵产生的乳酸来维持胃内的酸度。断奶后由于饲料中的乳糖含量大大降低，导致乳酸产量下降，使胃内总酸度较低。同时，由于饲料中的一些蛋白质及无机阳离子也会与胃酸结合，最终导致仔猪对蛋白质的消化障碍及仔猪胃肠道病原微生物的大量繁殖，进而破坏仔猪消化道内微生物区系的平衡，导致仔猪腹泻。

5. 体温调节能力差　由于仔猪被毛稀疏，皮下脂肪很少，隔热能力差，再加上大脑皮层发育不健全，对各系统机能的协调能力差，导致仔猪体温调节机制不健全，易受冷热应激的影响，尤其是冷应激对新生仔猪影响更大。

6. 对疾病的易感性高　失去母源抗体的保护，自身的主动免疫功能又未建立或不坚强，对疾病易感，如传染性胃肠炎、仔猪多系统衰竭综合征、猪瘟、伪狂犬病等。仔猪离开母猪开始完全独立的生活，对新环境不适应，若室温过低、湿度过大、消毒不够彻底等不良因素，都会引起仔猪的应激反应，均可导致疾病的发生。

三、保育猪的营养需求与饲料配方设计

乳猪主要依靠母乳生活，采食很少。母乳的营养全面而且易于消化。但是，随着母猪窝产仔数的增多和仔猪生长速度的加快，母乳越来越不能满足仔猪对营养的需要。通常，母猪在产后3周左右，母乳已不能满足仔猪最大增重的营养需要。因此，乳猪营养和乳猪日粮的配制引起营养学家越来越多的关注。为了提高仔猪的生长率，国外对人工乳进行了大量研究，并在实际生产中推广应用。试验表明，用人工乳饲喂的仔猪其生长速度比母猪带乳的乳猪提高74%。

早期断奶是国内外集约化养猪生产的关键技术。它不仅可以提高母猪的生产力和圈舍的利用率，而且可以减少母体向仔猪传播疾病的概率，还能提高仔猪的生产性能和后期的胴体品质。然而，早期断奶也不可避免地给仔猪带来了一系列的心理、环境和营养等方面的应激。因此，仔猪早期断奶后常常出现食欲降低、消化不良、饲料利用率低、免疫力和抗病力下降、腹泻等现象，最终表现为生长抑制，即所谓的"仔猪早期断奶综合征"。仔猪出生后的几周内，消化、代谢和免疫等方面变化很快。乳糖酶以及与消化母乳中糖类有关酶的活性在出生后2～3周时达到顶峰，然后又很快下降。相反地，在仔猪出生时，淀粉酶及消化淀粉和碳水化合物有关酶的活性很低，随后逐渐上升。仔猪从初乳中获得的被动免疫力很高，但是在随后的3周内下降很快。主动免疫在4～5周时才开始起作用。

仔猪的消化生理在发育期间迅速变化，因此在设计仔猪日粮时必须与其消化生理相适应，尤其应考虑仔猪的断奶日龄和体重，以减少不利于仔猪生长的营养制约因素。

断奶使仔猪的日粮性质和采食量发生了巨大变化。断奶前，仔猪每天吮乳16～24次。日粮为液体的乳汁，以易于消化的乳糖、乳脂和乳蛋白形式提供营养物质。以干物质计算，母乳中大约含有35%脂肪、30%蛋白质、25%乳糖。所有仔猪都在同一时间吃奶。断奶后，仔猪必须适应以植物性饲料为主的固体日粮。如何精心饲喂以减轻仔猪断奶应激，成为仔猪饲养的关键。

（一）保育猪的日粮特点

1. 高营养浓度日粮　保育猪尤其是早期保育猪由于消化功能尚未完善，采食量也低。常常为其配制高营养浓度、高消化率的日粮，又称作超级乳猪料或"英式"饲料。这类饲料是以蒸煮加工过的谷物、较高含量的乳制品、易消化的动物蛋白质和动植物油为基础配制的。这种日粮具有能量浓度高，减少仔猪死亡率和改善断奶体重等优点。

2. 日粮的防病作用　腹泻对保育猪的生产性能和存活率都带来了不利影响，因此，如何配制能减少仔猪腹泻的日粮以及采用什么样的饲喂措施显得非常重要。在仔猪日粮中添加抗生素、酸化剂、益生菌等可以预防和治疗仔猪断奶后的腹泻。

3. 日粮粗纤维的含量　有人建议，将保育猪第一阶段日粮中的粗纤维水平增加至5%

来促进肠道功能的发育，减少食物排空时间，从而减少细菌生长的底物。澳大利亚目前使用的 21 天断奶的仔猪日粮，虽然没有限制粗纤维的含量，但是，高营养浓度日粮配方所用的原料种类限制了仔猪日粮的粗纤维含量（＜ 3%）。含有较高粗纤维水平日粮的潜在饲用价值在适宜的条件下是很容易评定的，而且这一点是保育猪营养中需要进一步探讨的一个问题。

4. 饲料原料的抗原性　某些日粮的原料有引起早期保育猪短暂过敏反应的潜在作用，这一现象称作饲料的抗原性。这可能是仔猪断奶后生长受阻甚至拉痢等的原因。目前，大多数原料的消化率值都是用生长肥育猪模型进行测定的，对仔猪显然不适用。如果能集中精力探讨原料抗原性对仔猪干物质和蛋白质消化率的影响，并研究保育猪对常用饲料原料的消化率，然后用这些参数为保育猪配制日粮，无疑对仔猪的生长有重要意义。

5. 酸化日粮　从仔猪消化道酶的变化情况上看，保育猪不能很好地消化饲料中的碳水化合物及蛋白质等营养物质。为了解决此问题，营养学家进行了大量研究。有些人试图用氢化可的松和促肾上腺皮质激素处理仔猪，以刺激其消化系统发育成熟，但不太成功。消化不完全，导致了可发酵物质进入肠的下部，渗透性的紊乱引起了腹泻的发生。后来研究发现，仔猪消化酶活性较低，部分原因是早期保育猪缺乏分泌胃酸的能力。于是，人们试图通过改变日粮的酸性来提高饲料的消化性。

给保育猪配制酸化日粮，一方面可以提高日粮的消化性从而促进仔猪生长；另一方面可以减轻仔猪的腹泻。有报道称，在饮水中添加 1% 乳酸，可以提高仔猪的日增重和饲料的转化效率，十二指肠和空肠中大肠杆菌数减少。在饮水中添加 0.8% 的乳酸，日增重和饲料转化效率都有改善的趋势。延胡索酸也能改善仔猪日增重、采食量和饲料转换效率。一般添加 1.5% ～ 2.0% 的延胡索酸，对氮平衡有 5% ～ 7% 的改善。有人研究了柠檬酸、铜和抗生素三者对仔猪增重的互作效应。研究结果表明，仔猪增重只受日粮的酸度影响，与铜和抗生素的存在与否无关。日增重和饲料转化效率在延胡索酸的添加水平为 3% 时最好。无机酸中只有磷酸没有引起仔猪生长速度降低，但它对仔猪的生长也未表现出促进作用。按假设，磷酸既提供酸，又提供部分无机磷，应该促进仔猪的增长，但实际上并没有。由此可知，有机酸对保育猪的效果比无机酸好。有机酸的潜在作用是降低了胃中的 pH 值，提高了胃蛋白酶的活性，从而改善了仔猪的消化能力，并控制了溶血型大肠菌的增殖。另外，添加能产生乳酸的微生物，也可以改善仔猪生产性能，这可能是因为它可以导致胃中乳酸的合成量增加。因此，在实际生产中可以通过仔猪少吃、勤吃的方式来减少暂时分泌胃酸的需要以及配制不同缓冲力的日粮来解决或减轻仔猪胃酸分泌不足的问题。

6. 其他特点　在仔猪断奶后的短时期内，小颗粒（2.5 mm）饲料的饲喂效果好于直径为 4 mm 或 5 mm 的颗粒饲料，这是因为小颗粒饲料有助于提高营养物质消化率，改善仔猪生长性能和营养水平。原料质量对于保证保育猪良好的生产性能很关键，是保育猪营养措施成功与否的决定因素。发达国家通常是以仔猪肌肉增长速度和消化机能发育为依据来选择饲料原料和确定日粮的营养水平的。仔猪肌肉增长速度和消化机能发育受仔猪断奶日龄和断奶体重的影响，所以原料的选择和日粮营养水平的确定应随仔猪断奶后的发育而调整。

（二）保育猪的三阶段饲喂程序

堪萨斯州立大学的营养学家为商品化的养猪企业提出了高营养浓度日粮（high nutrient density diet，HNDD）的概念，随后发展为保育猪的三阶段饲养体系，这是一种切实可行的管理办法，能够最大限度地提高仔猪生产性能，降低生产成本。

该体系最大的一个优点就是能较大范围地适合于不同断奶日龄的仔猪。各阶段饲养的饲料组成见表 1-6。第 1 阶段（断奶～ 7 kg），饲喂 HNDD（15% Lys，40% 乳产品，颗粒料）。最近科学家们对第 1 阶段做了修正，即用 8% ～ 15% 喷雾干燥血浆蛋白粉代替脱脂奶粉。第 2 阶段（7 ～ 11 kg）日粮中含 1.25% Lys，采用谷物豆饼型日粮，还含有一定量的乳清粉和其他高质量的蛋白饲料（如喷雾干燥血粉或鱼粉或浓缩大豆蛋白）。第 3 阶段（11 ～ 23 kg），采用含 1.10% Lys 的谷物豆粕型日粮。

表 1-6　仔猪三阶段饲喂体系开食料的特征及推荐配方

项目	阶段 1 高营养浓度日粮	阶段 2 乳清粉开食料	阶段 3 玉米—豆粕料
蛋白质（%）	20 ～ 22	18 ～ 20	18
赖氨酸（%）	1.5	1.25	1.10
脂肪（%）	4 ～ 6	3 ～ 5	～
食用级乳清粉气[①]（%）	15 ～ 25	10 ～ 20	～
干脱脂奶粉（%）	10 ～ 25	～	～
鱼粉[②]（%）	0 ～ 3	3 ～ 5	～
铜（mg/kg）	190 ～ 260	190 ～ 260	190 ～ 260
维生素 E（IU）	4 000	4 000	4 000
硒（mg/kg）	0.3	0.3	0.3
抗生素[③]	+	+	+
物理形态	1/8 颗粒料	颗粒料或粉料	粉料

①喷雾干燥猪血浆蛋白和乳糖可以完全代替阶段 1 的乳清粉和脱脂奶粉；
②喷雾干燥血粉（2% ～ 3%）可以代替阶段 2 的鱼粉；
③在抗生素的使用方法上，也可以在第一阶段使用安普霉素，第二阶段使用卡巴氧；
④预混料可为每千克全价日粮提供：四环素，110 mg；碘胺噻唑，110 mg；青霉素，55 mg；维生素 A，5 512 IU；维生素 D$_3$，55 1 IU；维生素 E，22 IU；维生素 K$_3$，2.2 mg；维生素 B$_2$，5.5 mg；D- 泛酸，13.8 mg；烟酸，30.3 mg；胆碱，551 mg；维生素 B$_{12}$，27.6 μg；锰，150 mg；铁，150 mg；锌，150 mg；钙，60 mg；铜，260 mg；钾，3 mg；碘，4.5 mg；钠，3 mg；钴，1.5 mg；硒，0.3 mg。

三阶段饲喂体系的提出，成为仔猪从吸吮乳汁向断奶后采食由谷物和豆饼组成的低脂肪、低乳糖、高碳水化合物的干饲料过渡的一种有效手段。阶段 1 和阶段 2 是根据最大消化率、最佳生产性能和经济效益综合分析而设计出来的。阶段 1 和阶段 2 最主要的目的是诱使仔猪开始采食固体饲料。仔猪一旦能采食相当量的固体饲料，就可以在确保良好生产性能的前提下尽快降低饲料成本。因此在阶段 3，可以去掉适口性好、价格高的原料以降低饲料成本。三阶段饲喂体系的关键是阶段 1 和阶段 2 的时间不能太长。生产者往往过于注重仔猪的生长速度，在仔猪达到了推荐的体重范围，还继续使用前两阶段的饲料，从而增加了总的饲料成本。事实上，仔猪在 4 周龄或 4 周龄以后，就没有必要继续饲喂阶段 1 的高成本日粮了。

四、保育猪舍设计

目前，我国现代化猪场多采用高床网上保育栏，主要用金属编织漏缝地板网。由围栏、食槽、连接卡、支腿等组成，金属编织网通过支架设在粪尿沟上（或实体水泥地面上），围栏由连接卡固定在金属漏缝地板网上，相邻两栏在间隔处设有食槽，供两栏仔猪自由采食，每栏安装一个自动饮水器。

在金属编织漏缝地板网上饲养仔猪，粪尿随时通过漏缝地板落入粪沟中，保持了网床上的干燥、清洁，使仔猪避免粪便污染，减少疾病发生，大大提高仔猪成活率，是一种较为理想的仔猪保育设备。仔猪保育栏的长、宽、高尺寸，视猪舍结构不同而定，常用的规格为栏长 2 m，栏宽 1.7 m，栏高 0.6 m，侧栏间隙 0.06 m，离地面高度为 0.25 ～ 0.3 m。可养 10 ～ 25 kg 的仔猪 10 ～ 12 头。使用效果很好。在生产中因地制宜，保育栏也可采用金属和水泥混合结构，东西面围栏用水泥结构，南北面围栏仍用金属，这样既可节省一些金属材料，又可保持良好通风。

五、保育猪的饲喂与日常管理

（一）影响保育猪生长发育的因素

影响保育猪生长发育的因素包括仔猪断奶日龄和体重、饲料营养、饲喂方式、疾病状况、环境条件、饲养人员素质等。这些因素共同影响保育猪的生长速度和成活率。

1. **断奶日龄和体重** 断奶体重与断奶后生长性能之间有较强的正相关。仔猪 28 日龄以上断奶，体重超过 7 kg 时，不容易腹泻，成活率较高，个体重较大，到 10 周龄时个体重在 25 kg 以上。如果保育猪断奶日龄小，它对植物性蛋白质的消化能力就差，容易腹泻得病，影响正常生长。要想使体重低的仔猪保持较好的生长速度，需要采取一些特殊的营养策略和管理措施。

2. **营养因素** 断奶前，仔猪每天吃奶 16 ～ 24 次，所有仔猪在同一时间吃奶。以干物质计算，母乳中含有约 35% 的脂肪、30% 的蛋白质和 25% 的乳糖。母乳极容易被仔猪消化吸收，其消化率可达 100%。而断奶后，保育猪必须吃人工配制的饲料。此时，对于饲料中植物性蛋白质的消化率还不高，对细菌、病毒以及不良环境的抵抗力不强，易出现厌食、腹泻、生长缓慢等情况。研究结果显示，断奶日龄早于 21 天，体重小于 5 kg 的保育猪，其增重速度与日粮中的消化能浓度成正比，直到每千克日粮含 15 MJ 为止。另外，在设计保育猪营养方案时，要尽量多选用消化率高的动物性蛋白质饲料，如奶粉、鱼粉、血粉和肉粉等，增加赖氨酸含量，少用豆粕等植物性蛋白质饲料。当然，配制这样的保育猪饲料成本要高些。但是，一般只在断奶后3周内使用这种饲料，用量较小，仅占整个饲料用量的4%～5%，对整体饲料成本的影响不大。

3. 疾病防治与保健　腹泻是保育猪的常见病，严重影响个体生长和成活率。刚断奶的仔猪，其食物由母乳变成了固体饲料，常发生拒绝进食现象。在饿了12～15 h后，又饱餐一顿。由于过量采食固体饲料，造成消化不良，导致腹泻。如果日粮配方不合理，豆粕等植物性蛋白质饲料过多，会破坏保育猪的肠绒毛，导致腹泻。如果环境不卫生、有病原菌存在或室温过低时，也会造成猪只腹泻。目前，国内的大多数猪场采用抗生素治疗保育猪腹泻。但长时间使用抗生素，往往造成动物肠道内菌群失调，并产生抗药性，带来一些负面影响。近几年，科技人员试图利用益生菌制剂、中草药提取物等来替代抗生素的使用，研制出的含有益生菌的添加剂，能竞争性地抑制病原菌，增加肠道有益菌数量，抑制有害菌生长，促进胃肠道内的菌群平衡，提高了机体免疫力，降低了保育猪腹泻率，提高生长性能。

4. 舍内环境　保育猪怕冷，对环境温度的变化很敏感。舍内温度每天变化3 ℃时，即会引起猪只腹泻和生长缓慢。对初生至8周龄期间，尤其是3～4周龄刚断奶的保育猪，一定要提供适宜的舍内温度（表1-7）。

表1-7　21日龄6.5 kg断奶猪在保育舍的最低温度

天数	温度/℃	天数	温度/℃
1～2	29	29～35	24
3～7	28	36～42	23
8～14	27	43～49	22
15～21	26	50天以上	21
22～28	25		

断奶时，改用固体饲料饲喂仔猪，导致仔猪能量摄入减少较多，这将提高仔猪对温度的要求。由于断奶猪群存在个体体重和早期采食量方面的差异，这就要求温度制定必须考虑到猪群中最小猪的要求。保育舍的温度是通过计算和经验，并依据断奶日龄和栏内是否有局部加热器（在这种情况下，室温可以稍微降低）制定的。虽然多数情况下，既定的温度制度适合，但饲养员必须认清形势，注意调整基于猪体重或采食量而分出的个别猪群的温度要求。另外，最小的猪可能在栏内要用额外的加热灯或保温箱来提高热环境。当保育猪的采食量增加时，它们对温度的要求就降低。若随着猪的生长，室温不是一直在持续下降，那么猪的食欲会受到很大的影响。因此，保育舍的温度要求通过自动装置或手调控制器执行平稳降低。

湿度也是影响猪群健康的一个重要指标，湿度过低容易患萎缩性鼻炎，湿度过高舍内容易滋生细菌。猪舍的相对湿度要求为50%～70%。

在工作时利用个人的感觉（热、冷、风、气味等）作环境的主观检查，可以使异常情况很快被发现。猪的行为是判定猪热冷的一个重要指示。为了很快找出环境的不足之处，饲养员必须熟悉猪舒服和不舒服的行为特征。在保育舍猪感到舒服会侧睡，躺在一起，但不挤。若感到太冷，它们会挤成堆以减少散热。极冷时，体毛倒竖。若感到太热，它们会伸展开躺着，以便散热量最大。因为它们不能流汗，以喘气散热。空气流动速度、地面类型和饲养密度等，也能不同程度地影响保育猪的性能表现。

5. 饲养人员素质　素质高的老饲养员对猪的生理特性和饲养知识等了解得多，对猪有爱心，饲养行为规范，技术操作熟练，在日常工作中能够细心观察猪的行为规律，添加饲料适量，清扫粪污及时，能严格执行场方制定的消毒、免疫程序，有异常现象或疑难问题时，能及时发现、及时处理。相反，新饲养员或者责任心差的饲养员，工作中会有许多做不到位的地方，应加强技术培训和思想教育。

（二）早期断奶技术

早期断奶是相对于传统的自然断奶而言的。以前，一般的种猪场是56～60日龄断奶，商品猪场是45～50日龄断奶。随着养猪设备、营养和饲料科学的发展，目前许多规模猪场已普遍采用21～28日龄的早期断奶。一般来说，生产中最好不要早于21日龄断奶，否则，会给仔猪的人工培育带来许多困难，影响保育猪的成活率。仔猪的适宜断奶时间，应根据各猪场的具体情况而定。猪场的生产设备、生产技术和饲养条件好的，可适当提前断奶；条件差的，则应当推迟断奶时间，来提高保育猪的成活率和降低保育成本。

1. 早期断奶的优点

（1）提高母猪繁殖力：仔猪早期断奶可以缩短母猪的产仔间隔，提高母猪的年产仔窝数和年产仔总头数。

$$母猪的年产仔窝数 = 365 天 / （妊娠期 + 哺乳期 + 空怀期）$$

其中，365天是个常数，妊娠期、哺乳期、空怀期之和为一个繁殖周期。妊娠期约为114天，基本没有变化。哺乳期和空怀期是可变的。也就是说，哺乳期和空怀期的长短，直接影响繁殖周期的长短。早期断奶就是缩短哺乳期，哺乳期缩短了，母猪的体能和体重消耗就少，断奶后能迅速发情、配种，因而又缩短了空怀期。

（2）提高饲料利用率：母猪吃料转化成乳，仔猪吃乳增加体重，在饲料转化成乳、乳转化成仔猪体重的过程中，饲料利用率只有20%。而采用早期断奶，保育猪直接摄取饲料，使饲料直接转化成体重，饲料利用率大大提高，可达50%以上，降低了饲养成本。

（3）提高了保育猪的日增重和均匀度：从仔猪21日龄起，母猪的泌乳量一般已不能满足仔猪的生长需要。这时，根据保育猪的营养需要，饲喂全价的配合饲料，有利于促使其生长潜力的发挥，减少弱猪、僵猪的比例，从而获得体重大而均匀的保育猪。

（4）减少发病，促进生长发育：早期断奶可以降低母猪向仔猪传播疾病的概率，降低仔猪发病率。另外，由于保育猪日粮是根据生长需要设计的，能最大限度地满足保育猪的需求。因此，适应后的保育猪生长发育较快。

（5）提高了分娩猪舍和设备的利用率：由于实行早期断奶，可以缩短母猪占用产仔栏

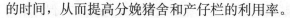

的时间，从而提高分娩猪舍和产仔栏的利用率。

2. 断奶方法　常用的断奶方法有一次性断奶法、分批断奶法和逐步断奶法。在规模化猪场中，多采用一次性断奶法，便于全进全出的生产管理。在规模较小的猪场或农户，多采用分批断奶法或逐步断奶法。

（1）一次性断奶法：断奶前3天减少母猪的饲喂量，到断奶日龄时，一次性将仔猪与母猪全部分开，分别转至保育舍和空怀母猪舍。也可先转走母猪，仔猪在原圈饲养5～7天后再将仔猪转入保育舍。此种方法的最大优点是简便易行，省工省时。缺点是来得突然，对母猪和仔猪应激较大，易引起仔猪食欲减退，生长发育受阻以及母猪烦躁不安。

（2）分批断奶法：这种方法是将一窝中生长发育好、体重大、拟作育肥用的仔猪先断奶，体质弱、体重小、拟作种猪用的仔猪后断奶。也可将每窝中极瘦弱的仔猪挑出集中起来，挑选一头泌乳性能好的断奶母猪，再让其哺乳1周，可减少这部分仔猪断奶后的死亡率。此种方法的优点是能减少母猪精神不安，预防乳腺炎的发生；缺点是延长了哺乳期，影响母猪的繁殖成绩，断奶后的保育猪也较难管理。

（3）逐步断奶法：在断奶前4～6天，减少母猪和仔猪的接触与哺乳次数，并适当减少母猪的饲喂量，使仔猪逐渐由少哺乳过渡到不哺乳，最后以吃颗粒饲料或粉状饲料为主。此种方法的优点是能保证母猪和仔猪的顺利断奶；缺点是操作起来麻烦，费时又费力。

（三）保育猪的管理

1. 断奶前的管理　断奶前2～3天给母猪减料，人为减少哺乳次数，迫使仔猪采食较多的乳猪料，以增加仔猪采食量。

保育猪的圈舍，在使用前要彻底清扫、消毒、干燥后，至少空圈5天方可重新装猪。

2. 断奶后的管理　仔猪断奶后，要训练定时、定量吃料，让其知道什么时候吃，一次吃多少，一天吃几次。每天应少喂勤添，饲喂易消化的日粮，尽可能减少应激，保障猪只安全顺利地度过这一阶段。断奶后的第一周内，由于生活条件的突然改变，保育猪往往情绪不安，食欲减退，腹泻，增重缓慢，体重减轻，一般需要5～7天的缓冲，猪只才能恢复正常的采食和生长发育。要养好保育猪，必须在以下几个方面做好工作：

（1）控制好温湿度：要求保育猪舍环境安静，温湿度适宜，光线充足，面积合理，无贼风。刚断奶的保育猪，体表面积大，散热快，再加之活动量大，饲料摄入量低。因此，刚断奶的保育猪对寒冷非常敏感。猪的日龄越小，需要的温度越高、越稳定。每日的温度变动超过3℃时，将会引起保育猪腹泻，降低生产性能。冬季要采取保温措施，最好安装取暖设备，如暖气、热风炉或煤火炉等，也可采取火墙供温。在炎热的夏季，可采取喷雾、淋浴和通风等方式防暑降温。保育猪适宜的相对湿度为65%～75%，过于潮湿，会引起多种疾病甚至造成死亡。

（2）饲养密度合理：每头保育猪合适的占有面积为0.2～0.4 m2。低密度饲养的保育猪，其增重、饲料利用率方面都优于高密度饲养。在保育猪舍，最好的做法是一窝猪占有1个保育栏。同窝的猪相互了解，和平相处。反之，如果大群饲养，需要不同窝的猪并圈，猪与猪之间容易打架，产生应激，影响生长。

（3）限制空气流动速度：限制冷风、贼风以及高速气流对猪群健康很重要。保育猪舍冬季风速应小于 0.2 m/s，夏季应小于 0.6 m/s。研究表明，与暴露在贼风条件下的保育猪相比，不接触贼风的保育猪生长速度要快 6%，饲料消耗要少 16%。所以，要加强管理，尽量避免贼风。

（4）控制舍内有害气体浓度：保育舍内氨气浓度应低于 20 cm³/m³，硫化氢浓度应低于 8 cm³/m³，二氧化碳浓度应低于 0.15%。应做好通风换气工作，尤其是在冬天，人们往往只注意保暖，却忽略了通风换气。应在中午、天气晴好的时候，适当开窗换气，保持空气新鲜。

（5）保持适宜的光照：阳光能使保育猪皮肤温暖，血液循环加速，皮肤代谢加快。阳光中的紫外线能促使保育猪体内的 7- 脱氢胆固醇转变成维生素 D，以调节钙磷的代谢。阳光照射，可杀死或抑制部分病毒和有害细菌，减少疾病的发生。在舍饲条件下，夜间应有 3 ～ 5 h 的光照时间，一则可以加强光照；二则可以让保育猪夜间采食，提高生长速度。

（6）适宜的饲喂方法：断奶后，为了尽快使保育猪适应饲料（颗粒饲料或粉状饲料），减少断奶应激，在断奶后一周内，应饲喂哺乳期内的补料，并适量添加抗生素、维生素，以减少应激反应。一周后，用乳猪料与保育猪料混合，并逐渐加大保育猪料的比例，到第 10 ～ 15 天，全部换成保育猪料。应在断奶后 3 ～ 5 天内采取限量饲喂，平均日采食量在 160 g 左右，5 天以后再实行自由采食。在断奶后 5 天内，应保证有较多的饲喂次数，每次饲喂量不宜过多，以防发生腹泻。夜间应坚持饲喂，以免停食过长。有经验的农户，一般每天的饲喂次数在 5 次左右，即每天清晨和夜晚各喂 1 次，白天 3 次。要求每天每次喂料间隔尽量一致。随着保育猪日龄的增长，则可适当减少饲喂次数，早、中、晚各 1 次。保育猪拱出去的料，要及时回收，严禁浪费饲料。在供给充足营养的同时，还要注意提供充足的饮水。可在猪舍放置鸭嘴式（或乳头式）自动饮水器，使保育猪随时能够饮到充足的清洁水。对于下痢脱水的保育猪，可在饮水器内添加钾、钠、葡萄糖等电解质以及维生素。冬季应防止给保育猪饮用冰冻水；高温季节，饮水量应根据饲料量和周围温度而变化，通常是饲料量的 2 ～ 3 倍。要求每 8 ～ 10 头保育猪有 1 个饮水器，水流速度为 250 ml/min。同时，还应注意保育猪有充足的运动，增加光照，以促进肌肉和骨骼的生长发育。

（7）合理分群、认真调教：仔猪断奶后，一般在产仔房饲养 3 ～ 5 天。观察仔猪适应了独立采食环境后，转入保育猪舍。断奶仔猪转群时，一般采取原窝培育，即将原窝仔猪转入培育舍的同一栏内饲养。如果原窝仔猪过多或过少时，可将体重基本一致的放在一栏内，同栏内的猪只体重相差不应超过 2 kg。个别弱小的，要单独组群，进行特殊护理。平常要认真调教保育猪在特定的区域内吃料、睡觉和排泄，靠近食槽的一侧为睡卧区，安装饮水器的一侧为排泄区。这样既可保持栏内卫生，又便于清扫。训练办法是，排泄区的粪便暂不清扫，诱导保育猪来排泄，而其他区域内的粪便要及时清除干净。经过一周的训练，可建立起定点睡觉和排泄的条件反射。同时，为防止猪只出现咬尾、咬耳等现象，可在猪栏上绑几个铁环，供其玩耍。

（8）做好卫生、消毒、防疫和驱虫工作：猪圈应保持干燥和清洁卫生，定期消毒，切断传染病传播途径。消毒时间要固定，一般3天消毒1次，每次消毒前，先将圈舍清扫干净，一般不用水冲洗，以防保育舍潮湿。养猪场（户）至少要选购两种以上消毒剂，按消毒说明配成消毒液，进行带猪消毒。仔猪断奶后，环境、饲料、密度、免疫系统及本身胃肠发育等因素，极易造成仔猪应激、腹泻和呼吸道等疾病的发生。为避免因此带来的不必要损失，可在饮水中添加保健药物，如补充多种维生素，以减少应激。场内应严格执行消毒、免疫程序。注射器针头要坚持一猪一针，在猪耳后颈侧肌肉注射。保育猪体重在15 kg左右时，要进行一次驱虫。常用的驱虫药有阿维菌素、伊维菌素、左旋咪唑、丙硫咪唑等，具体用药量可根据猪的体重选择，按药物说明，将驱虫药拌入饲料内，让猪一次性采食完成。驱虫的好处是增进动物健康，提高饲料利用率，也可以增强疫苗免疫效果。

（9）加强饲养员的责任心：对保育猪的饲养是否适宜，可通过观察保育猪的采食、排粪和活动情况判定。一是观察采食情况。给保育猪喂料后，要及时检查采食情况，看饲槽有无剩料，如果有剩料，则表明喂量过大，如无剩料，则说明喂量不足。二是观察排粪情况。仔细观察保育猪粪便是否正常，并根据不同情况及时调整投料量。仔猪出生时，粪便呈黄褐色筒状。断奶3天之内，粪便由粗变细，由黄色变成褐色，这是正常的。观察排粪时间，一般在每天的12～15时。如果粪便变软、油光发亮、色泽正常，则投喂量不用改变；如果圈内有少量零星粪便呈黄色，表明个别猪抢食过量，下次投料量应减少；如果发现粪便呈糊状、淡灰色，并有零星黄色，内有未消化饲料，这是全窝仔猪发生下痢的预兆，应停食一顿。三是观察活动情况。喂食前，保育猪听到响声蜂拥到槽前，叫声不断说明饥饿，应投量多些；给料10 min左右，饲料被抢食一空，保育猪仍不回窝，在槽边拥挤，表明饲料不足；保育猪对投饲料没有多大反应，叫声小而弱，表明不太饿，可以少喂料。

（四）健康检查与淘汰

1. 健康检查　饲养人员应对猪群健康进行观察，清理卫生时注意观察猪群排粪情况；喂料时观察食欲情况；休息时检查呼吸情况。发现病猪，及时上报、隔离、治疗（表1-8）。

表1-8　健康猪与病弱猪对比

健康猪	病弱猪
毛色发亮	毛长无光
眼睛清澈	眼屎多，眼神无光
食欲好	起身不快，食欲差
对周围环境感兴趣	低头不语，行动慵懒
休息时呼吸均匀	呼吸粗重
行走自由，关节无异常	跛行，行走脚步无力或者焦躁不安，过度活跃
粪便成形，多为长条形	稀粪或血便
尿液清澈，呈淡黄色	尿液深黄色或尿血

续表

健康猪	病弱猪
皮肤呈健康粉色	皮肤粗糙，四处乱蹭，有伤疤
鼻子湿润干净	鼻子干燥
耳朵自由摇摆，反应迅速	耳朵下垂无力
尾巴上翘有力，下摆自由	咬尾或夹尾巴跑

2. 淘汰程序　保育期间应实行周淘汰制，对残、弱、病猪只每周淘汰 1 次，淘汰标准见表 1-9。

表 1-9　淘汰标准

级别	眼观特征
一级	健康猪只，精神状况良好，灵活，毛色光亮，四肢正常，体况圆润饱满
二级	（1）70 日龄低于 18 kg 猪；轻度消瘦 （2）眼屎重，精神沉郁，毛色无光泽、呈现炸毛状 （3）轻度的脐疝、阴囊疝、带一个睾丸、咬尾或其他局部小范围外伤 （4）轻度蜂窝织炎（耳朵）、一条腿跛足或轻微脓肿、皮炎、结膜炎或脱肛 （5）部分市场红毛猪或黑毛猪
三级	（1）重度消瘦，可明显显露脊柱 （2）明显的发病猪只：气喘、瘫痪、重度皮炎、水样腹泻、重度脱肛 （3）表现其他明显病变的症状

六、保育猪的饲养效果评价

（1）保育期内成活率达 95% 以上；

（2）保育期内，平均日增重 450 ～ 500 g，70 日龄体重 20 ～ 25 kg；

（3）保育期内料肉比在 1.4：1 ～ 1.8：1；

（4）保育猪健康活泼，体型优美，肢蹄健壮，群体整齐度高，无僵猪、弱猪；

（5）达到表 1-10 规定的中等以上生长性能指标。

表 1-10　保育猪中等以上生长性能指标

保育猪的生长性能			
年龄		目标体重	
周龄 / 周	日龄 / 天	中等 /kg	良好 /kg
3	21	6	6
4	28	7	7.5

续表

保育猪的生长性能			
年龄		目标体重	
周龄 / 周	日龄 / 天	中等 /kg	良好 /kg
5	35	8.5	9.5
6	42	10.5	13
7	49	13.5	17
8	56	16.5	21.5
9	63	20.5	26
10	70	24.5	31

第五节　育肥猪的饲养与管理

一、育肥猪的饲养目标

育肥猪的饲养目标为：提高增重速度、饲料转化率、瘦肉率，降低死亡率。要想实现育肥猪饲养目标，需要从圈舍环境、猪苗、饲料和饲养管理技术等多方面抓起。需要具体达到的饲养指标见饲养效果评价部分内容。

二、育肥猪的生理特点

按照育肥猪的生理特点以及生长发育规律，可根据其体重将其生长过程分为生长期和育肥期。生长期是指体重在 20 ~ 60 千克猪的生长过程。处于这一生长阶段的猪，其各组织、器官以及功能发育得还不是十分完善，消化系统的功能较差，因此有些营养物质不能很好地吸收、利用。另外，此阶段仔猪的胃容积较小，神经系统的发育还不健全，对外界的抵抗力也正处于逐步完善中，因此易患消化系统疾病或并发症。生长育肥猪在这一阶段骨骼和肌肉的生长比较快，脂肪的生长较慢。育肥期是指体重在 60 千克以上猪的育肥过程。这一阶段猪的各组织、器官以及功能发育相对较为完善，并且对各种饲料的消化、吸收能力都有很大的改善。神经系统的发育也趋于完善，对外界的抵抗能力有所提高，可以快速适应环境的变化。这一阶段的猪主要是脂肪的增长，骨骼和肌肉的生长速度开始减慢。

三、育肥猪的营养需求与饲料配方设计

育肥猪的生长速度、饲料利用率以及料肉比直接体现了养猪的经济效益，所以要根据其对营养的需求来合理配制日粮，以获得较快的生长速度、较高的饲料利用率以及较低的料肉比。通常情况下，能量的摄入水平与日增重成正比，摄入的能量越多，日增重越快，饲料的利用率也就越高，脂肪的增长越多，但是瘦肉率会有所下降，从而影响胴体的品质。育肥猪对蛋白质的需求较为复杂，蛋白质的供给不但要满足需求量，还要考虑氨基酸的平衡与利用率。日粮中的能量和蛋白质的量并不是越多越好，要考虑能蛋比对育肥猪的影响，过高的能量会使猪肉的品质变差，而适宜的蛋白质则可以改善猪肉的品质，因此，日粮中适宜的能蛋比对于育肥猪的增重以及胴体品质很重要。日粮中的纤维素水平对育肥效果也有着重要的影响，饲料中的粗纤维含量过高时，会影响能量的摄入量，而使增重速度和饲料的利用率都降低。因此，日粮中的纤维素不能过高，一般要求低于8%。育肥猪对矿物质和维生素的需求量虽然较少，但却是必不可少的营养物质，如果长期缺乏或者不足，会导致新陈代谢系统发生紊乱，影响增重，严重缺乏还会导致死亡。育肥猪在各阶段对营养的需求也不同，在生长期主要是骨骼和肌肉的生长，此阶段对能量、蛋白质以及钙、磷的需求量较大。在育肥期，是脂肪快速增长的时期，肌肉和骨骼的生长缓慢，为了保证胴体的质量，此阶段可以控制能量的摄入水平，以减少脂肪的沉积。

规模化养猪生产中，提供全面营养可保证猪只正常生长发育，饲管人员应在满足育肥猪生长发育所需营养的基础上，节约饲养成本，提高经济效益。限量饲喂条件下，若日粮浓度及能量水平提高，虽能加快育肥猪生长速度，提高饲料转化率，然而通常会出现胴体过肥情况。现代规模化猪场实际生产中，普遍采用不限量饲喂方式，以兼顾育肥猪胴体品质、日增重及饲料转化率。

规模化养猪生产中通常根据育肥猪的不同阶段，供给不同水平蛋白质，日粮中蛋白质水平提高，育肥猪增重快，但若蛋白质水平超过18%，虽可改善肉质，提高瘦肉率，但对增重无效。色氨酸、蛋氨酸和赖氨酸等必需氨基酸对育肥猪的影响显著，应按其生长育肥需要添加不同水平的必需氨基酸。同时，应注意对育肥猪补给诸如锰、锌、铁、铜等微量元素，以避免微量元素的缺乏导致育肥猪采食减退、生长缓慢，或引发疾病而亡等情况的发生。因此，在育肥猪的日粮中，要按其生长育肥需求，添加适量的矿物质及维生素。

一般在生长期为了满足肌肉和骨骼的快速增长的营养需要，日粮中蛋白质、钙、磷的水平要相对高一些，粗蛋白水平在16%～18%，钙为0.5%～0.55%，磷为0.41%～0.46%，在育肥期为了避免体内脂肪沉积过量则要控制能量的水平，同时减少日粮中的蛋白质水平，粗蛋白水平为13%～15%，钙为0.46%，磷为0.37%。虽然猪对粗纤维的利用率有限，但是日粮中也需要一定量的粗纤维，一方面可预防便秘，另一方面可以在限饲时增加饱腹感。但是不可使用过量，否则会导致饲料的适口性下降，导致育肥猪的采食量下降，影响生长发育和增重。

具体饲料配方设计可参照 NRC 标准，利用配方设计软件，根据企业现有饲料原料进

行设计与配制。

育肥猪饲料配方示例见表 1-11。

表 1-11　育肥猪饲料配方示例

原料	玉米	豆粕	麦麸	菜粕	棉粕	预混料
前期	65	15.5	11	3	2.5	3
后期	69	8	13	3	4	3

猪在生长发育过程中需要多种营养物质，单一的饲料营养不够全面，不能完全满足猪只的营养需求，所以饲喂育肥猪的日粮搭配要多样化，充分发挥蛋白质以及其他营养物质的互补作用，以提高消化率和利用率。一般饲料生喂要比熟喂的效果好，这是因为饲料中的营养成分，如维生素在高温的环境下会被破坏而失去原有的营养价值，而饲料中的蛋白质在经高温久煮后也会变性，从而降低了消化利用率。另外，饲喂生料还可节省开支，降低养殖成本。

四、育肥猪舍设计

（一）设计要点

1. 防寒防暑　现代养猪不管规模大小都属于商品猪生产，因此都应常年饲养，这就涉及四季不同的气温对育肥猪生产性能的影响。一般春、秋气温对生产影响小，但冬、夏就不同了，过热或过冷的温度都会使增重降低、饲料转化率下降和发病率升高，这会使生产效益大幅度下降。因此在设计育肥猪舍时，应充分考虑冬季防寒采暖、夏季防暑降温的要求。要求夏季通风良好，没有阳光直射，温度最好控制在 30 ℃以下，必要时应采取喷雾等降温措施；冬季要控制在 10 ℃以上，必要时设计采暖设备，提高猪舍的温度。

2. 能够方便地供给猪只清洁的饮水　充足、清洁的饮水是育肥猪生长发育取得良好生产性能的必要条件。因此，圈舍设计应充分考虑这一要求，同时不要造成水资源浪费和圈舍潮湿污秽。目前猪场多使用自动供水系统。这个系统由水塔或水箱、管道、自动饮水器组成，用少量投资即可使猪群得到充足、清洁的饮水。但应考虑冬季防冻，否则冬季使用将有很大麻烦。

3. 方便猪只采食，但不浪费饲料　猪只只有获得应有的饲料，才能达到理想的增重，这是不言而喻的。但怎样饲喂猪群才能使猪群获得应有的饲料又不会造成浪费，这是在圈舍设计时就应充分研究的。猪群能否获得充分采食的关键因素是食槽宽度（或槽位多少），及饲喂时间的长短。如果采用自由采食，可以 2 ~ 3 头猪设置一个槽位，如果分顿饲喂，则应每头猪设置一个 30 cm 长的槽位。饲料浪费多少，最重要的影响因素是饲槽设计是否合理。一般应考虑栏外加料、栏内采食。食槽内沿低、外沿高，槽上设置防拱护栏。根据猪体大小确定饲槽的深度（一般在 25 cm 左右）。自由采食的猪只也可以采用专用自动落料食槽。食槽有水泥的和金属的，可根据需要选购。

4．方便及时清理粪尿　圈舍设计中应考虑少用水，方便及时清理粪便。在生产管理过程中少用水，至少有两项优点：一是节约水资源，尤其是我国北部和西部地区，水是短缺的、非常宝贵的资源，节约用水是非常必要的；二是减少污染，同时减少污水处理费用。所以主张使用小粪沟排污，结合人工清粪。

5．设置测定圈　设置测定圈可以对饲料或猪种生产性能进行动态监测，进而做出科学评价与决策。规模猪场在对猪种、饲料和饲喂方法以及整体生产水平进行评估时，需要得到某些生产性能实际数据，这对正确的决策很重要。猪场在对生产情况进行统计核算和经济核算时，需要某些技术性参考数据，以对生产经营做出更准确的评价。这些都需要数据参数，而且这些参数应可以较方便地获得，这就需要设置测定圈。其要求是称重方便，计料准确，数据在阶段性猪群中有代表性。

6．饲养管理人员操作方便　饲养管理操作的方便性是育肥猪舍设计优劣的重要指标，因为方便的操作可以使每个饲养员多养几十头或上百头猪而不增加工作量。方便性主要体现在喂料方便、保持卫生和清粪排污方便、猪群转入和转出方便、洗刷消毒方便、打针治病和疫苗注射方便以及设备维修方便等。例如，工人每天清理粪便时都要进出猪栏两次，围栏的门应该开关自如、关闭牢靠、门上方没有横梁，人员进出时不应有钻、跳等动作，这样既安全，又减少工作量，提高工作效率。具体做法根据不同猪场的情况有所不同，但应围绕这些原则设计较为实用的育肥猪舍。

7．节约资金，科学合理，因陋就简　育肥猪对饲料、环境等有较强的适应力，一般情况下，成活率很高。因此，在能满足育肥猪生长需要的前提下，圈舍的建造避免贪大求阔，应尽量减少圈舍资金投入，以减少固定资金占用，以最大可能地获得经济效益。

（二）饲养密度合理

猪群密度适当，对于饲养好育肥猪是非常重要的。适宜的饲养密度使猪只容易形成强弱次序，不持续出现相互攻击现象；还使猪群容易形成定点排便的好习惯；有利于冬季保暖和夏季防暑。因此，设计育肥猪舍时，应合理安排圈舍面积及每圈猪只数量。

一般每圈猪只数量不超过 10 头，每头猪占床面积不小于 1 m^2。育肥猪应有足够的躺卧休息时间，这有利于猪只的增重和健康，也有利于减少饲料消耗。应为猪只考虑适合的躺卧床面。床面应有一定坡度，以便于排水、排尿，保持干燥，但坡度又不能过大；漏缝地板面积占猪床面积比例不要太大；冬季如有垫料，最好不要让猪只直接躺卧水泥地面。

五、育肥猪饲喂与日常管理

（一）优质小猪选购

对于规模化猪场，我们主张自繁自养的生产方式，育肥猪从保育猪群转来即可。除种猪更新外，不得从外面选购小猪，这样有利于猪场内的卫生防疫和疾病控制，能减少疫病暴发的风险。但对于个体养猪户，尤其是对专门饲养育肥猪的专业户来讲，他们的经济实力有限，需从外面选购小猪育肥。应选购健康无病、品种优良、发育良好的小猪，至少要注意下列三点：

1. 选购地点　选购地点关系到小猪的健康和品种。一般来说，市场上的猪品种杂，容易携带传染病，还有卖主为增加小猪重量而喂给小猪大量饲料或一些不健康食物的现象。因此，在集市上购买小猪具有很大的风险。如果养猪场长期经营育肥猪，建议不要到集市上去购买小猪。可以去较好的猪场或养猪户直接联系并购入小猪，并在购入之前做到对猪源情况有所了解。购入之后，应与原猪群隔离饲养 5 周以上。在此期间，应进行防疫注射。个别健康状况不良的，应及时进行治疗。特别说明的是，不要从疫区选购小猪，所购猪只应有当地兽医部门的检疫证明。

2. 选购猪种　选购何种猪种应视购猪目的而定。如果目的是育肥出栏商品猪，应选择两元或三元杂交猪，如杜长大三元杂交猪或国外引进猪种与当地新培育猪种的杂交后代等。这样可获得较好的增重、饲料转化率和瘦肉率。如果作为种猪使用，则应考虑其繁育性能及与哪些父本公猪配套使用，最好有一定繁殖性能较好的猪种的血液，以获得较高的受胎率、产仔数和成活率。

3. 日龄与外观　购买小猪进行育肥，应根据自身条件和技术水平，参照市场上小猪的价格，确定购入的品种和小猪日龄。一般以 5 周龄左右为宜。小猪外观应符合品种要求，根据外观和行为可初步判断其健康状况。猪只健康的标志是无外伤，无跛行，皮肤无异常斑点，被毛光亮，眼睛明亮有神，鼻端湿润，精神良好，活动正常，发育良好，无气喘咳嗽症状；同批小猪应大小一致，均匀度好。小猪体形要优美，头大小适中，体长，背平，臀部丰满，这样的小猪生长快，瘦肉率高，出栏时的价格高。体态短圆，肚子大或两头尖的猪，生长速度慢，瘦肉率低，出栏时价格低。

（二）育肥猪日常管理

1. 适宜的生长环境　猪群生活与生长环境，应该引起猪场管理者的高度重视。良好的环境条件，有利于育肥猪生产性能的发挥，从而表现出良好的生产水平和经济效益。温度是最重要的环境因素之一。育肥猪舍在冬季最低温度不应低于 10 ℃，夏季温度不要超过 30 ℃。当舍温低于 10 ℃时，应采取措施。散开型猪舍应加盖防寒薄膜，水泥猪床应铺垫适当垫料。封闭型猪舍应关闭窗户，定时通风。如仍不能保证适宜温度，就应采取适当的加温措施。夏季温度超过 30 ℃时，敞开式猪舍应加盖遮阳棚，不使阳光直射猪床和猪体。适当向猪舍喷水降温，拆除不利于通风的设施，封闭式猪舍应打开所有窗户，以利于通风。如有通风设备，应使其运行良好。还可以增加喷雾，湿润空气结合通风降温等。总之，应保证猪群得到较适宜的温度。

猪舍适宜的相对湿度是 70% 左右，不适宜的湿度对生长育猪肥生产性能影响很大。主要体现在湿度过大有利于病原微生物的繁殖，易造成疫病流行。冬季湿度过大，可加大空气的导热系数，在相同室温下使猪体散热增加而感到更加寒冷。而湿度过低可造成空气中悬浮物大幅度增加，使猪群呼吸道疾病的发病率增加，同时对饲养人员的健康不利。所以，湿度过大时应尽量减少冲刷圈舍，提高水的利用率。冲刷的污水应及时排到猪舍以外较远的地方，不要在猪舍内洗衣刷鞋等。湿度过低时应适当向猪舍喷水，或者使用专门设备喷雾，增加湿度。总之，应保证猪舍适当的相对湿度。空气悬浮物的多少极大地影响猪舍空气质量，关系到猪群的健康。影响这一指标的主要因素是湿度、饲喂方式和清扫卫生的操作。湿度大时，粉尘少；喂干粉料时粉尘大，喂颗粒料、潮拌料时粉尘少。饲养员饲喂时动作大，则粉尘大。清扫走道时，动作要轻，尽量减少舍内的粉尘量。地面卫生、噪声与人性化管理，对猪只的影响也很大。地面要保持干净和干燥，每天清理2次，这可提高猪的舒适感，不利于病原菌的繁殖，从而有利于猪群的健康。噪声是猪只的应激源之一，猪舍保持安静，有利于减少应激所带来的增重和饲料转化率方面的损失，因此不要在猪舍内大声喧哗、打闹。所谓人性化管理是指饲养员对猪群应尽量做到温和，尤其在供水、喂料、转群和防疫注射时，饲养员或兽医直接与猪只接触，善待猪只，尽量减少猪只因此引起的应激。

2. 配制合理的饲料　饲料成本是决定养猪效益的重要因素。通常，经验不足的饲养者会选择价格低的饲料，其实这只是其中的一个因素，我们必须同时考虑饲料价格、增重速度和料肉比这些因素，来全面判定饲料的合理性。

3. 选择最经济的饲料供给方式　饲养育肥猪必须使用全价料，但提供饲料的方式有所不同。其一是购入全价料简单饲喂；其二是购入不同的原料自己配制。购入全价料的方式最简单，风险最小，资金占用量少，但饲料成本较高。购入原料自己配制饲料成本较低，但占用资金较大，技术和管理要求较高。对于小型猪场，我们认为采用购入主原料和成品预混料的方式是较为适宜的，操作简单，成本也较低。对于规模较大的猪场，饲料用量大，建立饲料加工车间，自己采购原料配制全价饲料较为合适。

4. 选择合理的饲喂方式和营养水平　瘦肉率是商品猪销售价格的最重要影响因素。而猪的品种、饲喂方式和饲料营养组成等是影响瘦肉率的最重要因素。在一个猪场，猪品种选定了以后，就应该考虑饲料配制及其饲喂方式。营养水平中目前可以考虑的是能量水平与蛋白质、氨基酸水平的配合。育肥猪自由采食育肥，可以获得较高的增重速度，但相对胴体较肥，瘦肉率和饲料转化率较低；分顿限量饲喂，增重速度相对较低，但瘦肉率和饲料转化率较高，所以对瘦肉猪的饲喂方式采用生长期自由采食、育肥期分顿限量饲喂可以获得较高的瘦肉率和饲料报酬。瘦肉型猪育肥期饲料的消化能、粗蛋白质和赖氨酸水平分别为 3.1 MJ/kg、16% 和 0.9% 时，猪的瘦肉率和增重效果最好。

现代化规模猪场通常采用直线育肥法，即根据猪只各阶段特点，采用不同的营养水平及饲喂技术，确保育肥期能量和蛋白质水平逐阶段提高，从而加快猪增重，提高饲料转化率。此外，在饲喂过程中，要根据育肥猪的生理状态、饲料性质及采食量的不同来调控猪只饮水量，确保供应洁净卫生的饮水。

5. 选择最经济的出栏体重　不同的出栏体重对育肥猪增重速度、饲料转化率和瘦肉率影响很大。而这三个指标对效益影响又很大，所以育肥猪饲养者必须重视选择经济的出栏体重。研究表明，商品猪当体重小于 90 kg 时，饲料转化率和瘦肉率较高，增重速度较慢；体重大于 110 kg 时，增重速度较快，而饲料转化率和瘦肉率偏低。一般来说，瘦肉型商品猪以 90 ～ 110 kg 体重出栏为好。但如果市场对出栏体重的要求变化很大时，就要对不同的出栏体重进行调整，以获取最佳经济效益。如 2007 年受高热病的影响，仔猪成活率较低，商品猪和猪肉出现全国性不足，为了充分发挥育肥猪的潜力，提高养猪效益和猪肉产量，有的饲养者将出栏商品猪的体重调至 120 ～ 130 kg，获得了满意效果。

六、育肥猪饲养效果评价

表 1-12 为规模化生产企业育肥猪生产水平评价指标，各企业可以结合生产实际进行对照，对于生产水平达不到本表指标的，企业应进行总结，找出生产中的不足，加以改进，提高生产性能及经济效益。

表 1-12　育肥猪生产水平评价指标

序号	指标名称	指标数值
1	成活率	98% 以上
2	日增重	650 克以上
3	料肉比	3.0 以下
4	生长育肥期饲养日	90 ～ 100 天
5	170 日龄体重	90 千克以上
6	瘦肉率	55% 以上
7	背膘厚度	2 cm 以内

第二章　猪病防治基础知识

第一节　猪病发生特点与防治原则

一、猪病发生特点

随着养猪规模的不断扩大，猪病流行形式日趋多样化，严重威胁到猪场的养殖效益。猪场应根据猪病流行发生特点，针对性选择用药防控和治疗，严格消毒管理制度，重点做好猪病防控对策。

1. 种类繁多，混合感染居多　地方生猪养殖，由于疏于猪群管理，养殖技术滞后，配套设施不齐，导致猪病肆虐而严重影响猪场养殖效益。有调查表明：不少地方生猪养殖场，病死率都在 10% ～ 20%。调查猪死亡原因，与多种致病因素有关。其中，有细菌、病毒或细菌和病毒混合致病，同时，往往是多种不同发病原因，有的为原发，有的为继发或并发，而一些免疫抑制性疾病的存在，使病情加重。上述原因导致的复合性疾病危害极为严重，且难以控制。

2. 细菌性疾病、寄生虫病多发　随着规模化养殖场的增多和规模的不断扩大，环境污染日趋严重，细菌性疾病和寄生虫病明显增多，如猪大肠杆菌病、附红细胞体病、弓形体病等。另外，某些损害免疫系统的疾病如圆环病毒等未能得到有效控制，使猪的免疫功能及抵抗力下降，也很容易引起细菌性疾病的发生。更为主要的原因是盲目滥用、乱用抗菌药物，使养殖场一些常见的细菌产生强的耐药性，一旦发病后，诸多药物都难以奏效。

3. 病毒病成为传染主体，呼吸道综合征日益突出　经调查病死猪病例，剖检病死猪尸体，明显发现约有 90% 的病死猪，肺部均出现不同程度的病理变化，而且以哺乳猪和育成猪的病变最为严重。就感染疫病而言，受气候变化的影响，猪繁殖与呼吸综合征的易感性最大，带来的直接或间接经济损失甚为惨重。

二、猪病防治原则

猪场疾病的防治应从猪的繁殖、生产、流通等各个环节抓起，针对传染性和非传染性两大类疾病，坚持以预防为主，防治结合。

1. 加强饲养管理　要按照猪的品种、年龄、性别等不同，分群饲养，分别采取不同的饲养标准和饲养管理方法。注意猪舍通风、光照，保持适宜的温度、湿度，为猪群提供最合适的生活环境；科学配制饲料，保证各种营养成分齐全，搭配合理，比例得当；避免各种有害因素的不良刺激，以保证猪只的正常生长。

实行全进全出的饲养模式，可以有效地预防疾病的发生。

2. 坚持自繁自养原则　自繁自养是封闭饲养的具体体现，可避免购买猪苗时带来各种疫病的危险。从防疫角度讲，猪场应尽可能自己完成种猪更新，自己选留后备猪，不要轻易引种。如必须引种时，引种前应对种猪场进行全面咨询，了解种猪的饲养管理、免疫程序、周边疫情等。引进的种猪要远离生产区隔离饲养 3 ~ 6 个月，发现情况立即予以确诊和处理。观察期间，可据本场实际情况有针对性地对引进猪只进行常规免疫，如无异常情况，可将本场即将淘汰的公、母猪与之混养，使引进猪只建立适应本场实际的免疫力。

3. 加强检疫　应根据传染病的特点和本场疫病的流行现状，制定行之有效的检疫程序，定期对猪群进行抽样检查或全群检查。及时隔离、淘汰某些有特定发病原因体的感染猪群。在新购入种猪、饲料及其他产品时，也要进行检疫。若发现一般传染病或烈性传染病，应严格按国家规定分别进行妥善处理。

4. 严格消毒　加强猪场的卫生消毒，可以杀灭存在于空气、土壤、粪便以及饲料、饮水等媒介中的致病微生物，从而切断传播途径，有效地防止传染病的发生。根据消毒的目的可分为：预防消毒（即平时的定期消毒）、临时消毒（发生传染病时进行的消毒）、终末消毒（在疫区解除封锁前进行的全面消毒）。消毒的方法可分为物理消毒法、化学消毒法和生物消毒法三种。

消毒应定期进行，根据不同的对象采取对应的消毒方法，如冲洗、煮沸、暴晒、消毒药物熏蒸、浸泡或喷洒等。要选择高效、低毒、价廉的消毒药物，并保证有足够的浓度、用量和充分的作用时间。消毒要全面彻底，不留任何死角。

5. 免疫接种　免疫接种是利用疫苗、菌苗、类毒素等生物制品，激活机体的免疫系统，建立免疫应答，使机体产生足够的抵抗力，从而保证猪群不受发病原因的侵袭。集约化养猪场应根据猪群的免疫状态和疫病的发生情况，并结合当地和周边疫病的流行特点，制定适合本场猪群的免疫计划。

免疫接种是猪场疫病预防的重要措施。接种前，应对被接种猪只进行详细检查，对于正在发热、体弱、有慢性病及妊娠后期的母猪，如果不是直接受到传染病的威胁，最好暂不接种。如当地发现疫情，应首先安排有关传染病的紧急预防接种。对已染病或处于潜伏期的猪只应严格消毒隔离，不能再接种疫苗。接种前认真检查所用疫苗，有无过期、变质现象，并按要求使用。凡属人畜共患疾病的，应注意个人的防护。接种后，猪只可能会有厌食、过敏、流产、体温升高等不良反应，要注意观察，对反应较重的，应采取适当的保护措施。

疫苗的种类、接种的日龄、剂量、注射部位、接种次数及间隔时间等均对免疫效果有着直接影响。一般来说，灭活苗比较安全，但免疫效果差。弱毒苗产生的免疫力强，但有可能散毒或返强，安全性较差。过期疫苗，效价会降低，影响免疫效果。首免时间过早，可能因母源抗体存在而降低效果，过迟会使猪群处于易感的危险中。

免疫接种的方法有注射、灌服、喷雾等，不同的疫苗接种方法、部位，要求有所不同，必须严格按说明进行。只有接种到要求的部位，机体才会建立起快速的免疫应答。部位不准，则效价降低或无效。接种的剂量不能随意增减，用量不足，不能激活免疫系统；用量过大，可能因毒力过大造成接种强毒，反而致病。使用几种疫苗时，不能随意联合接种，以防止出现干扰现象。采取饮水免疫时，应保证每头猪只能饮到大致等量的疫苗。为避免交叉感染，接种疫苗时，应做到一圈换一个针头。疫苗应在低温、避光的条件下妥善保存，开封后应立即使用，多余的疫苗要集中处理，不能随便抛弃。

6. 药物预防　对于一些尚未研制出有效疫苗的传染性疾病来说，药物预防是一个比较有效的途径。目前用于预防的药物有两大类，一类是用于杀灭体内、外致病的寄生虫的抗菌添加剂，如土霉素、伊维菌素、磺胺类药物等。在预防猪只传染病时，短时间使用是有益的，但使用过滥，将导致致病微生物对这些抗病药物产生抗药性，同时也会造成药物在体内的残留，影响肉的品质。另一类是微生态制剂，是利用动物正常微生物群制成的活菌剂。它不针对某一特定疾病，可以明显地改善猪只的生理功能，提高动物对腹泻类致病原因的抵抗力，安全、无毒副作用。常用的有调痢生、乳康生、促菌生等。在服用微生态制剂时，禁用抗菌类药物。进行药物预防时，应选择敏感药物并交替轮换，以免产生抗药菌株。加入饲料中时应搅拌均匀。猪只在出栏前一段时间应停止使用，以防肉产品中药物残留超标。

7. 扑灭疫病　发现疫病或可疑传染病时，应及时将发病时间、主要症状、死亡情况等报送有关部门。同时迅速组织力量进行确诊，并追查疫源。将病猪和可疑病猪隔离，划定疫点疫区，严格封锁。封锁区内，严禁猪只及其产品流动，直到最后一头病猪痊愈、死亡或急宰后，再经过该病的最长潜伏期，若无新病例出现，经过全面彻底的消毒后，方可解除封锁。

对被传染病污染的场地、用具、工作服及其他污染物，应彻底消毒。垫料予以焚烧，粪便深埋或进行发酵处理，病死猪一律焚烧深埋，作无害化处理。

积极治疗病猪，减少经济损失。对疫区假定健康猪和受威胁区的健康猪，应使用免疫血清或疫苗、菌苗进行紧急预防接种。对尚无疫苗的传染病，可进行药物预防，有助于尽快地控制和扑灭疫情。

第二节　猪群体与个体检查技术

一、猪群体调查

猪群体检查分为发病猪的群体检查和没有发病猪的群体检查。发病猪的群体检查主要包括对具有典型临床症状的病猪检查和疾病暴发的流行病学调查。没有发病猪的群体检查是指在未发生特殊疾病的情况下，对猪群进行的日常观察和健康评估，包括生产性能、饲养环境与健康水平等。

当猪只暴发某种疾病或是整群猪生长发育不理想时，就要对整个猪群做检查。无论哪种情况，对群体的检查都不是对个体检查的简单加和。除了应检查体格状况外，还要了解猪群动态、环境条件、饲养管理状况以及猪群或猪场的历史资料。对猪群的巡查，一般首先查看产房，然后查看断奶仔猪，接着再到育肥猪舍或是种猪、妊娠母猪舍查看。

1. 猪群动态检查 猪群动态状况包括猪与猪个体之间的关系以及猪与饲养员之间的关系。检查时应着重了解猪的饲养密度（包括每栏头数、每头猪的活动范围以及整栋猪舍总数）、猪群均一性（同一栏或同一猪舍内猪的个体大小和年龄）、共用设施的数量（食槽数、饮水器数、供猪躺卧区域的面积等与猪数目的比值）、猪与猪之间的群体关系（是否争斗，有无咬尾、咬耳）以及猪对饲养人员的反应等几个方面。应经常称量猪的体重，并与饲养标准中的数据作比较。同栏猪的体重差异不应超过 10%。

2. 环境检查 环境的检查主要应注意猪舍温度是否与猪的日龄相适合，猪舍的通风情况如何，湿度是否合适以及有无气体与尘埃污染。湿度是反映通风是否良好的指标，可以在 40% ～ 60% 的范围内波动；产房内使用燃料加热时应时刻注意一氧化碳的产生；地面的检查应注意了解地面的建筑材料是否合适（是否滑、有无破损、保温性能如何），地面设计是否合理（漏粪板和间隙的宽度是否合适，地面的倾斜度是否合理），材料是否耐磨以及清洁度和干燥程度是否良好。猪栏内设置的饲槽和饮水装置应建在猪只容易接近的地方，并且不能使用有破损的部件和带有尖锐突起的棱角。观察栏内猪只是簇拥在一起还是散开的。还要注意观察排粪的情况，尤其要注意排粪是在躺卧区还是在采食区。

3. 饲养管理检查 饲料的检查应着重于营养分析，比较日粮的实际成分与设计配方中营养物质的含量；粉碎的饲料观察其磨碎的程度是否合适，颗粒性饲料观察颗粒是否完整。猪只的饲料应该新鲜，没有霉菌、动物的粪便，也不含变质或酸败成分。对于限饲的猪只，应根据每日允许采食量来供应饲料，自由采食的猪只则可由饲养员调节。最后是对猪场管理情况的检查，要了解猪的流动是实行全进全出还是连续饲养。混群、分级和移动的具体数量，以及这些工作是在什么时候进行都应有详细记录。要查看发情和配种记录，配种多少次，具体在什么时间。

4. 猪群的历史资料 收集完整的猪群或猪场的历史资料，特别是注意发病猪群的资料，对于猪病的快速正确诊断具有相当重要的意义。历史资料包括表 2-1 所示内容。

表 2-1 猪的历史资料内容

序号	历史资料	主要内容
1	猪群安全	①近期从外面引进猪只入场情况；②新引进猪只的检疫和隔离措施；③种猪群的来源情况；④控制人和猪的交通运输带来的问题所采取的措施；⑤猪只运出场的途径及车辆进场消毒情况等
2	遗传关系	①猪群的遗传组合类型；②种猪的选择条件及与患猪之间在家系和品种上的联系等
3	繁殖管理	①公、母猪比例；②每头公猪的使用频度、交配场地与方式（如为人工辅助交配，应对公猪采取的卫生防疫措施）；③判断发情母猪配种时间、配种次数及做妊娠检查的时间和方法；④母猪的受胎率和产仔率；⑤母猪在配种 21 天或在此后返情情况和流产情况

序号	历史资料	主要内容
4	产仔性能	①母猪的窝产仔数、窝产活仔数及干尸和死胎数；②仔猪初生重；③母猪分娩过程：助产或诱导分娩；④仔猪哺乳情况（是否采用交叉寄养）
5	死亡率	①未断奶仔猪、断奶仔猪、育肥猪、母猪和公猪的死亡率；②分析死亡的相关因素：季节、环境、猪场免疫情况等
6	治疗免疫	①猪场免疫程序和常规驱虫方案；②饲料中添加药物及剂量情况；③药物轮换使用情况及给药途径
7	饲料	①饲料的购买、生产、贮存和使用情况；②饲料配方；③限饲猪的饲料量及相关数据统计
8	疾病暴发	①在疾病暴发前，管理模式上有无调整或改变；②病猪症状的发展进程：最初出现症状时病猪的年龄、疾病持续时间；③疾病在猪群的流行过程（暴发还是潜伏）、最初感染的动物、疾病传播的具体猪群（仔猪、肥猪或种猪等）；④疾病流行初期与后期症状、疾病发展态势、疾病流行特点（发病猪是同窝的、同栏的或是同幢猪舍的？是否存在性别差异？）；⑤病猪预后情况，猪群的发病率和死亡率，采取治疗措施及效果
9	同窝猪发生的疾病	①是整窝发病还是窝内散发；②最大还是最小的猪发病；③初产母猪的仔猪和经产母猪的仔猪哪窝发病更多、病势更重

二、猪个体检查

猪生性较胆小，一般不愿意接近人。人为抓捕和外界刺激，会造成其生理变化。所以，个体检查时，应尽可能地在其自由状态下进行观察，包括猪只的姿势、体型、行为、营养状况、呼吸、排尿、排粪、喷嚏和咳嗽等。若有必要，可先在安静状态下观察，然后将其保定，再做进一步检查。

1. 精神状态　精神状态可以直接反映猪的健康状况。健康猪两耳竖立或前伸，如果两耳下耷或后贴，则表明猪的精神状态不佳。胡乱冲撞或对外界声音无反应，均提示猪可能出现听觉障碍或视觉障碍。但发病初期，一般不容易观察分辨。所以，观察时可以将病猪与同栏的健康猪进行比较，以判断是精神沉郁、倦怠，还是兴奋、骚动不安。通常，局部性的疾病（如跛行）只是引起轻微的警觉状态，全身性疾病则会引起明显精神状态异常。

2. 体型体态　体型体态与动物的营养状况有关，但也可以反映动物的健康状况。架子猪背弓腹圆，体表不应有明显的骨结构，如果过分弓背，且脊柱、肋骨或盆骨外凸均属异常。健康的猪腹部应充盈，但不膨胀。成年猪站立时背部平直或微弓，两侧腹壁平坦或微凸，通过视诊或触诊坐骨、肋骨、脊背和尾根，可估计猪只的脂肪沉积状况，判定动物的营养状况和疾病的严重程度或发病的时期。

3. 姿势行为　猪的某些特定姿势常可反映某种疾病的性质，应注意仔细观察。猪只的卧地姿势有侧卧和平卧两种，如果有心脏疾病，则一般不侧卧；如果动物极度疲乏或过热时，常取侧卧。当处于寒冷状态时，猪的四肢缩于腹下而平卧，以减少身体与寒冷地面的接触。如果猪呈犬坐姿势，提示有呼吸困难，常见于肺炎、心功能不全、胸膜炎或贫血。如果站立时头颈向前伸直，也表示有呼吸障碍。如果患有胸膜炎，则通常呈弓背站立。如果有跛行，通常不愿站立或是倚栏而立。如果有严重的前肢跛行，常常以鼻触地来避免前肢负重。如果猪的头颈歪斜或做圆周运动，通常提示有中耳炎或内耳炎，严重时则可形成脑脓肿或脑膜炎。

4. 呼吸频率　由于猪呼吸频率的正常范围较大，故应把病猪的呼吸频率与同栏健康猪进行比较。肺炎、心肺功能不全、胸膜炎、贫血、劳累和疼痛均可引起呼吸加快；肺炎和胸膜炎可引起腹式呼吸；有时呼吸道疾病还会引起声音改变，出现一时性或持续性变化。

5. 直肠温度　猪的直肠温度波动较大，测定直肠温度时，不能驱赶和刺激猪体。必须在安静状态下或当猪处于躺卧状态时进行。尽管如此，由于猪受刺激后肛温会很快升高，所以，有时直肠温度测定结果不太准确，应尽量避免误差。

第三节　病理剖检与采样技术

一、病理剖检

在猪病的诊断中，病理剖检是重要的诊断方法之一。其目的是通过对病猪或因病死亡猪的尸体解剖，观察体内各组织脏器的病理变化，根据其病理变化，为确诊提供依据。有许多疾病在临床上往往不显示任何典型症状，而剖检时却有一定的特征性病变，尤其是对猪传染病的诊断更是不可缺少的重要诊断方法。

（一）剖检前的准备

1. 剖检场地　为方便消毒和防止病原扩散，剖检最好在室内进行。若因条件所限需在室外剖检时，应选择距猪舍、道路和水源较远，地势高的地方剖检。在剖检前先挖 2 m 左右的深坑（或利用废土坑），坑内撒一些石灰。坑旁铺上垫草或塑料布，将尸体放在上面进行剖检。剖检结束后，把尸体及其污染物掩埋在坑内，并做好消毒工作，防止病原扩散。

2. 剖检的器械及药品　剖检常用的器械有剥皮刀、解剖刀、大小手术剪、镊子、骨锯、凿子、量尺、量杯、天平、搪瓷盘、酒精灯、注射器、载玻片、广口瓶、工作服、胶手套、胶靴等。常用的消毒药有 3% 来苏儿、0.1% 新洁尔灭、百毒杀等。固定液常用 10% 福尔马林溶液。

剖检注意事项：

（1）剖检对象的选择。剖检猪最好是选择临床症状比较典型的病猪或病死猪。有的病猪，特别是最急性死亡的病例，特征性病变尚未出现。因此，为了全面、客观、准确了解病理变化，可多选择几头疫病流行期间不同时期出现的病、死猪进行解剖检查。

（2）剖检时间。剖检应在病猪死后尽早进行，死后时间过长（夏天超过 12 h）的尸体，因发生自溶和腐败而难以判断原有病变，失去剖检意义。剖检最好在白天进行，因为在夜晚灯光下很难把握病变组织的颜色（如黄疸、变性等）。

（3）正确认识尸体变化。动物死后，受体内存在的酶和细菌的作用，以及外界环境的影响，逐渐发生一系列的死后变化。其中包括尸冷、尸僵、尸斑、血液凝固、溶血、尸体自溶与腐败等。正确地辨认尸体的变化，可以避免把某些死后变化误认为生前的病理变化。

（4）剖检人员的防护。剖检人员，特别是剖检人畜共患传染病猪尸体时，应穿工作服、戴胶皮手套和线手套、工作帽，必要时还要戴上口罩或眼镜，以预防感染。剖检中皮肤被损伤时，应立即消毒伤口并包扎。剖检后，双手用肥皂洗涤，再用消毒液浸泡、冲洗。为除去腐败臭味，可先用 0.1% 的高锰酸钾溶液浸洗，再用 2% ～ 3% 的草酸溶液洗涤褪色，再用清水清洗。

（5）尸体消毒和处理。剖检前应在尸体体表喷洒消毒液，如怀疑患炭疽时，取颌下淋巴结涂片染色检查，确诊患炭疽的尸体禁止剖检。死于传染病的尸体，可采用深埋或焚烧。搬运尸体的工具及尸体污染场地也应认真清理消毒。

（6）注意综合分析诊断。有些疾病特征性病变明显，通过剖检可以确诊，但大多数疾病缺乏特征病变。另外，原发病的病变常受混合感染、继发感染、药物治疗等诸多因素的影响。在尸体剖检时应正确认识剖检诊断的局限性，结合流行病学、临床症状、病理组织学变化、血清学检验及病原分离鉴定，综合分析诊断。

（7）做好剖检记录，写出剖检报告。尸体剖检记录是尸体剖检报告的重要依据，也是进行综合分析诊断的原始资料。记录的内容要力求完整、详细，能如实地反映尸体的各种病理变化。记录应在剖检时进行，按剖检顺序记录。记录病变时要客观地描述病变，对无眼观变化的器官，不能记录为"正常"或"无变化"，可用"无眼观可见变化"或"未发现异常"来叙述。

（8）尸体剖检报告内容。其中病理解剖学诊断是根据剖检发现的病理变化和它们的相互关系，以及其他诊断检查所提供的材料，经过详细分析而得出的结论。结论是对疾病的诊断或疑似诊断。

（二）剖检顺序及检查内容

1. 体表检查　在进行尸体解剖前，先仔细了解死猪的生前情况，尤其是比较明显的临床症状，以缩小对所患疾病的考虑范围，使剖检有一定导向性。体表检查首先应注意品种、性别、年龄、毛色、体重及营养状况，然后再进行死后征象、天然孔、皮肤和体表淋巴结的检查。

（1）死后征象：猪死后会发生尸冷、尸僵、尸斑、腐败等现象。根据这些现象可以大致判定猪死亡的时间、死亡时的体位等。

尸冷：尸体温度逐渐与外界温度一致，其时间长短与外界的气温、尸体大小、营养状况、疾病种类有关，一般需要 1 ～ 24 h。因破伤风而死的，其尸体的温度有短时间的上升，可达 42 ℃以上。

尸僵：尸僵发生在猪死亡后 1 ～ 4 h，由头、颈部开始，逐渐扩散到四肢和躯干。经

10～15 h，尸僵又逐渐地消失。凡高温、急死或死前挣扎的猪，尸僵发生较快；而寒冷、消瘦的猪，尸僵发生较迟缓。

尸斑：常在死亡时着地的一侧皮下呈暗红色，指压红色消失。

腐败：尸体腐败时腹部膨大，肛门突出，有恶臭气味，组织呈暗红色或污绿色。脏器膨大、脆弱，胃肠中充满气体。

（2）天然孔：注意检查口、鼻、眼、肛门、生殖器等有无出血现象，有无分泌物、渗出物和排泄物，以及可视黏膜的色泽，有无出血、水疱、溃疡、结节、假膜等病变。

（3）皮肤：注意检查皮肤的色泽变化，有无充血、出血、创伤、炎症、溃疡、结节、脓疱、肿瘤、水肿等病变，有无寄生虫和粪便黏着等变化。

（4）体表淋巴结：注意有无肿大、硬结。

2．内部检查　猪的剖检一般采用背位姿势。为了使尸体保持背位，需切断四肢内侧的所有肌肉和髋关节的圆韧带，使四肢平摊在地上，借以抵住躯体，保持不倒。然后再从颈、胸、腹的正中切开皮肤，腹侧剥皮。如果是大猪，又不是因传染病死亡，皮肤可以加工利用时，建议仍按常规方法剥皮，然后再切断四肢内侧肌肉，使尸体保持背位。

（1）皮下检查：主要注意皮下有无充血、炎症、出血、淤血、水肿（多呈胶胨样）等病变。

（2）腹腔及腹腔脏器的检查：从剑状软骨后方白线由前向后切开腹壁至耻骨前缘，观察腹腔中有无渗出物及其颜色、性状和数量；腹膜及腹腔器官浆膜是否光滑，肠壁有无粘连，再沿肋骨弓将腹壁两侧切开，使腹腔器官全部暴露。

脾脏：脾脏摘除后，检查脾门部血管和淋巴结，观察其大小、形态和色泽；包膜的紧张度，有无肥厚、梗死、脓肿及瘢痕形成；用手触摸脾的质地（坚硬、柔软还是脆弱）。然后做一两个纵切，检查脾髓、滤泡和脾小梁的状态，有无结节、坏死、梗死和脓肿等。以刀背刮切面，检查脾髓的质地。患败血症的脾脏，常显著肿大，包膜紧张，质地柔软，暗红色，切面突出，结构模糊，往往流出多量煤焦油样血液。脾脏淤血时，脾也显著肿大变软，切面有暗红色血液流出。患增生性脾炎时脾稍肿大，质地较实，滤泡常显著增生，其轮廓明显。萎缩的脾脏，包膜肥厚皱缩，脾小梁纹理粗大而明显。

肝脏：先检查肝门部的动脉、静脉、胆管和淋巴结，然后检查肝脏的形态、大小、色泽、包膜性状，有无出血、结节、坏死等，最后切开肝组织，观察切面的色泽、质地和含血量等情况，切面是否隆突，肝小叶结构是否清晰，有无脓肿、寄生虫性结节和坏死等。同时应注意胆囊的大小，胆汁的性状、量以及黏膜的变化。

肾脏：检查肾脏的形态、大小、色泽和韧度。注意包膜的状态，是否光滑透明和容易剥离。包膜剥离后，检查肾表面的色泽，有无出血、充血、瘢痕、梗死等病变。然后沿肾脏的外侧面向肾门部将肾脏纵切为相等的两半，检查皮质和髓质的厚度、色泽、交界部血管状态和组织结构纹理。最后检查肾盂，注意其容积，有无积尿、积脓、结石等，以及黏膜的性状。

胃：先观察胃的大小，浆膜色泽，胃壁有无破裂和穿孔等，然后由贲门沿大弯至幽门剪开，检查胃内容物的数量、性状、气味、色泽、成分、寄生虫等。最后检查胃黏膜的色泽，注意有无水肿、出血、充血、溃疡、肥厚等病变。

肠：从十二指肠、空肠、大肠、直肠分段进行检查。先检查肠系膜、淋巴结有无肿大、出血等，再检查肠管浆膜的色泽，有无粘连、肿瘤、寄生虫结节等。最后剪开肠管，检查肠内容物数量、性状、气味，有无血液、异物、寄生虫等。除去肠内容物，检查肠黏膜的性状，注意有无肿胀、发炎、充血、出血、寄生虫和其他病变。

（3）胸腔及其胸腔脏器的检查：用刀先分离胸壁两侧表面的脂肪和肌肉，检查胸腔的压力，用力切断两侧肋骨与软骨的接合部，再切断其他软组织，胸腔即可露出。检查胸腔、心包腔有无积液及其性状，胸膜是否光滑，有无粘连。分离咽、喉头、气管、食道周围的肌肉和结缔组织，将喉头、气管、食道、心和肺一同采出。

肺脏：首先注意其大小、色泽、重量、质地、弹性，有无病灶及表面附着物等；然后用剪刀将支气管剪开，注意检查支气管黏膜的色泽、表面附着物的数量、黏稠度；最后将整个肺脏纵横切数刀，观察切面有无病变，切面流出物的数量、色泽变化等。

心脏：先检查心脏纵沟、冠状沟的脂肪量和性状，有无出血。然后检查心脏的外形大小、色泽及心外膜的性状。最后切开心脏检查心腔。方法是沿左纵沟左侧切口，切至肺动脉起始部；沿左纵沟右侧切口，切至主动脉起始部；然后将心脏反转过来，沿右纵沟左右两侧做平行切口，切至心尖部与左侧心切口相连接；切口再通过房室口至左心房及右心房。经过上述切线，心脏全部剖开。

检查心脏时，注意检查心脏内血液的含量及性状。检查心内膜的色泽、光滑度、有无出血，各个瓣膜、腱索是否肥厚，有无血栓形成和组织增生或缺损等病变。对心肌的检查，注意各部心肌的厚度、色泽、质地，有无出血、瘢痕、变性和坏死等。

（4）骨盆腔脏器的检查：检查膀胱的外部形态，然后剪开膀胱检查尿量、色泽和膀胱黏膜的变化，注意有无血尿、脓尿、黏膜出血等。公、母猪应检查生殖器官，检查睾丸和附睾的外形大小、质地和色泽，观察切面有无充血、出血、瘢痕、结节、化脓和坏死等。

检查卵巢和输卵管时，先注意卵巢外形、大小，卵泡的数量、色泽，有无充血、出血、坏死等病变。观察输卵管浆膜面有无粘连，有无膨大、狭窄、囊肿；然后剪开，注意腔内有无异物或黏液、水肿液，黏膜有无肿胀、出血等病变；检查阴道和子宫时，除观察子宫大小及外部病变外，还要用剪子依次剪开阴道、子宫颈、子宫体，直至左右两侧子宫角，检查内容物的性状及黏膜的病变。

（5）头颈部：检查口腔黏膜、舌、扁桃体、气管、食道、淋巴结等，注意舌上有无水疱、烂斑、增生物，扁桃体有无溃疡等变化，喉头有无出血等。检查脑时注意脑膜有无充血、出血、炎症等。另外，要特别注意颌下淋巴结、颈浅淋巴结，观察其大小、颜色、硬度，与其周围组织的关系及切面变化。

二、采样技术

（一）采样要求

（1）一般包括肝脏、肾脏、脾脏、肺脏、心脏、淋巴结、脑等。

（2）采样部位：应采集病变与正常组织交界处的组织，以便于诊断观察。

（3）采样大小：采集的组织样品不宜过大，一般采集 1.5 cm×1.5 cm 大小的组织块，置于 10% 的福尔马林溶液中，同一动物的组织应保存于一个容器中。

（4）样品的保存：样品经固定后可长期保存，以备做病理组织学检查。

主要猪病发病原因检验取样样品参考表见表 2-2。

表 2-2　主要猪病发病原因检验取样样品参考表

序号	病名	样品
1	口蹄疫	水疱皮、水疱液、食道、咽分泌物、扁桃体
2	猪瘟	全血、骨髓、淋巴结、肾、脾
3	伪狂犬病	脑、脊髓液、扁桃体、淋巴结、流产胎儿、胎盘
4	细小病毒病	流产胎儿、胎盘、鼻咽气管分泌物、气管黏膜
5	蓝耳病	全血、肺
6	猪传染性胃肠炎	粪便、小肠及内容物
7	猪传染性胸膜肺炎	鼻气管分泌物、肺支气管黏膜、肺、肝、脾
8	猪喘气病	鼻气管分泌物、肺支气管黏膜、肺病变组织

（二）采样原则

1．适时采样　样品是有时间要求的，应严格按规定时间采样；有临床症状需要作发病原因分离的，样品必须在病初的发热期或症状典型时采样，病死的动物，应立即采样。

2．合理采样　根据诊断检测要求，须严格按照规定采集各种足够数量的样品，不同疫病的需检样品各异，应按可能的疫病侧重采样。对未能确定为何种疫病的，应全面采样。

3．典型采样　选取未经药物治疗、症状最典型或病变最明显的样品，如有并发症，还应兼顾采样。

4．无菌采样　供发病原因学及血清学检验的样品，必须无菌操作采样，采样用具、容器均须灭菌处理，尸体剖检需采集样品的，先采样后检查，以免人为污染样品。

5．适量采样　采集样品的数量要满足诊断检测的需要，并留有余地，以备必要的复检使用。

6．样品处理　采集的样品应一种样品一个容器，立即密封，根据样品的形状及检验要求不同，做暂时的冷藏、冷冻或其他处理。供病毒学检验的样品，数小时内要送到实验室，可只作冷藏处理，超过数小时的应冻结处理［冻结方法：可将样品放入 -20 ℃冰箱内冻结，然后再装入小冰块或干冰冷藏瓶（箱）内运送］。供细菌学检验或血清学检验的样品，冷藏送实验室即可。

装样品的容器应贴上标签，标签要防止因冻结而脱落，标签标明采集的时间、地点、号码和样品名称并附上发病、死亡等相关资料，尽快送实验室。

7．安全采样　采样过程中，需做好采样人员的安全防护，并防止发病原因污染，尤其必须防止外来疫病的扩散，避免事故发生。

第三章　养猪过程常发疾病

第一节　猪病毒性疾病

一、猪瘟

猪瘟（clssical swine fever，CSF）曾被称为猪霍乱（hog cholera，HC），俗称"烂肠瘟"，是由猪瘟病毒引起的急性、热性、全身败血性疾病，具有高度传染性，流行范围广，世界各地都有发生，造成了世界养猪业巨大的经济损失和贸易约束，是猪病中危害最大、最受重视的疾病之一。世界动物卫生组织（office international des epizooties，OIE）将其列为必须报告的疫病，我国将其列为一类动物疫病。猪瘟最早发生于 19 世纪 30 年代初的美国俄亥俄州，1903 年证明了猪瘟的病原体是猪瘟病毒。

【病原】

猪瘟病毒（clssical swine fever virus，CSFV）是黄病毒科（Flaviviridae）中瘟病毒属（*Pestivirus*）的成员，病毒粒子呈球形，有二十面体对称的核衣壳，直径 40 ～ 50 nm，其髓芯直径 29 ～ 30 nm。CSFV 为一种具有囊膜结构的单股正链 RNA 病毒，囊膜上有 6 ～ 8 nm 长的纤突。浮密度为 1.15 ～ 1.16 g/ml，等电点 4.8，沉降系数 140 ～ 180 s。病毒基因组全长 12.3 kb，5′ 端无甲基化的帽子结构，因而翻译起始机制与一般真核生物的 mRNA 分子不同，是由 5′ 端 UTR 内有一个称为核糖体内部进入位点（internal ribosome entry site，IRES）的结构元件与核糖体 40S 亚基结合，启动蛋白质的翻译。5′ 端 UTR 不仅与翻译有关，与病毒基因组的复制也有关。3′ 端 UTR 长 215 ～ 239 nt，是高度保守的，无多聚腺苷酸尾巴，参与病毒基因组的复制、多聚蛋白的翻译和病毒粒子的装配。其唯一的一个开放阅读框首先编码 3 898 个氨基酸的多聚蛋白，该多聚蛋白被细胞蛋白酶和病毒特异性蛋白酶裂解后，形成 4 个结构蛋白（C、Erns、El、E2）和 8 个非结构蛋白（Npro、P7、NS2、NS3、NS4A、NS4B、NS5A、NS5B）。

猪瘟病毒能在猪原代细胞和传代细胞上复制、繁殖，但不能使细胞产生病变。目前，最常用的细胞包括猪肾上皮细胞 PK-15、SK-6、IBRS-2 和猪睾丸细胞 ST 等传代细胞。在电子显微镜下观察到，病毒首先吸附于敏感细胞表面，以内吞方式进入细胞质中，在细胞质中复制，包装成成熟的病毒颗粒后，通过细胞膜出芽方式释放到细胞外，通过体液和细胞间桥感染相邻细胞，或由母细胞感染子细胞。同时，感染猪瘟病毒的细胞出现空泡、粗面内质网的膜距变宽和核糖体聚集成簇等现象。

猪瘟病毒只有一个血清型，但分离到不少变异株。猪瘟病毒流行株可分为 3 个基因群，每个群又分为 3～4 个亚群。近 10 年来的地理来源和基因型分析发现，1 群分离株主要分布于南美洲和俄罗斯，2 群分离株主要存在于欧洲，3 群分离株主要分布于亚洲。

猪瘟病毒野毒株毒力差异很大，有强、中、低、无毒株以及持续感染毒株之分。猪瘟病毒的毒力从弱到强均有体现，许多疫情的发生都跟中等毒力的毒株有关。强毒引起典型的猪瘟，症状通常表现为高热、极度嗜睡、多器官的出血、神经症状、白细胞减少和高致死率，现在此型已经比较少见。中等毒力的毒株导致高热、轻度昏睡、淋巴器官内的轻度出血、短暂的白细胞减少和低致死率。发病猪没有致死，耐过后仍可能伴有间歇性发热和较差的繁殖性能。感染的新生仔猪表现为持续感染并终身带毒，无应有的免疫应答。

猪瘟病毒对物理因素抵抗力较强。血液中的病毒在 56 ℃经 60 min、60 ℃经 10 min 才能被灭活；在 37 ℃时可存活 7～15 天，在 50 ℃时存活 3 天，在室温时能存活 2～5 个月；在冻肉中保存半年以上，冻干后在 4～6 ℃条件下存活 1 年，在 −70 ℃中能保存数年毒价不变，在腐败的尸体、血液和尿液中，病毒经 2～3 天可被灭活。快速的温度改变，比如在反复冻融的条件下，猪瘟病毒快速失活。在空气中猪瘟病毒比较脆弱，因此一般不通过空气进行长距离的传播。经日光直射 5～9 天可被灭活。

猪瘟病毒对碱性消毒剂最敏感。在室温下，1% 次氯酸钠、2% 氢氧化钠溶液经 30 min 可杀死血液中的病毒；2% 克辽林、3% 氢氧化钠溶液可杀死粪便中的病毒。猪瘟病毒对乙醚、氯仿、去氧胆酸盐敏感，能被迅速灭活；对胰蛋白酶有中等程度的敏感性。二甲基亚砜（DMSO）能够稳定病毒囊膜中的脂蛋白和脂质，如果将病毒置于 10%DMSO 中能够保护病毒免受反复冻融的破坏。病毒在 pH 低于 4 或者高于 11 等条件下均能被迅速灭活，丧失感染性。

瘟病毒属的牛病毒性腹泻病毒和边界病病毒对猪也有致病性，临床症状与猪瘟相似，血清抗体具有交叉反应，只能利用病毒中和试验或相关的单克隆抗体将它们区分开。

【流行病学】

从全世界的分布情况来看，猪瘟在世界范围内分布广泛。澳大利亚、新西兰、加拿大、美国、丹麦、瑞典、挪威、芬兰等发达国家已经消灭了猪瘟，只在少数欧洲国家零星存在，并且在东欧国家流行。自 1992 年以来，欧盟采取无疫苗的清除病毒策略来控制猪瘟，使得整个欧洲的所有猪对猪瘟病毒非常易感，近年来的历史表明，一旦病毒进入这样一个群体，特别是在养猪密集区域，将会发展成大流行。我国在 20 世纪 50 年代后期使用猪瘟兔化弱毒苗后，该病的广泛流行得到了有效控制。

猪为猪瘟病毒最主要的易感动物，野猪亦可感染，各种品种、不同年龄和性别的猪只都易感染。但在目前猪瘟疫苗普遍免疫的猪群中，缺乏母源抗体的仔猪更易感染。猪瘟病毒对其他动物无致病性，能一过性地在小鼠、豚鼠、绵羊、山羊、黄牛体内增殖，病毒在血液中可存活 2～4 周，有传染性，但无临床症状，被接种动物能产生中和抗体。

病猪是最主要的传染源。猪瘟病毒分布于病猪全身器官、组织和体液，其中以血液、淋巴结、脾脏含量最高。该病毒经口、鼻、眼分泌物和粪、尿等向体外排毒，不断污染周围环境，感染其他健康猪。水平传播的途径包括与感染猪的直接接触、使用污染的精液进行人工授精、与带有病毒的器具或人等进行接触。猪通常因为吸入或者摄取了病毒而被感染。急性感染的猪通常会在它们的唾液中释放大量的病毒，相对较少数量的病毒存在于尿液、粪便、眼鼻分泌物中，成为其他猪的潜在感染源。猪在出现临床症状的前几天开始排出病毒直到抗体的产生，这段周期大约需要 11 天。血清中有中和抗体的猪也可带有猪瘟病毒，构成潜在的传染源。

有两类猪特别容易造成疾病的传播：一类是处于潜伏期，因为没有呈现明显的症状而容易被忽略；另一类是一些感染了毒力较弱的毒株康复后呈现慢性感染，也不呈现特异性的临床症状。

在自然条件下，猪瘟病毒的感染途径是口、鼻腔，间或通过结膜、生殖道黏膜或皮肤擦伤进入机体。经口和注射感染后，病毒复制的主要部位是扁桃体，然后经淋巴管进入淋巴结，继续增殖，随即到达外周血液，在脾、骨髓、内脏淋巴结和小肠淋巴组织繁殖到高滴度，导致高水平的病毒血症。

垂直传播造成仔猪带毒持续感染，是猪瘟免疫失败的主要问题。猪瘟病毒能通过带毒母猪垂直感染给胎儿。据报道，某些猪场带毒母猪占全部妊娠母猪的 10% ～ 43%，由于猪瘟病毒广泛存在于母体、胎儿、胎盘和子宫分泌物中，因此带毒分娩母猪随产仔向周围环境大量散播病毒。这种经过胎盘传染的结果取决于感染时母猪所处的孕期：在孕期的前 3 个月感染猪瘟病毒通常会导致重复的妊娠和流产，而在孕期后期感染猪瘟病毒主要会导致流产、畸形、弱胎或者死胎。母猪在第二孕期的时候感染猪瘟病毒，带有病毒持续性感染的仔猪能够出生，这种现象被称为"母猪携带"（carrier-sow）综合征。从流行病学观点看，这种隐性先天感染的仔猪是全部感染猪中最危险的传染源，可以排毒 4 ～ 6 个月，甚至终身，而不表现出任何临床症状。经统计，这些慢性感染和持续性感染猪只的存在，是造成猪群中猪瘟长期流行的主要原因。

【致病机制】

猪瘟病毒主要经口、鼻、眼、皮肤擦伤进入猪体，从口腔经扁桃体传递到各级淋巴结，然后通过外周血到达骨髓、脏器淋巴结。一般病毒完成这样一轮猪体内的传播不超过 6 天。

免疫系统是机体防御病原体入侵最重要的守卫关卡。CSFV 对免疫系统细胞具有特殊嗜性，能严重危害宿主的免疫系统和造血功能。CSFV 感染后出现明显的免疫抑制是通过诱导周边未感染的细胞凋亡，导致外周血 B 淋巴细胞和 T 淋巴细胞大量减少而引起的。猪瘟病毒也能对淋巴结起破坏作用，对胸腺和骨髓起致病萎缩作用，这些都使得猪瘟发病 2 ～ 4 周之后才能产生有效的中和抗体。

猪瘟病毒对包括单核细胞、巨噬细胞和树突状细胞在内的免疫细胞具有高亲和力。CSFV 感染后单核细胞和巨噬细胞释放的大量细胞因子对诱导免疫细胞的凋亡起着关键的作用。急性猪瘟发病后，血管内皮细胞产生的促炎症因子和促凝血细胞因子破坏了机体的止血平衡，导致了全身性凝血和血栓形成。CSFV 能够有效感染树突状细胞，在其中迅速复制，引起树突状细胞无应答，并利用树突状细胞具有高迁移率的特性将病毒运送至不同的器官和组织进行增殖。

CSFV 进化出了一系列策略以拮抗Ⅰ型干扰素的抗病毒活性。CSFV 的 Npro 蛋白能与干扰素调节因子3（IRF3）相结合，引起 IRF3 多聚泛素化并被蛋白酶体降解，从而影响了Ⅰ型干扰素的合成。CSFV 糖蛋白 Es 通过与 dsRNA 结合阻断了 Toll 样受体3的信号传导途径，也能抑制Ⅰ型干扰素的产生。

猪瘟病毒通过引起血小板的减少和血凝功能障碍，最终引起散播性出血，而凝血平衡的破坏被认为是由炎症因子和抗病毒因子的释放引起的。为了研究猪瘟病毒使血管内皮功能失调的机理，CSFV 在感染动脉内皮细胞后，能以时间依赖的方式激活丝裂原活化蛋白激酶（MAPK）的细胞外信号调节激酶（ERK）和 c–Jun 氨基端激酶（JNK）路径，下调 Cx43 的转录和翻译，抑制细胞间的缝隙连接。缝隙连接为相邻细胞间的细胞内通道，可使相邻细胞的细胞质相互沟通联系，它具有调节与维持血管内皮正常功能的特性。因此，猪瘟病毒通过活化 ERK 和 JNK 路径下调 Cx43，破坏细胞间的缝隙连接，使病猪产生全身性出血灶及紫斑、发绀等现象。

【临床症状】

猪瘟的潜伏期根据毒力的不同从3～15天不等，在实验条件下，从猪瘟病毒的暴露到发病一般需要4～7天。临床上，猪瘟的症状非常广泛，不仅是因为病毒毒力的不同，还与猪龄以及所处的饲养条件有关。免疫功能不全的猪发病症状更为严重，妊娠母猪通常比同龄的猪易感。如果没有并发症，绝大多数的猪都能够康复。根据临床特征，猪瘟可分为急性、亚急性、慢性和持续感染四种类型。无论哪种类型，其发病率、病死率都在90%以上。

1. 急性型　由猪瘟强毒引起，也即典型猪瘟，常体现为剧烈、急性、全部死亡，但是现在已经不常见。病初仅几头猪显示临床症状，表现为呆滞，行动缓慢，站立一旁或不愿意站立，弓背怕冷，低头垂尾，挪动时摇晃或蹒跚。食欲减退，进而食欲废绝，有时呕吐。初期的症状是高热和嗜睡、寒战、扎堆，体温升高至41 ℃，有的达到42.2 ℃，高热稽留，维持数天。体温上升的同时白细胞数减少，约为9 000 个/mm³，甚至低至3 000 个/mm³。

病初的时候便秘，最后几天呈现黄色样腹泻。病猪饮欲增加，频繁喝水。猪呈现结膜炎，眼睛被大量渗出液黏附。最后，在猪的腹部、大腿和耳朵处会呈现紫色斑点。在发病全程都可能会呈现抽搐。

2. 亚急性型　又称温和型猪瘟或非典型猪瘟，是由中、低毒力的猪瘟病毒引起的，病情较为温和，其潜伏期更长（6～7天），发病症状和病变不典型，通常呈现低烧和较低的致病性。绝大部分的猪病程较长，病死率低，死亡的多是仔猪，成年猪一般可以耐过。体温通常缓慢上升，最高到达40.5～41.1 ℃。猪喜欢扎堆但是仍可以站起、进食和喝水，食欲下降。行走时猪会呈现轻微的蹒跚，但是不会出现抽搐的症状。猪只呈现轻微的便秘，发热一般持续2～3周，有轻微的颤抖，只有少量的猪呈现轻微的腹泻。猪可能会有结膜炎，体重轻微减少，皮肤一般没有出现血斑。有些猪会因为后期继发感染肠道致病菌而突然死亡。猪在恢复之后表现正常，体重恢复，但是增重缓慢。有些猪在受到应激时会呈现高烧和猝死。若阳性母猪或母猪于妊娠期感染猪瘟，可导致死胎、滞留胎、弱仔或木乃伊胎。

3. 慢性型　该型猪瘟也称迟发型猪瘟，是由一些较低毒力的毒株引起，除了会导致猪1～2星期40～40.5 ℃的发热外，没有其他的明显症状。这些猪通常康复并成为病原携带者。

4. 持续感染型　该型猪瘟近年来在我国普遍存在，感染猪持续带毒。一旦病毒携带者的抵抗力下降，就会引起新一轮的感染和流行。其症状较轻，且不典型，多为慢性，无发热或仅出现轻微发热，体温一般不超过40 ℃。很少见到典型猪瘟病猪的皮肤和黏膜出血点、眼睛脓性分泌物和公猪阴茎包囊积尿等症状。少数病猪耳、尾和四肢末端有皮肤坏死，发育停滞。到后期则站立、行走不稳，部分病猪关节肿大。从这类病猪分离到的病毒毒力较弱，但连续感染易感猪几代后，毒力可增强。带毒母猪也会出现受胎率下降、流产增加、产仔率低，产出死胎、木乃伊胎和畸形胎等。即使仔猪幸存下来，也会出现先天性震颤、抽搐，存活率低。

【病理变化】

1. 急性型　强毒力毒株引起的典型猪瘟通常造成的病理变化都有广泛的组织趋向性。其广泛感染多个组织，如内皮组织、上皮组织、淋巴器官、内分泌组织。内皮组织的感染导致在肾皮质、肠道、喉、肺、膀胱和皮肤的黏膜出现出血斑。上皮组织的感染有可能发生在整个消化道；扁桃体上皮的感染，会造成坏死和脓肿。小肠和大肠的病理变化包括黏液性渗出物、出血、溃疡，其在长期的感染中更加容易形成溃疡。淋巴结的症状最为典型，颌下淋巴结、肠系膜淋巴结以及胃、肝、肾会出现肿大、坏死、出血。脾梗死可以作为判定猪瘟的依据之一。

2. 亚急性型　中等毒力的毒株造成的温和型猪瘟通常病理变化较为轻微，表现为有限的病理变化及其特定组织的趋向性。其通常只感染上皮组织和淋巴组织。发病时有可能在胃、肝、颌下淋巴结出现出血点。少量的猪可能因为肠炎而死亡，病理变化表现为盲肠扁桃体或结肠的溃疡（纽扣样溃疡）。发病猪在几周的病期之后可能会产生软骨接头处的发育异常。在一些情况下，继发的肠道细菌扩散到肺部会导致死亡。肠系膜淋巴结可能会出现焦样坏死和出血。

3. 慢性型　该型猪瘟通常不会在小猪身上产生较大的病理变化，而母猪通常会出现流产、死胎、木乃伊胎等一系列繁殖功能障碍。

【诊断】

猪在出现败血性的高热时应该考虑猪瘟的发生。根据流行病学、临床症状和病理变化可与其他疾病进行区分。近年来，猪瘟的发病通常伴随其他疾病的发生，尸检时有时难以对有类似病变的疾病进行区分和确切诊断，加上温和型猪瘟或迟发型猪瘟的临床症状和病理变化存在很大差异，确诊需结合实验室诊断。实验室诊断在疾病的预防和控制有重要的意义。

1. 病毒抗原的检测　通过免疫组化方法可快速检测扁桃体病毒抗原，也可通过荧光抗体技术直接检测组织切片。除了扁桃体外，淋巴结、脾、回肠等部位都可以在感染后 2 天就能检测到猪瘟病毒，该法最主要的优点是在发现可疑病例后能进行快速诊断。商品化的抗原捕获 ELISA 可用来分析血液、器官或者血清样品，主要是检测猪瘟病毒 Erns、E2 蛋白。

2. RT-PCR 病毒核酸检测　PCR 技术已成为绝大多数的兽医实验室检测猪瘟病毒的选择，是检测猪瘟病毒最敏感的方法。也可通过实时定量 PCR（real-time PCR）技术直接进行猪瘟病毒 RNA 分析来诊断。

3. 特异性抗体的检测　血清学方法通常被用于诊断和检测猪群是否有猪瘟病毒存在。抗体在感染后 2～3 周可以被检测到并持续地存在于幸存猪体内。抗体的存在是病毒感染的一个指示。通常用于抗体检测的方法有病毒中和试验（VNT）和 ELISA。VNT 通常被认为是金标准，但是它需要细胞培养技术的支持，工作强度和时间消耗较大，加上不能通过仪器自动完成，因此不适于进行大量样品的分析。VNT 在区分猪瘟病毒的感染与其他近缘的黄病毒科病毒的感染时非常有用，而其缺点是不能有效区分抗体源于猪瘟强毒感染还是疫苗免疫。ELISA 可用来检测猪瘟病毒的血清抗体，而且发展成为检测猪瘟病毒的某些蛋白成分如 E2、Erns、NS3 所产生的抗体。

4. 病毒培养　用病猪的组织悬液或者全血、血浆、血清等在细胞上培养，通常使用的细胞系有猪肾细胞系，如 PK-15 和 SK-6 细胞。猪瘟病毒能在这些细胞中大量繁殖，并不引起明显的细胞病变。将猪瘟病毒感染猪睾丸细胞后，再接种新城疫病毒，即产生明显的细胞病变，这种新城疫病毒强化现象常常被用于猪瘟病毒的检测，尤其在一些非洲国家，应用广泛。

5. 鉴别诊断　急性猪瘟易与非洲猪瘟、猪繁殖与呼吸综合征、猪圆环病毒病、仔猪副伤寒、猪丹毒、猪链球菌病、猪肺疫、猪接触传染性胸膜肺炎、副猪嗜血杆菌病和弓形虫病等混淆，应进行鉴别诊断。这些疾病在临床症状和病理变化方面虽与急性猪瘟有相似之处，但有其各自的特征，而且在病原、流行特点以及药物治疗上与猪瘟完全不同，一般情况下不难鉴别。现场诊断以群体为基础，详细调查流行过程，仔细观察发病猪群，多解剖一些病猪，是减少误诊的关键。必要时可进行实验室诊断。

【防控】

猪瘟原则上以预防为主。在猪瘟疫情暴发后，常见的做法是立即将感染猪、与感染猪有接触的猪同正常猪群隔离。加拿大、美国、澳大利亚等国家利用持续性的扑杀控制政策已经消灭猪瘟，日本、巴西等国家处在扑杀控制策略的末期。绝大多数存在猪瘟的国家的防控策略还是基于疫苗接种的方法。在过去 60 年中，相当多的猪瘟疫苗被研制。现在我国使用的猪瘟疫苗主要有猪瘟兔化弱毒疫苗、猪瘟犊牛睾丸细胞苗、猪瘟牛体反应苗、猪瘟－猪肺疫－猪丹毒三联苗等，这些疫苗从免疫原性、生产稳定性、原材料来源以及生产成本等各有其优缺点。

为及时、有效地预防、控制和扑灭猪瘟，依据《中华人民共和国动物防疫法》《重大动物疫情应急条例》和《国家突发重大动物疫情应急预案》及有关法律法规，制定了《猪瘟防治技术规范》，最终通过两步走达到消灭猪瘟的目的。

1. 免疫无猪瘟区　该区域首先要达到国家无规定疫病区基本条件；有定期、快速的动物疫情报告记录；该区域在过去 3 年内未发生过猪瘟；该区域和缓冲带实施强制免疫，免疫密度 100%，所用疫苗必须符合国家兽医主管部门规定；该区域和缓冲带须具有运行有效的监测体系，过去两年内实施疫病和免疫效果监测，未检出病原，免疫效果确实；所有的报告，免疫、监测记录等有关材料翔实、准确、齐全。

若免疫无猪瘟区内发生猪瘟，最后一例病猪扑杀后 12 个月，经实施有效的疫情监测，确认后方可重新申请免疫无猪瘟区。

2. 非免疫无猪瘟区　该区域首先要达到国家无规定疫病区基本条件；有定期、快速的动物疫情报告记录；在过去两年内没有发生过猪瘟，并且在过去 12 个月内，没有进行过免疫接种；另外，该地区在停止免疫接种后，没有引进免疫接种过的猪；在该区具有有效的监测体系和监测区，过去两年内实施疫病监测，未检出病原；所有的报告、监测记录等有关材料翔实、准确、齐全。

若非免疫无猪瘟区发生猪瘟，在采取扑杀措施及血清学监测的情况下，最后一例病猪扑杀后 6 个月；或在采取扑杀措施、血清学监测及紧急免疫的情况下，最后一例免疫猪被屠宰后 6 个月，经实施有效的疫情监测和血清学检测确认后，方可重新申请非免疫无猪瘟区。

二、猪繁殖与呼吸综合征

猪繁殖与呼吸综合征（porcine reproductive and respiratory syndrome，PRRS）是由病毒引起的猪的一种繁殖障碍和呼吸系统的传染病，其特征为母猪厌食、发热，妊娠后期发生流产，产死胎和木乃伊胎；仔猪发生呼吸系统疾病和大量死亡。高致病性毒株可以引起成年猪发热、皮肤发红、呼吸困难和急性死亡。部分病猪由于缺氧耳部发紫，故俗称"猪蓝耳病"。

该病最早于 1987 年在美国中西部发现，随后在加拿大、德国、法国、荷兰、英国、西班牙、比利时、澳大利亚、日本、菲律宾等国家相继发生，1991 年荷兰和美国相继分离获得病毒。此后，世界各地相继发生和流行，并造成严重经济损失，成为影响世界养猪业发展的最严重疫病之一。我国台湾地区 1991 年出现此病，1996 年郭宝清等首次从北京流产胎儿体内分离到猪繁殖与呼吸综合征病毒，从而证实该病在我国存在；2001—2002年，第二次暴发流行，并存在严重的混合感染；2006 年病毒出现明显变异，引起成年猪发热、呼吸困难和大量急性死亡，即所谓的"高致病性猪蓝耳病"。目前，该病几乎存在于所有猪群，有最急性、急性和亚急性等多种临床表现类型，是影响我国养猪业健康发展的最严重疫病之一。OIE 将猪繁殖与呼吸综合征列为必须报告的疫病，我国将高致病性猪蓝耳病列为一类动物疫病，经典猪蓝耳病列为二类动物疫病。

【病原】

猪繁殖与呼吸综合征病毒（porcine reproductive and respiratory syndrome virus，PRRSV）归属于动脉炎病毒科（Arteriviridae）动脉炎病毒属（*Arterivirus*）。该病毒有囊膜，病毒粒子呈卵圆形，直径 50 ～ 65 nm。核衣壳直径 30 ～ 35 nm，呈二十面体对称，

对乙醚和氯仿敏感。基因组为单股正链 RNA，全长 15.1 kb，至少编码 9 个相互重叠的开放阅读框架，即 ORF1a、ORF1b、ORF2a、ORF2b、ORF3、ORF4、ORF5、ORF6 和 ORF7。其中，ORF1 编码 14 个非结构蛋白，包括 NSP1 ～ NSP12，NSP1 又分为 NSP1α 和 NSP1β，NSP7 又分为 NSP7α 和 NSP7β；ORF2a、ORF3 和 ORF4 编码 3 个 N- 糖基化次要的膜蛋白，命名为 GP2（29 kDa），GP3（42 kDa）和 GP4（31 kDa）；ORF2b 完全嵌合于 ORF2a 中，编码非糖基化膜蛋白，命名为 2b（E）；ORF5、ORF6 和 ORF7 编码三个主要的结构蛋白，分别为被膜蛋白 GP5、膜蛋白 M 和核衣壳蛋白 N，其中 GP5 和 GP3 蛋白具有中和抗原表位。M 蛋白和 M-GP5 蛋白二聚体有助于病毒吸附于猪肺泡巨噬细胞（PAM）的 CD163 肝素样受体上，促进病毒感染。N 蛋白含量最高，病毒感染猪体诱导产生抗 N 蛋白抗体最快，但没有中和作用。由于 N 蛋白表达水平较高、抗原性较好，因此可以作为诊断分析的理想靶标。

该病毒分为欧洲型和美洲型两个血清型。欧洲型代表毒株为 LV，美洲型代表毒株为 VR 2332。随着该病流行，欧洲、美洲和亚洲多个国家均出现两种血清型病毒，而且同一血清型病毒又出现了多个基因亚型。不同血清型、不同亚型流行毒株存在毒力和抗原性的差异。2000 年美国出现的"非典型"或"急性"PRRSV，代表毒株为 MN184；2006 年我国出现的高致病性 PRRSV，代表毒株为 JX-A1，其毒力均有明显增强，而且抗原性发生变异。相对 VR 2332 毒株，其 NSP2 基因序列含有 30 个氨基酸的不连续缺失。本病毒的其他抗原性变异监测主要依靠 GP5 蛋白基因序列测定和分析。

该病毒对 PAM 细胞亲嗜性最高，体外培养时，可以采用 CL-2621、Marc-145 和 PAM 细胞系，但是不同流行毒株对细胞的嗜性存在差异，欧洲型毒株一般仅能适应于 PAM 细胞，并致细胞病变，只有细胞适应的分离毒株才能适应 Marc-145 细胞。美洲型毒株则可以适应 PAM、CL-2621、Marc-145 和 MA-104 等多种细胞系，并致 CPE。猪体感染本病毒后 7 ～ 9 天，肺脏中的病毒含量最高，而且出现病毒血症。血清中病毒及其抗体可以同时存在。病猪扁桃体和淋巴结中病毒存在时间较长。

该病毒在 -70 ℃可保存 18 个月，4 ℃保存 1 个月，37 ℃经 48 h、56 ℃经 45 min 完全失去感染力。本病毒对酸碱度依赖性强，在 pH6.5 ～ 7.5 间相对稳定，pH 高于 7 或低于 5 时，感染力很快消失。室温条件下用 0.03% 氯经 10 min、0.007 5% 碘经 1min、0.006 3% 铵化合物经 1 min，即可杀灭病毒。

【流行病学】

本病只感染猪，各种年龄和品种的猪均易感，但主要侵害繁殖母猪和仔猪，而育肥猪发病温和。病猪和带毒猪是本病的主要传染源。感染母猪可向外排毒，如鼻分泌物、粪便、尿均含有病毒。耐过猪可长期带毒并不断向外排毒，有证据显示感染猪在临床症状消失后 8 周仍可向外排毒。

该病传播迅速，主要经呼吸道感染，因此当健康猪与病猪接触，如同圈饲养、频繁调运、高度集中更容易导致该病发生和流行。该病也可垂直传播，病毒能够通过患病母猪的胎盘屏障传染给胎儿，导致死胎或带毒。公猪感染后 3 ～ 27 天和 43 天所采集的精液中均能分离到病毒，7～14天从血液中可查出病毒。以含有病毒的精液感染母猪，可引起母猪发病，在21天后可检出PRRSV抗体。妊娠中后期的母猪和胎儿对PRRSV最易感。

持续感染是该病最为重要的流行病学特征。猪体感染病毒后，病毒能在敏感细胞内复制几个月而并不表现出临床症状。因此，猪群一旦感染，即很难彻底清除，且该病毒可以引起猪体免疫抑制，从而容易继发其他病原感染，包括猪圆环病毒2型、多杀性巴氏杆菌、链球菌和副猪嗜血杆菌等。

目前，我国流行的病毒主要有高致病性和传统的美洲型毒株，个别地区报道也有欧洲型毒株。高致病性猪蓝耳病一旦发生，不同日龄猪均可感染，发病率和病死率高达90%以上，传统美洲型毒株感染主要引起妊娠母猪和断乳后仔猪发病，发病率高，病死率低。该病临床感染现象十分普遍，病毒感染状态决定猪群是否发病。猪场卫生条件差、气候恶劣、饲养密度大，可明显加重该病流行。

【临床症状】

人工感染潜伏期为4～7天，自然感染一般为14天。

根据猪群病毒感染状态和病毒性质，本病临床表现不尽相同。通常情况下，以妊娠中后期母猪繁殖障碍和仔猪呼吸道症状为主要特征，而成年猪发病较少。高致病性猪蓝耳病可以引起成年猪发病和死亡。

母猪通常出现一过性精神倦怠、厌食、发热。妊娠后期发生早产、流产，产死胎、木乃伊胎及弱仔现象。这种现象往往持续6周，而后出现重新发情的现象，但常造成母猪不育或产奶量下降，或者母猪生产正常，但弱仔和死产比例明显增加。通常情况下，如果弱仔和死产数比平时正常情况增加两倍以上，应考虑是否存在该病。

仔猪以2～28日龄感染后临床症状明显，首次发病，其病死率高达90%以上。早产仔猪在出生后当时或几天内死亡，大多数出生仔猪表现呼吸困难、肌肉震颤、后肢麻痹、共济失调、打喷嚏、嗜睡，有的仔猪耳部发紫和躯体末端皮肤发绀、腹泻。育成猪出现眼睑肿胀、结膜炎和肺炎，流鼻液，有明显呼吸困难等症状。

公猪感染后出现咳嗽、喷嚏、精神沉郁、食欲减退、呼吸急促和运动障碍、性欲减弱、精液质量下降、射精量少等症状。

高致病性猪蓝耳病的临床特征常见于免疫猪群，除引起上述临床症状外，可以引起仔猪、经产母猪、公猪和育肥猪发病和死亡，病猪出现高热，体温达41℃以上，眼结膜炎，耳朵和皮肤发红、发紫，喘气、呼吸困难，部分患猪出现四肢呈游泳状的脑神经症状。

【病理变化】

一般情况下，该病没有某个脏器病变可以作为特征性病理变化。肉眼可见病理变化主要为肺脏轻度水肿，弥漫性间质性肺炎，并伴有细胞浸润和卡他性肺炎区，淋巴结水肿，其他内脏器官无明显病变。组织病理学变化为：肺泡壁增厚；膈有巨噬细胞和淋巴细胞浸润；支气管上皮细胞变性；鼻黏膜上皮细胞变性，纤毛上皮消失。母猪可见脑内灶性血管炎，脑髓质可见单核淋巴细胞性血管套。动脉周围淋巴鞘的淋巴细胞减少，细胞核破裂和空泡化。

胎儿一般很难见到特征性病变。出生时的活胎或者出生几天后死亡的胎儿病理变化主要表现为：肾脏、肠系膜水肿，胸腔积水和腹水。组织病理学变化有肺脏、心脏和肾脏的局部动脉炎和动脉周炎、间质性肺炎、心肌炎和脑炎。脐带部位的大面积出血具有诊断意义，出血面积通常为由坏死性化脓和淋巴细胞脉管炎引起的出血面积的 3 倍。

高致病性猪蓝耳病肺脏病变呈多样化，大多数病例表现肉样实变，或出现间质性肺炎、间质增宽、切面为鲜红色；淋巴结水肿，有时出血病变明显；部分猪内脏器官有出血病变，肾脏可见少量出血点，所以很容易与猪瘟混淆。继发细菌性感染后常有纤维素性胸膜肺炎、胸腔积液以及与胸壁粘连等病变。

【诊断】

根据母猪妊娠后期发生流产，产死胎和弱仔，新生仔猪病死率高，仔猪呼吸道症状和间质性肺炎等可初步作出诊断。PRRS 的特征性病变群是间质性肺炎、非化脓性脑炎、出血性坏死性淋巴结炎、急性炎性脾肿、变质性心肌炎、急性间质性肾炎伴随肾病和出血、坏死性扁桃体炎、母猪子宫内膜炎、变质性肝炎和肝细胞可见胞浆内嗜酸性包涵体，该病变群可作为 PRRS 病理诊断的依据。由于该病不仅与其他引起猪繁殖障碍的疾病的临床症状非常相似，而且极易发生混合感染，加之不同猪场感染发病后临床症状有较大差异，因此该病确诊有赖于实验室诊断。

1. 样品采集　采取病猪肺脏、扁桃体、淋巴结组织和血清等。一般来说，仔猪体内病毒含量高而且持续时间长，扁桃体和淋巴结中病毒存活时间比血清、肺脏和其他组织中长。急性感染期，病毒在很多组织中复制，感染后 4 ～ 7 天达到峰值，随后下降，至 28 ～ 35 天即很难检出。哺乳、断乳和生长猪感染后 28 ～ 42 天、母猪和公猪感染后 7 ～ 14 天存在病毒血症。病毒血症消失后的几周内，肺脏冲洗液、扁桃体和淋巴结中仍能检测到感染性病毒和病毒 RNA。妊娠晚期流产和早产仔猪，应采集活仔猪的相应组织，木乃伊胎或者死胎组织因自溶很难检测。检测病毒持续感染，采集猪只扁桃体、口咽拭子和淋巴结比采集血清和肺脏更为适宜。公猪精液中的病毒较难检测。

2. 病毒分离与鉴定　上述病料经无菌处理后接种猪肺泡巨噬细胞，培养 3 ～ 5 天后，用血清学方法或 PCR 检查肺泡巨噬细胞中是否存在 PRRSV；或将上述处理好的病料接种 CL-2621 或 Marc-145 细胞培养，37 ℃培养 4 ～ 5 天，观察 CPE。还采用 PRRSV 特异抗体进行血清学方法鉴定病毒，如间接荧光抗体技术、免疫组化技术和中和试验等。或采用 RT-PCR 方法检测病毒核酸。

3. RT-PCR　目前已建立多种扩增 PRRSV 基因的 RT-PCR 方法，并已广泛应用于临床检测。该法可区分美洲型和欧洲型毒株。此外，对一些特殊的样品，尤其是对细胞有毒性而不能进行病毒分离的样品（如精液）、已灭活的样品、已被 PRRSV 特异性抗体中和的样品和病毒含量不高的样品等，RT-PCR 不失为一种更有效的检测方法。

4. 基因序列分析　采用 PCR 方法进行 GP5 蛋白基因测定，再与 PRRSV 基因数据库序列比较。该方法的主要用途是：监测猪群内部随时间不同其毒株的相关性，判定一个猪场中再次发生的病毒是以前已经存在毒株的再次感染，还是一种新毒株的首次感染；判定猪场中暴发的病毒有哪些类型的 PRRSV 毒株；追踪病毒进入猪群的途径；监控猪群内或者猪群间病毒的传播；区别疫苗株和野毒株。

5. 血清学抗体检测方法 用急性感染期和恢复期的血清样品进行血清转化（阴性转化为阳性）分析是诊断本病毒感染的最为可靠的血清学方法。检测方法有 ELISA、间接荧光抗体技术、斑点酶联免疫吸附试验（Dot-ELISA）等。其中，ELISA 抗体检测方法应用最多，其敏感性和特异性较高。目前，一些国家已将此法作为免疫监测和进出口诊断 PRRS 的常规方法。如果出现 PRRSV 抗体水平升高表明猪群感染了 PRRSV。

由于血清学不能区分抗体是由于初次感染、再次感染还是疫苗免疫所产生的，因此单个血清样品检测对诊断作用有限。通过猪场群体抗体水平检测，分析猪群中 PRRSV 抗体水平和分布，结合猪群临床症状、健康水平和生产指标观察，进行综合分析，可判定猪群 PRRSV 感染是否活跃。ELISA 抗体水平不能反映猪体免疫保护水平。

【防控】

该病防控主要采取综合性预防和控制措施。最根本的办法是消除病猪、带毒猪和彻底消毒，切断传播途径。此外，应加强进口猪的检疫和该病监测，以防该病扩散。

我国猪群饲养规模和管理水平差异较大，该病防控应采取多种措施。提倡猪群分段饲养、全进全出，改进饲养条件，加强各种生物安全措施，确保病源不传入场内、不传出场外、不在场内不同猪群传播。引种时必须隔离饲养观察 1 个月以上，并经检测为 PRRSV 阴性之后方可引入正常猪群。人工授精的精液应当来自 PRRSV 阴性种公猪。如有条件，种公猪和种母猪猪舍可以采取空气过滤装置，减少猪舍外野毒侵入机会。国外部分规模化猪场，在采用疫苗免疫的基础上，通过严格封闭饲养，达到了净化该病的目的。我国该病流行面广，饲养条件和管理水平比较低，采用疫苗免疫接种有较好效果。

该病免疫机制尚不十分清楚。病毒感染后 7 ～ 14 天可以检出 PRRSV 特异抗体，并可持续 1 年以上。N 蛋白具有很强的免疫原性，感染猪免疫应答首先是针对 N 蛋白，NSP7 蛋白抗体持续时间也较长，与 N 蛋白抗体产生规律基本一致。但是，病毒中和抗体产生时间较晚，病毒感染后 1 个月才能产生，感染后 70 天才能达到高峰，但母猪接种该病毒的阳性血清对其后代有保护作用。病毒感染后细胞免疫应答也比较迟，一般感染后 1 个月才能产生 INF-γ，而且不同毒株诱导猪体产生的体液免疫和细胞免疫差异较大。病猪从恢复期开始即可产生免疫力，对于再次感染 PRRSV 均有抵抗力。因此，在地方流行性区域内给猪接种疫苗对预防 PRRS 比较有效。

1. 疫苗接种 目前，国内外均已研制出弱毒疫苗和灭活苗，一般认为弱毒疫苗效果较佳，能保护猪不出现临床症状，在减轻疾病、减少病毒血症时间、减少排毒时间和同源野毒再次感染方面有一定作用，但不能阻止强毒感染，存在毒力返强风险，对异源病毒的免疫保护作用存在差异，因此它多半在受污染猪场使用。后备母猪在配种前进行两次免疫，首免在配种前两个月，间隔 1 个月进行二免。仔猪在 2 ～ 3 周龄接种，如有必要，间隔 3 周后可以加强免疫一次。公猪不能接种。弱毒疫苗使用时应注意如下问题：疫苗毒在猪体内能持续数周至数月，并可以排毒，感染健康猪；疫苗毒能跨越胎盘导致先天感染；有的毒株保护性抗体产生较慢，有的免疫猪不产生抗体；疫苗毒持续存在于公猪体内可通过精液散毒。弱毒苗对同源野毒保护效率较高，但对异源病毒保护效率较低。采用弱毒疫苗接种时，同一猪舍内的所有猪只应同时接种。灭活苗接种 PRRSV 阴性猪，免疫效果较差，但如果与弱毒疫苗联合使用或者用于以前感染过 PRRSV 的猪只时，会诱导产生比单独应用灭活苗更多的中和抗体。因此，母猪首次免疫弱毒疫苗或用野毒驯化后，可采用灭活苗加强免疫，提高免疫效果。

2. 后备猪感染驯化　补充的后备种猪先进行 PRRSV 感染驯化适应，对稳定临床症状、改进生产指标参数和断乳时 PRRSV 阴性小猪的健康状况具有重要意义。本病不稳定猪场可以使用同一猪场感染发病猪的组织和血清等含病毒材料，在隔离圈舍中感染 PPRSV 阴性的后备母猪，然后自行康复。再将这些康复后获得免疫力的母猪引入种猪群，一般不会再被感染而出现病毒血症，也不会感染其他母猪。后备母猪的感染驯化方法包括用疾病暴发时所产弱胎和死胎仔猪的组织作为感染源，或使用弱毒疫苗和灭活苗等。当然，对后备种猪进行强毒感染驯化有散毒风险，应谨慎使用。

该病目前尚无特效药物疗法。猪群暴发该病后采用弱毒疫苗紧急接种有一定预防和控制效果。急性暴发时采用发病猪只的血清接种母猪，可以缩短临床暴发时间和加速 PRRSV 阴性断乳仔猪产生。淘汰部分病猪以阻止 PRRSV 在慢性感染猪群中传播。仔猪断乳后采用一些药物饲料添加剂，以控制副猪嗜血杆菌和猪链球菌等继发感染，可减少病猪死亡。

3. 净化　该病净化比较困难。根据猪群规模、饲养管理水平和病毒感染状况，可以采取不同根除和净化方法，包括整体淘汰—更新猪群、部分淘汰—早期隔离断乳、检测—淘汰—猪群封闭等。其中，整体淘汰—更新猪群成本很高，仅适用于分娩—哺育阶段的猪群。部分淘汰—早期隔离断乳技术方法比较容易实施，适用于用感染母猪建立 PRRSV 阴性猪群，但需要采取封闭、检测和淘汰等措施，清除种猪群中的病毒，断乳猪只应采用全进全出方式饲养。PRRSV 有持续感染特征，但病毒不能在免疫过的猪群中长期存在，母猪免疫后封闭饲养 6 个月以上，可以逐步清除组织中的病毒。随着种猪群感染猪只不断减少，再逐步引进 PRRSV 阴性后备母猪，从而建立 PRRSV 阴性猪群。检测—淘汰—封闭的技术检测程序包括整个种猪群的血液检测、病毒及其抗体，淘汰猪群中的 PRRSV 阳性猪只。该方法适合 12 个月内无该病发生、且 PRRSV 感染率低于 25% 的种猪群。该病根除和净化的关键是引入的后备母猪能够阻断病毒在猪群中循环，建立高免疫力、无病毒猪群，同时必须制定严格的生物安全措施，防止病毒再次感染猪群。

为及时、有效地预防、控制和扑灭高致病性猪蓝耳病疫情，依据《中华人民共和国动物防疫法》《重大动物疫情应急条例》和《国家突发重大动物疫情应急预案》及有关的法律法规，制定了《高致病性猪蓝耳病防治技术规范》，对疫情诊断、报告、处置、控制和监督做了详细的要求。

三、口蹄疫

口蹄疫（foot and mouth disease, FMD; aphthae epizooticae）在我国民间俗称"口疮""蹄癀"，

是由口蹄疫病毒引起的一种急性、热性、高度接触性人兽共患传染病，主要侵害牛、羊、猪等偶蹄类动物。其临床特征是在口腔黏膜、四肢下端及乳房等处皮肤形成水疱和烂斑。该病传播迅速，流行面广，成年动物多取良性经过，幼龄动物多因心肌受损而病死率较高。

该病广泛流行于世界各地，在非洲、亚洲、南美洲及欧洲的部分国家均有分布，由于人也可感染该病，成为全球最重要的人和动物健康问题之一。随着国际贸易日趋增加，物资交流和国际交往越来越频繁，给该病的预防和控制增加了难度。

该病虽多呈良性经过，但因感染动物谱广，发病率高，传播迅速，往往呈流行甚至大流行趋势，造成巨大的经济损失。由于该病使动物及其产品流通和国际贸易受到限制，导致严重后果，所以历来被各国政府及国际组织所重视。目前口蹄疫为国际贸易必检的动物疫病和 OIE 要求必须报告的疫病之一，我国将其列为一类动物疫病。

【病原】

口蹄疫病毒（food and mouth disease virus，FMDV）属于微 RNA 病毒科（Picornaviridae）的口蹄疫病毒属（Aphthovirus）。病毒粒子为二十面体对称结构，呈球形或六角形，直径为 20～25 nm，无囊膜。内部为单股线状正链 RNA，决定病毒的感染性和遗传性；外部为蛋白质，决定其抗原性、免疫性和血清学反应能力。

口蹄疫病毒基因组全长大约 8 500 个核苷酸。其编码 4 种主要多肽：VP1、VP2、VP3 和 VP4，还编码两种次要的多肽。编码结构蛋白 VP4、VP3、VP2、VP1 的基因分别命名为 1A、1B、1C、1D。VP1～VP3 位于衣壳表面，组成核衣壳蛋白亚单位，VP1 是决定病毒抗原性的主要成分；VP4 位于衣壳内部，与 RNA 紧密结合而构成病毒粒子的内部成分。在 4 种结构蛋白质中，VP1 诱导中和抗体并与抗感染免疫有关。

在口蹄疫病毒感染的细胞培养液中，有大小不同的 4 种粒子。最大的粒子为完整病毒，其直径为（23±2）nm，沉降系数为 146 s，具有感染性和免疫原性；第二种为不含 RNA 的空衣壳，其直径为 21 nm，沉降系数为 75 s，具有良好的特异性和免疫原性，但没有感染性；第三种为衣壳蛋白裂解后的壳微体（亚单位），其直径为 7 nm，沉降系数为 12 s，无 RNA，无感染性而有抗原性；第四种为病毒感染相关抗原（VIA），沉降系数为 4.5 s，是一种不具有活性的 RNA 聚合酶，当病毒粒子进入细胞，经细胞蛋白酶激活才具有酶活性，能诱发机体产生群特异性抗体。

口蹄疫病毒有 7 个血清型，即 A、O、C、SAT1、SAT2、SAT3（南非 1、2、3 型）及 Asia-Ⅰ型（亚洲Ⅰ型），我国目前流行的有 O、A 及亚洲Ⅰ型，欧洲主要是 A、O 型，以 O 型多见。病毒具有多型性、易变异的特点，各血清型间无交叉免疫性，但在临床症状方面的表现却没有什么不同。每一个血清型又包含若干个亚型，同型各个亚型之间也仅有部分交叉免疫性。口蹄疫病毒易通过抗原漂移而发生变异，故常有新的亚型出现。该病毒的这种特性给口蹄疫的防控带来了一定困难。

口蹄疫病毒可用多种哺乳动物细胞系培养，如犊牛肾细胞、仔猪肾细胞、仓鼠肾细胞等，并产生细胞病变。由于乳仓鼠肾传代细胞对口蹄疫病毒高度易感，故现在常用于单层细胞培养和深层悬浮培养以供研究或生产疫苗。鸡胚也可以用于分离培养及致弱病毒。有些鸡胚适应毒株和雏鸡适应毒株对牛的致病力显著减弱。

口蹄疫病毒人工接种很容易使牛感染，将病料接种于舌部，可于 10～12 h 内出现水疱，在 20～24 h 表现发热和病毒血症，在 2～4 天内蹄叉出现继发性水疱。豚鼠是常用的实验动物，在后肢跖部皮内接种或刺划，常在 24～48 h 后于接种部位形成原发性水疱，于感染后 2～5 天可在口腔等处出现继发性水疱。乳鼠对该病毒非常敏感，是理想的实验动物。一般用 3～5 日龄（也可用 7～10 日龄）的豚鼠，皮下或腹腔接种，经 10～14 h 表现呼吸急促，四肢和全身麻痹等临床症状，于 16～30 h 内死亡。其他动物如犬、猫、仓鼠、大鼠、家兔、家禽等人工接种亦可感染。

口蹄疫病毒对外界环境的抵抗力较强，耐寒冷和干燥。在自然条件下，含毒组织及污染的饲料、饮水、饲草、皮毛及土壤等所含病毒在数日乃至数周内仍具有感染性。病毒在 −50～−70 ℃可保存数年之久，在 50% 甘油生理盐水中于 5 ℃能存活 1 年以上。高温和直射阳光对病毒有杀灭作用，紫外线能使病毒 RNA 的尿嘧啶形成二聚物，致使病毒被迅速灭活。病毒对酸和碱敏感，在 pH 3.0 以下和 pH 9.0 以上的缓冲液中感染性将瞬间消失。2%～4% 氢氧化钠溶液、3%～5% 福尔马林溶液、0.2%～0.5% 过氧乙酸溶液或 5% 次氯酸钠溶液等均为该病毒的高效消毒剂。食盐、有机溶剂及一些去污剂对病毒作用不大。骨髓、内脏及淋巴结内的病毒因产酸不良而能存活多年。

【流行病学】

自然条件下口蹄疫病毒可感染多种动物，偶蹄类动物如黄牛、奶牛、牦牛、水牛、猪、羊、骆驼等易感性高。野生动物中，黄羊、麝、鹿、野牛、野猪、驼羊、羚羊、野山羊等均可感染。实验动物中以豚鼠、乳鼠、乳兔敏感。幼龄动物易感性大于老龄动物。人对该病也有易感性，多发生于流行期间与患病动物密切接触或短期内感染大量病毒，表现为发热，口腔、手背、指间和趾间部发生水疱，儿童、老人及免疫功能低下者发病较重，成年人一般呈良性经过。

患病动物及持续性感染动物是主要传染源，发病初期的患病动物是最危险的传染源，出现临床症状后的前几天，排毒量多，毒力强。恢复期动物排毒量逐步减少。病猪则以破溃的蹄部水疱皮含毒量最高。持续性感染动物带毒时间很长，且病毒含量有波动，抗体也随之而波动。病毒在感染动物体内可发生抗原变异，出现新的亚型。

口蹄疫病毒可经多种途径传播，当患病动物和健康动物在一个厩舍或牧群相处时，病毒常借助于直接接触方式传播。间接接触传播是该病重要的途径，患病动物的分泌物、排泄物、渗出物、口涎、乳汁、污染空气、饲草、饮水、垫料、土壤等含有大量的病毒。易感动物吸入污染病毒的飞沫是主要的感染途径，也可通过采食或接触污染物经损伤的皮肤、黏膜感染。口蹄疫病毒可随风呈跳跃式、远距离传播，尤其是低温、高湿、阴霾的天气，可发生长距离的气雾传播。目前认为，持续感染动物为感染后咽喉带毒超过 28 天的动物，病毒可在某些临床康复动物的咽部长时间存在。

口蹄疫传染性强，发病率高，一经发生多呈流行或大流行形式。一旦出现疫情，可随动物的流动、转运或风势迅速蔓延，往往从一个地区、一个国家传到另一个地区或国家，经过一定时期后才逐渐平息。

长期存在本病的地区，其流行常表现周期性，每隔 3 ～ 5 年发生一次。发生季节随地区而异，牧区常表现为秋末开始，冬季加剧，春季减轻，夏季平息；而农区季节性不明显。

口蹄疫病毒对成年动物的病死率通常低于 2%，但幼龄动物因心肌炎病死率有时高达50% 以上。因此，产仔季节发生口蹄疫，往往损失巨大。

【致病机制】

病毒经呼吸道感染时，最初在咽部复制，然后扩散到其他组织，在入侵部位的上皮细胞内生长增殖，引起浆液渗出而形成原发性水疱（第一期水疱），通常不易被发现。1 ～ 3天后，病毒进入血液形成病毒血症，导致体温升高并出现全身症状。在病毒血症期间，病毒还可侵入心肌和骨骼肌中。病毒随血液到达嗜性组织如口腔黏膜、蹄部、乳房、柔软的皮肤组织等处大量增殖，发生细胞水肿，引起局部组织的淋巴管炎，造成局部淋巴淤滞、淋巴栓，若淋巴液渗出淋巴管外则形成继发性水疱（第二期水疱）。水疱不断增大、融合乃至破裂，形成溃疡。水疱破裂后，患病动物体温恢复正常。此时，血液中病毒含量减少，逐渐从乳、粪、尿、泪及涎水中排毒。此后患病动物进入恢复期，多数病例呈良性经过，病情逐渐好转，最终康复。幼龄动物或正在吮乳动物常因病毒侵害心脏导致急性心肌炎、心肌变性坏死而死亡。

【临床症状】

不同动物发病后的临床症状基本相似，但由于侵入病毒的数量和毒力以及感染途径的不同，潜伏期的长短和临床症状也不完全一致。

潜伏期 3 天左右。病初体温升高达 40 ～ 41 ℃，精神沉郁，食欲减退或废绝。口腔黏膜（包括舌、唇、齿龈、咽、腭）形成小水疱或烂斑。1 天左右，蹄冠、蹄叉、蹄踵、鼻端等部位出现局部发红、微热、敏感等临床症状，不久逐渐形成米粒至黄豆大的水疱，水疱破裂后表面出血，形成糜烂。如无细菌继发感染，1 周左右痊愈。若发生继发感染，炎症波及蹄叶、蹄壳，严重者蹄匣脱落，患肢不能着地，常卧地不起或跪行。病猪鼻端、乳房也常见到烂斑，尤其是哺乳母猪，乳头上的皮肤病灶较为常见。妊娠母猪可发生流产、乳房炎及慢性蹄变形。母猪哺乳期间发生口蹄疫，则整窝小猪发病，多呈急性胃肠炎和心肌炎而突然死亡，病死率可达 100%。病程稍长者，也可见到口腔（齿龈、唇、舌等）及鼻面上有水疱和糜烂。成年猪也偶有死亡。

【病理变化】

患病动物的口腔、蹄部、乳房、咽喉、气管、支气管和胃黏膜可见到水疱、烂斑和溃疡，上面覆盖有黑棕色的痂块。反刍动物真胃和大小肠黏膜可见出血性炎症。心包膜有弥漫性及点状出血，心脏表面有灰白色或淡黄色的斑点或条纹，俗称"虎斑心"。心肌松软似煮过的肉。组织病理学检查可见皮肤的棘细胞肿大呈球形，间桥明显，渗出明显乃至溶解。心肌细胞变性、坏死、溶解，其释放出有毒分解产物而使患病动物死亡。

【诊断】

根据流行病学、临床症状和病理剖检特点可做出初步诊断，确诊需要进行实验室诊断。

1. 病毒分离鉴定

（1）病料采集：通常采集新鲜的水疱皮或水疱液，采集后加入等量 pH 7.6 含 10% 胎牛血清的组织培养液；也可从刚发过病的动物体内采集病料，一般采集血液或用食道探杯刮取咽喉—食道分泌物；死亡动物则可采集淋巴结、骨髓、甲状腺或心肌等材料作为病料。

（2）分离鉴定：病料制成 20% 的组织悬液，接种细胞培养物、未断乳乳鼠等实验动物。口蹄疫病毒可在猪肾细胞、乳仓鼠肾细胞等细胞系中增殖并产生细胞病变，可致死 7 日龄内乳鼠，必要时可进一步通过血清学试验、聚合酶链式反应等检测、鉴定病毒。

2. 分子生物学诊断　随着分子生物学技术的迅猛发展，口蹄疫的诊断技术也得到了快速发展，主要有核酸杂交、RT-PCR 等技术，使口蹄疫的诊断更加简便、快捷、特异和敏感。

3. 血清学试验　血清学试验常用于口蹄疫病毒毒型的鉴定，以便依据流行毒株的血清型选用同型口蹄疫疫苗，进行紧急免疫接种。常用的血清学试验有补体结合试验（CFT）、（乳鼠病毒）中和试验（NT）、免疫扩散沉淀试验（IDPT）、荧光抗体技术等。近年来，OIE 推荐的间接夹心 ELISA 在国际贸易中被广泛使用，在数小时内可获得试验结果。因为免疫接种动物 3ABC 抗体呈阴性，而感染动物 3ABC 抗体则呈阳性，因此，可通过检测血清中口蹄疫病毒非结构蛋白 3ABC 抗体，区分感染动物和免疫接种动物。

4. 动物接种试验　一般选 2～7 日龄纯系乳小鼠，于颈背部皮下接种病毒感染液 0.2 ml。接种小鼠通常于 20～30 h 出现典型的口蹄疫症状，发病乳小鼠运动不灵活，用镊子夹住尾巴或四肢，常可发现其已失去知觉。随后四肢麻痹，呼吸迫促，最终死亡。采集濒死期或新死乳小鼠的骨骼肌，研磨制成 10% 的病料悬液，供传代接种和鉴定用。也可选用豚鼠或乳兔进行试验接种。

5. 鉴别诊断　与水疱性口炎和猪水疱病等疫病临床症状相似，应当注意进行鉴别。

【防控】

非疫区严禁从发生过该病的国家或地区购进动物及其产品、饲料、生物制品等。来自非疫区的动物及其产品，也应进行检疫，检出阳性动物时，全群动物销毁处理，运载工具、动物废料等污染器物应就地消毒。加强饲养管理，保持圈舍卫生，经常进行消毒，平时减少机体的应激反应。

口蹄疫流行区，应坚持免疫接种，用与当地流行毒株同型的口蹄疫灭活疫苗接种动物。由于牛、羊的减毒疫苗对猪可能致病，安全性差，故目前倾向于使用口蹄疫灭活疫苗。对疫区和受威胁区内的动物进行免疫接种，在受威胁区周围建立免疫带以防止疫情扩散。康复血清或高免血清用于疫区和受威胁区动物，可控制疫情和保护幼龄动物。

粪便采取堆积发酵处理或用 5% 氨水消毒；圈舍、场地和用具用 2%～4% 烧碱液、10% 石灰乳、0.2%～0.5% 过氧乙酸溶液或 1%～2% 福尔马林溶液喷洒消毒；毛、皮张用环氧乙烷、溴化甲烷或甲醛气体消毒，肉品采用2%乳酸或自然熟化产酸处理。

口蹄疫发病动物一般不允许治疗，应采取扑杀措施。但在特殊情况下，如某些珍贵种用动物等，可在严格隔离的条件下予以治疗。治疗时，要加强护理，精心饲喂，当动物不能采食时，注意人工补饲或饮水，防止因过度饥饿使病情恶化而死亡。圈舍应保持清洁、通风、干燥和暖和。①口腔可用清水、食醋或0.1%高锰酸钾溶液洗漱，糜烂面涂以1%～2%明矾溶液或碘酊甘油（碘7 g、碘化钾5 g、酒精100 ml，溶解后加入甘油10 ml）；也可外敷冰硼散。②蹄部可用3%来苏儿或3%克辽林洗涤，干后涂拭松馏油或鱼石脂软膏等，并用绷带包扎。③乳房可用肥皂水或2%～3%硼酸洗涤，再涂拭青霉素软膏或其他防腐软膏，并定期将奶挤出以防发生乳腺炎。④恶性口蹄疫患病动物除局部治疗外，可补液强心（用葡萄糖盐水、安钠咖），或口服结晶樟脑，一次5～8 g，每日2次，可收良效。

当动物群发生口蹄疫时，应立即上报疫情，确定诊断，划定疫点、疫区和受威胁区，实施隔离封锁措施，对疫区和受威胁区未发病动物进行紧急免疫接种，并按"早、快、严、小"的原则，立即实施封锁、隔离、检疫、消毒等措施。疫区内最后一头患病动物痊愈、死亡或扑杀后经90天以上连续观察，未出现新的病例，经终末消毒后可解除封锁。

【公共卫生】

人对口蹄疫病毒仅有轻度的易感性。在很早以前就有许多人感染口蹄疫的病例报道，但直到用人的病料对牛和豚鼠感染成功才被证实。从健康人的血清中也查到了特异的抗体，说明口蹄疫在人或呈无临床症状经过。人的口蹄疫有时可呈地方流行性。主要是由于饮食病牛乳汁，或通过挤奶、处理患病动物而接触感染，创伤也可感染。

人一般经伤口及口感染，潜伏期3～6天，短者1天。多种患病动物均可传染人。常突然发病，患病后主要临床症状是体温升高，口腔发热、发干，呕吐，唇、齿龈、舌和颊部黏膜潮红，出现水疱。皮肤上的水疱多见于指尖、指甲基部，有时也见于手掌、足趾、鼻翼和面部。水疱破裂后形成薄痂，逐渐愈合，有时形成溃疡。

有的患者表现头痛、晕眩，四肢和背部疼痛，胃肠痉挛，呕吐，咽喉痛，吞咽困难，腹泻，循环紊乱和高度虚弱等临床症状。

一般病程为2～3周，预后良好。幼儿病情严重，可并发胃肠炎、神经炎和心肌炎等。预防人的口蹄疫，主要依靠个人自身防护，如不吃生乳，接触患病动物后立即洗手消毒，防止患病动物的分泌物和排泄物落入口鼻和眼结膜，污染的衣物及时做卫生处理等。

四、非洲猪瘟

非洲猪瘟（African swine fever，ASF）是由非洲猪瘟病毒所引起的猪的一种烈性传染病。该病能够迅速传播并引发高病死率，其特征为皮肤变红、坏死性皮炎及内脏器官严重出血，在病程上可表现急性、亚急性、慢性及隐性感染。由于其临床症状和猪瘟、猪丹毒等疾病相似，需要靠实验室诊断才能进行鉴别。非洲猪瘟病毒仅感染猪，包括野猪与家猪，软蜱是该病毒的保毒宿主和传播媒介。1921年非洲猪瘟病毒首次在肯尼亚被发现，其后陆续在非洲大陆的其他地区暴发；1957 年，葡萄牙也发现该病，这是首次在非洲大陆之外的地方发现非洲猪瘟病毒。根据 OIE 的统计显示，截至 2012 年底，全球共有 48 个国家报道了 ASF 疫情。2018 年 8 月，中国首次暴发非洲猪瘟疫情，11 月发现野猪感染非洲猪瘟病毒病例。OIE 将其列为必须报告的疫病，我国将其列为一类动物疫病。

【病原】

非洲猪瘟病毒（African swine fever virus，ASFV）属于非洲猪瘟病毒科（Asfarviridae）的非洲猪瘟病毒属（*Asfivirus*）。病毒粒子呈二十面体对称，直径约为 200 nm，外包囊膜，内部含有数个共同轴心的同心圆结构。早期曾将该病毒归类到与其形态相似的虹彩病毒科，后因其 DNA 结构及病毒复制方式类似于痘病毒，将其划为痘病毒科，目前已将该病毒单独列为非洲猪瘟病毒科。

非洲猪瘟病毒为双股线性 DNA 病毒，基因组大小为 170～196 kb，由于毒株的不同，其基因组大小可能出现差异。基因组中央部分 125～150 kb 是保守区域，末端为可变区域并含有反向重复序列及发夹结构。根据毒株的不同，其基因组可分为 150～167 个排列紧密的开放阅读框，可以编码 150～200 种蛋白质。

非洲猪瘟病毒具有复杂的病毒结构，在感染细胞内已被证实至少含有 28 种结构蛋白，而在被感染的猪巨噬细胞内则含有 100 种以上的病毒诱导蛋白，其中至少有 50 种蛋白可与感染猪的血清发生反应，40 种蛋白可与病毒粒子相结合。已被鉴定的蛋白中，P12、P30、P54、P73 具有良好的抗原性，能够应用于血清学诊断，但它们在诱导保护性免疫反应中的作用尚不清楚。

非洲猪瘟病毒主要在感染猪的单核细胞及巨噬细胞中复制，在内皮细胞、肝细胞、肾皮细胞中也能够复制，但不感染 T、B 淋巴细胞。该病毒也能够在 PK-15、Vero 等传代细胞系上培养。该病毒在自然环境中抵抗力较强，从室温放置 15 周的血清或 4 ℃保存 18 个月的血液中都能分离到病毒，在脂溶剂及 60 ℃经 30 min 能够被灭活。

【流行病学】

非洲猪瘟病毒在非洲的传播主要是通过非洲野猪隐性带毒及软蜱叮咬。非洲野猪感染该病毒后，可以表现低水平的病毒血症，由于病毒含量较低，隐性感染野猪不会通过直接接触感染家猪，但可通过虫媒软蜱向家猪传播。而在非洲大陆之外，欧洲野猪则对非洲猪瘟病毒易感，因此在欧洲感染猪与健康猪的接触是非洲猪瘟的主要传播途径。一旦非洲猪瘟病毒在家猪群中存在，带毒猪就成为重要的传染源。非洲猪瘟病毒不仅能在家猪间通过直接接触传播，也能够通过血液、排泄物以及污染的车辆、工具等传播。

非洲猪瘟病毒能够在未煮熟的猪肉组织中存活数月，在经过腌制等处理的猪肉制品中也能长期存活，给健康猪饲喂带毒的猪肉残羹是该病长距离传播的重要原因。

【致病机制】

非洲猪瘟病毒可以通过多种途径感染猪，进入机体后主要存在于入侵部位附近的淋巴结中，在单核细胞及巨噬细胞中进行大量复制，然后经由血液或淋巴液转移至机体其他易感器官，如肝、脾、肾、骨髓、肺脏等。易感猪感染非洲猪瘟病毒后，通常在 4 ～ 8 天内出现病毒血症。

研究表明，非洲猪瘟病毒引发的临床症状及病理变化由毒株毒力和保毒宿主的特性决定，但是病毒并不会直接导致组织细胞的损伤。目前，普遍认为非洲猪瘟的大部分病理变化是由于病毒感染激活了单核细胞及巨噬细胞，进而触发一系列的细胞因子所介导的相互作用。

非洲猪瘟是一种能够引发内脏器官严重出血的疾病。急性型非洲猪瘟病例中，其出血机制为病毒转移到内皮细胞进行复制后使得内皮细胞吞噬活性增强所引发；亚急性病例中，则主要是由于血管壁通透性升高而引起脏器出血。另外，非洲猪瘟病毒能够与红细胞膜和血小板相互作用，病毒感染细胞能够吸附红细胞，形成"玫瑰花"或"桑葚状"聚合体。

【临床症状】

非洲猪瘟的病程和临床表现随病毒毒力、感染途径和剂量的不同而表现差异。非洲猪瘟病毒在非洲大陆多引发急性型非洲猪瘟，感染猪病死率高；在欧洲则多引发地方流行性的亚急性或慢性型非洲猪瘟，病死率较急性型低。

最急性型非洲猪瘟病死率高达 100%，病猪仅表现突发高热后即死亡，无明显的临床症状。急性型非洲猪瘟可见病猪持续高热、厌食、精神委顿、呼吸困难，体表皮肤出血发绀，尤其在耳部和腹胁部常见不规则出血斑和坏死。后期可能发生出血性肠炎，导致血便、腹泻。急性型病猪通常在症状出现后的 7 天内死亡，病死率高。亚急性型非洲猪瘟临床症状与急性型非洲猪瘟相似，只是病程更长，症状严重程度及病死率较急性型低。慢性型非洲猪瘟可见病猪表现不规则波动的发热，发生肺炎致呼吸改变，皮肤出现坏死和出血斑，母猪表现流产，病死率较低，多数感染猪均能康复并终身带毒。隐性型非洲猪瘟多发生于非洲野猪，病程缓慢且无临床症状，由于其病毒含量很低甚至无法进行实验室确诊，是该病在非洲大流行的主要原因之一。

【病理变化】

急性型和亚急性型非洲猪瘟主要表现为严重出血及淋巴结损伤，慢性型非洲猪瘟的病变则不典型。非洲猪瘟的主要病变表现在淋巴结、脾脏、肾脏及心脏等器官。淋巴结严重出血、水肿，切面可呈大理石样花纹，胃、肝、肾淋巴结尤为严重；脾脏严重充血、肿大，呈黑紫色，柔软质脆，切面凸起；肾脏可见大量的点状出血；心肌柔软，心内膜及外膜可见出血点甚至出血斑。严重病例还可观察到胃肠黏膜出血、膀胱黏膜出血、肝脏及胆囊充血肿大、肺部水肿、充血。

淋巴组织是非洲猪瘟病毒最先入侵的机体组织，具有最明显的显微病变，可见其皮质区、髓质区及间区出现固缩的细胞核，淋巴结触片可见单核细胞的核破碎。急性型非洲猪瘟常导致白血病，成熟形态的中性粒细胞显著增多，并随之出现淋巴细胞的减少。

【诊断】

非洲猪瘟在临床症状及病理变化上与猪瘟、猪丹毒、沙门菌病等疾病相似，需要通过实验室诊断才能确诊。急性型非洲猪瘟往往比亚急性型和隐性型非洲猪瘟更易诊断，而慢性型非洲猪瘟则常常通过血清学方法诊断。

目前，非洲猪瘟的实验室诊断方法主要针对病毒抗原、DNA 或特异性抗体，最安全便捷的方法包括红细胞吸附试验（hemadsorption test，HA）、直接荧光抗体技术及聚合酶链式反应（PCR）。

病猪的淋巴结、脾脏、肾脏等组织通常有大量病毒存在，可利用这些组织制作触片或切片，用标记的非洲猪瘟病毒抗体来检测组织内的抗原。

体外培养的感染非洲猪瘟病毒的巨噬细胞能够吸附红细胞，形成"玫瑰花环"或"桑葚状"结构，红细胞吸附试验是确诊非洲猪瘟的一个非常便捷的方法，其特异性和敏感性均较高，当其他诊断方法检测疑似样本为阴性时，还需要利用 HA 进行再次的确认。

目前还没有疫苗用来预防该病，因此当检测到非洲猪瘟病毒抗体时，说明动物已感染该病毒。西班牙根除非洲猪瘟的经验证实，对非洲猪瘟病毒进行广泛的血清学检测、及时扑杀感染猪对该病的净化具有重要意义。

对非洲猪瘟的血清学调查，ELISA 是最为简便和有效的方法。近期的研究表明，基于重组的非洲猪瘟病毒 Morara 毒株 p30 蛋白所建立的 ELISA，能够准确检测各个地域、不同毒株的非洲猪瘟病毒抗体。

非洲猪瘟病毒在其基因组中央区均含有一段保守区域，可用该区域片段作为模板设计引物，利用 PCR 技术检测病毒 DNA。

【防控】

非洲猪瘟是一种能够迅速传播并导致高病死率的疾病，目前没有有效的治疗方法，也没有效果明显的疫苗能够用于预防。非洲猪瘟病毒的灭活疫苗无法对动物形成保护，葡萄牙在 1963 年应用了非洲猪瘟病毒弱毒疫苗，接种猪仅能抵御同源非洲猪瘟病毒毒株的感染，且会成为长期的带毒者，甚至出现慢性病变。

长期以来，对于非洲猪瘟病毒感染后是否能够产生中和抗体一直存在争议，缺少有效的中和抗体也被认为是无法成功研制非洲猪瘟病毒疫苗的原因。但有研究表明，康复猪及实验免疫猪的血清中的确含有能够介导中和作用及免疫保护的特异性抗体。

对于无非洲猪瘟的国家，阻断非洲猪瘟病毒的传入是最为重要的预防手段，国际航班和邮轮的垃圾、食物残渣应及时处理，猪只引种时应严格检疫。对非洲猪瘟呈地方流行性的国家和地区，广泛的血清学检测和猪只淘汰、猪群净化是根除该病的良方。对于非洲国家，还应控制虫媒软蜱以及避免野猪和家猪的接触。一旦发生该病，应及时扑杀感染猪群并采取卫生防疫措施，谨防疫情扩散。

五、猪水疱病

猪水疱病（swine vesicular disease，SVD）是由猪水疱病病毒引起的猪的一种传播迅速、流行性强、发病率高的传染病，以蹄、口、鼻镜及乳头等部位的皮肤或黏膜上发生水疱为特征。从临床上看，很难与口蹄疫、水疱性口炎和猪水疱疹相区别。只引起猪发病，牛、羊、马等家畜不发生该病。OIE未将其列为必须报告的疫病，我国将其列为一类动物疫病。

该病于1966年10月首先发生在意大利的一个猪群中，临床上曾被诊断为口蹄疫。然而病原研究证实，其为一种肠道病毒，与口蹄疫、水疱性口炎及猪水疱疹的病原毫无关系。1970年和1972年在我国香港和英格兰的猪群中也发生了一种类似口蹄疫的水泡性疾病，病原检查结果与意大利分离的病毒相一致。以后许多欧洲及亚洲国家相继报道了该病的发生。1973年1月，联合国粮农组织、国际兽疫局和欧洲防治口蹄疫委员会召开了有该病发生国家的代表会议，会上正式命名该病为"猪水疱病"。

【病原】

该病的病原为猪水疱病病毒（swine vesicular disease virus，SVDV），属于微RNA病毒科（Picornaviridae）肠道病毒属（*Enterovirus*）的成员。病毒粒子呈球形，直径为30～32 nm，由二十面体立体对称的衣壳和单股RNA的核心组成。成熟的病毒粒子在胞浆中呈品格状排列，有实心和空心两种，分子质量为10.4×10^6 U。在氯化铯中的浮密度为1.34 g/cm^3，在蔗糖中的梯度沉降系数为150 s，在50 mmol/L MgCl$_2$溶液中稳定。

病毒对环境和消毒药有较强的抵抗力，受时间和温度的影响较大，在被污染的猪舍内能存活8周以上，在-20 ℃条件下能存活数年之久，腌肉中3个月仍能检出病毒。乳汁或天然液体肥料中的病毒，于50 ℃经60 min，仍能保持感染力。3%NaOH溶液于33 ℃作用24 h能杀死水疱皮中的病毒；10%甲醛溶液于13～18 ℃ 60 min，1%过氧乙酸溶液60 min，可杀死病毒。含有0.5%有效氯的漂白粉溶液于10～15 ℃经30 min可杀死水泥地面上的病毒。病毒对酸和乙醚有抵抗力，在pH3～5经1 h仍能保持感染力。

病毒在猪肾原代细胞或传代细胞（PK-15、IBRS-2）上容易增殖，接毒6 h后即可看到细胞出现病变，细胞质内出现颗粒，变圆、缩小，24 h后完全崩解，48 h细胞单层全部脱落。不同的毒株在IB-RS-2细胞单层上可见到大小不等、分布不均的蚀斑。大斑直径可达4～5 mm。不能凝集兔、豚鼠、牛、绵羊、鸡及人的细胞。

该病毒与口蹄疫、水疱性口炎及猪水疱疹病毒的理化特性存在差异。

【流行病学】

该病仅发生于猪，不同品种、不同年龄的猪均可感染发病。牛和羊与受SVDV感染的猪混群后，可以从其口腔、乳和粪便中分离出SVDV，而且羊体内可以发生SVDV的增殖，但它们无任何临诊症状。

病猪和带毒猪的粪、尿、鼻液、口腔分泌物、水疱皮及水疱液中含有大量病毒，通过病猪与易感猪接触，可使损伤的皮肤、消化道等感染。该病一年四季均可发生。猪只密集、调动频繁，往往造成较高发病率。

健康猪与病猪同居24～45 h，虽未出现临床症状，但体内已含有病毒。发病后第3天，病猪的肌肉、内脏、水疱皮，第15天的内脏、水疱皮及第20天的水疱皮等均带毒，第5天和11天的血液带毒，第18天采集的血液常不带毒。

牛、羊与病猪接触，虽不表现症状，但曾有报道牛可短期带毒，绵羊血清中检出中和抗体病者，从咽部、奶汁和粪便中曾分离出病毒。

皮肤是 SVDV 最敏感的部位，小的伤口或擦痕可能是主要的感染途径。其次是消化道上皮黏膜。呼吸道黏膜似乎敏感性较差。

SVDV 的暴发无明显季节性，一般夏季少发。多发于猪只集中的场所。不同品种、不同年龄的猪均易感，传播一般没有 FMD 快，发病率也较 FMD 低。

【发病机制】

猪水疱病病毒对蹄部、舌、唇及鼻镜上皮、心肌、扁桃体的淋巴组织和脑干有很强的亲和力。经口腔及损伤的黏膜或皮肤进入猪体后，经过 2～4 天，在入侵部位形成水疱，通过血液循环到达口腔黏膜及其他好发部位形成第二次水疱。水疱可同时发生于不同部位，而扁桃体是最易受害的组织。上皮病变的病理发生机制分为两个过程：一是细胞死亡和皮肤棘细胞层松懈，丧失结合力；二是细胞内水肿导致上皮细胞的网状变性。

【临床症状】

首先观察到的是猪群中个别猪发生跛行。而在硬质地面上行走则较明显，并且常弓背行走，有疼痛反应，或卧地不起，体格越大的猪越明显。体温一般上升 2～4 ℃。损伤一般发生在蹄冠部、蹄叉间，可能是单蹄发病，也可能多蹄都发病。皮肤出现水疱与破溃，并可扩展到蹄底部，有的伴有蹄壳松动，甚至脱壳。水疱及继发性溃疡也可能发生在鼻镜部、口腔上皮、舌及乳头上。一般接触感染经 2～4 天的潜伏期出现原发性水疱，5～6 天出现继发性水疱。接种感染 2 天之内即可发病。猪一般 3 周即可恢复到正常状态。发病率在不同暴发点差别很大，有的不超过 10%，但也有的达 100%。死亡率一般很低。对哺乳母猪进行实验感染，其哺育的仔猪的发病率和死亡率均很高。有临诊症状的感染猪和与其接触的猪都可产生高滴度的中和抗体，并且至少可维持 4 个月之久。

潜伏期 2～4 天，有的可延长至 7～8 天。病初体温升高至 40～42 ℃，在蹄冠、趾间、蹄踵出现一个或几个黄豆至蚕虫大的水疱，继而水疱融合扩大，充满水疱液，经 1～2 天后，水疱破裂形成溃疡，真皮暴露，颜色鲜红。由于蹄部受到损害，病猪行走出现跛行。有些病例，由于继发细菌感染，局部化脓，可造成蹄壳脱落，不能站立。在蹄部发生水疱的同时，有的病猪在鼻端、口腔和母猪乳头周围出现水疱。一般经 10 天左右可以自愈，但初生仔猪可造成死亡。水疱病发生后，约有 2% 的猪发生中枢神经系统紊乱，表现向前冲、转圈运动，用鼻摩擦猪舍用具，有时有强直性痉挛。临床症状可分为典型型、温和型和隐性型。

典型型：主要表现为病猪的趾、附趾的蹄冠以及鼻盘、舌、唇和母猪乳头发生水疱。早期症状为上皮苍白肿胀，在蹄冠的角质与皮肤结合处首先见到，36～48 h 后，水疱明显凸出，里面充满水疱液，很快破裂，但有时维持数天。水疱破裂后形成溃疡，真皮暴露，颜色鲜红。病变严重时蹄壳脱落。部分猪的病变部因继发细菌感染而形成化脓性溃疡。由于蹄部受到损害，蹄部有痛感出现跛行。有的猪呈犬坐式或躺卧地下，严重者用膝部爬行。体温升高至 40～42 ℃，水疱破裂后体温下降至正常。病猪精神沉郁、食欲减退或停食。在一般情况下，如无并发其他传染病者不引起死亡，初生仔猪可造成死亡。病猪康复较快，病愈后 2 周，创面可痊愈，如蹄壳脱落，则需相当长时间后才能恢复。病猪水疱病发生后，约有 2% 的猪发生中枢神经系统紊乱，表现向前冲、转圈运动，用鼻摩擦、咬啃猪舍用具，眼球转动，有时出现强直性痉挛。

温和型：只见少数病猪出现水疱，传播缓慢，症状轻微，往往不容易被察觉。

隐性型：感染后不表现症状，但感染猪能排出病毒，对易感猪有很大的危险性。

【病理变化】

水疱性损伤是 SVDV 最典型和最具代表性的病理变化。水疱性损伤的外观及显微观察与 FMD 的损伤均无差别。其他病理变化诸如脑损伤等均无特征性。

一般认为感染主要经过两个途径，一是从污染的场地通过有外伤的皮肤直接侵入上皮组织，增殖后的病毒通过血液循环到达其他易感部位而产生病变。二是经口进入消化道，通过消化道上皮和黏膜侵入病毒，经血液循环到达易感部位，从而发生水疱性损伤及非化脓性脑脊髓炎等病变。

特征性病变在蹄部、鼻盘、唇、舌面，有时在乳房出现水疱。个别病例在心内膜有条状出血斑，其他脏器无可见的病理变化。组织学变化为非化脓性脑膜炎和脑脊髓炎病变，大脑中部病变较背部严重。脑膜含大量淋巴细胞，血管嵌边明显，多数为网状组织细胞，少数为淋巴细胞和嗜伊红细胞。脑灰质和白质发现软化病灶。

【诊断】

该病根据临床症状和病理变化很难与口蹄疫、猪水疱性口炎等区分，必须进行实验室诊断加以区别。

病毒分离与鉴定：取病猪未破溃或刚破溃的水疱皮，经处理后，颈部皮下接种 2～3 日龄的吮乳小白鼠。一般在最初 1～2 代内即可引起感染，实验动物发病死亡。初代分离如呈阴性结果，应继续盲传 2～3 代，分离病毒可用猪水疱病抗血清中和后，接种 2 日龄乳鼠以鉴定分离病毒。如注射猪水疱病免疫血清中和组小鼠健活，病毒对照或用各型口蹄疫免疫血清中和对照的乳鼠发病死亡，则被检病料为感染猪水疱病病毒，而不是感染口蹄疫病毒。

荧光抗体实验：用直接和间接免疫荧光抗体实验，可检出病猪淋巴结冰冻切片中的感染细胞，也可检出水疱皮和肌肉中的病毒。

中和实验、反向间接红细胞凝集实验、补体结合实验等也常用于猪水疱病的诊断。

生物学诊断：将病料分别接种 1～2 日龄和 7～9 日龄小鼠，如两组小鼠均死亡，则为口蹄疫。如 1～2 日龄小鼠死亡，而 7～9 日龄小鼠不死亡，为猪水疱病。如病料经过 pH3～5 缓冲液处理，接种 1～2 日龄小鼠死亡则为猪水疱病，反之则为口蹄疫。

免疫双扩散实验：待检血清孔与抗原孔之间出现沉淀线且与阳性对照沉淀线的末端完全融合，则判为阳性。

血清中和实验：测定每一份待检血清中的 SVDV 抗体，需设 4 排孔，每排孔的内容完全一样。如果病毒被血清中和，细胞不产生 CPE，细胞呈蓝色，判为阳性。

ELISA：检测血清抗体。

RT-PCR：可以用于区别口蹄疫和猪水疱病。

【防治】

平时的预防该病的重要措施是防止该病传入。因此，在引进猪和猪产品时，必须严格检疫。做好日常消毒工作，对猪舍、环境、运输工具用有效消毒药（如 5% 氨水、10%漂白粉、3% 福尔马林和 3% 的热氢氧化钠等溶液）进行定期消毒。在该病常发地区进行免疫预防，用猪水疱病高免血清进行被动免疫有良好效果，免疫期达 1 个月以上。目前使用的疫苗主要有鼠化弱毒疫苗和细胞培养弱毒疫苗，前者可以和猪瘟兔化弱毒疫苗共用，不影响各自的效果，免疫期可达 6 个月；后者对猪可能产生轻微的反应，但不引起同居感染，但是由于弱毒疫苗在实践中暴露出许多不足，目前已停止使用。还有灭活疫苗，主要是细胞灭活疫苗，该疫苗安全可靠，注射后 7 ～ 10 天产生免疫力，保护率在80% 以上，注射后 4 个月仍有坚强免疫力。

发生该病时，要及时向上级动物防疫部门报告，对可疑病猪进行隔离，对污染的场所、用具要严格消毒，粪便、垫草等堆积发酵消毒。确认该病时，疫区实行封锁，并控制猪及猪产品出入疫区。必须出入疫区的车辆和人员等要严格消毒。扑杀病猪并进行无害处理。对疫区和受威胁区的猪，可进行紧急接种。猪水疱病可感染人，常发生于与病猪接触的人或从事该病研究的人员，因此应当注意个人防护，以免受到感染。

用猪水疱病高免血清和康复血清进行被动免疫有良好效果，免疫期达 1 个月以上。据报道，国内外应用豚鼠化弱毒疫苗和细胞培养弱毒疫苗对猪免疫，其保护率达 80% 以上，免疫期达 4 个月以上。用水疱皮和仓鼠传代毒制成灭活疫苗有良好免疫效果，保护率达 75% ～ 100%。

六、伪狂犬病

伪狂犬病（pseudorabies，PR）是由伪狂犬病病毒引起的家畜和多种野生动物，以及伴侣动物和实验动物的一种传染病。除猪外，其他动物感染后均出现奇痒和脑脊髓炎。猪是该病的自然宿主，如妊娠母猪繁殖障碍，初生仔猪出现神经症状，育肥猪出现呼吸道症状、生长不良，公猪精液质量下降等。

一般认为该病在 1813 年前后就存在于美国，1902 年，匈牙利学者 Aujesjky 首次认定该病是与狂犬病不同的一种独特型的疾病，并报道了发生在牛、狗和猫身上的病例，此病因此得名为 Aujesjky 病。1910 年，Schmiedhoffer 证明该病是由一种滤过性病毒引起的。1931 年，在美国称为"奇痒"的传染病，在血清学上与伪狂犬病有一致性。1933 年，Traud 用组织培养方法分离病毒获得成功。目前，除澳大利亚外，世界许多国家均有报道，而且发病率不断上升。我国于 1947 年在家猫中发现该病，1956 年，在宝泉岭农场仔猪群中发生了该病的流行，以后一些地区陆续有牛、猪发生该病的报道。

【病原】

该病的病原为伪狂犬病病毒（pseudorabies virus，PRV），属疱疹病毒科（Herpesviridae）α-疱疹病毒亚科（Alphaher pesvirinae）猪疱疹病毒属（*Suidherpesvirus*）成员。完整的病毒粒子由核心、衣壳、外膜或囊膜组成，核心直径为 75 nm，核衣壳直径 105～110 nm。带囊膜的完整病毒粒子直径为 180 nm。病毒核心含双股 DNA，DNA 的分子质量为 $7.0×10^7$ U。此病毒能在鸡胚和多种哺乳动物的细胞上生长繁殖，并形成核内包涵体，于猪肾细胞、兔肾细胞和鸡胚细胞上能形成蚀斑。

PRV 只有一个血清型，但不同毒株的毒力有所差异。病毒对乙醚敏感，对外界环境的抵抗力很强，当外面有蛋白质保护时的抵抗力更强，于 8 ℃存活 46 天，24 ℃存活 30 天，57 ℃存活 30 min，低浓度的消毒剂如 0.5% 石灰乳、0.5% 碳酸氢钠、3% 来苏儿、5.25% 次氯酸钠等溶液可在很短时间内将其杀死。在 pH6～11 的环境中稳定，在 0.5% 石炭酸中可抵抗 10 天之久。

【流行病学】

伪狂犬病病毒与其他疱疹病毒不同，其宿主范围广，包括牛、山羊、绵羊、猪、猫、狗等家畜和经济动物（如狐和貂），也包括鹿、兔等多种野生动物，禽类也能实验性感染。对大多数动物均是高度致死性疾病，病畜极少康复。但成年猪症状极轻微，很少死亡。实验动物中，兔最敏感，小鼠、大鼠、豚鼠等均能感染。病猪、带毒猪为该病的重要传染源，也有人认为被污染的圈舍和鼠类在疾病的传播中起重要作用。

健康猪与病猪和带毒猪接触可感染该病。猪常因食入病鼠和病猪内脏而经消化道感染。饲料、水、垫料、墙壁和栅栏的污染也可以使易感猪感染。有研究表明，气溶胶在病毒的传播中起重要作用。附近猪场间疾病的传播主要是通过空气。该病也可经创伤伤口感染。感染该病后，鼻腔 7 天分泌物中可检测到病毒，公猪可携带少量病毒，在移动过程中使疾病扩散。母猪感染该病后 6～7 天，乳中有病毒出现，并持续 3～5 天，乳猪可通过吃奶感染本病。感染本病的妊娠母猪，常可侵及子宫内的胎儿，造成死胎和流产。牛常因接触病猪而感染发病，但病牛不会传染其他牛。

该病多发于冬、春两季。除成年猪外，牛及哺乳仔猪的死亡率可高达 80%～90%。

【发病机制】

猪自然感染的传播途径是鼻腔或口腔。鼻内人工感染与自然感染引起的综合征是相同的。但是经肌肉、支气管或胃内接种引起的感染与自然病例不同。病毒的复制主要位于上呼吸道。在接触感染后 18 h，从嗅觉上皮和扁桃体内可分离出病毒，24 h 自嗅球、脑髓和脑桥中也可分离出病毒。病毒自鼻和口腔经第一（嗅觉）、第五（三叉）、第七（面部）、第九（舌咽）和第十（迷走）等感觉神经末梢，通过神经脑脊髓液扩散至中枢神经节。随着病程的发展，病毒可经神经轴浆扩展到大脑的各个中枢。

病毒在通过五个神经末端向大脑扩散的同时，在鼻、口腔黏膜、气管和支气管末端至肺泡发生继发性感染。血液中病毒的含量很低，很难检出，并呈间歇性。但病毒可以通过血液向全身扩散。

病毒血症之后，常发生中枢神经系统炎症，使病畜呈现不同程度的神经症状，主要表现为皮肤感觉过敏，使患畜感到不可耐受的发痒（特别是牛和羊）。当病畜神经症状表现最显著时，中枢神经系统中含毒量最高，以后血液中的病毒含量逐渐下降，甚至消失。发生脑脊髓炎后，可引起神经（特别是舌咽神经）麻痹。另外，在房室结、腹腔神经节和星状神经节发生神经节炎，节内神经细胞的残废加重了重要机能的早期丧失，因此也往往加快了重度病例的死亡。

【临床症状】

由易感母猪所生的仔猪被感染后，其死亡率很高。康复或免疫母猪的哺乳仔猪大多可存活。仔猪感染后表现为呼吸困难、发热、大量流涎、厌食、呕吐、腹泻、颤抖和抑郁，随后是运动失调，眼球震颤，狂奔性发作，间歇性抽搐，昏迷至死亡。死亡前四肢呈划水状运动，倒地抽搐。一旦症状出现，病程很短，只有 24 ～ 48 h。

断奶猪和育肥猪感染后大约 36 h，体温开始上升，出现咳嗽、便秘、厌食、呕吐、尾巴和胁腹微微震颤，继而出现运动失调，肌肉强直，阵发性抽搐，失去平衡，步履蹒跚，伏卧，严重病例昏迷，随后死亡。

成年猪一般为隐性感染，死亡率不超过 2%，若有症状也很轻微，易于恢复。发热，精神沉郁，有些病猪呕吐、咳嗽，一般在 1 周内恢复。妊娠母猪流产，产出木乃伊胎儿和死胎。

各日龄猪均不出现其他家畜所表现的瘙痒症状。

【病理变化】

剖检时很少见到肉眼变化。如果检查中枢神经系统，可见到明显的脑膜充血，伴有过量的脑脊髓液。严重感染的病例，鼻黏膜和咽部黏膜普遍出血，有些病例可见到肾乳头和皮质部的淤血点，肺部水肿，坏死性扁桃体炎、咽炎、气管炎和食道炎。其他动物可看到皮肤有擦伤、脱毛、红肿、皮下出现浆液性出血性浸润。

组织学检查发现所有病例都有大脑变化，灰质和白质同样受影响，最明显的变化是额部和颞部。小脑的变化是脑膜炎。细胞变化与病变的程度有关，神经元发生广泛性坏死并伴有噬神经现象，以及神经元周围神经胶质增生和血管套。神经元的变化和坏死通常呈灶性，病灶间距较大，并伴有胶质细胞变性和坏死。血管套的厚度差别很大，最厚达到 8 层细胞。其细胞成分主要是小单核细胞和少量嗜中性白细胞、嗜酸性粒细胞及巨噬细胞。脑膜也发生类似的血管套样细胞浸润。呼吸系统出现坏死性支气管炎、细支气管炎和肺泡炎，并可见大量的纤维渗出。在神经组织中很少见到 Cowdry A 型核内包涵体。在舌、肌肉、肾上腺和扁桃体坏死区可见到包涵体。

电镜观察发现在支气管和细支气管的平滑肌细胞、成纤维细胞、淋巴细胞和巨噬细胞中有病毒的核衣壳和病毒粒子。肺泡上皮细胞、肺泡间隔结缔组织细胞和毛细血管内皮细胞出现病毒衣壳，在细胞质和细胞间隙内见到病毒粒子。

【诊断】

患病动物综合症状的典型表现是临床诊断的重要依据。结合流行病学资料和尸体剖检过程中观察到的典型变化可以对该病作出初步诊断。如果想要获得确切的诊断结果，必须在动物出现昏迷时扑杀，或从死亡不超过 1 h 的动物体内采集脑组织进行实验室检查。

1. 动物接种实验　采取病猪或其他患病动物患部水肿液、神经干、脊髓以及脑组织用生理盐水制备成 1∶10 组织悬液，同时每毫升中加青、链霉素 500 ～ 1 000 IU，取 1 ～ 2 ml，皮下或肌肉接种家兔。接种后 2 ～ 3 天，注射局部出现奇痒。家兔先舔接种部位，以后用力撕咬接种点，致使局部脱毛、皮肤破损出血，家兔一般在 48 ～ 72 h 内死亡，但有时需 4 ～ 5 天才死亡。也可以用病料脑内接种或鼻内接种 1 ～ 4 周龄小鼠，接种后有奇痒症状，症状持续 12 h，在 2 ～ 10 天内死亡，但多数在 3 ～ 5 天内死亡。

2. 病理组织学检查　采取可疑病例脑脊髓组织切片，做苏木素—伊红染色，在伴有非化脓性淋巴细胞性脑炎和脑脊髓神经节炎的情况下，神经细胞、胶质细胞和毛细血管内皮细胞内可检出 A 型核内包涵体。

3. 免疫荧光实验　取自然病例的病料（或组织细胞培养物），如脑的压片或冰冻切片，用直接免疫荧光检查，可于神经节细胞的胞浆及核内产生荧光，几小时后可取得可靠的结果。

4. 病毒分离　可以用病料直接接种猪肾细胞或鸡胚细胞，病毒繁殖后，可出现典型的细胞病变。另外也可用被检的猪肾来制备细胞，用新出芽生长的细胞做指示细胞，或者将被检猪肾细胞组织剪碎，与指示细胞混在一起培养，可观察到病变。通过以上方法得到的假定阳性培养液，要通过病毒中和实验来鉴定。

5. 中和实验　此方法已被大多数国家采用，是一种相对敏感的血清学方法。采用常规方法进行。实验时应注意传染性牛鼻气管炎病毒与伪狂犬病病毒具有相同的抗原成分，可以出现单项的交叉反应。

6. 酶联免疫吸附实验（ELISA）　以抗原包被微量板，然后加入被检血清，再加入标记的抗猪 IgG 抗体，最后加入酶底物。此方法对检测伪狂犬病的抗体比中和实验更敏感。

聚合酶链反应（PCR）技术是 20 世纪 80 年代建立起来的一项体外酶促扩增 DNA 新技术，可用于 PRV DNA 的扩增，也适用于检测 PRV 潜在感染猪。

另外，用于伪狂犬病诊断的方法还有琼脂扩散及微量免疫扩散实验、补体结合实验、皮肤实验、间接血凝实验、对流免疫电泳等方法。在类症鉴别中要注意与李氏杆菌病、猪乙型脑炎、猪脑脊髓炎、狂犬病、猪水肿病等进行区别。

【防制措施】

对该病无特效治疗药物，在感染后 12 h，腹腔内注射抗伪狂犬病血清，对 4 周龄以内的仔猪有明显疗效。对约 20 kg 重的猪，用 30 ml 含 500 个中和单位的抗血清治疗，效果很好。也可采用马或猪的抗凝血作刺激疗法治疗，如果用耐过猪的全血效果更好。对乳牛可以静注 5% 葡萄糖和维生素 C，或采用皮下注射 3% 石炭酸的方法，都能对病畜的病程有缓解和治疗作用。

预防该病的发生，其主要措施是加强兽医卫生管理、猪场净化和疫苗及血清的应用。为保持猪场免于伪狂犬病病毒的感染，在引进新猪时，必须先隔离，在引进前或到圈后 2 周内采血，做血清学检查，确定是阴性猪再混群。避免人和污染的运输工具接触猪场。消灭猪场内的老鼠。防止野生动物与猪直接接触。严格将猪与牛及其他动物分开饲养。

为了摆脱猪伪狂犬病的困扰，要净化或建立无伪狂犬病的猪群。主要采取检验和排除有反应的动物，免疫与剖腹产相结合，采取免疫、隔离或建立无病原核心群的方法。这样可以使猪群逐渐净化。有些国家和地区已采取彻底消灭伪狂犬病的措施，取得了明显的效果。

免疫预防接种是减少猪群经济损失的最有效的方法。目前野毒灭活苗、PRV 自然弱毒苗及基因缺失疫苗已研制成功，其中糖蛋白 gE 基因缺失的疫苗使用较多，在许多流行地区应用，能有效地减轻猪感染后的临床症状，降低疾病的发生，减少经济损失，但仅靠疫苗接种不能消灭该病。

应用活苗防治猪伪狂犬病，人们有不同的看法。有的学者认为接种疫苗的猪再接种强毒时，可使呼吸道黏膜感染，虽不表现症状，但可在一定时期内携带强毒，使疫病不易消灭。但一些国家和地区，灭活苗仍被广泛应用。母猪间隔 4 周两次注苗，对其所生仔猪的保护期为 8 ～ 10 周。应用油佐剂伪狂犬病灭活苗来防止此病的报道也比较多。目前，我国对牛、羊伪狂犬病的预防，主要是应用氢氧化铝甲醛疫苗。

七、猪流感

1918 年，猪流感样疾病首次报道于美国和欧洲人类流感病毒大流行时期。当时的基因分析证明早期的 H1N1 猪流感病毒，即"经典"的 H1N1 猪流感病毒（SIVs）谱系的鼻祖，与 1918 年人流感病毒密切相关，它们均起源于完整的鸟类始祖病毒。

流感病毒是猪群急性呼吸道病发生的主要病原之一，常呈亚临床感染。猪流感的流行病学包含了人源、禽源以及猪源一系列病毒复杂的相互作用。相反地，猪被视作在病毒基因重组和 / 或适应中起重要作用的中间宿主，从而导致流感病毒往具有人类流行潜力的方向发展。

近 20 年来，不断有研究记录人源、禽源和猪源流感病毒在猪体内的基因重组。这些重组病毒从根本上改变了许多地区猪流感的流行病学。此外，1957 年及 1968 年的人流感病毒是通过重组产生的，尽管不能证实这种重组发生于猪体内。最近发生的 H1N1 流行性的流感病毒（pH1N1）是 2009 年源于北美谱系和欧亚谱系进化分支的猪流感病毒之间重组的结果，其实也未能证实实际的基因重组事件是在猪、人还是其他流感病毒宿主体内发生的。

【病原】

流感病毒属于正黏病毒科，为多型性。有囊膜的病毒直径在 80 ～ 120 nm。病毒的脂质囊膜使其对表面活性剂及常用抗病毒消毒剂极其敏感。流感病毒以 8 个不连续的反义

RNA 片段编码 10 或 11 个病毒蛋白。流感病毒基因组的这种分节段特性使得共感染同一宿主的两个病毒在复制时可以交换 RNA 片段，即众所周知的基因"重组"过程。

流感病毒按照血清型、亚型、基因型进行分类。根据共同核心蛋白、基质（M）蛋白及核蛋白（NP），将流感病毒分为 A、B 和 C 三个血清型，只有 A 型流感病毒作为猪流感的病原具有临床意义。依据突出于病毒囊膜表面的血凝素（HA 或 H）及神经氨酸酶（NA 或 N）刺突状糖蛋白的性质，A 型流感病毒可以分为不同的亚型。有 16 种不同的 HA 亚型和 9 种不同的 NA 亚型，可以从抗原性及基因型上进行区别。病毒的血凝素及神经氨酸酶共同定义了该病毒的亚型，例如 H1N1、H3N2。

A 型流感病毒分离株的命名按照以下惯例进行：A/ 来源物种 / 分离地点 / 分离株序号 / 分离年份，例如 A/ 猪 / 威斯康星 /125/98。如果没有指定宿主，则默认为人源分离株。关于流感病毒的结构及遗传学特性的详细介绍在其他地方可以找到。

病毒的血凝素糖蛋白介导与宿主细胞唾液酸受体的连接，也是诱导中和抗体的主要靶分子。在分子水平上，唾液酸通过 α–2，3 或 α–2，6 键与半乳糖残基相连。在结合实验中，人流感病毒与 2，6- 键（"人型"）受体结合，而禽流感病毒与 2，3- 键（"禽型"）受体结合。人们曾一度认为人类对禽流感病毒（AIVs）不易感，因为人类呼吸道中不表达禽型受体，这是把问题看得过分简单化了。病毒的唾液酸结合性也是其具有红细胞凝集特性的原因，而且这种特性可用于一些诊断中。病毒 NA 通过破坏唾液酸及相邻糖残基的连接键使病毒从被感染细胞上释放出来。

逐渐地，了解 A 型流感病毒的流行病学及进化不仅需要亚型（H，N），还需要基因型。基因型是通过测定每个病毒 RNA 片段的基因序列并按照这些序列进行病毒的进化分析。这些分析结果可以定义基于每个病毒基因起源的宿主物种及地理区域的进化谱系。一个进化谱系是指在某个特定基因上有着共同遗传起源的一组病毒。一个病毒可能包含来自不同谱系的基因，反映个体基因的起源不同。近年来，基因分型已成为人们了解全球范围内猪源流感病毒的起源及不断进化极其重要的工具。

【流行病学】

1. 易感动物种类　除了家猪和人类之外，已证明猪流感病毒也感染野猪、家养火鸡以及在罕见的情况下感染放养水禽。

在实验条件下，猪能被多种亚型的禽流感病毒感染并且禽流感病自然感染猪的病例在世界范围内也有记载。例如，已从加拿大或亚洲猪体内分离到 H1N1、H3N2、H3N3 及 H4N6 病毒，以及从亚洲猪体内分离到 H5N1 和 H9N2 病毒。这些由禽到猪的传播在流行病学上通常以死亡告终，不会在猪群中继续传播。这与实验研究结果一致，表明禽流感病毒在猪体内复制及在猪群中传播的限制性。因此，禽流感病毒必须突变或与适应猪的病毒发生重组才能在猪体内有效复制，且禽源与猪源病毒基因的重组已在猪体内建立。事实上，欧洲的禽源猪流感 H1N1 病毒是唯一的适应猪的完全禽源病毒。

人流感病毒偶尔也能从猪体内分离到。尤其是人源 H3N2 病毒经常从亚洲猪体内分离出来，而在欧洲及北美洲猪体内偶尔也能分离到。如禽流感病毒一样，人源流感病毒在猪之间的有效传播似乎需要适应新的宿主。因此，北美及欧洲猪群中保持的 H3N2 病毒是人源及适应猪的基因混合重组。

猪源 HA 抗原漂移通常比人类 HA 抗原漂移慢。例如，最近欧洲猪流感 H3N2 病毒仍然与 20 世纪 70 年代和 80 年代的人源病毒的抗原性有关，而当前人源病毒已与其祖先渐渐产生漂移。有趣的是，人源与猪源病毒 HA 基因进化速度似乎相似，但猪源病毒明显在对免疫反应不太重要的区域发生突变。然而，需要全面分析不同的猪流感病毒谱系的遗传和抗原性以及与人类谱系进行比较，以充分了解猪流感病毒的漂移及其对免疫反应的意义。

2. 传播　历史上，北部气候性猪流感的暴发常常发生于秋末冬初，常与寒冷气温及秋雨有关。研究表明，猪流感病毒全年发生，且随着养猪生产移向限制系统，季节性的疾病发生已变得不那么突出。

猪流感病毒的准确传播方式及其群体动力学只在有限程度上进行了定义。流感病毒通常通过动物的移动向畜群传播。病毒传播的基本途径是通过猪与猪之间的鼻咽接触，鼻腔分泌物中的病毒滴度在排毒高峰期达到 $\geq 1 \times 10^7$ 感染颗粒/ml。已证明人流感病毒通过气溶胶传播，而在澳大利亚，马流感病毒的传播发生在相隔数千米距离的养殖场之间。因此，在猪群密集的区域，空气传播可能导致了猪流感病毒的传播，这也许可以解释在高生物安全标准的猪场中猪流感的感染。大部分情况下，在特殊管理的育成猪群中能清除掉病毒，特别是那些以全进全出方式管理的畜群。在从仔猪到育成猪的猪场中，随母源免疫力的不断下降会持续存在幼龄易感仔猪，有些情况下，病毒可能会在猪群中持续存在。

3. 地理分布　猪流感病毒在全世界大部分地方的猪群中存在，无论猪群饲养在什么地方。然而，病毒亚型及基因型的分布却随着不同的地理区域存在很大变化。

（1）北美猪流感。自从 1930 年初次分离到病毒开始，经典的 H1N1 谱系流感病毒成为 20 世纪 90 年代北美猪流感的主要病原。从 1965 年至 20 世纪 80 年代，美国经典 H1N1 猪流感病毒的抗原性和基因型持高度保守，但在 20 世纪 90 年代期间，分离到了抗原及基因变异株。

在 1998 年，随着两种重组 H3N2 病毒基因型的分离，北美猪流感的流行病学发生了戏剧性的变化：①一个包含经典猪源病毒及人季节性流感病毒基因的双重重组体，它在种群中不再持续存在；②包含人流感病毒谱系的 HA、NA 及 PB1 基因；经典型 H1N1 猪流感病毒谱系的 M、NP 及 NS 基因；以及北美禽源病毒谱系的 PA 和 PB2 基因的三重重组体（tr）H3N2 病毒。后者病毒在北美的猪群内广泛分布并且随时间推移进化为四种不同的系统分支（Ⅰ～Ⅳ）。

trH3N2 和现存经典 H1N1 猪流感病毒的共流行及随后的重组导致 trH1N2 及 trH1N1 的出现及传播，其中 H1（trH1N2）或 HI 和 N1（trH1N2）基因来自经典的 H1N1 猪流感病毒谱系，其余的基因则来自经典的猪源/人源/禽源 tr 基因型。这种猪源/人源/禽源的 M、NP、NS、PA、PB1 及 PB2 基 W 的三重混合现在被称为 TRIG（triple reassortant internal gene）基因盒。最近，在美国的猪群中出现另外一种 trH1 基因型的病毒并传播。这些病毒包含了 TRIG 基因盒，但是它们的 H1、N1 或 N2 基因起源于季节性人流感病毒。

为清楚起见，美国的猪流感病毒 H1 的 HA 基因被分成四个分支：a（完整的经典

H1N1 猪源病毒）；β 及 γ（含经典猪源病毒 HI·HA 基因的 trH1N1 及 trH1N2 基因漂移变异株病毒）；以及 δ（带有季节性人流感病毒 HI·HA 基因，两个亚分支的 trH1N1 及 trH1N2 病毒）。

另外，从美国及加拿大暴发流感的猪群中分离出以 TRIG 为基础的重组病毒，包括 trH2N3 及 H3N1 病毒，还有双重组的 H1N2 及 H1N1 病毒，但这些病毒都没有在猪群中定植下来。

（2）欧洲猪流感。在欧洲，占主导地位的 H1N1 猪流感病毒具有完整的禽源基因组，该禽源基因组是在 1979 年从野鸭传到猪的。这些类禽源的 H1N1 病毒建立了稳定的谱系，并从 1979 年起在欧洲大陆呈地方流行病。这些病毒的抗原性及基因型与经典的 H1N1 猪源病毒明显不同，而经典的 H1N1 猪源病毒在欧洲不再存在。

欧洲的 H3N2 猪流感病毒起源于 1968 年的"香港"人流感病毒，但它们通过与类禽源的 H1N1 病毒进一步重组而进化，导致了 H3N2 病毒带有人源 HA、NA 糖蛋白及禽源内部蛋白。

从 20 世纪 90 年代中期开始，在欧洲的猪体内也存在 H1N2 病毒。主要流行的 H1N2 病毒保留了这些重组体 H3N2 病毒的基因型，但它们获得了一个 20 世纪 80 年代时期人类谱系的 H1 基因。

因此，三个主要的流感病毒亚型分享共同的内部基因，但他们的 HA 基因有明显的区别。所有三个亚型病毒在欧洲高密度饲养地区的猪群中呈地方性流行，而未接种的母猪通常有两个甚至全部三个亚型的抗体。然而，也存在区域性的差异，H3N2 病毒在某些区域已不存在。偶有散在的带有不同 HA/NA 基因组合的新型 H1 和 H3 重组病毒，但在猪群中不再存在。

（3）亚洲猪流感。亚洲的猪流感流行病学比欧洲及北美的更为复杂。自 20 世纪 70 年代以来，H3N2 病毒在亚洲反复从人类向猪传播，香港 /68 流行性流感病毒变异株在猪体内与当时人的 H3N2 病毒同时流行。人 H1N1 病毒在亚洲的猪体内分布似乎不那么广泛，除中国之外的其他亚洲地区并无报道。

猪流感病毒从北美到欧洲或从欧洲到北美之间的传播即使存在也较少，但北美和欧洲的猪流感病毒均已传入亚洲。例如，在华南，同时存在长期流行的经典 H1N1 猪流感病毒、欧洲类禽源的 H1N1 病毒以及北美 H1N2 病毒。各种 H3N2 重组病毒遍及亚洲，有些与欧洲或北美谱系的病相似。结果是当地出现了其他的病毒，很明显这些猪流感病毒在亚洲具有独特性。同时流行如此多的基因多样性猪流感病毒导致了多种极复杂的重组病毒的产生。

更复杂的是，尽管缺乏一些地区的数据，亚洲不同地区的情况也有显著差异。例如，在日本，H1N2 病毒已经成为 20 世纪 80 年代以来的一个主要流行谱系，其中 H1 来自经典的 H1N1 猪流感病毒，N2 来自早期人类 H3N2 病毒。这些 H1N2 病毒在亚洲其他地区似乎不存在。相反，普遍存在于中国及韩国的 trH1N2 在日本未检测到。

在过去的十年中，多次发生 H5N1、H5N2，特别是 H9N2 禽流感病毒越过种间障碍传播到猪体内。这并不奇怪，因为这些病毒在亚洲某些禽群中呈地方流行。在有些情况下，这些病毒以有限的范围在猪群中传播，但在猪体内（至今）没有形成稳定谱系，

H1N1、H3N2 或 H1N2 亚型病毒同样如此。最近几年，从猪体内已经分离到各种由最近适应猪体的病毒与禽源病毒之间发生重组的流感病毒，有几株含禽源的 H5 或 H9。这样的病毒是否会造成猪流感的地方流行还是个未知数。

伴随 2009 年世界范围内人类 pH1N1 的出现，同样的病毒从世界多个地区未表现明显临床症状的猪体内分离到。猪的感染最初明显起源于被感染的人类（人畜共患性传播），但随后通过猪与猪之间进行传播。尽管 2009 年的 pH1N1 被称为"猪流感"，但从流行病学上没有证据表明猪的感染导致了人类的广泛传播。2000 年和 2003 年泰国的 H1N1 猪流感病毒代表了在 pH1N1 病毒之前唯一经测序的重组病毒例子，这些重组病毒的 HA 片段来自经典的 H1N1 猪流感病毒，NA 片段来自欧亚 H1N1 猪流感病毒谱系，但它们的组成仍然不同于流行性的病毒。2010 年在香港已经检测到以流行性病毒为背景，仅有类禽源的 H1N1 猪流感病毒 HA 基因的重组病毒。

【发病机制】

猪流感的发病机理已经研究清楚，与人流感的致病机理十分相似。病毒复制局限于猪的上呼吸道和下呼吸道（鼻黏膜、鼻窦、气管及肺）的上皮细胞，并且病毒只通过呼吸道途径排出及传播。因此，感染性病毒是从这些组织中分离到，也可从扁桃体及呼吸道淋巴结、肺泡灌洗液（BAL）及鼻腔、扁桃体或口咽拭子中分离出来。在大部分实验研究中，在接种后 1 天起能分离到病毒，7 天后则检测不到病毒。相对于上呼吸道，猪流感病毒明显容易在下呼吸道繁殖。这些结果是通过病毒滴定及免疫组化确定的，这些方法显示支气管、细支气管及肺上皮细胞中存在大量的病毒抗原阳性细胞，而鼻黏膜中阳性细胞则较少。在肺泡巨噬细胞中同样发现病毒核酸或抗原，但不能证明这些细胞产生了有效感染。

猪流感病毒不太可能分布于呼吸道之外的组织。脑干是唯一的除呼吸道之外能偶尔分离出少量病毒的组织。仅有一例研究显示脑干存在低的病毒滴度及短暂病毒血症。在少数研究中，粪便、肠道及脾脏偶尔能通过 PCR 检测为阳性，但从未证明在呼吸道之外的组织中出现病毒阳性细胞。用 2009 pH1N1 病毒感染猪的实验证实猪肉及肌肉组织中不存在病毒。

猪流感感染很容易通过对流感易感猪进行实验接种而产生，接种可通过鼻内（IN）、气溶胶或气管（IT）暴露途径，但病毒在呼吸道的复制动力学以及肺部炎症和疾病的严重程度随着接种途径及接种剂量的不同有明显的差异。

气管接种后出现带有中性粒细胞的特征性肺脏渗出物及典型的下呼吸道疾病（肺脏病毒滴度高，可超过 1×10^8 感染颗粒 /g 组织），并伴随有高热（> 41 ℃）及嗜睡。

用感染强度较弱的方法（鼻内接种或气管接种低剂量的病毒）可导致肺部病毒载量增加趋缓，肺部炎症减弱以及较少特征性的临床症状，这些症状主要有流鼻涕、打喷嚏、低度到中度的发热或亚临床感染症状。

在疾病的急性感染期，由宿主产生的细胞因子似乎决定了亚临床感染和疾病之间的差别。气管接种后肺泡灌洗液中的干扰素 –α 和干扰素 –γ、肿瘤坏死因子 –α 及白介素 –1、白介素 –6 和白介素 –12 的滴度显著高于鼻内接种后这些细胞因子的滴度。实验研究表明需要较高的肺部病毒载量诱导高水平的细胞因子，反过来这些细胞因子诱导典型的肺部炎症及疾病。因此，任何可能降低范围内猪体内病毒复制的因素，例如，部分主动或被动免疫以及降低感染的卫生措施，都可能降低临床症状的严重性。然而，许多细胞因子也具有抗病毒或者免疫刺激作用，因而可能有助用于流感病毒的清除。

实验感染研究还没有得出关于猪流感病不同谱系或毒株之间在发病机理和毒力上差别的可信证据。偶尔报道的差异似乎是由于猪个体之间的生物差异、实验变化或病毒间的复制能力差异所致。用人流感或者禽流感病毒对猪进行感染实验常导致温和型或亚临床感染，这与猪呼吸道的低到中度的病毒滴度相一致。2009 pH1N1 病毒对猪的致病过程同在猪群中呈地方性流行的猪流感病毒相似。

【临床症状】

典型的猪流感暴发以高热（40.5 ～ 41.5 ℃）、厌食、倦怠、扎堆、卧地不起、呼吸急促以及几天后的咳嗽为特征。吃力的腹式呼吸及呼吸困难最为典型。经过 1 ～ 3 天的潜伏期后，突然发病率高（高达 100%），但当单一感染时死亡率低（通常低于 1%）。通常在发病后 5 ～ 7 天快速痊愈。临床上典型的急性猪流感的暴发一般只限于完全易感的血清阴性猪，不论是无免疫保护力的保育猪还是老龄猪。

感染 H1N1、H1N2 及 H3N2 亚型病毒有着相似的临床症状且所有亚型及家系的病毒都伴随有严重的呼吸道症状。实验研究尚未有力地证实猪流感病毒的株系之间有毒力差异。

几个其他除免疫状态之外的因素也可能决定猪流感病毒感染的临床结果，这些因素包括年龄、感染压力、气候条件、猪舍条件及并发感染。可以确定的是，继发感染细菌如胸膜肺炎放线杆菌、多杀性巴氏杆菌、猪肺炎支原体、副猪嗜血杆菌及 2 型猪链球菌，可加重猪流感病毒感染的严重性及进程。

其他的呼吸道病毒，如猪呼吸道冠状病毒（PRCV）及猪繁殖与呼吸障碍综合征病毒（PRRSV）通常与猪流感一样在相同年龄发生感染。这些病原中，PRRSV、猪肺炎支原体及猪流感病毒在表现猪呼吸道综合征（PRDC）临床症状的 10 ～ 22 周龄猪体内经常能检测到。几次将猪流感病毒与猪肺炎支原体、猪呼吸道冠状病毒或猪繁殖与呼吸障碍综合征病毒一同进行双重感染的实验显示，双重感染比单一病毒感染临床症状更严重。然而，将任何两种感染性病原结合很难可靠地复制出疾病，并且其他研究未能表明疾病的加重。因此，猪呼吸道综合征（PRDC）的发病机理仍难以解释。

猪群暴发流感之后，饲养人员及兽医偶有报告，猪群的繁殖力下降，例如，不孕、流产、弱仔及死产增多。然而，很少有数据说明流感病毒感染猪的生殖道或直接导致繁殖性疾病。

【病理变化】

单纯猪流感的眼观病变主要是病毒性肺炎。病变大都局限于肺的尖叶及心叶。肺部的肉眼可见感染比例在不同实验间及实验内有着显著差异。但在感染后 4 ～ 5 天有超过一半的肺部感染。通常，感染的肺组织和正常的肺组织之间交界明显，但病变区呈紫色坚硬状。小叶间明显水肿，气道充满血色、纤维素性渗出，相连的支气管及纵隔淋巴结肿大。在自然发病的猪流感中，这些病变可能很复杂且被并发感染特别是细菌感染所掩盖。

在显微镜下观察，猪流感的病变特点主要有肺脏上皮细胞坏死、支气管上皮细胞层脱落/剥离以及气道充满坏死的上皮细胞和以中性粒细胞为主的炎性细胞浸润。气管接种后 24 h 收集的肺泡灌洗液中，中性粒细胞高达细胞总数的 50%，而在未感染的健康猪中以巨噬细胞为主。嗜中性粒细胞不仅造成气道阻塞，还通过释放相应的酶导致肺部损伤。几天后，支气管周围及血管周围发生淋巴细胞浸润。在田间爆发典型临床症状的猪流感也有相似的病理损伤。然而，与临床症状一致，肺部病变也轻微或不明显。

【诊断】

由于猪流感没有可确诊的症状以及必须与猪的其他许多呼吸道疾病进行鉴别，故对于猪流感的临床诊断只是推测性的。确诊只能通过分离病毒、检测病毒蛋白质或核酸，或者检测病毒特异性抗体。猪流感的诊断技术在其他文章中有详细描述。

检测病毒、核酸或病毒蛋白质可确定病原。这些方法的敏感性取决于实验所用的特定试剂以及它们与流行野毒株的"匹配度"。从活动物体内分离猪流感病毒的典型方法是通过鼻腔拭子或仔猪的口咽拭子获得黏液样本。病毒极易从发热期的鼻咽分泌物中分离。样品应当收集到聚酯纤维而非棉拭子上。然后将拭子悬浮于适当的运输溶液中，例如细胞培养液或 pH 中性的磷酸盐缓冲液，同时保持低温。如果病毒分离样品可在收集后的 48 h 之内进行检测，则应将其保存在冷藏温度下（4 ℃）。如果样品需更长时间保存，则建议储存温度为 −70 ℃，因为猪流感病毒在 −20 ℃不稳定。病毒也可从急性发病期病死猪或扑杀猪的气管或肺脏中分离到。在准备培养前，这些组织材料需要保存在同拭子一样的条件下。

病毒可通过禽胚卵进行培养，通常采用 10～11 日龄鸡胚尿囊腔接种，并于 35～37 ℃培养 72 h。猪流感病毒并不致死鸡胚，但可以通过对尿囊液作血凝实验（通常使用鸡或火鸡的红细胞）检测到，为流感病毒检测提供诊断依据。至少需要盲传两代以确定不存在病毒。替代使用鸡胚进行猪流感病毒分离的方法有细胞培养。几种不同来源的细胞系可支持流感病毒生长，而犬肾传代细胞（MDCK）最为常用。

流感病毒的 HA 及 NA 亚型一直以来是通过使用传统方法进行分型的，即 HI 及 NI 方法。这些方法利用针对不同 HA 及 NA 亚型的特异性抗体对病毒进行分型。然而，分子方法越来越多地用于对流感病毒的鉴定及分型，方法有 PCR、基因测序及基因芯片技术，它们通过检测不同亚型的特异性基因标志来分型。考虑到广泛的商业应用诊断猪流感，这些方法仍不成熟，而且在检测高度变异的病毒群体，甚至是同一 HA 亚型时，应用可能有限。然而这些方法已成功地用于检测猪的主要病毒亚型。

RT-PCR 方法（传统与实时技术）检测临床样品制备提取的病毒核酸时，也有高度的敏感性和特异性。经过验证的方法其敏感性和特异性至少相当于病毒分离，并具有快速、廉价及可扩展性等内在优势。然而，值得注意的是，由于这些方法敏感性的提高，"弱"阳性样本可能包含病毒的降解物而非感染性病毒。

RT-PCR 方法可分为两大类。第一类方法对任何 A 型流感病毒的检测通用并可用于所有的猪流感病毒，但不能提供关于病毒亚型的信息。这些方法通常敏感性及特异性高，适用于临床样本的初次筛选。第二类方法是亚型特异性的，可用于检测特定的 HA 亚型，通常可进一步区分同一 HA 亚型中的不同毒株，即经典、类禽源猪系或 2009 pH1N1 病毒。这类方法在进行临床样本的初次筛选时敏感性及使用率比 A 型流感病毒的检测方法稍低。猪 2009 pH1N1 病毒的暴发要求任何一种检测方法都必须证明既可用于地方性猪流感病毒又要适合该病毒的检测。

其他检测病毒或病毒抗原方法用于检测包括肺脏和气管的呼吸道新鲜未自溶的组织，这些方法有直接或间接免疫荧光技术，检测固定组织的免疫组化方法。此外，鼻拭子可使用商品化的酶免疫膜检测方法，而不需特殊的实验室设备。尽管这种方法易于操作，但缺乏可靠的检测鼻腔分泌的 SIV 必需的敏感性。这些方法检测 A 型流感抗原，但不能区分病毒亚型。

血清学实验用于证实流感特异性抗体的存在。通过血清学诊断急性 SIV 感染需要用急性发病期和康复期（3 ～ 4 周后）配对的血清样本。血清学方法最适用于检测猪群的免疫状态、仔猪母源抗体水平及其动力学、接种后抗体滴度及猪群调运前的检测。

血凝抑制实验仍然是检测抗 SIV 抗体的最常用血清学方法。许多用于 SIV 的酶联免疫吸附实验（ELISAs）已实现商品化。ELISAs 大体上可以分为两类。第一类检测 A 型流感病毒高度保守的核心抗原的抗体。这些方法一般具有很高的敏感性，可用于筛选实验，如确定畜群的状态，但不能区分病毒亚型。第二类检测亚型特异的抗体。这些 ELISAs 的敏感性明显低于血凝抑制实验，但可用于特定病毒亚型 / 毒株的研究。最后一种 VN 方法应用越来越广泛，特点与 HI 相似，但更适合专业实验室。

血清学数据的解释通常十分复杂，在不同亚型及基因谱系病毒共同感染的情况下更加困难。特别是同一亚型不同毒株同时感染，例如 H1，在进行 HI、VN 实验及亚型特异性 ELISAs 检测 HA 的抗体实验中，具有可变的交叉反应性，使得结果更加可疑。猪 2009 pH1N1 病毒的出现从更广的角度上使得地方流行毒株的抗体反应在 HI 及 VN 试验中的结果更复杂，有时不可预知。因此，在 H1N1 呈地方性流行的地区，2009 pH1Nl 的感染不能仅通过血清学方法进行确诊。

【防治措施】

免疫接种仍然是预防猪流感的最主要方法。商品化的 SIV 疫苗为传统的通过肌肉注射的灭活疫苗。大部分疫苗是含油佐剂的全病毒疫苗。初次免疫注射两次，间隔 2 ～ 4 周，母猪每年加强免疫两次。产前对母猪进行常规加强免疫可使仔猪获得更高水平、持续更长时间的母源抗体，从而在整个哺乳期保护仔猪。育肥猪的免疫接种极少进行，也很难与母猪的接种相结合，因为被动免疫时间的延长可能会干扰仔猪免疫接种的效力。然而，这种措施对生长期 / 育肥期可能发生流感的猪群有效。

为保持欧洲和美国流行 SIVs 之间的抗原及基因差异，每个地区的疫苗由本地生产且完全含不同的毒株。即使在同一大陆内，也没有统一的标准疫苗株，不同的商品疫苗之间的抗原量及佐剂也不相同。

在欧洲，SIV 疫苗于 20 世纪 80 年代中期首次获得批准，现在已应用于大部分而非全部国家。现有的大部分疫苗含自 20 世纪 80 年代以来流行的 H1N1 和 H3N2 亚型较古老的毒株，而没有更新。仅有一种三价疫苗含 H1N2 及最近的 H1N1 和 H3N2 毒株。

在美国，单价 H1N1 SIV 疫苗最初于 1993 年引入。在 1998 年美国的猪群出现 H3N2 流感病毒后，单价 H3N2 及最终多价 H1/H3 疫苗也已投入使用。美国农业部（USDA）的兽医生物制品中心（CVB）批准的可在全国范围内使用的 7 种疫苗有单一 H1N1 毒株和单一 H3N2 毒株的单价疫苗以及直到代表多个 H1 和 H3 分支的五价疫苗。与欧洲相比，近年来大部分制造商更新了 SIV 疫苗毒株，这与美国对于疫苗更换新毒株或增加新毒株采取灵活的批准程序有一定关系。来自北美及欧洲的部分商品疫苗也可用于亚洲一些国家。一种用于免疫猪预防 2009 年 pH1N1 流感病毒的疫苗在美国可以使用，但不适用于欧洲。

在美国，还广泛使用"自家苗"。这些疫苗属于专用疫苗，准许在单一猪养殖体系内使用。这些疫苗经过纯净及安全性检验，但不做效力检验。所以这些疫苗均为含佐剂的灭活疫苗。

大部分 SIV 疫苗的效力研究是通过免疫攻毒实验进行的，即 SIV- 血清阴性猪免疫接种两次商品疫苗，并于二次免疫后的 2 ～ 6 周攻击异源 SIV。这些实验使用不同的疫苗、攻毒毒株、接种途径及实验设计，极少能产生完全的免疫力。免疫接种不能完全阻止病毒传播，但可以降低肺脏、肺泡灌洗液、鼻咽拭子的病毒滴度，以及肺脏的大体及组织学病变。

仅有少数实验使用大剂量病毒气管接种攻毒，以评价临床保护力。尽管这些疫苗只能适当降低肺脏的病毒滴度，但对预防疫病仍十分有效。肺脏的病毒滴度与攻毒前病毒的 HI 抗体滴度呈负相关，这些抗体通常比同源疫苗病毒产生的抗体滴度低很多，并且在二次免疫接种后的 2 ～ 6 周内迅速下降。然而，之前感染同一亚型的流感病毒可显著提高单次免疫接种的血清抗体反应。后者的情形类似于田间情况，因为母猪在初次接种时通常已经感染一种或多种 SIV。

由于多种新的 SIV 亚型及毒株的出现，近年来 SIV 疫苗的设计变得越来越复杂，我们需要一个更换或添加疫苗毒株的一致标准。

欧洲的几种商品疫苗明显能抵抗历经数年分离的 H1N1 和 H3N2 猪流感病毒，且与 H1 疫苗株（疫苗株和攻毒株之间的氨基酸 78% ～ 93% 同源）及 H3 疫苗株（86% 的氨基酸同源）相比有着显著的基因漂移。美国的商品疫苗对遗传分支不同于疫苗株的 H3N2 病毒的攻击能提供部分保护力。

现有的北美及欧洲疫苗对 2009 pH1N1 流感病毒也可产生部分血清学交叉反应及交叉保护力，尽管流行性的 H1 病毒与大多数欧洲 H1 疫苗株间只有 72% ～ 75% 的氨基酸同源。然而基于 2009 pH1N1 流感病毒的单价疫苗表现出优良的保护力。

欧洲的 H1N1 和 H3N2 组成的二价疫苗不能诱导产生抗体或对欧洲 H1N2 病毒的攻击提供保护。这与疫苗株和攻毒株 H1 之间氨基酸同源性很低（70.5%）的结果一致。然而矛盾的是，在实验研究中，与攻毒株 HA 基因关系更远的毒株制成的商品疫苗比与攻毒株 HA 基因关系最近的毒株制成的疫苗提供了更好的保护力。

事实上，所有的实验数据表明商品疫苗中佐剂及抗原量的不同，对于 SIV 疫苗效力至少同疫苗中采用的 SIV 毒株一样重要。与无佐剂的人流感疫苗提供的保护作用相比，大多数猪流感病毒疫苗中的油佐剂提供了更广的保护力。

所谓的 SIV 新型疫苗仍处于实验阶段，结果不尽如人意。这些疫苗包括以流感的 HA、NP、M 基因或其组合为基础的 DNA 疫苗，表达 M2 蛋白的重组疫苗，以及表达 SIV、HA 和 / 或 NP 的人 5 型腺病毒载体疫苗。这类疫苗与传统的灭活疫苗以免疫增强方式联合使用时的效果更好，将来有望采取这种联合免疫措施。一种用 NS1 基因修饰的弱毒活疫苗经过 IT/IN 途径免疫接种猪对不同亚型毒株的攻击可提供部分保护力。

【公共卫生】

世界卫生组织的 Martin Kaplan 于 1957 年亚洲流感流行性期间曾提出过动物在人流感的生态学及流行病学上的潜在意义，并且发起了一个跨学科的专家网络，作为早期应对流感"一个健康"计划。1976 年，首次证明了猪流感（SI）传染给猪场养殖人员。现在越来越多的证据支持源于猪流感病毒的感染病例的发生，以及流感病毒从人到猪，从猪到鸟类，以及在一定范围内从鸟类到猪的种间传播。

猪流感病毒来源的感染病例在全世界范围内均有报道，包括经典的 H1N1 猪源病毒，也有鸟类谱系病毒及多个血清学亚型和基因型的重组病毒。这些报道中记录的感染人数远少于世界范围内接触猪的人数。人类 SIV 抗体血清学的检查结果表明存在更广泛的但未确诊的 SIV 感染。然而，由于很难准确区分猪与人流感病毒感染，血清学检测很受限。在历史上，除 1976 年在新泽西州迪克斯堡的猪流感暴发外，关于猪源病毒在人与人之间的传播的证据很有限。唯独 2009 和 2010 年流感流行性的情况不同。

流行性需要流感病毒出现两个特性：①病毒必须具有足够的抗原独特性以便逃脱宿主的免疫监视。②病毒必须足以适应感染人，以便在人与人之间传播。这种病毒可能完全由动物宿主传播而来，例如 1918 年流行性的毒株完全由禽源病毒引起。或者它们通过一种具有独特的免疫原性血凝素的病毒与另一种最好是已经适应于感染人类的病毒之间发生基因重组而产生。1957 年流行性的"亚洲流感"病毒及 1968 年流行性的"香港"毒株都是通过后一种方式产生的，即一种新型禽源病毒与之前的季节性流行的人流感病毒间的重组。

流感病毒极大地受宿主范围因素所限制，从而限制了种间的传播，特别是在鸟类及哺乳动物宿主之间的种间传播。因此，只有一小部分的病毒亚型在哺乳动物体内定植，例如人的 H1、H2 和 H3，猪的 H1 和 H3 及马的 H3 和 H8。而所有 HA 和 NA 亚型的流感病毒都能在野生水禽（即全球流感病毒的贮存宿主）中找到。依据病毒毒株及鸟类的品种不同，水禽流感病毒能够感染并从呼吸道和 / 或消化道排毒。肠道感染能使病毒随排泄物排出并污染湖水长达数周至数月。这种特性与禽流感暴发以及可能在病毒从鸟类向猪的传播有关。

来自所有 8 种流感病毒的基因片段在宿主范围内均存在，即"多基因"物种特异性，但是 HA 起到了主要作用，因为它与受体结合，且不同宿主的唾液酸受体不同。

一直以来，流感病毒学中始终存在的问题是"禽源和哺乳动物源病毒间发生的重组在哪种动物中能产生一种新型的流行性毒株"？人们曾以为是"猪"，因为猪的组织既表达禽类的 2，3 唾液酸受体，又表达人类的 2，6 唾液酸受体。的确，猪对禽源及人源的流感病毒都易感，并因此成为基因重组的"混合容器"宿主。然而，物种唾液酸的特异性远比我们曾经认为的要复杂。例如，病毒与某一特定唾液酸结合可能不会导致细胞的有效感染；流感病毒的有效感染可能还需要二级受体。此外，人类及一些陆生家禽品种也表达这两种唾液酸受体。

尽管如此，猪仍然成为焦点，特别是因为 2009 年 pH1N1 病毒的基因起源。基因分析清楚地表明：2009 年 pH1N1 病毒的进化演变起源于北美和欧亚谱系猪类流感病毒间的一种独特的"洲际"重组。然而，需要强调的是，不能靠推测假设这种重组事件发生于猪体内，或者是因为假定它的重组起源，而先验地认为在世界范围内该病毒在未来的 10～17 年间都发生在猪体内。

八、猪细小病毒病

猪细小病毒病（porcine parvovirus disease，PPD）是由猪细小病毒引发的猪繁殖障碍性疾病，主要危害初产母猪和血清学阴性的经产母猪，导致流产、不孕，产死胎、木乃伊胎和弱仔。感染猪细小病毒的母体通常无明显临床症状，但病毒可经胎盘感染胎儿，致使免疫机能未发育完全的胎儿死亡。猪细小病毒病首次发现于 1966 年，1967 年首次从病料中分离到猪细小病毒，随后世界各国均有该病发生的报道。目前猪细小病毒病在世界各地普遍存在，呈现地方流行性。我国在 20 世纪 80 年代初已有该病的报道。由于猪细小病毒病的传播特点，猪场一旦出现，则难以根除，可造成重大经济损失，近年的研究还表明，猪细小病毒除了能导致母猪繁殖障碍外，还能与猪圆环病毒 2 型相互作用，引发仔猪断乳后的多系统消耗综合征。OIE 未将其列为必须报告的疫病，我国将其列为二类动物疫病。

【病原】

猪细小病毒（porcine parvovirus，PPV）属于细小病毒科（Parvoviridae）的细小病毒属（Parvovirus）。病毒粒子为二十面体对称，外观呈圆形或六边形，直径约为 20 nm。病毒衣壳含有 32 个壳粒，有 2～3 种衣壳蛋白，无囊膜。病毒基因组为单股线状 DNA，结构简单，大小仅为 5 kb。通常病毒基因组包含 2 个开放阅读框（ORF），5′端的 ORF 主要编码 3 个非结构蛋白 NS1、NS2、NS3，3′端 ORF 则编码 3 种结构蛋白 VP1、VP2、VP3。但近期研究表明，新出现的 PPV4 型病毒具有特殊的基因组结构，在两端的 ORF 间还存在一个类似于博卡病毒（细小病毒亚科）的 ORF3，编码两个高度磷酸化的非结构蛋白。VP1、VP2 是构成病毒粒子的主要成分，VP3 蛋白被认为是 VP2 蛋白的水解产物。VP 蛋白不仅影响 PPV 复制效率，还具备良好的免疫原性，能够诱导有效的免疫应答。VP2 蛋白还能够在体外装配成病毒样颗粒，并能有效地刺激机体产生抗 PPV 中和抗体。

PPV 各毒株具有相似的抗原性，只有一个血清型，按照致病性的强弱及组织嗜性，毒株可分为四个类型：第一类为以 NADL-8 株为代表的强毒株，能够引发母猪的病毒血症并穿过胎盘屏障垂直感染胎儿；第二类为以 NADL-2 株为代表的弱毒株，可作为疫苗株防控 PPV，其对母猪及胎儿均没有致病性，不能穿过胎盘屏障感染胎儿；第三类为以 Kresse 株为代表的皮炎型强毒株；第四类为以 AF-83 株为代表的肠炎型毒株。

PPV 在猪肾细胞、猪睾丸原代细胞及常用传代细胞系上都能生长繁殖，处于 DNA 合成期的细胞最利于病毒的复制增殖。PPV 具有细胞毒作用，可使感染细胞变圆、固缩、溶解并出现散在的核内包涵体。PPV 能够在体外凝集豚鼠、猫、鸡、大鼠、小鼠、猴、人的红细胞，通常使用豚鼠红细胞进行血凝实验以检测 PPV 的抗原。

PPV 对于外界环境有很强的抵抗力，对热不敏感，80 ℃经 5 min 才能灭活，在 pH 3 ～ 9 均很稳定，对脂溶剂有一定的抵抗力，紫外线也需要较长时间才能将其灭活。目前，杀灭病毒较好的方法是 0.5% 漂白粉和 2% 氢氧化钠溶液。

【流行病学】

猪是 PPV 目前已知的唯一宿主，不同品种、年龄、性别的猪均对其易感，感染后可终生带毒。因此，PPV 在世界各地的猪场中普遍存在，是造成母猪繁殖障碍、影响养猪业发展的重要疫病之一。

该病主要危害初产母猪和血清学阴性的经产母猪，如母猪在妊娠前已被自然感染，则可以产生主动免疫。该病在我国多发生于 4 ～ 10 月，猪群中一旦出现 PPV，全场猪在短时间内即可感染该病。猪在感染 PPV 后 1 ～ 6 天内会出现病毒血症，3 ～ 7 天即可经粪便排毒，1 周后可以检测到相应抗体。

猪在出生后主要经呼吸道及消化道感染 PPV。由于带毒猪只会经粪便不间断地排出病毒，粪便污染环境后，健康猪接触了污染的饲料或饮水即受到感染。另外，若公猪精液带有病毒，在交配时则可以通过生殖道传染给母猪。出生前即感染 PPV 的仔猪均为经过母猪胎盘感染，病毒不仅能够经母体垂直传播给胎儿，若一侧子宫的胎儿感染后，病毒也能通过水平传播的方式感染另一侧子宫的胚胎。

感染 PPV 的母猪是该病的主要传染源，其产出的子宫分泌物、死胎、木乃伊胎、仔猪均含有大量的病毒。研究表明，子宫内感染还可能产生免疫耐受仔猪，这类仔猪没有相应 PPV 抗体，但可能终生带毒、排毒。感染公猪也可能作为 PPV 的机械传播者，病毒可入侵睾丸、阴囊、精索、附睾，在交配时经精液或生殖道传播给母猪。

【致病机制】

母猪感染 PPV 后，病毒主要分布于机体内一些增殖迅速的组织，例如淋巴结生发中心、结肠固有层、肾间质等。病毒大量繁殖后引发母猪的病毒血症并随血液循环到达胎盘，然后穿过胎盘垂直感染胚胎和胎儿。死胎、弱仔可能是由于病毒使母体胎盘受损，同时也阻碍胎儿组织器官发育所引起的。研究表明，PPV 仅会在活的猪胚胎中进行复制，感染胚胎一旦死亡而被母体重吸收，则病毒无法在子宫内传播扩散；若感染胚胎存活，则会在子宫内传播病毒，致使同窝的其他胎儿感染。

通过荧光抗体技术检测感染 PPV 母体和胎儿结合处的组织细胞，发现病毒大多存在于绒毛膜间质细胞和内皮细胞，在子宫的内皮细胞及滋养外胚层都没有发现病毒。而在胎儿方面，PPV 则广泛存在于内皮细胞中，这将阻止胚胎脉管网络的发育。受病毒侵害的胎儿循环系统将表现出血、水肿及体腔浆液性渗出等病变。

另外，母猪若在排卵前感染 PPV，病毒则可能吸附在受精卵透明带外层，对后期发育的胚胎构成威胁。

【临床症状】

猪细小病毒感染一般均表现亚临床症状，除了母猪出现繁殖障碍外，无其他明显的特征表现。

母猪表现的繁殖障碍随感染 PPV 的时期不同而有所差异：母猪在妊娠初期 30 天感染，将导致胚胎的死亡和重吸收，母猪可能不孕或无规律发情；在妊娠中期，即 30～50 天时感染，将导致胎儿的死亡或木乃伊化；50～60 天时感染，母猪在分娩时产程延长，死胎；在妊娠后期 70 天后感染，此时胎儿已经得到较好的发育，能够对病毒产生保护性免疫应答，因此胎儿并不死亡，且能产生抗体，但仔猪一出生即带毒并排毒。

感染 PPV 后，某些母猪会表现体温升高、后躯瘫痪或关节肿大。妊娠初期感染的母猪，还可能因为死亡胚胎以及羊水的重吸收导致腹围减小。

【病理变化】

母猪感染 PPV 后，本身一般无肉眼可见的病变，组织学上则可出现黄体萎缩、子宫内膜临近区域和固有层的单核细胞聚集、浸润。

胎儿感染 PPV 则表现一系列特征性的病变。妊娠 70 天内感染 PPV 的母猪，产出胎儿可变成弱仔、畸胎、死胎、木乃伊胎，胎儿也可表现骨质溶解、腐败、黑化等病变。剖检可见这些胎儿皮下充血、水肿，体腔有浆液性渗出，肝、脾、肾等脏器时有肿大质脆或萎缩变黑。组织病理学变化为广泛性的组织器官细胞坏死，并在细胞内出现特征性的 PPV 核内包涵体。此外，胎儿在大脑的灰质、白质和脑脊膜上可见脑膜炎病变，血管外膜细胞增生，浆细胞浸润，而在血管周围形成"管套"样结构。

【诊断】

猪细小病毒感染可以依照其流行病学特点和临床症状进行初步的诊断。若猪场只是初产母猪或者青年母猪发生流产、产死胎、产弱仔等情况，且母体在妊娠期间没有表现其他临床症状的，并且有迹象表明该病是一种传染病，可初步判定为 PPV 的感染。进一步的确诊则需要进行实验室诊断。

送检病料应选择较小的死亡胎儿或胎儿组织。如胎儿在子宫内长时间发育后再感染 PPV，其体内产生的相应抗体可能干扰实验室诊断。母猪妊娠后，若既不分娩也不发情，可剖检取出子宫，观察其中是否存在死亡胎儿组织并进行实验室检测。

1. 抗体检测　血凝和血凝抑制实验是目前广泛应用于临床的 PPV 检测方法，不需要依赖专用仪器设备，简单易行，且灵敏度高。HI 实验中，待检血清需经 56 ℃灭活，并用红细胞和高岭土吸附去除血清中天然存在的血凝素及非抗体抑制物。感染 PPV 后，一般第 5 天即能在猪体内检测到相应抗体，抗体滴度在 12～14 天达到较高水平。病毒中和实验也可用于检测 PPV 抗体。用待检血清中和 PPV，接种细胞进行培养，然后可通过观察细胞病变情况、是否出现核内包涵体等来判断待检血清中和抗体的滴度。此外，免疫扩散实验、乳胶凝集实验、酶联免疫吸附实验等都可用于检测 PPV 抗体。

2. 抗原检测　可以采集病变胎儿的肺、肾、肝、肠、脑等组织制备冰冻组织切片，通过荧光抗体技术在荧光显微镜下观察，判断是否存在 PPV 抗原，其中肺部的组织切片效果最佳。

3. 病毒分离鉴定　应采集流产胎儿或死胎的肾、肝、肺、肠系膜淋巴结或母猪胎盘、阴道分泌物等材料制备悬液，接种单层易感细胞，培养 16 ～ 36 h 检测是否出现核内包涵体，培养 5 天后可观察是否出现特征性细胞病变。

PCR 用于检测疑似感染 PPV 的组织病料或接种细胞培养物。巢式 PCR 敏感性更高，对极少量的病毒也能够准确检测。

【防控】

PPV 所引发的母猪繁殖障碍目前尚无有效药物治疗，因此免疫接种是针对该病最有效的防控手段。PPV 主要危害的是初产母猪和血清学阴性的经产母猪，疫苗接种的对象主要是初产及第二胎的母猪。通常在母猪配种前 1 个月进行疫苗接种。母猪在接种后可以获得坚强的免疫力，可在整个妊娠期免受 PPV 的危害。对于无 PPV 的猪场，应在引进种猪时进行严格检测。

需要注意的是，母源抗体的存在将影响 PPV 疫苗接种的效果，而母源抗体将持续 20 ～ 24 周，因此接种母猪一般要求大于 7 月龄。种公猪则应每半年进行一次免疫。

目前 PPV 的疫苗主要有灭活疫苗及弱毒疫苗两种。对于 PPV 血清学阴性的猪场，免疫应采用灭活疫苗，其保护效果可以持续 4 个月以上。灭活疫苗可在配种前 2 个月初次免疫，配种前 1 个月再次加强免疫。此外，PPV 的弱毒疫苗也是一种安全性相当高的疫苗，不能在妊娠期内通过胎盘屏障，因此即使在母猪妊娠期间接种了弱毒疫苗，一般也不会造成母猪繁殖障碍等严重后果。

除了采用有效的免疫预防方法外，猪场的清洁净化同样重要。仔猪的母源抗体可以持续 20 周以上，因此在断乳时将仔猪移至无污染的场所饲养，可培育 PPV 血清学阴性猪群，用于猪场的净化。发生 PPV 的猪场，应及时处理感染猪的排泄物和分泌物、污染的器具和场所。鉴于该病毒对环境理化因素有很强的抵抗力，应选择消毒效果理想的消毒剂进行处理。

九、流行性乙型脑炎

流行性乙型脑炎（epidemic encephalitis B）又称日本乙型脑炎，简称乙脑，是由流行性乙型脑炎病毒引起的一种蚊媒性人兽共患传染病。该病属于自然疫源性疾病，多种动物均可感染，猪群感染最为普遍，且大多不表现临床症状，发病率为 20% ～ 30%，死亡率较低，怀孕母猪可表现为高热、流产、死胎和木乃伊胎，公猪则出现睾丸炎。其他动物多为隐性感染。

人的乙型脑炎最先发现于日本，从 1871 年开始，每年夏、秋季节都有发生。由于当时冬、春季节还流行一种昏睡性脑炎，二者容易混淆，为了区别起见，于 1928 年将昏睡性脑炎称为流行性甲型脑炎，而将夏、秋季节流行的脑炎称为流行性乙型脑炎。1935 年在日本人群中流行该病时，马也发生了流行，同年日本学者从人和马的脑组织中分离到病毒，首次确定了该病的病原，并证明其抗原性不同于美国圣路易脑炎。我国于 1940 年从脑炎死亡病人的脑组织中分离出乙脑病毒，证实该病存在。该病分布很广，主要分布在亚洲地区各国。我国大部分地区也时有发生。由于该病疫区范围较大，人兽共患，危害严重，被世界卫生组织列为需要重点控制的传染病。

【病原】

流行性乙型脑炎病毒属于黄病毒科（Flaviviridae）黄病毒属（*Flavivirus*）。病毒粒子直径 30 ～ 40 nm，呈球形，二十面体对称，在氯化铯中的浮密度为 1.24 ～ 1.25 g/cm^3。单股正链 RNA 病毒，长约 10 976 nt，只有一个血清型，但根据 E 基因分为 5 个基因型，我国流行毒株多为基因 Ⅰ 和 Ⅲ 型，基因 Ⅴ 型仅报道一株。核心为 RNA 包以脂蛋白囊膜，外层为含糖蛋白的纤突。纤突具有血凝活性，能凝集鹅、鸽、绵羊和雏鸡的红细胞，但不同毒株的血凝滴度有明显差异。病毒抗原性稳定。人和动物感染该病毒后，均产生补体结合抗体、中和抗体和血凝抑制抗体。病毒对外界环境的抵抗力不强，在 –20 ℃可保存 1 年，但毒价降低，在 50% 甘油生理盐水中于 4 ℃可存活 6 个月。病毒在 pH 7 以下或 pH10 以上，活性迅速下降，常用消毒药都有良好的灭活作用。

该病毒适宜在鸡胚卵黄囊内繁殖，也能在鸡胚成纤维细胞、仓鼠肾细胞、猪肾细胞、牛胚肾细胞以及 BHK-21、PK-15、Hela、Vero 等传代细胞中增殖，并产生细胞病理变化和形成蚀斑。

病毒在感染动物血液内存留时间很短，主要存在于中枢神经系统及肿胀的睾丸内。流行地区的吸血昆虫，特别是库蚊和伊蚊体内常能分离出病毒。小鼠是最常用来分离和繁殖病毒的实验动物，各种年龄的小鼠都有易感性，但以 1 ～ 3 日龄鼠最易感。小鼠脑内接种病料后 2 ～ 4 天发病，表现离巢，被毛无光泽，并于 1 ～ 2 天内死亡。3 ～ 4 周龄小鼠经脑接种病料后 4 ～ 10 天亦可发病。

【流行病学】

该病为自然疫源性传染病，多种动物和人感染后都可成为该病的传染源。经检查发现，在该病流行地区，畜禽的隐性感染率均很高，特别是猪，其次是马和牛，国内很多地区的猪、马、牛等的血清抗体阳性率在 90% 以上。猪感染后出现病毒血症的时间较长，血中的病毒含量较高，对乙脑的传播起重要作用。猪的饲养数量大、更新快，容易通过猪—蚊—猪等的循环，扩大病毒的传播，所以猪是该病毒的主要增殖宿主和传染源。其他温血动物虽能感染该病毒，但随着血中抗体的产生，病毒很快从血中消失。抗乙脑病毒感染的免疫主要是体液免疫。

该病主要通过带病毒的蚊虫叮咬而传播，已知库蚊、伊蚊、按蚊属中的不少蚊种以及库蠓等均能传播该病。其中尤以三带喙库蚊为该病的主要媒介，病毒在三带喙库蚊体内可迅速增至 5 万～10 万倍。三带喙库蚊的地理分布与该病的流行区相一致，它的活动季节也与该病的流行期明显吻合。三带喙库蚊是优势蚊种之一，嗜吸畜禽血和人血，感染阈低（小剂量即能感染），传染性强，病毒能在蚊体内繁殖和越冬，且可经卵传至后代，带毒越冬蚊能成为次年感染人和动物的传染源，因此蚊不仅是传播媒介，也是病毒的贮存宿主。蝙蝠、蛇、蜥蜴和候鸟也可成为传染源。某些带毒的野鸟在传播该病方面的作用亦不应忽视。

人和家畜中的马属动物、猪、牛、羊等均有易感性。猪不分品种和性别均易感，发病年龄多与性成熟期相吻合。该病在猪群中的流行特征是感染率高，发病率低，绝大多数在病愈后不再复发，成为带毒猪。但在新疫区常可见到猪、马集中发生和流行。人群对乙脑病毒普遍易感，但感染后出现典型乙脑临床症状的只占少数，多数人通过临床上难以辨别的轻型感染或隐性感染获得免疫力。通常以 10 岁以下的儿童发病较多，尤以 3～6 岁发病率最高。但因儿童计划免疫的实施，近来报道发病年龄有增高趋势。病后免疫力强而持久，罕有二次发病者。

在热带地区，该病全年均可发生。在亚热带和温带地区该病有明显的季节性，主要在 7～9 月流行，这与蚊的生态学有密切关系。我国华南地区的流行高峰在 6～7 月，华北地区为 7～8 月，而东北地区则为 8～9 月，气温和雨量与该病的流行也有密切关系。在自然条件下，每 4～5 年流行 1 次。

【临床症状】

人工感染潜伏期一般为 3～4 天。常突然发病，体温升高达 40～41℃，呈稽留热，精神沉郁、嗜睡。食欲减退，饮欲增加。粪便干燥呈球状，表面常附有灰白色黏液，尿呈深黄色。有的猪后肢轻度麻痹，步态不稳，或后肢关节肿胀疼痛而跛行。个别表现明显神经临床症状，视力障碍，摆头，乱冲乱撞，后肢麻痹，最后倒地死亡。

妊娠母猪常突然发生流产。流产前除有轻度减食或发热外，常不被人们所注意。流产多在妊娠后期发生，流产后临床症状减轻，体温、食欲恢复正常。少数母猪流产后从阴道流出红褐色乃至灰褐色黏液，胎衣不下。母猪流产后对继续繁殖无影响。

流产胎儿多为死胎或木乃伊胎，或濒于死亡。部分存活仔猪虽然外表正常，但衰弱不能站立，不会吮乳；有的生后出现神经临床症状，全身痉挛，倒地不起，1～3 天死亡。有些仔猪哺乳期生长良莠不齐。

公猪除有上述一般临床症状外，突出表现是发热后发生睾丸炎。一侧或两侧睾丸明显肿大，具有证病意义，但需与布鲁菌病相区别。患睾阴囊皱褶消失，温热，有痛觉。白猪阴囊皮肤发红，两三天后肿胀消退或恢复正常，或者变小、变硬，丧失形成精子功能。如一侧萎缩，尚能有配种能力。

【病理变化】

肉眼病理变化主要在脑、脊髓、睾丸和子宫。脑的病理变化与马相似。肿胀的睾丸实质充血、出血和坏死灶。流产胎儿常见脑水肿，皮下有血样浸润。胸腔积液、腹水、浆膜小点出血、淋巴结充血、肝和脾内坏死灶，脊膜或脊髓充血等。脑水肿的仔猪中枢神经区域性发育不良，特别是大脑皮层变得极薄。小脑发育不全和脊髓鞘形成不良也可见到。全身肌肉褪色，似煮肉样。胎儿大小不等，有的呈木乃伊化。

【诊断】

1. 临床综合诊断　该病有严格的季节性，散发，多发生于幼龄动物和 10 岁以下的儿童，有明显的脑炎临床症状，怀孕母猪发生流产，公猪发生睾丸炎。死后取大脑皮质、丘脑和海马角进行组织学检查，发现非化脓性脑炎等，可作为诊断的依据。

人还应进行白细胞和脑脊液检查。早期白细胞总数增多，中性粒细胞达 80% 以上，嗜酸性粒细胞减少。脑脊液压力升高，外观透明或微浊。

2. 病毒分离与鉴定　在该病流行初期，采取濒死期脑组织或发热期血液，立即进行鸡胚卵黄囊接种或 1 ～ 5 日龄乳鼠脑内接种，可分离到病毒，但分离率不高。分离获得病毒后，可用标准毒株和标准免疫血清进行交叉补体结合实验、交叉中和实验、交叉血凝抑制实验、酶联免疫吸附实验、小鼠交叉保护实验和 RT-PCR 等鉴定病毒。

3. 血清学诊断　血凝抑制实验、中和实验和补体结合实验是该病常用的实验室诊断方法。由于这些抗体在病的初期效价较低，且隐性感染或免疫接种过的人和畜禽血清中都可出现这些抗体，因此均以双份血清抗体效价升高 4 倍以上作为诊断标准。这些血清学方法只能用于回顾性诊断或流行病学调查，无早期诊断价值。

机体感染该病毒后 3 ～ 4 天即可产生特异性 IgM 抗体，2 周后达高峰，因此确定单份血清中的 IgM 抗体，可以达到早期诊断的目的。检测血清中 IgM 抗体，通常采用 2- 巯基乙醇（2-ME）法，即在被检血清中加入 0.12 mol/L 的 2-ME 液，在 37 ℃作用 1 h 后，与不用 2-ME 处理的被检血清同时做血凝抑制实验。如被检血清中含有 IgM 抗体，则其大分子的 IgM 抗体球蛋白被 2-ME 裂解为无免疫活性的小分子球蛋白，因而血凝抑制价降低。比较同一被检血清在 2-ME 处理前后的血凝抑制效价，如效价相差 4 倍以上，即可证明血清中的血凝抑制抗体为 IgM。此法的早期诊断率可达 80% 以上。

此外，荧光抗体法、酶联免疫吸附实验、反向间接血凝实验、免疫黏附血凝实验和免疫酶组化染色法等也可用于诊断。

4. 鉴别诊断　当猪发病时，应注意与猪布鲁菌病、猪繁殖与呼吸综合征、猪伪狂犬病、猪细小病毒病等相区别。

【防治】

预防流行性乙型脑炎，应从免疫接种、控制传播媒介和加强宿主动物的管理 3 个方面采取措施。

1. 免疫接种　为了提高动物的免疫力，可接种乙脑疫苗。马属动物和猪使用我国研制选育的仓鼠肾细胞弱毒活疫苗（种毒 SA14-14-2 减毒株），安全有效。该疫苗可用于人、马、猪。目前，该疫苗常用于猪，保护率可达 90%。预防注射应在当地流行开始前 1

个月内完成。

使用弱毒活疫苗应注意：一定要在当地蚊蝇出现季节的前 1 个月接种；为防止母源抗体干扰，种猪必须在 4 月龄以上接种，或在配种前 1 个月注射疫苗，最好在第一次免疫后 2 周加强免疫一次，以后每年蚊虫活动季节前或配种前免疫一次。对孕猪无不良反应。一般注射 1 次即可，如做二次免疫效果更佳。

2. 控制传播媒介　以灭蚊防蚊为主，尤其是三带喙库蚊，应根据其生活规律和自然条件，采取有效措施。对猪舍、马栅、羊圈等饲养家畜的地方，应定期进行喷药灭蚊。对珍贵动物畜舍必要时应加设防蚊设备。

3. 加强宿主动物的管理　应重点管理好没有经过夏、秋季节的幼龄动物和从非疫区引进的动物。这类动物大多没有感染过乙脑，一旦感染则容易产生病毒血症，成为传染源。应在乙脑流行前完成疫苗接种。经常保持圈舍干净，粪便堆积发酵。对圈舍定期消毒，猪定期驱虫，每年春、秋两季各驱虫 1 次。

该病无特效疗法，应积极采取对症疗法和支持疗法。病马在早期采取降低颅内压、调整大脑机能、解毒为主的综合性治疗措施，同时加强护理，可收到一定的疗效。

【公共卫生】

带毒猪是人乙型脑炎的主要传染源，往往在猪乙型脑炎流行高峰过后 1 个月便出现人乙型脑炎发病高峰。人感染后从隐性到急性致死性脑炎，潜伏期一般为 7 ～ 14 天。患者大多数为儿童。多突然发病，最常见的临床症状是发热、头疼、昏迷、嗜睡、烦躁、谵妄、呕吐以及惊厥等。主要神经特征为颈强直，腹壁反射及提睾反射消失，腱反射减弱或亢进。将病例初步分为轻症型和重症型（又分为脑型及脑脊髓型），重症常发生呼吸衰竭而死亡。一般于体温正常后，多数患者的脑系临床症状及体征亦同时消失。治愈后少数人可能留有失语、四肢软弱、精神错乱、痴呆等后遗症。

预防人类乙型脑炎主要靠免疫接种，我国对该病实行计划免疫，即所有儿童都要按时接受疫苗接种。我国研制的乙型脑炎弱毒活疫苗（SA14-14-2）安全性和免疫原性好。疫苗注射的对象主要为流行区 8 月龄儿童首次免疫，于上臂外侧三角肌附着处皮下注射 0.5 ml，分别于 2 岁和 7 岁再注射 0.5 ml，以后不再接种。

十、猪传染性胃肠炎

猪传染性胃肠炎（transmissible gastroenteritis of pigs，TGE）是由猪传染性胃肠炎病毒引起的猪的一种急性胃肠道传染病，临床上以突然发病、传播迅速、呕吐、水样腹泻、脱水和 2 周龄以内仔猪高病死率为特征。该病可发生于各种年龄的猪，但对仔猪的影响最为严重。10 日龄以内的仔猪病死率高达 100%，5 周龄以上的猪感染后病死率较低，成年猪感染后几乎没有死亡，但严重影响增重和降低饲料报酬。1946 年 Doyle 和 Hutchings 首次报道美国发生本病，随后逐渐传播到欧洲、日本和我国台湾。我国大陆最早于 1956 年在广东揭阳、惠州和汕头等地猪场发现本病，后全国流行。由于多年坚持免疫接种，本病目前在我国呈逐年下降和稳定趋势。但在大多数养猪国家和地区目前仍有本病流行，造成严重的经济损失，被 OIE 列为必须报告的疫病，我国将其列为三类动物疫病。

【病原】

猪传染性胃肠炎病毒（transmissible gastroenteritis virus，TGEV）归属于冠状病毒科（Coronaviridae）冠状病毒属（*Coronavirus*）。TGEV 粒子多呈圆形或椭圆形，直径为 80～120 nm，有囊膜，其表面有一层棒状纤突，长 12～25 nm。本病毒可在猪的肾细胞、甲状腺细胞、唾液腺细胞和睾丸细胞以及犬和猫的肾细胞中培养，其中以甲状腺细胞最为敏感，接种后 24 h 即可出现典型的 CPE。实际工作中常用的有 PK-15 和猪睾丸细胞（ST）系，并产生明显的 CPE。某些毒株可以凝集鸡红细胞。TGEV 基因组为不分节段的单股正链 RNA，大小约 28.5 kb，与核蛋白相结合，具有感染性。基因组编码 9 个开放阅读框（ORF），分别编码 4 种结构蛋白（纤突糖蛋白 S、膜蛋白 M、囊膜蛋白 E 和核蛋白 N）和 5 种非结构蛋白（复制酶 1a、1b、3a、3b 和蛋白 7）。其中纤突糖蛋白 S 形成病毒的囊膜突起，具有多种生物学活性，例如携带主要的 B 淋巴细胞表位、诱导产生中和抗体、含有宿主细胞氨肽酶 N（aminopeptidase N，APN）受体的识别位点、决定宿主细胞的亲嗜性、决定病毒的致病性、具有细胞膜融合作用、使病毒核蛋白进入细胞质及决定病毒的血凝活性等。

到目前为止，世界各地所分离的 TGEV 毒株均属同一个血清型。在抗原上与猪呼吸道冠状病毒（PRCV）、猫传染性腹膜炎病毒和犬冠状病毒有一定的相关性，特别是与 PRCV 的核苷酸和氨基酸序列有 96% 的同源性，并已证明 PRCV 是由 TGEV 突变而来。但与人的传染性非典型肺炎（severe acute respiratory syndrome，SARS）冠状病毒之间无抗原关系。

TGEV 对光照和高温敏感，在阳光照射下经 6 h、56 ℃经 45 min 或 65 ℃经 10 min 即可被灭活。病毒对乙醚和氯仿敏感，对许多消毒剂也较敏感，可被去氧胆酸钠、福尔马林、氢氧化钠等溶液灭活。病毒在胆汁中很稳定，对胰蛋白酶也有抵抗力，可耐受 0.5% 的胰蛋白酶 1 h。在 pH 4～9 的环境中稳定；在低温条件下，pH 3 时也较稳定。

【流行病学】

本病只侵害猪，其他动物经口服感染均不发病。但德国有犬自然发病的个别报道。各种年龄的猪均有易感性，10 日龄以内的仔猪最为敏感，发病率和病死率有时高达 100%。随着年龄的增长，临床症状减轻，多数能自然康复，但可长期带毒。本病主要以暴发性和地方流行性两种形式发生。新疫区呈流行性发生，传播迅速，1 周内可传遍整个猪群。老疫区则呈现地方流行性或间歇性。猪场中曾感染过 TGEV 的母猪具有免疫力，一般不会重复感染。当 TGEV 侵入产房，无免疫力的吮乳仔猪和断乳猪可以发生感染。

病猪和带毒猪是主要传染源。特别是密闭猪舍、湿度大、猪只集中的猪场，更易传播。通过粪便、乳汁、鼻液、呕吐物或呼出的气体排出病毒，污染饲料、饮水、空气及用具等，再由消化道和呼吸道侵入易感猪体内。带毒的犬、猫和鸟类也可能机械性传播此病。

本病的发生具有明显的季节性，以冬春寒冷季节较为严重。本病亦有周期性流行的特点。

【致病机制】

TGEV 经鼻腔或口腔到达胃，能抵抗低 pH 和蛋白水解酶的作用而到达小肠，与高度敏感的小肠上皮细胞接触，或通过血流直达小肠上皮细胞，依靠病毒 N 蛋白的作用定居在细胞核内。大量细胞受到感染，细胞终止分化，其功能迅速改变或破坏。小肠内酶活性明显降低，扰乱了消化以及细胞营养物质和电解质的运输，引起了消化吸收不良综合征。未被消化的乳糖存在于肠内，使渗透压明显增高，导致液体的滞留，甚至从机体组织中吸收液体，引起病猪失水、代谢性酸中毒，故发生腹泻和脱水。此外，空肠的钠、电解质运输的改变及血管外蛋白质的丢失，引起电解质和水的积聚。死亡的最终原因可能是脱水、代谢性酸中毒和高血钾导致的心肾功能衰竭。

【临床症状】

潜伏期很短，一般为 12 ～ 72 h。该病传播迅速，数日内可蔓延全群。仔猪突然发病，首先呕吐，继而发生频繁水样腹泻，粪便黄色、绿色或白色，常夹有未消化的凝乳块，其特征是含有大量电解质、水分和脂肪，呈碱性。病猪极度口渴，明显脱水，体重迅速减轻，日龄越小、病程越短、病死率越高。10 日龄以内的仔猪多在 2 ～ 7 天内死亡，如母猪发病或泌乳量减少，小猪得不到足够的乳汁，营养严重失调，会导致病情加剧，病死率增加。随着日龄的增长，病死率逐渐降低。病愈仔猪生长发育不良。

断乳仔猪、育肥猪和母猪的症状轻重不一，通常只有 1 天至数天出现食欲减退或废绝。个别猪有呕吐，出现灰色、褐色水样腹泻，呈喷射状，5 ～ 8 天腹泻停止而康复，极少死亡。某些哺乳母猪与仔猪密切接触，反复感染，临床症状较重，体温升高、泌乳停止，呕吐和腹泻。但也有一些哺乳母猪与病仔猪接触，而本身并无临床症状。

【病理变化】

尸体脱水明显，主要病理变化在小肠和胃。吮乳仔猪的胃常胀满，滞留有未消化的凝乳块。约 50% 的 3 日龄小猪在胃横膈膜憩室部黏膜下有出血斑，胃底部黏膜有充血或不同程度的出血。小肠内充满黄绿色液体，含有污秽、絮状未消化的凝乳块，肠壁变薄而无弹性，肠管扩张呈半透明状。肾盂常有尿酸盐结晶。肠上皮细胞脱落最早发生于腹泻后 2 h。另外，可见肠系膜充血，肠系膜淋巴结轻度或严重充血肿大。将空肠纵向剪开，用生理盐水将肠内容物冲掉，在玻璃平皿内铺平，加入少量生理盐水，在低倍显微镜下观察，可见到空肠绒毛显著缩短。组织病理学检查，黏膜上皮细胞变性、脱落。肠上皮细胞变性后呈扁平或方形的未成熟细胞。

【诊断】

根据流行病学、临床症状和病理变化可做出初步诊断，确诊需进行实验室诊断。

1. 病毒分离和鉴定　取病猪的肛拭子、粪、肠内容物或空肠、回肠段，处理后接种猪肾传代细胞培养，盲传2代以上，产生细胞病变。出现病变的细胞培养物可选择直接荧光抗体技术、双抗体夹心ELISA、RT-PCR或中和实验进一步做病毒鉴定，也可用免疫电镜检查病毒。

2. 直接荧光抗体技术检查病毒抗原　取腹泻早期病猪空肠和回肠的刮削物做涂片或制成冰冻切片，进行免疫荧光抗体染色，然后用缓冲甘油封裱，在荧光显微镜下检查，见上皮细胞及沿着绒毛的胞质膜上呈现荧光者为阳性。此法快速，可在2～3h内报告结果。

3. 血清学诊断　取急性期和康复期双份血清样品，56℃灭活30 min，2倍稀释，在PK-15细胞单层上测定中和抗体滴度。康复期血清中和抗体滴度超过急性期4倍以上者即为阳性。

4. RT-PCR诊断　根据TGEV的基因序列设计特异引物，用RT-PCR对病料提取物进行检测，若扩增出预期大小的PCR产物，则可证实该病毒为TGEV。

由于该病病毒和猪流行性腹泻病毒（PEDV）、猪轮状病毒是引起猪病毒性腹泻最主要的三种病毒，临床症状都是以腹泻为主，很难区分，因此应严格进行实验室鉴别。通过免疫电镜、荧光抗体技术、单克隆抗体技术、中和实验及RT-PCR等鉴别出以上三种病毒。另外，还应注意将该病与仔猪黄痢、仔猪白痢及梭菌性肠炎等区分开。

【防控】

平时应注意不从疫区引种，加强猪场的生物安全措施，如搞好卫生、定期消毒、严格控制外来人员和车辆进入场区等，有助于减少该病发生。

疫苗接种有一定的预防作用。TGE是典型的经局部黏膜感染，黏膜免疫诱导产生的IgA才具有抗感染能力，而IgG的作用较弱。除抗体介导免疫外，细胞介导免疫对抗TGE感染也起重要作用。我国已成功研制了猪传染性胃肠炎与猪流行性腹泻二联灭活疫苗和弱毒疫苗，大多数在妊娠母猪产前20～40天接种，使母猪产生抗体。这种抗体在母乳中效价较高，持续时间较长，仔猪从乳中获得母源抗体保护。已感染TGEV的妊娠母猪经非肠道接种TGEV弱毒疫苗或后海穴接种灭活疫苗后，其抗体水平可得到很大的提高。另外，猪传染性胃肠炎—猪流行性腹泻—猪轮状病毒三联弱毒疫苗也即将上市，而亚单位疫苗、重组活载体疫苗及转基因植物疫苗尚处于研究阶段。在特殊情况下，尽快利用病猪新鲜腹泻物、肠组织及其内容物返饲妊娠母猪（紧急接种）也可迅速控制疫情，但存在散毒、污染的巨大风险。

目前尚无治疗该病的化学药物，病例数少时可采取对症治疗。适当限乳（饥饿疗法）而代以口服补液盐供猪自饮或灌服有助于减轻脱水，减少死亡。特异性抗血清或高免卵黄抗体（IgY）具有显著的治疗和紧急预防效果。良好卫生和饲养管理、加强保温、早期断乳和寄养到免疫母猪有助于康复。

十一、猪流行性腹泻

猪流行性腹泻（porcine epidemic diarrhea，PED）是由猪流行性腹泻病毒引起的猪的一种高度接触性肠道传染病，以呕吐、腹泻和食欲下降为基本特征，各种年龄猪均易感。该病的流行特点、临床症状和病理变化都与猪传染性胃肠炎十分相似，但哺乳仔猪死亡率较低，在猪群中的传播速度相对缓慢。

1971年首次在英国发现PED，主要引起架子猪和育肥猪群急性腹泻，当时被称为"流行性病毒性腹泻（epidemic viral diarrhea，EVD）"。1977年首次报道可侵害哺乳仔猪的类似TGE的急性腹泻，在排除了TGEV和其他已知的肠道致病性病原后，将该病称为"2型EVD"，以区别于20世纪70年代早期发现的1型腹泻，随后并分离到引起该病的病毒，被命名为CV777。1982年将该病统一命名为"猪流行性腹泻（PED）"。该病在许多国家和地区，如比利时、荷兰、德国、法国、匈牙利、意大利和俄罗斯等均曾有发病报道，美国2013年春季突然发生该病。亚洲许多国家和地区如韩国、日本、越南、泰国、菲律宾、巴基斯坦和我国台湾也证实有该病流行，而且多数国家相当严重。我国大陆自20世纪80年代初以来陆续有该病发生的报道，并分离到病毒。近年来，随着我国规模化猪场比例不断扩大、种猪场不断增加，仔猪病死率非常高，该病危害也越来越突出，特别是2010年秋末开始，该病出现了一次旷日持久、长达数年的全国性大流行，给养猪业带来巨大的打击。OIE未将其列为必须报告的疫病，因此暂不会影响出口贸易。

【病原】

猪流行性腹泻病毒（porcine epidemic diarrhea virus，PEDV）为冠状病毒科（Coronaviridae）冠状病毒属（*Coronavirus*）的成员。病毒形态略呈球形，在粪便中的病毒粒子常呈现多形态，平均直径为130 nm（95～190 nm）。有囊膜，囊膜上有花瓣状纤突，长12～24 nm，由核心向四周放射，其间距较大且排列规则，呈皇冠状。病毒在蔗糖中的浮密度为1～18 g/mL。

病毒核酸为线性单股正链RNA，具有侵染性。基因组长为27 000～33 000个核苷酸，相对分子质量为$6×10^6$～$8×10^6$。基因组的5′端有一帽子结构，3′端有一poly（A）尾。基因组3′端4 kb区域内有4个主要的开放阅读框（ORF）。其中3个编码典型的冠状病毒结构蛋白N（nucleocapsid）、sM（small membrane）和M（membrane）。

免疫荧光和免疫电镜（IEM）实验表明，猪流行性腹泻病毒与鸡传染性支气管炎病毒（IBV）、猪血凝性脑脊髓炎病毒（HEV）、新生牛犊腹泻冠状病毒（NCDCV）、犬冠状病毒（CCV）、猫传染性腹膜炎冠状病毒（FIPV）之间没有抗原相关性。但更敏感的实验检查表明，其中PEDV的N蛋白和FIPV的N蛋白有一定相关性。中和实验和ELISA等都证明PEDV和TGEV在抗原性上不同，无共同抗原。目前尚无迹象表明存在不同的PED血清型，所有分离的PEDV毒株属于同一个血清型。

由于在细胞培养液中加入小牛血清会抑制PEDV与细胞受体的结合，故该病毒的细胞培养很长一段时间内未获得成功。1982年，中国人民解放军兽医大学从吉林省分离到的毒株在胎猪肠组织原代单层细胞内培养获得成功。1988年瑞典学者和1991年我国李树根等都报道在Vero传代细胞培养液中加入胰酶可适应传代细胞培养，随后PEDV可转入PK和ST细胞中增殖，并可产生明显的CPE。

该病毒不能凝集人、兔、猪、鼠、犬、马、羊、牛的红细胞。对外界抵抗力弱，对乙醚、氯仿敏感，一般消毒药物都可将其杀灭。病毒在 60 ℃ 30 min 可失去感染力，但在 50 ℃条件下相对稳定。病毒在 4 ℃、pH5.0 ～ 9.0 或在 37 ℃、pH6.5 ～ 7.5 时稳定。

【流行病学】

猪流行性腹泻病毒可在猪群中持续存在，各种年龄的猪都易感。哺乳仔猪、架子猪和育肥猪的发病率可达 100%，尤其以哺乳仔猪严重。母猪的发病率在 15% ～ 90%。该病主要在冬季多发，夏季也可发生。我国从 12 月至次年 2 月为该病的高发期。该病在猪体内可产生短时间（几个月）的免疫记忆。它常常是有一头猪发病后，同圈或邻圈的猪在 1 周内相继发病，2 ～ 3 周后临床症状可缓解。病猪和带毒猪是主要传染源，病毒多经发病猪的粪便排出，运输车辆、饲养员的鞋或其他带病毒的动物，都可作为传播媒介。传播途径是消化道。PED 可单一发生或与 TGEV 混合感染，最近有 PEDV 与猪圆环病毒（PCV）混合感染的报道。

【发病机理】

猪流行性腹泻病毒除了在呼吸道不能复制外，其发病机理与猪传染性胃肠炎相似。病毒经口、鼻感染后进入小肠，主要在小肠绒毛上皮细胞内增殖，首先造成细胞器的损伤，继而出现细胞功能障碍。由于线粒体肿胀，营养物质吸收不良，从而发生腹泻。随着疾病的发展，上皮细胞损伤严重，直至脱落，形成绒毛萎缩，以致吸收表面积减少，引起营养物质吸收显著障碍，导致严重腹泻。所引起的腹泻都是渗出性腹泻，严重的腹泻引起脱水，以致病猪衰竭而死亡。

【临床症状】

经口人工感染的潜伏期，新生仔猪为 15 ～ 30 h，育肥猪为 2 天，自然感染可能稍长些。该病的主要临床症状为水样腹泻，或者伴随呕吐。PED 常以暴发性腹泻的形式发生在非免疫断奶仔猪（Ⅰ型）或各种年龄的猪（Ⅱ型）。病猪表现出呕吐、腹泻和脱水，与 TGE 相似，但程度较轻，传播稍慢。粪稀如水，呈灰黄色或灰色。呕吐多发生于吃食或吮乳后。少数病猪出现体温升高 1 ～ 2 ℃，精神沉郁，食欲减退或不食，尤其是繁殖种猪。临床症状的轻重随年龄的大小而有差异，年龄越小，临床症状越重，1 周内新生仔猪常于腹泻后 2 ～ 4 天内因脱水而死亡，病死率可达 50%。断奶猪和育肥猪以及母猪常呈现沉郁和厌食临床症状，持续腹泻 4 ～ 7 天，逐渐恢复正常。成年猪仅表现沉郁、厌食、呕吐等临床症状，如果没有继发其他疾病并且护理得当，猪很少发生死亡。

【病理变化】

该病主要病理变化为小肠膨胀，充满淡黄色液体，肠壁变薄，个别小肠黏膜有出血点，肠系膜淋巴结水肿，小肠绒毛变短，重症者绒毛萎缩，甚至消失。胃经常是空的，或充满胆汁样的黄色液体。其他实质性器官无明显病理变化。

【诊断】

该病在临床症状、流行病学和病理变化等方面均与 TGE 无明显差异，只是 PED 死亡率较低，在猪群中传播的速度也较缓慢。确诊必须进行实验室诊断。目前，诊断方法有免疫电镜、免疫荧光、间接血凝实验、ELISA、RT–PCR、中和实验等。

直接免疫荧光法（FAT）检测 PEDV 是可靠的特异性诊断方法，目前应用最为广泛。

ELISA 最大的优点是可从粪便中直接检查 PEDV 抗原，目前应用也较为广泛。也可用 ELISA 间接法检测 PED 抗体。

【防治】

疫苗免疫接种是目前预防猪流行性腹泻的主要手段。该病由于发病日龄小、发病急、病死率高，依靠自身的主动免疫往往来不及，因此现行的猪流行性腹泻疫苗大多是通过给母猪预防注射，依靠初乳中的特异性抗体给仔猪提供良好的保护。

1. 强毒疫苗 多用该场发病猪的肠内容物和粪便混入饲料内，对母猪尤其是妊娠母猪进行口服感染，通过被动免疫使仔猪得到明显保护。但该种方法中使用粪便强毒容易造成猪场环境污染，强毒长期存在而导致该病的反复发作，此方法应尽量减少或禁止使用。

2. 弱毒活疫苗 由于活病毒诱导抗体产生快、抗体水平高，因此一般来说，在自动免疫时弱毒活疫苗的免疫效果要比灭活疫苗好。弱毒活疫苗的接种途径为鼻黏膜和肌肉注射。但由于我国该病流行较广，猪群母源抗体水平普遍较高，因此弱毒活疫苗的主动免疫效果有时会受到限制。

3. 灭活疫苗 安全性好，母源抗体对免疫效果的影响小。免疫妊娠母猪后，产生的母源抗体对仔猪的保护性确实。灭活疫苗可在母猪分娩前 20 ~ 30 天肌肉或后海穴注射，仔猪通过采食初乳而被动免疫获得保护。对该病的流行区域或受威胁区域的仔猪，也可以进行主动免疫，但一般来说，灭活疫苗的主要免疫效果较被动免疫效果稍差。病毒性腹泻的免疫是以局部黏膜免疫为主。一般认为只有活病毒抗原才能刺激鼻黏膜或肠管的淋巴小结，使致敏淋巴细胞分裂增殖，产生淋巴母细胞，经血流聚集于乳腺，在局部产生 IgA 抗体，从而产生高效的免疫保护。但肌肉注射灭活疫苗亦可刺激机体在血清中产生中和抗体，其抗体类型主要是 IgG，经血循环和淋巴循环进入乳腺。实验表明，如果乳汁中有高水平的 IgG 仍可保护仔猪免受感染，但这要求肌肉注射的病毒抗原量要大。因此，无论是细胞培养病毒灭活疫苗还是发病猪内容物组织灭活疫苗，其免疫效果主要取决于病毒抗原含量的高低。

该病应用抗生素治疗无效。猪干扰素可以降低体重损失，与单克隆抗体配合使用发现可以保护仔猪。该病目前尚无特效药物和疗法，主要是通过包括隔离消毒、加强饲养管理、减少人员流动、采用全进全出制、为发病猪群提供足够的清洁饮水等措施进行预防和控制。患病母猪常出现乳汁缺乏，应为初生仔猪提供代乳品。

治疗小猪可利用葡萄糖、甘氨酸及电解质溶液。疾病暴发后应采取的控制措施包括：隔离所有 14 天内将分娩的母猪；用病猪的粪便或小肠内容物人工感染分娩前 3 周的怀孕母猪，使其产生母源抗体，以保护新生仔猪，缩短该病在猪场中的流行，但该方法存在扩散病原的危险。

在易发生 TGEV 和 PEDV 混合感染的地区，可选用 TGE—PED 二联弱毒疫苗免疫。

十二、猪圆环病毒病

猪圆环病毒病（porcine circovirus disease）又称猪圆环病毒相关病（porcine circovirus associated disease，PCVAD），是由猪圆环病毒 2 型引起猪的多种疾病的总称，包括断乳仔猪多系统衰竭综合征（postweaning multisystemic wasting syndrome，PMWS）、猪皮炎肾病综合征（porcine dermatitis and nephropathy syndrome，PDNS）、猪呼吸道病、肠炎、母猪繁殖障碍和仔猪先天震颤等，其中 PMWS 最为常见，以消瘦、贫血、黄疸、生长发育不良、腹泻、呼吸困难、全身淋巴结水肿和肾脏坏死等为特征。该病可导致猪群产生严重的免疫抑制，从而容易继发或并发其他传染病。

PMWS 病例于 1991 年在加拿大首先发现，1997 年暴发流行，随后很多欧洲和美洲国家相继报道，并被认定与猪圆环病毒 2 型有关，现已遍及世界各养猪国家和地区，造成严重的经济损失。我国于 2001 年首次报道，目前几乎存在于所有猪群，严重影响养猪生产水平，给我国养猪业造成了巨大的经济损失。

【病原】

猪圆环病毒（porcine circovirus，PCV）属于圆环病毒科（Circoviridae）的圆环病毒属（Circovirus），呈二十面体对称，无囊膜。病毒粒子直径为 17 nm，在氯化铯中的浮密度为 1.37 g/ml，是迄今发现的一种最小的动物病毒，不凝集牛、羊、猪、鸡等多种动物和人的红细胞。病毒基因组为单股负链环状 DNA，全长约 1.7 kb，有两个大的 ORFs，其中 ORF1 编码病毒复制蛋白（Rep），ORF2 编码核衣壳蛋白（Cap）。Cap 蛋白抗原性较强，可以诱导猪体产生免疫保护作用。

该病毒有两个血清型，即 PCV1 和 PCV2。PCV1 无致病性，广泛存在于猪体内及猪源传代细胞系中，PCV2 具有致病性，是该病的必须病原。PCV2 有多个基因亚型，包括 PCV2a、PCV2b 和 PCV2c 等，但其抗原性没有明显差异，PCV2b 毒力较强。

该病毒能在 PK-15 细胞上生长，并形成胞质内包涵体，但不致细胞病变。该病毒不能在原代胎猪肾细胞、恒河猴肾细胞和 BHK-21 细胞上生长。PK-15 细胞培养物中加入 300 mmol/L d-氨基葡萄糖盐酸盐可促进 PCV2 的复制。PCV2 主要侵害机体的免疫系统，单核细胞和巨噬细胞是 PCV2 的靶细胞，可以造成机体的免疫抑制。

该病毒对外界环境抵抗力极强，耐酸，在 pH3 的环境下仍可存活；耐氯仿；70 ℃环境中仍可稳定存活 15 min。一般消毒剂很难将其杀灭，氯苯双胍己烷、福尔马林、碘酒和酒精室温下作用 10 min，可杀灭部分病毒。

【流行病学】

家猪和野猪是自然宿主。猪对 PCV2 具有较强的易感性，各种年龄均可感染，但仔猪感染后发病严重，呈现多种临床表现，包括断乳仔猪多系统衰竭综合征（PMWS）和猪皮炎肾病综合征（PDNS）等。感染猪可以通过鼻液和粪便排毒，经口腔、呼吸道途径传播。妊娠母猪感染 PCV2 后，也可经胎盘垂直传播感染仔猪，引起繁殖障碍。

PCV2 是致病的必要条件，但不是充分条件，必须在其他因素参与下才能导致明显临床病症，这些因素包括：猪舍温度不适、通风不良，不同日龄猪混群饲养，猪体免疫接种应激，其他重要病原体的混合感染，如猪流感病毒（SIV）、猪繁殖与呼吸综合征病毒（PRRSV）、猪细小病毒（PPV）、脑心肌炎病毒、链球菌、猪肺炎支原体和肺孢子虫等。

该病的发病率和病死率变化很大，依猪群健康状况、饲养管理水平、环境条件及病毒类型等而定，病死率一般在 10%～20%。该病无明显的季节性。

【致病与免疫机制】

PCV2 临床或亚临床感染和免疫机制尚不十分清楚，对免疫系统的影响具有重要的作用。PMWS 猪淋巴组织显微病变表明，机体处于免疫抑制状态。猪繁殖与呼吸综合征病毒和细小病毒等共感染因子及血蓝蛋白油乳佐剂等共同作用，可以激活 PCV2 在猪体免疫系统复制，成功复制 PMWS 模型。PMWS 猪巨噬细胞及树突状细胞中有大量 PCV2 抗原聚集。PMWS 模型感染猪与亚临床感染猪相比，IL-10 含量较高，而干扰素分泌较低。PCV2 感染仔猪后 14～28 天，不论有无临床症状，均可诱导产生 PCV2 特异抗体。田间调查结果显示，仔猪母源抗体在哺乳期及保育期会逐渐下降，7～12 周龄抗体又会明显上升，并持续至 28 周，但 PCV2 抗体并不能完全抵抗感染。

【临床症状及病理变化】

猪圆环病毒感染后潜伏期均较长，即或是胚胎期或出生后早期感染，也多在断乳以后才陆续出现临床症状。该病临床上常见病症类型如下。

1. 断乳仔猪多系统衰竭综合征　仔猪感染后发病严重，胚胎期或生后早期感染的猪，往往在断乳后才可以发病，一般集中在 5～18 周龄，尤其在 6～12 周龄最多见，表现为淋巴系统疾病、渐进性消瘦、皮肤苍白、淋巴结肿大、呼吸道症状、腹泻及黄疸，造成患猪免疫机能下降、生产性能降低。发病率和病死率取决于猪场和猪舍条件，一般发病率和病死率分别在 4%～30%，但常常由于并发或继发细菌或病毒感染而使病死率大大增加。

病死猪病理变化明显，淋巴结和肾脏有特征性病变。全身淋巴结，尤其是腹股沟、纵隔、肺门和肠系膜以及颌下淋巴结显著肿大。肾脏肿胀、灰白色，皮质与髓质交界处出血。常见胸腔积液，肺脏水肿，间质增宽，质度坚硬或似橡皮，其上散在大小不等的褐色实变区。脾脏、肝脏轻度肿胀。有些病死猪的肠道，尤其是回肠和结肠段肠壁变薄，肠管内液体充盈。继发细菌感染的病例可出现相应的病理变化，如继发副猪嗜血杆菌感染，可见胸膜炎、心包炎、腹膜炎和关节炎。

组织病理学变化广泛分布于全身各组织器官，主要表现在淋巴结、扁桃体、集合淋巴小结、胸腺和脾脏等淋巴组织器官，其显著特征是：淋巴细胞缺失，单核巨噬细胞浸润，出现合胞体性多核巨细胞和细胞质内包涵体，淋巴结的皮质和深皮质区显著扩大。淋巴滤泡中心部有蜂窝状坏死和炎性肉芽肿；包涵体主要分布在组织细胞、巨噬细胞及多形核巨细胞中，直径 2～2.5 μm，圆形，界限明显，均质的嗜碱性或两性染色。其他组织器官病变有：肺脏有明显多灶性闭塞性支气管肺炎；肝脏最常见到门静脉周围淋巴细胞浸润，有窦状隙内单核炎性细胞聚集和单细胞坏死为特征的肝炎，慢性死亡病例肝细胞坏死、消失及单核细胞弥漫性浸润；肾脏有轻度乃至严重的多灶性间质性肾炎，少数病例有肾盂肾炎、急性渗出性肾小球肾炎；心脏有多种炎性细胞浸润为特征的多灶性心肌炎。

2．猪皮炎和肾病综合征　通常发生在 8～18 周龄猪，发病率为 0.15%～2%，有时达 7%。最常见的临床症状为皮肤发生圆形或不规则的隆起，呈红色或紫色，中央形成黑色病灶，在会阴部和四肢最明显。这些斑块有时会相互融合，在极少情况下皮肤病变会消失。病猪表现皮下水肿，食欲丧失，有时体温上升。通常在 3 天内死亡，有时可以维持 2～3 周。病理变化为出血性坏死性皮炎、动脉炎、渗出性肾小球性肾炎和间质性肾炎，胸水和心包积液。

3．猪呼吸道病综合征　主要危害 6～14 周龄育成猪和 16～22 周龄育肥猪，主要表现为生长缓慢、厌食、精神沉郁、发热、咳嗽和呼吸困难。6～14 周龄猪发病率可达 2%～30%，病死率为 4%～10%。肉眼可见病变为弥漫性间质性肺炎。常由病毒和细菌的混合感染引起，如 PCV2、PRRSV、SIV、肺炎衣原体、胸膜肺炎放线杆菌和多杀性巴氏杆菌。

4．PCV2 相关性繁殖障碍　PCV2 感染可以造成繁殖障碍，导致母猪返情率增加、产木乃伊胎、流产以及死产和产弱仔等。流产胎儿没有特征性的组织病变，在研究中发现，后期流产的胎儿和死产小猪肺脏出现了微观的病变，出现的病灶多为轻度到中度病变。肺炎以肺泡中出现单核细胞浸润为特征。大面积心肌变性坏死，伴有水肿和轻度的纤维化，还有中度的淋巴细胞和巨噬细胞浸润。

5．PCV2 相关性肉芽肿性肠炎　主要发生于 40～70 日龄的猪，发病率达 10%～20%，病死率为 50%～60%。主要表现为腹泻，开始排黄色粪便，后来为黑色，生长迟缓。所有病例抗生素治疗都无效。组织学病变为大肠和小肠的淋巴集结中出现肉芽肿性炎症和淋巴细胞缺失，肉芽肿性炎症的特点是上皮细胞和多核巨细胞浸润，并在组织细胞和多核巨细胞的细胞质中出现大的、嗜酸性或嗜碱性的梭状包涵体。

6．PCV2 相关性先天性震颤　PCV2 可能与先天性震颤有关。患有先天性震颤的猪脑和脊髓的神经发生脱髓鞘，以不同程度的阵缩为特征，严重程度随时间下降，通常到 4 周龄自愈。感染猪的病死率可高达 50%，不能哺乳。

【诊断】

该病的诊断必须依靠临床症状、病理变化和病毒检测三个方面。实验室确诊方法如下：

1．样品采集　根据临床症状和病理变化，采集病猪相应内脏组织，包括淋巴结、肺脏、脾脏、肠道组织等，用于检测 PCV2 抗原或核酸。发病猪的血清也存在病毒。实验室检测病原结果有时不一致，可能与检测方法和采集的病料组织有关。

2.　病毒检测　主要方法有病毒分离鉴定、电镜检查、原位杂交、免疫组化技术和PCR等。其中，免疫组化技术和荧光抗体技术检测肺或淋巴结组织中PCV2抗原，敏感性高，特异性强，结果可靠。PCR比较快速、简便、特异，但操作时必须注意避免实验室污染，以免出现假阳性。国外有时采用核酸探针检测PCV2。

3.　抗体检测　主要有间接荧光抗体技术和ELISA等。ELISA灵敏、快速，适用于大规模病毒抗体检测，包括竞争ELISA、间接ELISA、阻断ELISA和抗原捕获ELISA等。

临床上，应注意与猪瘟、猪繁殖与呼吸综合征、猪丹毒、猪渗出性皮炎等鉴别诊断，并应考虑到与PMWS混合感染的其他疾病。

【防控】

该病的预防和控制主要依靠免疫接种和综合性措施。综合性措施主要有：第一，改进、完善猪场传统的饲养管理方式，尽可能采用分段同步生产、两点式或三点式饲养方式，同时确保饲料具有良好的品质。第二，有效的环境卫生和消毒措施。第三，控制其他病原体共同感染或继发感染，如猪繁殖与呼吸综合征病毒、细小病毒、副猪嗜血杆菌、猪链球菌和支原体等，一方面安排合理免疫程序，另一方面，饲料中定期添加预防保健类药物，如支原净、金霉素、阿莫西林等，有助于控制细菌混合感染或继发感染。第四，发病猪及时隔离饲养或淘汰，降低病死率。

疫苗接种是该病预防控制的关键措施之一。我国批准使用的疫苗主要有PCV2灭活疫苗（SH、LG、DBN/98、WH和ZJ/2株）和PCV2 Cap蛋白重组杆状病毒灭活疫苗。妊娠母猪产前1个月免疫2次，2～3周龄仔猪免疫1～2次，每次间隔3周，可以有效降低发病率和死淘率，提高肉猪生产水平。

十三、狂犬病

狂犬病（rabies）又名恐水症、疯狗病，是由狂犬病病毒（rabies virus，RABV）引起的一种人兽共患的自然疫源性疾病，主要引发中枢神经系统致死性的感染，导致急性、渐进性、不可逆致死性脑脊髓炎，临床特征是神经兴奋和意识障碍，继之局部或全身麻痹而死亡。临床表现为恐水、怕风、流涎、狂躁、咽肌痉挛和进行性麻痹，特点是潜伏期长，病死率几乎为100%，成为严重的公共卫生问题。

狂犬病是一种古老的疾病，是动物病毒性疾病中最早有文献记载的一种疾病。据史料记载其可能发源于亚洲或欧洲，我国早在公元前556年的《左传》中就有记载，西方在古罗马、古埃及、古希腊时代的古籍中均有狂犬病的描述。1885年，巴斯德及其同事制成狂犬病减毒活疫苗，有效地预防该病的传播，是该病研究史上具有划时代意义的里程碑。

犬是狂犬病的自然宿主。由于人类发病主要来源于病犬和带毒犬的咬伤，因此，目前包括犬在内的多种动物的疫苗免疫接种成为狂犬病的主要防控措施。

【病原】

RABV属于弹状病毒科（Rhabdoviridae）的狂犬病病毒属（*Lyssavirus*）。狂犬病病毒粒子外形呈子弹状，长 100～300 nm，直径 75 nm，一端呈圆锥形，另一端扁平。有些病毒粒子，在其底部有一尾状结构，系病毒由胞质膜芽生出的最后部分。狂犬病病毒基因组为单股负链 RNA，由 11 928～11 932 个核苷酸组成，由 3′端至 5′端依次排列着 N、P、M、G 和 L 五个结构基因，分别编码核（N）蛋白、磷酸化（P）蛋白、基质（M）蛋白、糖（G）蛋白和转录酶大（L）蛋白。该病毒有囊膜，囊膜上镶嵌着 1 600～1 800 个 G 蛋白纤突（长 8～10 nm），囊膜内部为 M 蛋白。囊膜包裹着螺旋状核衣壳，即由单股 RNA 与结构蛋白 N、L 和 P 组成核糖核蛋白复合体（RNP），是病毒转录和复制的活性部位。

该病毒的增殖周期主要在宿主细胞质内。病毒与细胞膜表面受体结合后，经过内吞作用进入细胞。在胞内酸性环境下，G 蛋白诱导病毒囊膜与细胞膜发生融合作用。病毒 RNP 被释放到细胞质内，病毒 RNA 聚合酶启动病毒基因的转录和复制。复制过程以基因组 RNA 作为合成 RNA 的模板，初次合成的基因组被 N 蛋白壳体化，新合成的 RNP 充当二次转录的模板或被运输至细胞膜，新产生的病毒 G 蛋白和 M 蛋白由细胞表面和胞质内插入细胞膜，置换宿主细胞膜蛋白，在病毒出芽时形成病毒囊膜。

目前已经证实的狂犬病病毒受体有三个：存在于神经肌肉接头的烟碱型乙酰胆碱受体（nAChR）、神经细胞黏附分子（NCAM）和神经生长因子受体（p75）。由于这些受体表达于神经细胞表面，因此糖蛋白与这些受体结合，决定了狂犬病病毒的神经嗜性。

从自然界分离的狂犬病流行毒株习惯上称为"街毒"（street virus）。"街毒"在家兔脑或脊髓内经过连续传代后，进化为对家兔的潜伏期变短和对原宿主的毒力下降等固定特征的毒株，其称为"固定毒"（fixed virus）。"街毒"引起动物发病所需的潜伏期长，更易侵染脑组织和唾液腺，在神经细胞中易出现包涵体。"固定毒"对家兔的潜伏期较短，不侵染唾液腺，几乎对人和犬没有毒力。

目前世界上存在很多病毒分离株，根据血清学分析可将狂犬病病毒及狂犬病相关病毒分为 5 个血清型，而根据病毒核蛋白序列的差异又可将狂犬病病毒及狂犬病相关病毒分为 7 个基因型。

狂犬病病毒通常用 BHK-21 细胞和 Neuro-2a 小鼠脑神经瘤细胞进行培养，其中病毒接种在 Neuro-2a 细胞上第 4～5 天可出现明显的 CPE 现象。该病毒也可在乳鼠脑内、仓鼠肾上皮细胞、鸡胚和鸡胚成纤维细胞中增殖。该病毒可以凝集鹅的红细胞和 1 日龄雏鸡的红细胞。

狂犬病病毒对外界抵抗力不强，易被强酸、强碱、甲醛、碘、乙醚、乙酸、乙醇、胆盐、季铵类化合物、紫外线、日光、肥皂水及离子型和非离子型去污剂等灭活。如 1% 甲醛、3% 来苏儿作用 15 min 即可灭活该病毒。

狂犬病病毒能抵抗自溶及腐烂，在自溶的脑组织中可存活 7～10 天，在保存于 50% 甘油的脑组织中可存活 1 个月以上。该病毒对高温敏感，70 ℃经 15 min 或 100 ℃经 2 min 可被灭活。4 ℃条件下可存活几周，-70 ℃条件下传染性可保持几年，真空干燥条件下于 0～4 ℃可存活多年。

【流行病学】

猪狂犬病以散发为主，无明显季节性。

1. 传染源　狂犬病属于自然疫源性疾病，传染源众多是狂犬病广泛传播的重要原因之一。在自然界，狂犬病病毒几乎感染所有的温血哺乳动物，包括犬、狐狸、郊狼、豺、狼、臭鼬、浣熊、猫、猫鼬、蝙蝠等动物，还包括牛、马、羊和猪等家畜。欧美等发达国家和地区，主要传染源为蝙蝠、浣熊、狼、狐、豺、臭鼬、鹿、啮齿类、兔、猴等野生动物。蝙蝠带毒时间较长，在实验条件下吸血蝙蝠可从唾液内排毒 106 天，非吸血蝙蝠则为 10 ～ 27 天。亚、非等发展中国家，犬类是携带和传播狂犬病病毒的主要传染源，其次是猫、狼、狐狸和吸血蝙蝠等。我国狂犬病的主要传染源是携带狂犬病病毒的犬，其次是隐性感染的猫。贵州、云南、安徽和湖南等地相继报道过无症状的病毒携带犬咬伤人发病致死的病例。

2. 传播途径　狂犬病病毒通过伤口或与黏膜表面直接接触而感染，但不能穿过没有损伤的皮肤。咬伤是该病毒传播最主要的途径，98% 的病例主要是通过患病动物的咬伤传播，少数病例是被患病动物抓伤或舔触伤口、创面等而感染。在特殊情况下，该病毒可通过尘埃或气溶胶而经呼吸道感染。野生动物可因啃食病尸而经消化道黏膜感染。已证实患病动物不会通过胎盘传给胎儿。蝙蝠是狂犬病病毒的携带者，通过袭击、叮咬人和动物传播病毒。

【致病机制】

狂犬病病毒是一种严格的嗜神经性病毒。狂犬病传播的共同模式是狂暴动物的咬伤或被感染有病毒的唾液污染的物品所擦伤。病毒在伤口部位结缔组织、骨骼肌细胞内增殖，增殖的病毒通过神经—肌肉接点进入末梢神经。病毒侵入神经末梢后，沿神经鞘（雪旺细胞）、神经内膜或伴随的组织间隙以 1 ～ 40 cm/d 的速度被动移行上行到达脊神经节和背神经节，沿神经轴上行至中枢神经系统。病毒在脑的边缘系统大量复制，导致脑组织损伤；通过唾液腺的神经网直接到达唾液腺，在唾液腺黏液细胞顶部胞质膜复制并积聚于腺管中。

狂犬病病毒的复制周期依赖于神经元网络。一旦致病毒株进入神经系统，它的感染不会因神经系统的受损或免疫反应所中断。病毒形成两种主要的逃避宿主防御的机制，一种是它可以杀伤具有防护功能的迁徙性 T 淋巴细胞，另一种是病毒可以隐蔽在神经系统，不会触发被感染神经细胞出现细胞凋亡。

对狂犬病病毒发病分子机制的研究表明，G 蛋白是病毒与宿主细胞结合的配体，介导了病毒与靶细胞的结合及在神经系统的分布，不但与病毒的毒力、致病性密切相关，也是病毒诱导细胞凋亡和免疫逃避相关的蛋白。研究表明，G 蛋白的第 242、255、268 和 333 位氨基酸与病毒的致病性相关。强致病性毒株的感染使神经细胞融合，从而促使病毒在脑内更为有效地扩散也是其重要的致病机制。

【临床症状】

潜伏期变动大，为 6 ～ 150 天，平均 26 天，因个体差异、时间长短以及咬伤部位、感染的病毒量、毒株和接种疫苗情况不同而异。临床上有两种形式，即兴奋型（或狂暴型）和麻痹型，80% 的发病动物表现为兴奋型。兴奋型发展过程有几个重叠的阶段：前驱期、兴奋期、麻痹期。第一阶段为 2 ～ 3 天，在这一阶段内感染的动物表现不同的行为。兴奋期可长达 1 周，但有时动物会直接从前驱期过渡到麻痹期。在第二阶段，动物突然表现得具有攻击性和出现怪异的行为。几天内疾病过渡到麻痹期，最后，动物首先受伤的肢体表现麻痹，然后是颈部和头部出现麻痹，最后呼吸衰竭而死亡。麻痹型从发病初期就处于麻痹状态，并持续 3 ～ 6 天后死亡，几乎不伤害人和其他动物。

病猪出现神经症状前 1 ～ 2 天，表现食欲开始减退、喜卧，体温在 40.1 ～ 40.5 ℃。继而出现神经症状，病猪兴奋不安，大量流涎，横冲直撞，用鼻子拱地，磨牙，尖叫，有时卧地不动，但稍有声音刺激则一跃而起呈惊恐状。神经症状出现 2 ～ 3 天后，转入沉郁状态，呆立，声音嘶哑，最后呼吸衰竭而死亡。

【病理变化】

常无特征性眼观病理变化。一般表现尸体消瘦，血液浓稠，凝固不良。口腔黏膜充血或糜烂，鼻、咽喉、气管及扁桃体炎性出血、水肿；胃空虚或有少量异物，黏膜充血；脑水肿，脑膜和脑实质的小血管充血，并常见点状出血。其他实质脏器没有明显的病理变化。

组织病理学变化主要为弥漫性脑脊髓膜炎。脑膜和脑实质血管扩张充血、出血，有的血管周围见少量淋巴细胞浸润。特异性的病理变化是在神经细胞质内可见到直径为 0.5 ～ 30 μm 的球状或椭圆形的嗜酸性包涵体，称为内基小体。内基小体主要分布于大脑海马回和大脑皮层的锥体细胞，小脑的浦肯野细胞、基底核、脑神经核、脊神经节以及交感神经节等部位神经细胞胞质内。内基小体是病毒复制部位，主要成分是狂犬病病毒抗原和某些细胞成分。病犬内基小体的检出率为 66% ～ 93%，有时因毒株不同，也不形成内基小体。

胸椎和腰椎段脊髓的神经元出现退化和坏死。腰椎段脊髓大量淋巴细胞浸润和少量单核巨噬细胞及中性粒细胞浸润。唾液腺腺泡上皮细胞变性，间质有单核细胞、淋巴细胞、浆细胞浸润，腺泡和腺管内有大量病毒粒子积聚。管腔侧细胞膜表面和管腔内也有出芽的病毒粒子。

【诊断】

根据临床症状可做出初步诊断。WHO 推荐的实验室诊断方法有直接荧光抗体技术、小鼠接种、组织培养和 RT-PCR 等方法。

狂犬病病毒主要存在于患病动物的延脑、大脑皮质、海马角、小脑和脊髓等中枢神经系统中。唾液腺和唾液中也存在大量病毒，病犬在出现临床症状前 10 ～ 15 天其唾液内均含有病毒。

1. 组织学检查　取新鲜脑组织触片，用 Seller 染色法染色 1 ～ 5 s，水洗干燥后镜检发现内基小体呈樱桃红色，嗜碱性粒细胞及细胞核呈深蓝色，细胞质呈蓝紫色，间质呈粉红色。将脑组织制成病理组织切片，观察有无内基小体，若在神经细胞胞浆内发现特殊的内基小体即可确诊。

2. 病毒分离　常用动物接种法，用于病初脑组织不易找到内基小体，因此取患病动物的脑组织制成脑悬液或直接抽取脑脊液，给 30 日龄内家兔或小鼠脑内或肌内接种，接种后 14～21 天家兔麻痹死亡，小鼠则经 9～11 天死亡，死前 1～2 天发生兴奋和麻痹症状。死后脑组织进行组织病理学检查可见内基小体。细胞培养法也是一种快速、敏感的病毒分离方法，通常用 BHK-21 细胞和 Neuro-2a 小鼠脑神经瘤细胞进行培养，观察 CPE 现象。

3．直接荧光抗体技术　是 WHO 推荐的一种方法，能在疾病的初期做出诊断，所以我国将此方法作为检查狂犬病的首选方法。

4．RT-PCR　是一种快速、敏感、特异的诊断方法，主要检测病毒核酸，可用于样品的微量诊断，通常根据病毒最保守的 N 基因序列设计引物进行扩增。此方法目前广泛应用于流行病学的调查研究。此方法与测序结合可区分不同宿主来源的病毒变异株。

5．快速荧光抑制试验（RFFIT）　常用于检测病毒中和抗体。

【防控】

狂犬病是一种人畜共患病，宿主范围广泛。在欧美国家全面实施"QDV"措施，即检疫（quarantine）、消灭流浪犬（destruction of stray dogs）及免疫接种（vaccination）。我国人口众多，人及动物流动性越来越大，狂犬病的流行特点更为复杂，危害更为严重。因此，预防和控制该病主要依靠加强宣传、检疫管理和免疫接种等综合性措施。

1．加强宣传教育和疫情监控　在各级政府的领导下，建立农业、卫生、药品监督、公安等联动协防机制，共同预防控制狂犬病的流行。大力开展宣传教育、普及防治狂犬病的知识。加强对犬、猫等动物的管理，在流行地区给犬和猫进行强制性接种并登记挂牌。及时掌握狂犬病流行新动态，对疫情进行预测、预报，为狂犬病的防控提供科学依据。

2．控制传染源　加强动物检疫，控制传染源。对从国外入境的犬应检疫、隔离观察 4～6 个月；平时发现患病动物或可疑动物不宜治疗，必须宰杀处理，防止其攻击人及其他动物。扑杀的动物必须焚烧、深埋或作无害化处理，不得食用，以免造成病原扩散，对可疑污染场所和物品用消毒剂严格消毒。扑杀无主犬、流浪犬及野犬。

3．加强免疫工作　目前动物所用疫苗分为灭活疫苗和弱毒活疫苗两类。灭活疫苗主要是由组织或细胞培养物经福尔马林等灭活制成的，此类疫苗安全、效果好，一直为发达国家首选。犬群大面积普防已成为发达国家控制该病的最重要措施，所有犬在 3 月龄时进行首免，1 年后加强免疫 1 次。普防时要求 75% 以上的犬在 1 个月内接种疫苗。传统的疫苗接种途径主要通过免疫注射方式。

4．暴露后处理措施　怀疑或确定动物发生狂犬病时，一般不进行治疗。但对刚被咬伤的珍贵动物，立即扩开伤口使之局部出血，肥皂水冲洗，再用 0.1% 氧化汞、70% 酒精、醋酸或 3% 石炭酸等处理，并立即在伤口周围注射抗血清，同时立即注射狂犬病疫苗，使其在病的潜伏期内产生主动免疫，有一定的疗效。

【公共卫生】

由于人和动物日渐亲近，狂犬病对人类具有很大的威胁性。据卫计委统计，多年来我国狂犬病的病死率占传染病之首，达 96% 以上。人被病犬咬伤后的发病率为

15%～30%，咬伤部位越接近头部、面部则发病率越高，损伤越多、伤口越深广，发病率亦越高，患者一般农村较城市多见，常见于青少年及儿童，其中 30%～50% 狂犬病死亡病例的年龄在 15 岁以下。因此，狂犬病已成为严重的公共卫生问题。

所有进行狂犬病诊断以及进行尸体剖检的工作人员在工作之前，都应进行疫苗免疫接种并确认获得保护。可能接触狂犬病的专业人员，如实验室工作者、诊断医生、兽医、动物管理人员、狂犬病研究者、洞穴探险者、与狂犬病患者密切接触的人，甚至是旅行者、出国访问者都应该接受暴露前免疫接种，WHO 建议在第 0、7、28 天各注射一剂疫苗，并每两年加强一剂。

第二节　猪细菌性疾病

一、布鲁菌病

布鲁菌病（brucellosis）是由布鲁菌引起的一种人兽共患慢性传染病，又称布氏杆菌病，简称布病。在家畜中，牛、羊、猪最常发生，且可传染给人和其他家畜。其特征是生殖器官和胎膜发炎，引起流产、不育和各种组织的局部病灶。

该病最早由 Marston（1861）做了系统的描述，1887 年，英国军医 Bruce 首次分离到羊布鲁菌。该病广泛分布于世界各地，仅北欧、中欧的几个国家以及加拿大、日本、澳大利亚和新西兰消灭了该病。地中海地区、亚洲及中南美洲为该病的高发地区。我国通过多年的努力，在 20 世纪 80 年代已使该病得到了很好的控制，但自 20 世纪 90 年代末期以来，该病的发病率逐年上升，给畜牧业生产和人类的健康带来严重危害。OIE 将其列为必须报告的疫病，我国将其列为二类动物疫病。

【病原】

该病的病原为布鲁菌（Brucella），属于布鲁菌属的成员。布鲁菌属有 9 种，其中对人和动物有致病性的共 6 种，即马耳他布鲁菌（Brucella melitensis）、流产布鲁菌（B. abortus）、猪布鲁菌（B.suis）、犬布鲁菌（B.canis）、沙林鼠布鲁菌（B.neotomae）、绵羊布鲁菌（B. ovis）。其中马耳他布鲁菌有 3 个生物型（1、2、3 型），流产布鲁菌有 8 个生物型（1、2、3、4、5、6、7、9 型），猪布鲁菌有 5 个生物型（1、2、3、4、5 型）。马耳他布鲁菌又称为羊布鲁菌，流产布鲁菌又称为牛布鲁菌。

各型布鲁菌在形态和染色上无明显区别，均为细小、两端钝圆的球杆菌或短杆菌，大小为（0.5～0.7）μm×（0.6～1.5）μm。无鞭毛，不运动，不形成芽孢，在条件不利时有形成荚膜的能力。革兰染色阴性，吉姆萨染色呈紫色；柯兹洛夫斯基染色法染色，该菌呈红色，其他菌呈微绿色或蓝色。

布鲁菌基因组大小约为 3.29 Mb，含有两个染色体，染色体Ⅰ约为 2.11 Mb，

染色体 Ⅱ 约为 1.18 Mb，约有 3 200 个开放阅读框（ORF）。布鲁菌外膜由脂多糖（lipopolysaccha-ride，LPS）、外膜蛋白（outer membrane proteins，OMPs）和磷脂层组成。LPS 是布鲁菌的重要毒力因子，也是介导动物免疫产生免疫的重要抗原。外膜蛋白不仅是布鲁菌的结构蛋白和功能蛋白，而且是重要的抗原和毒力因子，其分为 3 组：第 1 组包括 OMP10、OMP16 和 OMP19；OMP16 和 OMP19 是具有重要免疫保护作用的外膜蛋白抗原。第 2 组的主要成分是 OMP2，包括 OMP2a 和 OMP2b。第 3 组包括 OMP22、OMP25、OMP28、OMP31，研究最多的是 OMP25 和 OMP31。用核酸限制性内切酶消化布鲁菌 DNA，牛布鲁菌、羊布鲁菌、犬布鲁菌的电泳图谱较一致，但与绵羊附睾布鲁菌有一定差别。通过对微孔蛋白基因（OMP2）的消化长度多肽性分析表明，6 种布鲁菌的图谱差异可作为鉴别指标之一。

布鲁菌为需氧菌，对营养要求较高，在普通培养基上生长较差，在培养基中加入甘油、葡萄糖、胰蛋白胨、肝汤及血清等，有助于该菌生长。生长最适温度为 37 ℃，最适 pH 为 6.6 ～ 7.4。初代分离培养时，生长缓慢。多数布鲁菌在初次分离培养时需在含有 5% ～ 10% 二氧化碳，并且含血清或马铃薯浸液等的培养基中才能较好生长。经 7 ～ 14 天或更长时间长出肉眼可见的圆形菌落；以后传代无二氧化碳也可生长。多次继代培养后，24 ～ 72 h 即可长出菌落，在血液琼脂上形成圆形、灰白色、隆起的不溶血小菌落；2 ～ 3 天后，在马铃薯琼脂斜面上长出水溶性微棕色菌落。

布鲁菌在固体培养基上培养可形成光滑型（S）和粗糙型（R）菌落。光滑型菌落为无色半透明、圆形、表面光滑湿润、稍隆起、均质样。粗糙型菌落为粗糙、灰白色或褐色、黏稠、干燥、不透明。在布鲁菌属中绵羊布鲁菌和犬布鲁菌是天然的粗糙型菌种，其他菌种为光滑型。光滑型细菌表面有含有 O 链的脂多糖。经过人工培养基长期传代培养，特别是在液体培养基中培养后，光滑型布鲁菌易发生 S-R 变异。天然粗糙型布鲁菌，毒力较弱。发生了 S-R 变异的布鲁菌菌株，其毒力也有所减弱。

该菌分解糖类的能力因菌种不同而异，一般能分解葡萄糖产生少量酸，不分解甘露糖，不产生吲哚，不液化明胶，不凝固牛乳，VP 实验及 MR 实验均呈阴性。

布鲁菌的抗原结构非常复杂，可分为属内抗原与属外抗原。属内抗原主要包括 A、M、R 等抗原。光滑型布鲁菌主要具有 M（马耳他型）抗原和 A（流产型）抗原两种，其含量在大多数菌型差异悬殊（约为 1 ：20），有的以 M 抗原为主，有的以 A 抗原为主。A 抗原为牛布鲁菌 1 型的主要抗原，M 抗原为羊布鲁菌 1 型的主要抗原。牛布鲁菌 A 与 M 之比为 20 ：1；羊布鲁菌则相反，为 1 ：20；猪布鲁菌则为 2 ：1。R 抗原为大多数非光滑型布鲁菌的共同抗原决定簇。属外抗原可与巴氏杆菌、弧菌、弯曲菌、钩端螺旋体、沙门菌和大肠杆菌等细菌发生交叉凝集反应。

布鲁菌不产生外毒素，但有毒性较强的内毒素。不同菌株间，毒力差异较大，一般来说，羊布鲁菌毒力最强，猪布鲁菌次之，牛布鲁菌较弱。各种布鲁菌虽有其主要的宿主动物，但普遍存在宿主转移现象。

该菌对外界环境的抵抗力较强，在土壤中能存活 72 ～ 120 天，在粪尿中可存活 45 天，在水中可存活 75 ～ 150 天，在乳、肉类食品中可存活 2 个月，在冷暗处的胎儿体内可存活 6 个月。对干燥和寒冷抵抗力较强。但对热敏感，60 ℃经 30 min、70 ℃经 5 min 可完全杀死该菌，煮沸立即死亡。该菌对消毒剂抵抗力不强，3% 石炭酸、3% 来苏儿、0.1% 氧化汞、2% 氢氧化钠溶液经 1 h 可杀灭该菌；1% ～ 2% 甲醛溶液经 3 h，5% 新鲜石灰溶液经 2 h 可杀灭该菌；0.5% 洗必泰、0.1% 新洁尔灭可在 5 min 内杀灭该菌。

【流行病学】

该病的易感动物范围很广，如羊、牛、猪、人、水牛、野牛、牦牛、羚羊、鹿、骆驼、野猪、马、犬、猫、狐、狼、野兔、猴、鸡、鸭以及一些啮齿动物等。各种动物对布鲁菌的易感性不同，自然病例主要见于羊、牛和猪。

各种布鲁菌主要引起该种动物的布鲁菌病，也可发生交叉感染，如羊布鲁菌主要感染绵羊、山羊，也可感染牛、猪、鹿、骆驼和人；牛布鲁菌主要感染牛，也可感染羊、猪、马、犬、骆驼、鹿和人；猪布鲁菌主要感染猪，也可感染牛、羊、鹿和人。这三种布鲁菌对人均能引起感染，但以羊布鲁菌感染后发病最重，猪布鲁菌次之，牛布鲁菌最轻。绵羊布鲁菌主要感染绵羊，其他动物少见。犬布鲁菌主要感染犬，其他动物少见。鳍布鲁菌、鲸布鲁菌可感染海豹、海豚、海狮、鲸鱼等海洋哺乳动物，与感染的海豹或鲸类长期接触的工作人员亦可感染。

患病动物及带菌动物是该病主要的传染源。最危险的传染源是受感染的妊娠动物，其流产时随流产胎儿、胎衣、胎水和阴道分泌物排出大量细菌。此外，患病动物还可通过乳汁、精液、粪便、尿液排出病原。

该病的主要传播途径为消化道，其次为皮肤、黏膜及生殖道，吸血昆虫也可以传播该病。本菌不仅可以通过损伤的皮肤、黏膜引起感染，而且可以通过正常无损伤的皮肤、黏膜引起感染。此外，还可经交配由生殖道感染。

一般情况下，雌性动物较雄性动物易感。幼龄动物对该病有一定的抵抗力，随年龄的增长易感性增高，性成熟后的动物对该病非常易感。首次妊娠的雌性动物容易感染发病，多数患病动物只发生一次流产，流产两次的较少。在老疫区，发生流产的较少，而子宫炎、乳房炎、关节炎、胎衣不下及久配不孕的较多；在新疫区，以暴发性流行为主，各胎次妊娠动物均可发生流产。

饲养管理不良，拥挤，寒冷潮湿，饲料不足，营养不良等可促进该病的发生和流行。

【致病机制】

在牛布鲁菌侵入机体后，在几日内到达侵入门户附近的淋巴结，被吞噬细胞吞噬，细菌在胞内生长繁殖，形成原发性病灶，但不表现临床症状。随细菌大量繁殖，破坏了吞噬细胞后再次进入血液散播全身，引起菌血症，继而出现体温升高、出汗等临床症状，同时细菌又被吞噬细胞吞噬，随后可再发生菌血症。侵入血液中的布鲁菌散布至各组织器官，在该菌特别容易生存繁殖的胎盘、胎儿、胎衣、乳腺、淋巴结（特别是乳腺相应的淋巴结）、骨骼、关节、腱鞘和滑液囊，以及睾丸、附睾、精囊等组织形成多发性病灶，大量释放的细菌超过了吞噬细胞的吞噬能力，表现出明显的败血症或毒血症；同时细菌可随粪、尿排出。到达各组织器官的布鲁菌也可能不引起任何病理变化，常在 48 h 内死亡。

布鲁菌进入绒毛膜上皮细胞内增殖，产生胎盘炎，并在绒毛膜与子宫黏膜之间扩散，引起子宫内膜炎。在绒毛膜上皮细胞内增殖时，使绒毛发生渐进性坏死，同时产生纤维素性脓性分泌物，使胎儿胎盘与母体胎盘分离，引起胎儿营养障碍和胎儿病理变化，使妊娠动物发生流产。该菌还可进入胎衣中，并随羊水进入胎儿引起病理变化，因此流产胎儿的消化道及肺组织可分离出布鲁菌。

布鲁菌也可由一个妊娠期至下一个妊娠期生存于单核吞噬细胞系统及乳房中。临床上在被感染的乳房不易发现布鲁菌，而可以通过乳汁接种豚鼠分离。只有少数动物可以清除病原体，而大多数则通常终生带菌。病程缓慢的母牛由于胎盘中增生的结缔组织使胎儿胎盘与母体胎盘固着粘连，致使胎衣滞留，从而可引起子宫炎，甚至发生全身败血性感染。愈后的子宫再妊娠时，乳腺组织或淋巴结中的布鲁菌可再经血管侵入子宫，引起再流产。但由于感染后获得不同程度的免疫力，再流产很少见。流产时间主要取决于感染程度、感染时间和母牛抵抗力，母牛抵抗力低而早期大量感染时，流产则发生于妊娠早期，反之，常见晚期流产，甚至正常分娩，伴有胎衣滞留。布鲁菌驻留于其他组织器官，可能引起程度不同的损害，如关节炎、睾丸炎等。

布鲁菌属于细胞内寄生菌，可在宿主的巨噬细胞及上皮细胞内生存发育。有毒菌株菌体外有蛋白外衣，可使细菌逃避宿主免疫系统的作用而长期生存，并产生全身感染。赤藓醇（erythritol）是布鲁菌的有力生长刺激物。易感动物如牛、绵羊、山羊及猪的胎盘内赤藓醇水平比人、家兔、大鼠及豚鼠高，因此更易感。雄性动物的生殖器官也含有赤藓醇。布鲁菌利用赤藓醇优先于利用葡萄糖，雄性动物及妊娠雌性动物生殖系统中赤藓醇的存在，使细菌得到大量繁殖，引起相应的病理变化和临床症状。而在流产后的子宫内，布鲁菌存在时间不长，数日后消失，这也是赤藓醇只有在妊娠子宫中才大量存在导致的结果。

该菌对猪致病机制也与牛相似。由于妊娠母猪各个胎儿的胎衣互不相连，驻留于胎儿和胎衣中的布鲁菌不一定侵入所有的胎衣，因而病理损害并不完全相同，妊娠结局也可不一致，可出现全部胎儿死亡而流产，也可个别胎儿死亡，死亡时期也可不同。布鲁菌侵害公猪睾丸和附睾比牛更为常见。

布鲁菌病是一种传染—变态反应性疾病。动物机体的各组织器官、网状内皮系统因细菌、细菌代谢产物及内毒素不断进入血流，反复刺激使动物机体敏感性增高，发生变态反应性改变，急性期主要是病原菌和内毒素的作用，慢性期是病原菌和变态反应等多种因素所引起的综合表现，免疫复合物和自身免疫也参与了疾病的过程。研究表明，Ⅰ、Ⅱ、Ⅲ、Ⅳ型变态反应在布鲁菌病的发病中均起一定作用。疾病早期动物的巨噬细胞、T 细胞及体液免疫功能正常，它们联合作用将细菌清除而痊愈。如果不能将细菌彻底消灭，则细菌、代谢产物及内毒素反复在局部或进入血液刺激机体，致使 T 细胞致敏，当致敏淋巴细胞再次受抗原作用时，释放各种淋巴因子，如淋巴结通透因子、趋化因子、巨噬细胞移动抑制因子、巨噬细胞活性因子等，导致出现以单核细胞浸润为特征的变态反应性炎症，形成肉芽肿、纤维组织增生等慢性病变。

【临床症状】

该病主要症状是流产，多发生在妊娠第 4 ～ 12 周。早期流产因母猪常将胎儿连同胎衣吃掉而不易被发现。流产的前兆症状为表现沉郁，阴唇和乳房肿胀，阴道流出黏性或黏脓性分泌液；流产后胎衣滞留情况少见，子宫分泌液一般在 8 天内消失，少数情况因胎衣滞留，引起子宫炎和不育。公猪常见睾丸炎和附睾炎，有时开始表现全身发热，局部疼痛，不愿配种。皮下脓肿、关节炎、腱鞘炎等较少见。

【病理变化】

病理变化也与牛相似。如胎儿在流产前早就死亡，可见其干尸化。胎衣绒毛膜充血，有时水肿或有出血小点，还可能覆盖一层灰黄色渗出物。睾丸和附睾在实质中有大小不等的坏死或化脓灶。有时精囊发炎或发生关节炎、化脓性腱鞘炎或滑液囊炎。

【诊断】

根据流行病学、临床症状和病理变化，判定为疑似患病动物，如确诊应当进一步采样送实验室检测。布鲁菌病的主要症状是流产，要注意与具有相同症状的疾病相鉴别，如猪瘟、猪繁殖与呼吸综合征、伪狂犬病、流行性乙型脑炎、细小病毒病和圆环病毒感染等。

1. 临床症状　布病典型症状是怀孕母畜流产。乳腺炎也是常见症状之一，可发生于妊娠母牛的任何时期。流产后可能发生胎衣滞留和子宫内膜炎，多见从阴道流出污秽不洁、恶臭的分泌物。新发病的畜群母畜流产较多；公畜往往发生睾丸炎、附睾炎或关节炎。

2. 病理变化　主要病变为妊娠或流产母畜子宫内膜和胎衣的炎性浸润、渗出、出血及坏死，有的可见关节炎。胎儿主要呈败血症病变，浆膜和黏膜有出血点和出血斑，皮下结缔组织发生浆液性、出血性炎症。组织学检查可见脾、淋巴结、肝、肾等器官形成特征性肉芽肿。

3. 实验室诊断

（1）血清学诊断：初筛采用虎红平板凝集实验（RBT）（GB/T 18646），也可采用荧光偏振实验（FPA）和全乳环状实验（MRT）（GB/T 18646）。确诊采用试管凝集实验（SAT）（GB/T 18646），也可采用补体结合实验（CFT）（GB/T 18646）、间接酶联免疫吸附实验（iELISA）和竞争酶联免疫吸附实验（cELISA）。

①血清凝集实验：为布鲁菌病诊断和检疫常用的方法，具有较高的特异性和敏感性。分为试管凝集实验、平板凝集实验、缓冲布鲁菌抗原实验、虎红平板凝集实验、缓冲平板凝集实验等。在国际贸易中，缓冲布鲁菌抗原实验是诊断牛布鲁菌、羊布鲁菌、猪布鲁菌的指定筛选实验。我国常用的检测实验为虎红平板凝集实验（OIE 确定的国际贸易指定实验）和试管凝集实验，一般用虎红平板凝集实验初筛，阳性者用试管凝集实验做复核实验。

②补体结合实验：该法具有很高的特异性，也是 OIE 确定的国际贸易指定用于牛布鲁菌、羊布鲁菌、绵羊附睾布鲁菌的实验。但其操作复杂，通常只作为辅助诊断方法。

③全乳环状实验：此法操作简便，敏感性高，可用于混合牛乳的普查，以判定牛群是

否存在布鲁菌病。

④变态反应：可用于检查犊牛、羊和猪，在尾根皮内注入 0.2 ml 流产布鲁菌菌素，阳性者 24 h 内出现红肿，阴性者无任何变化。

⑤酶联免疫吸附实验（ELISA）：为 OIE 确定的用于牛布鲁菌病的国际贸易指定实验。分为间接酶联免疫吸附实验（iELISA）和竞争酶联免疫吸附实验（cELISA），具有高度的敏感性和特异性，是检疫布鲁菌病的良好方法。

⑥荧光偏振实验（fluorescence polarisation assay，FPA）：为 OIE 确定的国际贸易指定实验。具有很高的敏感性和特异性，且具有批量检测的优点。

（2）病原学诊断：

①显微镜检查，采集流产胎衣、绒毛膜水肿液、肝、脾、淋巴结、胎儿胃内容物等组织，制成抹片，用柯兹洛夫斯基染色法染色，镜检，布鲁氏菌为红色球杆状，而其他菌为蓝色。

② PCR 等分子生物学诊断方法。

③细菌的分离培养与鉴定，该实验活动必须在生物安全三级实验室进行。

对于未免疫动物，血清学确诊为阳性的，判定为患病动物；若初筛诊断为阳性的，确诊诊断为阴性的，应在 30 天后重新采样检测，复检结果阳性的判定为患病动物，复检结果阴性的判定为健康动物。对于免疫动物，在免疫抗体消失后，血清学确诊为阳性的，或病原学检测方法结果为阳性的，判定为患病动物。

【防控】

坚持预防为主的方针，坚持依法防治、科学防治，建立和完善"政府领导、部门协作、全社会共同参与"的防治机制，采取因地制宜、分区防控、人畜同步、区域联防、统筹推进的防治策略，逐步控制和净化布病。

1. 总体目标　到 2020 年，形成更加符合我国动物防疫工作发展要求的布病防治机制，显著提升布病监测预警能力、移动监管和疫情处置能力，迅速遏制布病上升态势，为保障养殖业生产安全、动物产品质量安全、公共卫生安全和生态安全提供有力支持。河北、山西、内蒙古、辽宁、吉林、黑龙江、陕西、甘肃、青海、宁夏、新疆等 11 个省、自治区和新疆生产建设兵团达到并维持控制标准；海南省达到消灭标准；其他省份达到净化标准。提高全国人间布病急性期患者治愈率，降低慢性化危害。

2. 工作指标

（1）检测诊断：县级动物疫病预防控制机构具备开展布病血清学检测能力，省级动物疫病预防控制机构具备有效开展布病病原学检测能力；一类地区基层医疗卫生机构具备对布病初筛检测能力，县级及以上医疗卫生机构具备对布病确诊能力。

（2）免疫状况：免疫地区的家畜应免尽免，畜间布病免疫场群全部建立免疫档案。

（3）病例治疗：一类地区人间急性期布病病例治愈率达 85%。

（4）检疫监管：各地建立以实验室检测和区域布病风险评估为依托的产地检疫监管机制。

（5）经费支持：布病预防、控制、扑灭、检疫和监督管理等畜间和人间布病防治工作所需经费纳入本级财政预算。

（6）宣传培训：从事养殖、屠宰、加工等相关高危职业人群的防治知识知晓率达90%以上，布病防治和研究人员的年培训率达100%；基层动物防疫人员和基层医务人员的布病防治知识培训合格率达90%。

3．防治策略　根据畜间和人间布病发生和流行程度，综合考虑家畜流动实际情况及布病防治整片推进的防控策略，对家畜布病防治实行区域化管理。农业农村部会同国家卫生健康委员会将全国划分为三类区域：一类地区，人间报告发病率超过1/10万或畜间疫情未控制县数占总县数30%以上的省（自治区、直辖市），包括北京、天津、河北、山西、内蒙古、辽宁、吉林、黑龙江、山东、河南、陕西、甘肃、青海、宁夏、新疆等15个省（自治区、直辖市）和新疆生产建设兵团。二类地区，本地有新发人间病例且报告发病率低于或等于1/10万或畜间疫情未控制县数占总县数30%以下的省（自治区、直辖市），包括上海、江苏、浙江、安徽、福建、江西、湖北、湖南、广东、广西、重庆、四川、贵州、云南、西藏等15个省（自治区、直辖市）。三类地区，无本地新发人间病例和畜间疫情省份，目前有海南省。本计划所指家畜为牛羊，其他易感家畜参照实施。

（1）畜间：在全国范围内，种畜禁止免疫，实施监测净化；奶畜原则上不免疫，实施检测和扑杀为主的措施。一类地区采取以免疫接种为主的防控策略。二类地区采取以监测净化为主的防控策略。三类地区采取以风险防范为主的防控策略。鼓励和支持各地实施牛羊（以下所提"牛羊"均不含种畜）"规模养殖，集中屠宰，冷链流通，冷鲜上市"。

各省（自治区、直辖市）以县（市、区）为单位，根据当地布病流行率确定未控制区、控制区、稳定控制区和净化区，并进行评估验收。按照国家无疫标准和公布规定要求，开展"布病无疫区"和"布病净化场群"的建设和评估验收，公布相关信息，实行动态管理。根据各省（自治区、直辖市）提出的申请，农业农村部会同国家卫生健康委员会组织对有关省份布病状况进行评估，并根据评估验收结果调整布病区域类别，及时向社会发布。

（2）人间：全国范围内开展布病监测工作，做好布病病例的发现、报告、治疗和管理工作。及时开展疫情调查处置，防止疫情传播蔓延。加强基层医务人员培训，提高诊断水平。一类地区重点开展高危人群筛查、健康教育和行为干预工作，增强高危人群自我保护意识、提高患者就诊及时性。二、三类地区重点开展疫情监测，发现疫情及时处置，并深入调查传播因素，及时干预，防止疫情蔓延。

4．防治措施

（1）畜间布病防治。

①监测与流行病学调查。

a．基线调查。到2017年6月，各省（自治区、直辖市）畜牧兽医部门以县（市、区）为单位按照统一的抽样方法和检测方法对场群和个体样本数进行采样检测，组织完成基线调查，了解掌握该行政区域牛羊养殖方式、数量和不同牛羊的场群阳性率、个体阳性率等基本情况，并以县（市、区）为单位划分未控制区、控制区、稳定控制区和净化区。

b. 日常监测。免疫牛羊：当地动物疫病预防控制机构按照调查流行率的方式抽样检测免疫抗体，结合免疫档案，了解布病免疫实施情况。非免疫牛羊：当地动物疫病预防控制机构对所有种畜和奶畜每年至少开展 1 次检测。对其他牛羊每年至少开展 1 次抽检，发现阳性畜的场群应进行逐头检测；对早产、流产等疑似病畜，当地动物疫病预防控制机构及时采样开展布病血清学和病原学检测，发现阳性畜的，应当追溯来源场群并进行逐头检测；奶牛、奶山羊养殖场（户）应当及时向乳品生产加工企业出具地方县级以上动物疫病预防控制机构提供的布病检测报告或相关动物疫病健康合格证明。

②动物免疫接种。各地畜牧兽医部门在基线调查的基础上开展免疫工作，建立健全免疫档案。

奶畜：一类地区奶畜原则上不免疫。发现阳性奶畜的养殖场可向当地县级以上畜牧兽医主管部门提出免疫申请，经县级以上畜牧兽医主管部门报省级畜牧兽医主管部门备案后，以场群为单位采取免疫措施。二类地区和净化区奶畜禁止实施免疫。

其他牛羊：一类地区对牛羊场群采取全面免疫的措施。对个体检测阳性率 < 2% 或群体检测阳性率 > 5% 的区域，可采取非免疫的监测净化措施。可由当地县级以上畜牧兽医主管部门提出申请，经省级畜牧兽医主管部门备案后，以县（市、区）为单位对牛羊不进行免疫，实施检测和扑杀。二类地区牛羊原则上禁止免疫。当牛的个体检测阳性率 ≥ 1%，或羊的个体检测阳性率 ≥ 0.5% 的养殖场，可采取免疫措施，养殖场可向当地县级以上畜牧兽医主管部门提出免疫申请，经县级以上畜牧兽医主管部门报省级畜牧兽医主管部门批准后，以场群为单位采取免疫措施。三类地区的牛羊禁止免疫。通过监测净化，维持无疫状态，发现阳性个体，及时扑杀。

在我国使用的疫苗有猪布鲁菌 2 号（S2）弱毒苗、羊布鲁菌 5 号（M5）弱毒苗和流产布鲁 19 号苗（A19）。目前主要使用 S2 和 A19，其中 S2 多采用饮水或口服进行接种。S2 弱毒苗是由中国兽医药品监察所选育研制的，对山羊、绵羊、猪和牛均有较好的免疫效果。可用于牛、羊和猪的免疫。其毒力稳定，使用安全，免疫力好，可用皮下注射、肌肉注射、饮水、气雾等方法进行免疫。M5 弱毒苗是由中国农业科学院哈尔滨兽医研究所选育研制的，对绵羊、山羊、鹿和牛均有较好的免疫效果，但对猪无效。该疫苗免疫效果好，但是其毒力较强，现在已很少使用。A19 苗对牛和绵羊的免疫效果较好，但对山羊和猪免疫效果差，对牛的免疫期可达 6 年之久。但该疫苗的毒力较强，不能用于妊娠动物。在我国，该疫苗仅用于奶牛的免疫。使用时，在奶牛配种前免疫 1 次或 2 次即可。

③移动控制。严格限制活畜从高风险地区向低风险地区流动。

一类地区免疫牛羊，在免疫 45 天后可以凭产地检疫证明在一类地区跨省流通。其中，禁止免疫县（市、区）牛羊向非免疫县（市、区）调运，免疫县（市、区）牛羊的调运不得经过非免疫县（市、区）。二类地区免疫场群的牛羊禁止转场饲养。布病无疫区牛羊凭产地检疫证明跨省流通。

动物卫生监督机构严格按照《动物防疫法》和《动物检疫管理办法》等相关规定对牛羊及其产品实施检疫。

④诊断和报告。动物疫病预防控制机构按照《布鲁氏菌病防治技术规范》规定开展

牛羊布病的诊断。从事牛羊饲养、屠宰、经营、隔离和运输以及从事布病防治相关活动的单位和个人发现牛羊感染布病或出现早产、流产症状等疑似感染布病的，应该立即向当地畜牧兽医主管部门、动物卫生监督机构或者动物疫病预防控制机构报告，并采取隔离、消毒等防控措施。

⑤扑杀与无害化处理。各地畜牧兽医部门按照《布鲁氏菌病防治技术规范》规定对感染布病的牛羊进行扑杀。二类和三类地区，必要时可扑杀同群畜。同时，按照规定对病畜尸体及其流产胎儿、胎衣和排泄物、乳、乳制品等进行无害化处理。

⑥消毒。各地畜牧兽医部门指导养殖场（户）做好相关场所和人员的消毒防护工作，对感染布病牛羊污染的场所、用具、物品进行彻底清洗消毒，有效切断布病传播途径。具体消毒方法按照《布鲁氏菌病防治技术规范》规定执行。

（2）人间布病防治。

①疫情监测。医疗卫生机构做好布病病例的诊断和报告工作。疾病预防控制机构做好疫情信息收集、整理、分析、利用及反馈工作，完善与动物疫病预防控制机构的疫情信息通报机制。

②疫情调查与处置。疫情发生后，疾病预防控制机构及时开展流行病学调查，了解人间布病病例的感染来源和暴露危险因素，同时通报动物疫病预防控制机构，开展联合调查处置。构成突发公共卫生事件的，按照相关要求进行报告和处置。

③高危人群筛查。在布病高发季节，一类地区高发县区疾病预防控制机构应当对高危人群开展布病筛查，提高布病早期发现力度。

④高危人群行为干预。调查了解高危人群感染布病的危险因素，对高危人群采取针对性的干预措施，降低感染风险。养殖及畜产品加工企业应对从业人员提供职业防护措施及条件，并接受有关部门的监督检查。

⑤病例规范化治疗。医疗卫生机构按照《布鲁氏菌病诊疗方案》规定对布病感染病例进行规范治疗和管理。一类地区基层医疗卫生机构应具备对布病初筛检测能力，县级及以上医院应具备对布病确诊能力。加强对医务人员的培训，提高诊疗水平，规范病例治疗与管理。将布病诊疗费用纳入城乡基本医疗保险，对贫困患者进行医疗救助。

5. 管理措施

（1）部门合作。农业农村部和国家卫生健康委员会按照国务院防治重大疾病工作部际联席会议制度要求，统筹协调全国布病防治工作。地方各级畜牧兽医、卫生计生部门加强部门合作，完善协作机制，按照职责分工，各负其责，建立健全定期会商和信息通报制度，实现资源共享，形成工作合力。

（2）落实责任。从事动物饲养、屠宰、经营、隔离、运输以及动物产品生产、经营、加工、贮藏等活动的单位和个人，要依法履行义务，切实做好牛羊布病免疫、监测、消毒和疫情报告等工作。各相关行业协会要加强行业自律，积极参与布病防治工作。

（3）监督执法。各级动物卫生监督机构严格执行动物检疫管理规定，加强牛羊产地检疫、屠宰检疫和调运监管，严厉查处相关违规出证行为。

（4）区划管理。农业农村部会同国家卫生健康委员会等有关部门加快制定布病无疫区、无布病场群的评估程序和标准，指导各地开展"布病净化场群"和"布病无疫区"建设，推动人畜间布病控制和净化。

（5）人员防护。在从事布病防治、牛羊养殖及其产品加工等相关职业人群中，广泛开展布病防治健康教育。相关企事业单位要建立劳动保护制度，加强职业健康培训，为高危职业人群提供必要的个人卫生防护用品和卫生设施，定期开展布病体检，建立职工健康档案。

（6）信息化管理。各级畜牧兽医、卫生计生部门要建立健全布病防治信息管理平台，适时更新一类、二类和三类地区及布病无疫区、净化场群信息，发布布病分区、免疫状况和防治工作进展情况，切实提升信息化服务能力。

（7）宣传教育。各级畜牧兽医、卫生计生部门要加强宣传培训工作，组织开展相关法律法规、人员防护和防治技术培训。针对不同目标人群，因地制宜，编制健康教育材料，组织开展健康卫生宣传教育，引导群众改变食用未经加工的生鲜奶等生活习惯，增强群众布病防治意识，提高自我防护能力。

6. 保障措施

（1）加强组织领导。根据国务院文件规定，地方各级人民政府对辖区内布病防治工作负总责。各地畜牧兽医和卫生计生部门要积极协调有关部门，争取将布病防治计划重要指标和主要任务纳入政府考核评价指标体系，结合当地防治工作进展，开展实施效果评估，确保按期实现计划目标。各地畜牧兽医和卫生计生部门应在当地政府的统一领导下，加强部门协调，强化措施联动，及时沟通交流信息，适时调整完善防治策略和措施，全面推动布病预防、控制和消灭工作。

（2）强化技术支撑。各级畜牧兽医和卫生计生部门要加强资源整合，强化科技保障，提高布病防治科学化水平。各地特别是一类地区省（自治区、直辖市）要加强动物疫病预防控制机构和疾病预防控制机构布病防治能力建设，依靠国家布病参考实验室和专业实验室，以及各级动物疫病预防控制机构的技术力量，发挥全国动物防疫专家委员会和各省级布病防治专家组作用，为防治工作提供技术支撑。

加强科技创新，积极支持跨部门跨学科联合攻关，研究我国不同地区控制布病传播的策略和措施，探索各类地区布病防治模式。重点加强敏感、特异、快速的疫苗免疫和野毒感染的鉴别检测方法，以及高效、安全疫苗的研发。引导和促进科技成果转化，推动技术集成示范与推广应用，切实提高科技支撑能力。

中国动物疫病预防控制中心要组织地方各级动物疫病预防控制机构，以及国家布病参考实验室和专业实验室，开展布病监测诊断工作。中国兽医药品监察所要加强布病疫苗质量监管和免疫效果评价，大力推行诊断试剂标准化，增强试剂稳定性，保证监测结果的可靠性和科学性。国家布病参考实验室和专业实验室要重点跟踪菌株分布和变异情况，研究并提出相关防控对策建议，做好技术支持。

（3）落实经费保障。进一步完善"政府投入为主、分级负责、多渠道筹资"的经费投入机制。各级畜牧兽医、卫生计生部门要加强与发展改革、财政、人力资源和社会保障等有关部门的沟通协调，积极争取布病防治工作支持政策，将布病预防、控制、消灭和人员生物安全防护所需经费纳入本级财政预算。协调落实对国家从事布病防治人员和兽医防疫人员卫生津贴政策。同时，积极争取社会支持，广泛动员相关企业、个人和社会力量参与，群防群控。

7. 监督与考核　各地畜牧兽医、卫生计生部门要根据部门职责分工，按照本计划要求，认真组织实施，确保各项措施落实到位。各省（自治区、直辖市）根据布病防治工作进展，以县（市、区）为单位组织开展评估验收，并做好相关结果应用。

二、猪丹毒

猪丹毒（swine erysipelas）也叫"钻石皮肤病"（diamond skin disease）或"红热病"（red fever），是由红斑丹毒丝菌引起的一种急性、热性传染病。临床症状表现为急性败血型、亚急性疹块型和慢性心内膜炎型。1882 年 Pasteur 首先从患猪丹毒病的猪体内分离到猪丹毒杆菌，该病广泛流行于世界各地，包括我国许多地区，曾对养猪业造成巨大危害，我国通过使用疫苗已将其控制。人通过创伤也可被感染，称为类丹毒，与以链球菌感染人所致的丹毒相区别。

【病原】

该病病原为红斑丹毒丝菌（erysipelothrix thusiopathiae），俗称猪丹毒杆菌，也叫丹毒丝菌，属丹毒杆菌属（*Erysipelothrix*），是一种纤细的小杆菌，菌体平直或长丝状，大小为（0.2～0.4）μm×（0.8～2.5）μm，革兰氏染色阳性，不运动，不产生芽孢，无荚膜。在感染动物的组织抹片或血涂片中，细菌呈单一、成双或丛状。从心脏瓣膜疣状物中分离的猪丹毒杆菌常呈不分枝的长丝，或呈中等长度的链状。

该菌为微需氧菌，在普通培养基上可以生长，但在血液或血清琼脂上生长更佳，有10% 的二氧化碳更有利于其生长。

对猪丹毒杆菌的分型是依据其菌体胞壁抗原的差异来进行的，首先经盐水法或酸法或热酚水法抽提菌体胞壁抗原，制备高免兔血清，再通过琼扩实验来分型。该菌血清型较多，已确认的血清型有 25 个（即 1a、1b、2～23 及 N 型），其中 1a、2 两型相当于迭氏（Dedie，1949）的 A、B 型。不同血清型的菌株的致病力不同，1a、1b 的致病力最强，从急性败血性猪丹毒病例中分离的猪丹毒杆菌约 90% 为 1a 型。我国主要为 1a 和 2 两型，即迭氏的 A、B 型。A 型菌株毒力较强，可作为攻毒菌种；B 型菌株常见于关节炎病猪，毒力弱些，而免疫原性较好，可作为制苗的菌种。灭活疫苗应以 B 型菌种为主，否则免疫力欠佳。至于弱毒活疫苗，则 A、B 两型均可应用。致病力不同的菌株的菌落形态也不同，在良好的固体培养基上培养 24 h，毒力强的猪丹毒杆菌的菌落光滑（即 S 型），菌落小，蓝绿色，荧光强；毒力弱的菌落为粗糙型（即 R 型），菌落大，土黄色，无荧光；毒力介于上述两型之间的菌落即中间型，呈金黄色，荧光弱。

人工感染猪以皮肤划痕或皮内注射较易成功；滴眼和滴鼻感染更易引起发病；口服或静脉、肌肉、皮下及腹腔内注射，较难引起发病。

小鼠、鸽子对该菌最为敏感，兔子的易感性较低，而豚鼠对该菌的抵抗力比较强。

猪丹毒杆菌的抵抗力很强，在盐腌或熏制的肉内能存活 3～4 个月，在土壤内能存活 35 天，在肝、脾中 40 ℃下保存 159 天，仍有毒力；露天放置 77 天的肝脏，深埋 1.5 m 经 231 天的尸体仍有活菌。该菌在消毒剂如 2% 福尔马林、1% 漂白粉、1% 氢氧化钠等溶液或 5% 石灰乳中会很快死亡，但对石炭酸的抵抗力较强（在 0.5% 石炭酸中可存活 99 天）。对热和直射光较敏感，70 ℃经 5～15 min 可完全杀死。

一般而言，猪丹毒杆菌对青霉素最敏感，对链霉素中度敏感，而对磺胺类、卡那、新霉素有抵抗力。但其具体的抗药性可能会因地而异。

【流行病学】

该病主要发生于猪，不同年龄的猪均易感，但以架子猪发病为多。其他家畜如牛、羊、犬、马以及禽类包括鸡、鸭、鹅、火鸡、鸽、麻雀、孔雀等也有病例报告。

病猪和带菌猪是该病的主要传染源。35%～50% 健康猪的扁桃体和其他淋巴组织中存在此菌。已知从 50 多种哺乳动物、几乎半数的啮齿动物和 30 种野鸟中分离到该菌。鱼类（鳞、鳃）也带菌。富含腐殖质、沙质和石灰质的土壤适宜于该菌的生存，该菌在弱碱性土壤中可生存 90 天，最长可达 14 个月。因此，土壤污染在本病的流行病学上有极重要的意义。

该病主要经消化道感染，也可经破损的皮肤和黏膜感染宿主（如人的职业感染），此外还可借助吸血昆虫、鼠类和鸟类来传播。

猪丹毒常呈暴发流行，特别是架子猪（3～6 月龄）多发，随着年龄的增长而易感性降低，但 1 岁以上的猪甚至老龄种猪和哺乳仔猪也有发病死亡的报告。由于 35%～50% 健康猪为带菌状态，当猪体受多种因素的影响其抵抗力减弱时，或细菌的毒力突然增强也会引起内源性感染发病，导致该病暴发流行。母猪在妊娠期间感染极易造成流产。

猪丹毒一年四季都有发生，但气候较暖和、炎热、多雨的季节（5～9 月）多发，近年也见于冬、春季暴发流行。

【临床症状】

人工感染的潜伏期为 3～5 天，个别为 1 天，长的可延至 7 天，根据临床表现可分为 3 型。

1. 急性败血型　见于流行初期，有一头猪或数头猪不表现任何临床症状而突然死亡，其他猪相继发病，大多数病例有明显临床症状。病猪体温突然升至 42 ℃以上，稽留，虚弱，常躺卧地上，不愿走动，一旦唤起；行走时步态僵硬或跛行，似有疼痛。站立时背腰拱起。饮水和摄食量明显降低，有时呕吐。结膜充血，眼睛清亮有神。粪便前期干硬呈栗状，附有黏液，有的后期发生腹泻。在不同时间可观察到耳朵和腿之较低部位产生肿胀，肿胀的鼻子可能引起喘息声。严重者脉搏纤细增快，呼吸困难，黏膜发绀，很快死亡。也有部分猪患病不久，在耳后、颈部、胸腹侧等部位皮肤上出现各种形状红斑，逐渐变为暗紫色，用手按压褪色，停止按压时则又恢复，如治愈后这些部位的皮肤坏死、脱落。哺乳仔猪和刚断奶小猪发生猪丹毒时，一般突然发病，表现神经临床症状，抽搐，倒地而死，病程多不超过1天。其他猪感染猪丹毒，病程一般为3～4天，病死率达80%左右，不死者多转为疹块型或慢性型。

2. 亚急性疹块型　俗称"打火印"或"鬼打印"，通常取良性经过。病初食欲减退，口渴，便秘，有时呕吐，精神不振，不愿走动，体温升高至41℃以上，败血症临床症状轻微，其特征是皮肤表面出现疹块。通常于发病后1～3天，在胸、腹、背、肩及四肢外侧等部位的皮肤出现大小不等的疹块，先呈淡红，后变为紫红，以至黑紫色，形状为方形、菱形或圆形，坚实，稍突起于皮肤表面，少则几个，多则数十个，这些斑块在深色皮肤的猪只上比较难看到。初期疹块充血，指压褪色；后期淤血，呈紫蓝色，压之不褪。疹块发生后，体温开始下降，病情也开始减轻，疹块颜色逐渐消退，经数日后病猪可自行康复。若病势较重或长期不愈，可能发展成慢性皮肤病，皮肤组织坏死而留下红色到黑色的深色区域，部分或大部分皮肤坏死，久而变成干燥且坚硬的革样痂皮，部分可能会蜕落并形成瘢痕。也有不少病猪在发病过程中，临床症状恶化而转变为败血型而死。病程为1～2周。

3. 慢性型　多由急性或亚急性转化而来，也有原发性的，常见有3种临床症状：浆液性纤维素性关节炎、疣状心内膜炎和皮肤坏死。皮肤坏死一般单独发生，而浆液性纤维素性关节炎和疣状心内膜炎往往在一头病猪身上同时存在。

（1）浆液性纤维素性关节炎：主要表现为四肢关节（腕、跗关节较膝关节更为常见）的炎性肿胀，可能包含一只或多只腿，通常包含较低的腿关节，但任何关节都可被影响。发病关节肿胀，病腿僵硬、疼痛。急性临床症状消失后，则以关节变形为主，呈现一肢或两肢的跛行或卧地不起。病猪食欲如常，但生长缓慢，体质虚弱、消瘦。病程数周至数月。

（2）疣状心内膜炎：表现为精神萎靡，消瘦，贫血，食欲时好时坏，全身衰弱，喜卧伏，厌走动。强迫其行走，则举步缓慢，全身摇晃，被毛无光，膘情下降。听诊心脏有杂音，心跳加速、亢进，心律不齐。呼吸急促，并发咳嗽，体温略高。通常由于心脏停搏而突然倒地死亡。

（3）皮肤坏死：常发生于背、肩、耳、蹄和尾等部。局部皮肤肿胀、隆起、坏死、色黑、干硬，似皮革，逐渐与其下层新生组织分离，犹如一层甲壳。坏死区有时范围很大，可以占整个背部皮肤；有时可在部分耳壳、尾巴末梢和蹄壳发生坏死。经两三个月坏死皮肤脱落，遗留一片无毛色淡的疤痕而愈。如有继发感染，则病情复杂，病程延长。

【病理变化】

1. 急性型　以败血症的全身变化，肾、脾肿大及体表皮肤出现红斑为特征。弥漫性皮肤发红，尤其是鼻、耳、胸、腹部；全身淋巴结发红肿大，切面多汁，或有出血，呈浆液性出血性炎症；肾脏淤血肿大，呈花斑状，被膜易剥离，发生急性出血性肾小球肾炎的变化，呈弥漫性暗红色，有"大红肾"之称，纵切面皮质部有出血点，这是肾小囊积聚多量出血性渗出物造成的；脾脏充血呈樱红色，质地松软，显著肿大，切面外翻隆起，脆软的髓质易于刮下，有"白髓周围红晕"现象，呈典型的败血脾；胃、十二指肠、回肠，整个肠道都有不同程度的卡他性或出血性炎症；肝充血；心内外膜小点状出血；肺充血、水肿。

2. 亚急性型　以皮肤（颈、背、腹侧部）疹块为特征。疹块内血管扩张，皮肤和皮下结缔组织水肿浸润，有时有小出血点，亚急性型猪丹毒内脏的变化比急性型轻缓。

3. 慢性型　其中一个特征是疣状心内膜炎，常见一个或数个瓣膜上有灰白色增生物，呈菜花状，它是由肉芽组织和纤维素性凝块组成的。慢性型关节炎为另一个特征，它是一种多发性增生性关节炎，关节肿胀，有多量浆液性纤维素性渗出液，黏稠或带红色，后期滑膜绒毛增生肥厚。

【诊断】

根据流行病学、临床症状及尸体剖检等可做出诊断，特别是当病猪皮肤呈典型病理变化时。现场诊断猪丹毒是容易的，必要时进行血清学检测和病原学检测。

1. 病原学诊断　急性败血症病例采集其耳静脉血，死后取心血和脾、肝、肾、淋巴结等。亚急性型取疹块边缘皮肤血制成触片或抹片，染色镜检，可在白细胞内发现革兰氏染色阳性，菌体平直或稍弯曲的纤细小杆菌，单个或成堆的不分枝长丝状菌体成丛状排列。将病料培养于鲜血琼脂或马丁肉汤中，纯培养后观察，菌落小，表面光滑，边缘整齐，有蓝绿色荧光，明胶穿刺呈试管刷状生长，不液化。将病料（或培养物）用生理盐水制成 1∶5～1∶10 的乳剂，分别给小白鼠（皮下注射 0.2 ml）、鸽子（肌肉注射 1 ml）和豚鼠接种，小白鼠和鸽子可在 2～5 天内死亡，豚鼠健活，小白鼠和鸽子尸体内可检出大量的丹毒丝菌。

2. PCR 检测　对可疑的菌落可以用 PCR 进行检测，该方法特异性高，快速简便。

3. 血清学诊断　主要应用于流行病学调查和鉴别诊断，目前常用的方法有：血清培养凝集实验，凝集价与抗体免疫水平有相关性，可用于该病的检测和血清抗体水平的评价；SPA 协同凝集实验，可用于该菌的鉴别和菌株分型；琼扩实验既可检测也可用于菌株血清型鉴定；荧光抗体可用作快速诊断，直接检查病料中的猪丹毒杆菌。

【防治】

预防接种是防治该病最有效的办法。每年春秋或冬夏二季定期进行预防注射，仔猪免疫因可能受到母源抗体干扰，应于断乳后进行，以后每隔 6 个月免疫 1 次。

常用的菌苗有以下几种：

1. 猪丹毒灭活菌苗　用猪丹毒 2 型强毒菌灭活后加铝胶制成，所以又叫猪丹毒氢氧化铝甲醛菌苗。注射该菌苗 21 天后，可产生坚强的免疫力，免疫持续期 6 个月。体重在 10 kg 以上的断乳猪，一律皮下或肌肉注射 5 ml，10 kg 以下或尚未断乳的猪，均皮下或肌肉注射 3 ml，1 个月后再补注 3 ml。

2. 猪丹毒弱毒活菌苗　采用猪丹毒 GC42 或 C4T10 弱毒菌株制备，该苗用于 3 个月以上的猪，用 GC42 菌株制的苗，亦可每头猪口服 2 ml。免疫后 7 天产生免疫力，免疫持续期 6 个月。

3．猪瘟、猪丹毒、猪肺疫三联活疫苗　该苗注射 1 次可预防 3 种传染病，效果与 3 种单苗相近。

4．猪丹毒、猪肺疫氢氧化铝二联灭活菌苗　免疫效果与单苗相近，使用方法与猪丹毒灭活苗相同。

发病初期可皮下或耳静脉注射抗猪丹毒血清，效果良好。在发病后 24 ～ 36 h 内用抗生素治疗也有显著疗效。首选药物为青霉素，对急性型最好首先按每千克体重 2 万 IU 青霉素静脉注射，同时肌注常规剂量的青霉素。每天肌注两次，直至体温和食欲恢复正常后 24 h，不宜停药过早，以防复发或转为慢性。链霉素按每千克体重 50 mg，每日 2 次，肌肉注射疗效佳。恩诺沙星可按每千克体重 2.5 mg 肌肉注射。其次，链霉素、土霉素、林可霉素、泰乐菌素也有良好的疗效。

平时应搞好猪圈和环境卫生，地面及饲养管理用具经常用热碱水或石灰乳等消毒剂消毒。猪粪、垫草集中堆肥。对发病猪群应及早确诊，及时隔离病猪；对病死猪及内脏等下水进行高温处理；控制猪场内及周边鼠类、猫、犬等；尽量不从外地引进新猪，新购进猪必须观察 30 天；对慢性病猪应及早淘汰。

【公共卫生】

人在皮肤损伤时如果接触猪丹毒杆菌易被感染，所致的疾病称为"类丹毒"。感染部位多发生于指部或手部，感染 3 ～ 4 天后，感染部位肿胀、发硬、暗红、灼热、疼痛，但不化脓，肿胀可向周围扩大，甚至波及手的全部。常伴有腋窝淋巴结肿胀，间或还发生败血症、关节炎和心内膜炎，甚至肢端坏死。若用青霉素可治愈。病后无长期免疫性，有人 1 年之内患病 3 ～ 4 次。类丹毒是一种职业病，多发生于兽医、屠宰加工人员及渔民等。因此，在处理和加工操作中，必须注意防护和消毒，以防感染。

三、猪链球菌病

猪链球菌病（swine streptococcos）是由多种不同群的链球菌引起的不同临床类型传染病的总称，是一种人畜共患的急性、热性传染病，我国将其列为二类动物疫病。特征为急性病例常表现为败血症和脑膜炎，由 C 群链球菌引起的发病率高、病死率也高，危害大，慢性病例则为关节炎、心内膜炎及组织化脓性炎；以 E 群链球菌引起的淋巴结脓肿最为常见，流行最广。近年来，猪 2 型链球菌病对我国养猪业和人民健康造成了严重的危害，猪 2 型链球菌已成为我国当前人畜共患病一种不可忽视的病原菌。

【病原】

猪链球菌病病原是链球菌属中马链球菌兽疫亚种（Streptococcus equi subsp. zooepidemicus）、马链球菌类马亚种（Streptococcus equi subsp.equi）、Lancefield 分群中 D、E、L 群链球菌以及猪链球菌（Streptococcus suis）。猪链球菌是世界范围内引致猪链球菌病最主要的病原，该菌可引起猪脑膜炎以及败血症等疫病，人通过特定的传播途径亦可感染该菌。1987 年，将猪链球菌归纳为一新种。到 1995 年，已鉴定出 35 个荚膜血清型（1 至 34 型及 1/2 型）。多数菌株来源于病猪，而荚膜 14 型来源于人，17、18、19 和 21 型来源于健康猪，20 型和 30 型来源于病牛，33 型来源于病羔羊。1963 年，倡议成立 Lancefield R 群，将以上不能定型的链球菌归为 R 群。后按荚膜分型的方法，将该菌归为猪链球菌 2 型（Streptococcus suis type 2），与 Lancefield R 群相对立。与疾病最为相关的是猪链球菌 2 型，该型亦是临床分离频率最高的血清型。1985—1994 年 10 年间从日本全国各地分离的 99 株猪链球菌中，2 型占 35.4%；也证实从西班牙不同地区分离的 91 株猪链球菌中，2 型占 57.8%。

【流行病学】

1968 年，丹麦学者首次报告了 3 例人感染猪链球菌导致脑膜炎并发败血症病例，1975 年，荷兰也出现了散发病例的报告。之后中国香港、英国、加拿大及中国大陆等多个国家和地区报道了该病，而且英国和法国曾将其列为职业病。1991 年，在我国广东省首次报道了人的猪链球菌感染，1998 年和 2005 年在我国两次导致特定人群致死的疫病是由猪链球菌 2 型所引起的。

猪链球菌病一年四季均可发生，以闷热潮湿的夏秋季节发病率最高。该病无严格的年龄区别，小猪发病率相对最高，其次为中猪和妊娠母猪，成年猪发病较少。该病可通过伤口直接接触传播，呼吸道和消化道也是该病的主要传播途径。在我国呈地方性流行，多数为急性败血症，在短期内可波及全群，发病率和病死率甚高。慢性型成散发性。

【临床症状】

因感染猪群日龄及猪链球菌血清型不同，发病猪群呈现的临床症状各异。超急性病例，病猪不表现任何症状即突然死亡。急性病例中的临床症状主要是发热、抑郁、厌食，随后表现一种或几种以下症状：共济失调、震颤发抖、角弓反张、失明、听觉丧失、麻痹、呼吸困难、惊厥、关节炎、跛行、流产、心内膜炎、阴道炎等。在北美洲，猪链球菌常引起心内膜炎，感染猪常表现呼吸困难或突然死亡；在英国，猪链球菌 2 型主要引起败血症和脑膜炎；在荷兰，猪链球菌 2 型引起的各类临床症状中，42% 为肺炎，18% 为脑膜炎和心内膜炎，10% 为多发性浆膜炎；在日本，1987—1991 年 4 年间，38% 的猪链球菌分离于患脑膜炎的病猪，33% 分离于患肺炎的病猪。Reams 对 256 例涉及 1～8 血清型和 1/2 血清型猪链球菌引起的病例研究证实，猪链球菌病的临床症状和肉眼病理变化与特定的血清型无关，这与 Health 的报道一致。

【病理变化】

超急性和急性感染猪链球菌而引起死亡的猪通常没有肉眼可见的病变，部分表现为脑膜炎的病猪可见脑脊膜、淋巴结及肺发生充血。脑脊膜炎最典型的病理学特征是中性粒细胞的弥漫性浸润，其他的组织病理学特征包括脑脊膜和脉络丛的纤维蛋白渗出、水肿和细胞浸润。脉络丛的刷状缘可能被破坏，脑室内可见纤维蛋白和炎性细胞。脉络丛上皮细胞、脑室浸润细胞以及外周血单核细胞中可发现细菌。

在关节炎的病例中，最早见到的变化是滑膜血管的扩张和充血，关节表面可能出现纤维蛋白性多发性浆膜炎。受影响的关节，囊壁可能增厚，滑膜形成红斑，滑液量增加，并含有炎性细胞。

心脏损害包括纤维蛋白性化脓性心包炎、机械性心瓣膜心内膜炎、出血性心肌炎。组织病理学变化为心肌发生点状或片状弥漫性出血或坏死、纤维蛋白化脓性液化。心包液中常含有嗜酸性粒细胞、少量中性粒细胞及单核细胞，具有大量纤维蛋白。

猪链球菌感染普遍引起肺脏实质性病变，包括纤维素出血性和间质纤维素性肺炎，纤维素性或化脓性支气管肺炎，部分病例有血管外周、支气管外周及细支气管外周的淋巴细胞套，支气管、细支气管炎，肺泡出血，小叶间肺气肿以及纤维素化脓性脑膜炎。因从猪链球菌感染的病猪肺内常分离出多杀性巴氏杆菌、胸膜肺炎放线杆菌等细菌，故部分学者认为，病猪肺部的病变可能与以上细菌的继发感染有关。另外，猪链球菌还可以引起猪的败血症，全身脏器往往会出现充血或出血现象。

【诊断】

根据临床症状和病理变化做出初步诊断，确诊需进一步做实验室诊断。诊断时，根据不同的病型采取不同的病料，如脓肿、化脓灶、肝脏、脾脏、血液、关节液、脑脊髓液及脑组织等，进行涂片、染色、镜检和细菌分离培养鉴定。人感染确诊主要依靠病原菌的分离与鉴定。

【防治】

做好消毒、清除传染源，将病猪隔离治疗，带菌母猪尽可能淘汰。污染的用具和环境用3%来苏儿等消毒液彻底消毒。急宰猪或宰后发现可疑病变的猪胴体，经高温处理后方可食用。

保持环境卫生、消除感染因素，经常打扫猪圈内外卫生，防止猪圈和饲槽上有尖锐物体刺伤猪体。新生的仔猪，应立即无菌结扎脐带，并用碘酊消毒。

做好菌苗预防接种。由于猪链球菌血清型较多，不同菌苗对不同血清型猪链球菌感染无交叉保护力或交叉保护力较小。预防用疫苗最好选择相同血清型菌苗。菌苗最好用弱毒活菌苗，因为细胞免疫在抵抗猪链球菌感染中发挥着很大作用。

药物预防猪场或周围发生该病后，如果暂时买不到菌苗，可用药物添加于饲料中用于预防，以控制该病的发生。

猪链球菌病感染人主要通过接触病死猪。生猪饲养人员和屠宰加工人员是该病易感人群。在生猪养殖过程中，饲养人员要多注意个人防护，有外伤时应尽量避免接触病猪，发现病猪要及时通知兽医诊疗。屠宰加工人员在屠宰生猪时，应防止个人受伤。一旦受伤应立即处理伤口，经清洗消毒后，使用抗生素预防治疗。注意不食用病死猪，购买的猪肉在分割时，应使用生熟分开案板，并充分煮熟后食用。

四、大肠杆菌病

大肠杆菌病（colibacillosis）是由大肠埃希菌引起的细菌性人畜共患病。大肠埃希菌俗称大肠杆菌，是 Escherich 在 1885 年发现的，在相当长的一段时期内，一直被当作正常肠道菌群的组成部分，被认为是非致病菌。直到 20 世纪中叶，才认识到一些特殊血清型的大肠杆菌对人和动物有致病性，尤其对婴儿和幼畜（禽），常引起严重腹泻和败血症。随着大型集约化养殖业的发展，病原性大肠杆菌对畜牧业所造成的损失已日趋明显。

【病原】

大肠杆菌（Escherichia coli）属于肠杆菌科（Enterobacteriaceae）的埃希菌属（Escherichia）。

1. 形态及染色　为革兰氏染色阴性无芽孢的直杆菌，大小为（0.4～0.7）μm×（2～3）μm，两端钝圆，散在或成对。大多数菌株以周生鞭毛运动，但也有无鞭毛或丢失鞭毛的无动力变异株。一般均有 I 型菌毛，少数菌株兼具性菌毛。除少数菌株外，通常无可见荚膜，但常有微荚膜。碱性染料对该菌有良好着色性，菌体两端偶尔略深染。

2. 培养特性　该菌为兼性厌氧菌，在普通培养基上生长良好，最适生长温度为 37 ℃，最适生长 pH 为 7.2～7.4。S 型菌株在肉汤中培养 18～24 h，呈均匀浑浊，管底有黏性沉淀，液面管壁有菌环。在营养琼脂上生长 24 h 后，形成圆形凸起、光滑、湿润、半透明、灰白色菌落，直径 2～3 mm；麦康凯琼脂上形成红色菌落；在伊红美蓝琼脂上产生黑色带金属闪光的菌落；在 SS 琼脂上一般不生长或生长较差，生长者呈红色。部分致病株在绵羊血平板上呈 β 溶血。

3. 生化反应　该菌能发酵多种碳水化合物产酸产气。大多数菌株可迅速发酵乳糖，仅极少数迟发酵或不发酵。约半数菌株不分解蔗糖。几乎均不产生硫化氢，不分解尿素。吲哚和甲基红实验均为阳性，VP 实验和枸橼酸盐利用实验均为阴性。大多数菌株发酵葡萄糖产酸产气；发酵麦芽糖、甘露糖、L- 阿拉伯糖、L- 鼠李糖、D- 木糖、海藻糖；多数菌株能利用卫茅醇，少数菌株利用侧金盏花醇；对水杨苷、D- 山梨醇、棉籽糖发酵及七叶苷水解能力不定。大多数菌株不能利用间肌醇。赖氨酸脱羧酶、鸟氨酸脱羧酶不定，苯丙氨酸脱氨酶、精氨酸双水解酶均为阴性。不产生硫化氢，明胶穿刺大多数菌株显示运动力，但 22 ℃条件下不能液化明胶。

4. 抗原及血清型　大肠杆菌抗原主要有 O、K、H 和 F 4 种，已确定的大肠杆菌 O 抗原有 180 种，K 抗原有 103 种，H 抗原有 60 多种。O 抗原为菌体抗原，刺激机体主要产生 IgM 类抗体，是血清型分类的基础。K 抗原为荚膜抗原，与细菌的侵袭力有关。H 抗原为鞭毛抗原，主要刺激机体产生 IgG 类抗体，与其他肠道细菌无交叉反应。F 抗原为菌毛抗原，与大肠杆菌黏附作用有关。通常用 O：K：H 排列表示大肠杆菌的血清型，如 O8：K23：H19。致人和幼畜腹泻的产肠毒素大肠杆菌（ETEC），除含酸性多糖 K 抗原外，还可含有蛋白质性黏附素抗原，故这类菌株的黏附素抗原应列写于酸性多糖 K 抗原之后。如 O8：K87，K88：H19 中 K88 即为黏附素抗原 F4。ETEC 中常见的

K88、K99、987P 黏附素又分别称为 F4、F5、F6 黏附素抗原。

5. 体内分布、毒力因子（致病性）　大肠杆菌在人和动物的肠道内，大多数于正常条件下是不致病的共栖菌，在特定条件下（如侵入肠外组织或器官）可致病。但少数大肠杆菌与人和动物的大肠杆菌病密切相关，它们是病原性大肠杆菌，正常情况下极少存在于健康机体。与动物疾病有关的病原性大肠杆菌可分为 5 类：产肠毒素大肠杆菌（Enterotoxigenic E.Coli，ETEC）、产类志贺毒素大肠杆菌（Shiga-like toxigenic E.Coli，SLTEC）、肠致病性大肠杆菌（Enteropatho-genic E.coli，EPEC）、败血性大肠杆菌（Septicaemic E.Coli，SEPEC）及尿道致病性大肠杆菌（Uropathogenic E.Coli，UPEC）。致病机理相对清楚的是前两类。

ETEC 是致人和幼龄动物腹泻最常见的病原性大肠杆菌，其致病力主要由黏附素性菌毛和肠毒素两类毒力因子构成。初生幼龄动物被 ETEC 感染后常因剧烈水样腹泻和迅速脱水而死亡，如仔猪黄痢。

产类志贺毒素大肠杆菌（SLTEC），又称产 Vero 毒素大肠杆菌（VTEC），可产生类志贺毒素引起婴、幼儿腹泻的 EPEC 以及引起人出血性结肠炎和溶血性尿毒综合征的肠出血性大肠杆菌（Enterohemorrhagic E.coli，EHEC）都产生这类毒素。在动物，SLTEC 可致猪的水肿病。近年来，发现 SLTEC 与犊牛出血性结肠炎有密切关系，在致幼兔腹泻的大肠杆菌菌株中也查到 Stx。引起猪水肿病的 SLTEC 通常具有黏附性菌毛 F18（F18ab）以及致水肿病 2 型类志贺毒素（Stx-2e）2 类毒力因子。

值得注意的是，临床上引起断奶仔猪腹泻（post weaning diarrhoea，PWD）的大肠杆菌，也具有类似的 F18 黏附性菌毛（F18ac）和 Stx-2e，当然，除 F18 菌毛外，它们还产生 F4、F5 和 / 或 F6 黏附素，只有少数致 PWD 的大肠杆菌产生 Stx-2e，多数分离株可能产生肠毒素 STa。更为重要的是，猪水肿病（ED）和 PWD 在临床上有时难以区分。

6. 抵抗力及药物敏感性　大肠杆菌对外界不利因素的抵抗力不强。其培养物在室温下可生存数周，在土壤和水中可达数月。对高温抵抗力较弱，一般加热到 60 ℃ 15 min 即可被杀死，在干燥环境下也容易死亡，但对低温有一定的耐受力。对一般的化学消毒药品都比较敏感，如 5% ～ 10% 的漂白粉、3% 来苏儿、5% 石炭酸等均能迅速杀死大肠杆菌；对氯很敏感，对强酸、强碱较敏感，其耐受 pH 范围一般在 4.3 ～ 9.5。此外，较能耐受胆盐，能抵抗一些染料（如煌绿等）的抑菌作用，这些特性可应用于选择性培养基。

大肠杆菌对广谱抗生素敏感，但是不同地区或动物来源的菌株可能会有所差异。临床上频繁使用某些抗生素，目前已出现大量耐药菌株。

【流行病学】

病原性大肠杆菌的许多血清型可引起各种家畜和家禽发病，其中，O8、O9、O20、O45、O60、O64、O101、O138、O139、O141、O147、O149、O157 等多见于猪；O8、O9、O20、O78、O101 等多见于牛、羊；O4、O5、O75 等多见于马；O1、O2、O4、O11、O18、O26、O78、O88 等多见于鸡；O2、O15、O26、O49、O92、O103、O128 等多见于兔。一般猪源 ETEC 往往带有 K88、K99、987P 和 / 或 F41 黏附素，而来自犊牛和

羔羊的 ETEC 多带有 K99、F41 黏附素。据我国多年来的流行病学调查，不同地区的优势血清型往往有差别，即使在同一地区，不同疫场（群）的优势血清型也不尽相同。

幼龄畜、禽对该病最易感。猪从出生至断乳期均可发病，仔猪黄痢常发于生后 1 周以内，以 1～3 日龄者居多；仔猪白痢多发于生后 10～30 天，以 10～20 日龄者居多；猪水肿病和断奶仔猪腹泻主要见于断乳仔猪。人在各年龄组均有发病，但以婴幼儿多发。

患病动物和带菌者是该病的主要传染源，通过粪便排出病菌，散布于外界，污染水源、饲料、空气以及母畜的乳头和皮肤，当仔畜吮乳、舐舔或饮食时，经消化道而感染。人主要通过手或污染的水源、食品、牛乳、饮料及用具等经消化道而感染。

该病一年四季均可发生，但犊牛和羔羊多发于冬、春舍饲期间。仔猪发生黄痢时，常波及一窝仔猪的 90% 以上，病死率很高，有的达 100%；发生白痢时，一窝仔猪发病率可达 30%～80%；发生水肿病或断奶仔猪腹泻时，平均发病率为 30%～40%，水肿病的病死率在 50%～90%，甚至超过 90%，断奶仔猪腹泻的致死率较低，在未治疗猪群，可达 26%。

幼龄动物未及时吸吮初乳，饥饿或过饱，饲料不良、配比不当或突然改变，气候剧变等易于诱发该病。大型集约化养殖场畜（禽）群密度过大、通风换气不良、饲管用具及环境消毒不彻底是加速该病流行的因素。

【发病机理】

病原性大肠杆菌具有多种毒力因子，可引起不同的病理过程。已知的有以下几种：

1. 定植因子　又称菌毛（fimbria，pilus）、黏附素（adhesin）或 F 抗原，可与黏膜表面细胞的特异性受体相结合而定植于黏膜，这是大肠杆菌引起的大多数疾病的先决条件。在引起动物腹泻的 ETEC 中已发现的定植因子有 F4（即 K88）、F5（即 K99）、F6（即 987P）、F41，SLTEC 中的 F18 等，人源性菌株也有 F2（即 CFA/Ⅰ）、F3（即 CFA/Ⅱ）、CFA/Ⅲ 和 CFA/Ⅳ 4 种。

2. 内毒素　大肠杆菌外膜中含有脂多糖，当菌体崩解时被释放出来，其中的类脂 A 成分具有内毒素的生物学功能，是一种毒力因子，在败血症中其作用尤为明显。

3. 外毒素　大肠杆菌可产生外毒素，最为人所知的是 ETEC 产生的由质粒编码的不耐热肠毒素（LT）和耐热肠毒素（ST）。LT 有抗原性，分子质量大，65 ℃经 30 min 即被灭活，可激活肠毛细血管上皮细胞的腺苷酸环化酶，增加环腺苷酸（cAMP）产生，使肠黏膜细胞分泌亢进，发生腹泻和脱水；ST 无抗原性，分子质量小，100 ℃加热 30 min 而不失活，可激活回肠上皮细胞刷状缘绒毛上的颗粒性的鸟苷环化酶，增加环鸟苷酸（cGMP）产生，同样引起分泌性腹泻。

4. 侵袭性　某些 ETEC 像各种志贺菌一样，具有直接侵入并破坏肠黏膜细胞的能力。这种侵袭性与菌体内存在的一种质粒有关。

5. 荚膜　新分离的大肠杆菌多有荚膜，其上含有 K 抗原，具有抗吞噬作用和抗补体杀菌作用。

【临床症状及病理变化】

因仔猪年龄与致病性大肠杆菌的种类不同，该病在仔猪的临床表现也有不同。

1. 黄痢型 又称仔猪黄痢（yellow scour of newborn piglets）。潜伏期短，生后 12 h 以内即可发病，时间长的也仅 1 ～ 3 天，日龄更长者少见。一窝仔猪出生时体况正常，短期内突然有 1 ～ 2 头表现全身衰弱，迅速死亡，以后其他仔猪相继发病，排出黄色浆状稀粪，内含凝乳小片，很快消瘦、昏迷而死。剖检尸体可见脱水严重，皮下常有水肿，肠道膨胀，有多量黄色液状内容物和气体，肠黏膜呈急性卡他性炎症变化，以十二指肠最为严重，肠系膜淋巴结有弥漫性小点出血，肝、肾有凝固性小坏死灶。

2. 白痢型 又称仔猪白痢（white scour of piglets）。病猪突然发生腹泻，排出乳白色或灰白色的浆状、糊状粪便，味腥臭，性黏腻。腹泻次数不等。病程为 2 ～ 3 天，长的 1 周左右，能自行康复，死亡的很少。外表苍白、消瘦。剖检尸体可见肠黏膜有卡他性炎症变化，肠系膜淋巴结轻度肿胀。

3. 水肿型 又称猪水肿病（edema disease of pigs），是小猪的一种肠毒血症，其特征为胃壁和其他某些部位发生水肿。发病率虽不是很高，但病死率很高。主要发生于断乳仔猪，小至数日龄，大至 4 月龄也偶有发生。体况健壮、生长快的仔猪易于发病。其发生似与饲料和饲养方法的改变、气候变化等有关。初生时发生过黄痢的仔猪一般不发生该病。病猪突然发病，精神沉郁，食欲减退或口流白沫。体温无明显变化，心跳疾速，呼吸初快而浅，后慢而深。常便秘，但发病前一两天常有轻度腹泻。病猪静卧一隅，肌肉震颤，不时抽搐，四肢泳动，触动时表现敏感，发出呻吟声或嘶哑的叫声。站立时背部拱起，发抖。四肢如发生麻痹，则站立不稳。行走时四肢无力，共济失调，步态摇摆不稳，盲目前进或做圆圈运动。水肿是该病的特殊临床症状，常见于脸部、眼睑、结膜、齿龈，有时波及颈部和腹部的皮下。有些没有水肿的变化。病程短的仅数小时，一般为 1 ～ 2 天，也有长达 7 天以上的。病死率约 90%。

剖检病理变化主要为水肿。胃壁水肿常见于大弯部和贲门部，也可波及胃底部和食道部，黏膜层和肌层之间有一层胶胨样水肿液，严重的厚达 2 ～ 3 cm，范围约数厘米。胃底有弥漫性出血变化。胆囊和喉头也常有水肿。大肠系膜的水肿也很常见，有些病猪直肠周围也有水肿。小肠黏膜有弥漫性出血变化。淋巴结有水肿和充血、出血的变化。心包和胸、腹腔有较多积液，暴露于空气后则凝成胶胨状。肺水肿，大脑间有水肿变化。有些病例肾包膜增厚、水肿，积有红色液体，接触空气则凝成胶胨样，皮质纵切面贫血，髓质充血或出血。膀胱黏膜也轻度出血。有的病例没有水肿变化，但有内脏出血变化，出血性肠炎尤为常见。

4. 断奶仔猪腹泻（post-weaning diarrhoea） 常发生于断奶后 5 ～ 14 天的仔猪，首先发现一只或多只仔猪在断奶后 2 天左右突然死亡，与此同时，猪群采食量显著下降并出现水样腹泻。一些猪出现尾部震颤，直肠温度正常。脱水和沉郁，即使到发病后期仍表现极度的饮欲。鼻盘、耳和腹部发绀，即使受感染最严重的猪也会步态蹒跚到处走动。死亡高峰在断奶后的 6 ～ 10 天。

死于断奶仔猪腹泻的猪一般大体状况良好，但有严重脱水，眼睛下陷，黏膜发绀；肺苍白、干燥贫血；胃充满干燥食物，底区胃黏膜可见不同程度的充血；小肠扩张充血、轻度水肿，内容物水样或黏液样，有异味，肠系膜高度充血；大肠内容物黄绿色，水样或黏液样。死亡较晚的猪，外观消瘦，尸体散发出浓烈的氨味；胃底区有形状不规则的较浅溃疡，大肠中也有相似的较小面积的病理变化，粪便呈黄褐色，眼前房液体尿素反应阳性。

【诊断】

根据流行病学、临床症状和病理变化可做出初步诊断。确诊需进行细菌学检查。一般采取血液、内脏组织如肝脏、脾脏和肠道等病料进行细菌性检查。先将病料涂片、染色、镜检，再进行分离培养；对分离出的疑似大肠杆菌应进行生化反应和血清学鉴定，然后再根据需要，做动物致病性实验，确定其致病性，只有证明分离株具有致病性，才有诊断意义。

该病应与仔猪红痢（产气荚膜梭菌性腹泻）、仔猪副伤寒、猪传染性胃肠炎、流行性腹泻以及由轮状病毒等引起的仔猪腹泻相区别。ETEC 引起的腹泻液呈酸性，而传染性胃肠炎病毒或轮状病毒引起的腹泻液呈碱性，有助于鉴别诊断。

【防治】

该病为急性经过时往往来不及救治。可根据药敏实验使用抗菌药物，如土霉素、阿米卡星、庆大霉素、卡那霉素、氨苄西林、氨苯磺胺、呋喃妥因等，并辅以对症治疗。近年来，使用活菌制剂，如促菌生、调痢生等治疗畜禽下痢，有良好功效。

控制该病重在预防。怀孕母畜应加强产前产后的饲养和护理，仔畜应及时吮吸初乳，饲料配比适当，勿使饥饿或过饱，断乳期间饲料不要突然改变。对密闭关养的动物，要防止各种应激因素的不良影响。用针对该地流行的优势血清型的大肠杆菌制备的灭活疫苗接种妊娠动物，可使仔畜获得被动免疫。使用一些对病原性大肠杆菌有竞争抑制作用的非病原性大肠杆菌（如 NY-10 菌株、SY-30 菌株等）以预防仔猪黄痢的菌群调整疗法，已在国内某些地区推行，收到了较好的效果。国内用重组 DNA 技术研制成功的仔猪大肠杆菌病 K88、K99 双价基因工程苗，以及 K88、K99、987P 三价基因工程苗，均取得了一定的预防效果。

【公共卫生】

该病的公共卫生意义主要是以 O157：H7 为代表的肠出血性大肠杆菌（EHEC）引起的食物中毒。如 1996 年突然在日本引起暴发流行的 O157：H7 中毒事件，波及 36 个都府县，发病达万余人，死亡 20 余人，一时引起全球性恐慌。2011 年，德国暴发 O104：H4 大肠杆菌感染，短短两个月就出现 4 000 多个病例，50 人死亡，并扩散至瑞士、波兰、荷兰、瑞典、丹麦、英国、加拿大及美国。1987 年，在我国江苏、山东、北京等地分离到 O157：H7，虽无感染暴发报道，但其对食品安全的威胁性不容忽视。

人的大肠杆菌病发病大多急骤，主要临床症状是腹泻，常为水样稀便，不含黏液和脓血，每天数次至 10 多次，并伴有恶心、呕吐、腹痛、里急后重、畏寒发热、咳嗽、咽痛和周身乏力等表现。一般成人临床症状较轻，多数仅有腹泻，数日可愈。少数病情严重者，可呈霍乱样腹泻而导致虚脱或表现为菌痢型肠炎。

由 O157：H7 引起的患者，呈急性发病，突发性腹痛，先排水样稀粪，后转为血性粪便、呕吐、低烧或不发烧。小儿能导致溶血性尿毒综合征，血小板减少，有紫癜，造成肾脏损害，难以恢复。婴幼儿和年老体弱者多发，并可引起死亡。也可表现为无临床症状的隐性感染，但有传染性。

O104：H4 感染患者的临床表现主要包括出血性肠炎（腹泻、血便）、腹痛、溶血性尿毒综合征、肾功能衰竭、溶血性贫血、血小板减少、血栓性血小板减少紫癜。最终因肾衰竭和多脏器受损而死亡。

人大肠杆菌病最有效的预防措施是搞好饮食卫生。发病早期控制饮食，减轻肠道负荷，一般可迅速痊愈。婴幼儿多因腹泻而失水严重，应予以水、电解质的补充和调节，一般不用抗生素治疗，但对 EIEC 所致急性菌痢型肠炎，可选用敏感的抗生素和磺胺药。EHEC 感染多发生于儿童和老人，只要及时采用抗生素治疗，辅以对症疗法，一般不会危及生命安全。关键在于及时诊断，防止病情恶化，若发展为溶血性尿毒综合征，损害肾脏，则难于治愈。迄今尚无人大肠杆菌病的菌苗可资利用。

五、猪肺疫

巴氏杆菌病（pasteurellosis）是由多杀性巴氏杆菌引起多种畜禽、野生动物及人类共患的一类传染病的总称。动物急性病例以败血症和炎性出血过程为主要特征，人的病例少见，多由伤口感染。

【病原】

多杀性巴氏杆菌（pasteurela multocida）呈短杆状或球杆状，长 0.6～2.5μm，宽 0.25～0.4μm，常单个存在，较少成对或成短链，革兰氏染色阴性。病料组织或体液制成的涂片用瑞氏、吉姆萨或美蓝染色后镜检可见两极深染的短杆菌，但陈旧或多次继代的培养物两极染色不明显。用印度墨汁染色镜检可见由发病动物新分离的强毒菌株有清晰的荚膜，但经过人工继代培养而发生变异的弱毒菌株荚膜变窄或消失。有些多杀性巴氏杆菌有周边菌毛，多见于从萎缩性鼻炎病例分离到的产毒素菌株。

根据菌株间抗原成分的差异，该菌可分为多个血清型。用被动血凝实验对荚膜抗原（K 抗原）分类，该菌可分为 A、B、D、E、F 共 5 个血清型；用凝集反应对菌体抗原（O 抗原）分类，该菌可分为 12 个血清型；用琼脂扩散实验对热浸出菌体抗原分类，该菌可分为 16 个血清型。K 抗原用大写英文字母表示，O 抗原和热浸出菌体抗原用阿拉伯数字表示，因此菌株的血清型可表示为 A：1、B：2、D：2 等（K 抗原：热浸出菌体抗原），或 5：A、6：B、2：D 等（O 抗原：K 抗原），其中后者是目前该菌血清型定名的标准方法。我国对该菌的血清学鉴定表明，有 A、B、D3 个血清群，没有 E 血清群，如与 O 抗原鉴定结果互相配合，猪以 5：A 和 6：B 为主，其次是 8：A 和 2：D；牛羊以 6：

B最多；家兔以7∶A为主，其次是5∶A；家禽以5∶A最多，其次是8∶A。近年来，国内有人用耐热抗原做琼脂扩散试验，发现感染家禽的主要是1型，感染牛、羊的主要为2、5型，感染猪的主要为1型和2、5型，感染家兔的主要为1型和3型。

血清琼脂上生长的菌落在45°斜射光下观察时，根据菌落表面有无荧光及荧光的颜色，该菌可分为3种类型，即蓝色荧光型（Fg）、橘红色荧光型（Fo）和无荧光型（Nf）。Fg型菌对猪、牛、羊等有强大的毒力，对鸡等禽类毒力较弱；Fo型菌对鸡和兔等为强毒，对猪、牛、羊等家畜的毒力则较弱；Nf型菌对畜禽的毒力都较弱。该菌在一定条件下可以发生Fg和Fo型之间的相互转换。

该菌在琼脂上生长的菌落，可分为黏液型（M型）、光滑型（S型）和粗糙型（R型），其中粗糙型菌落的菌株无荚膜，而黏液型和光滑型的菌株有荚膜。

该菌存在于患病动物全身各组织、分泌物及排泄物里，只有少数慢性病例仅存在于肺脏的小病灶内。健康动物的鼻腔或扁桃体也常带菌。多杀性巴氏杆菌是畜禽出血性败血症的一种原发性病原，也常为其他传染病的继发病原。

该菌对物理和化学因素的抵抗力较弱，一般消毒剂对该菌都有良好的杀灭作用。

除多杀性巴氏杆菌外，溶血性巴氏杆菌（pasteurella haemolytica）、鸡巴氏杆菌（pasteurella gallinarum）和嗜肺巴氏杆菌（pasteurella pneumotropica）也可成为该病病原。溶血性巴氏杆菌能引起反刍动物如牛、绵羊、山羊发生肺炎，使新生羔羊发生急性败血症；鸡巴氏杆菌存在于家禽的上呼吸道，可参与禽的慢性呼吸道感染，偶见于牛、羊上呼吸道，其致病力较弱；嗜肺巴氏杆菌是啮齿动物上呼吸道的常在菌，被认为是小鼠、大鼠和豚鼠等实验动物巴氏杆菌病的主要病原。此外，多杀性巴氏杆菌毒素源性菌株是引起猪和山羊发生传染性萎缩性鼻炎的病原之一。

【流行病学】

该菌对多种动物（家畜、野兽、家禽和野生水禽）和人均有致病性。家畜中以牛（黄牛、牦牛、水牛）、猪发病较多；绵羊、兔和家禽也易感；鹿、骆驼和马亦可发病，但较少见。

畜（禽）群发生巴氏杆菌病时，往往查不出传染源，一般认为在发病前已经带菌。动物在寒冷、闷热、气候剧变、潮湿、拥挤、圈舍通风不良、阴雨连绵、营养缺乏、饲料突变、过度疲劳、长途运输、寄生虫感染等应激因素的作用下机体抵抗力降低时，病菌乘虚侵入体内，引起发病。患病动物通过排泄物、分泌物不断排出有毒力的病菌，污染饲料、饮水、用具和外界环境，经消化道而传染给健康动物；或由咳嗽、喷嚏排出病菌，通过飞沫经呼吸道传播该病；吸血昆虫作为媒介也可传播该病；也可经皮肤、黏膜的伤口发生感染。人的感染多由动物抓、咬伤所致，也可经呼吸道感染。

不同畜、禽之间一般不易互相传染该病，但在个别情况下，猪巴氏杆菌可传染给水牛。黄牛和水牛之间可互相传染该病，而禽和兽之间的相互传染则颇为少见。

该病的发生一般无明显的季节性，但以冷热交替、气候剧变、闷热、潮湿、多雨的时候发生较多。该病一般为散发性，在畜（禽）群中只有少数动物先后发病，但水牛、牦牛、猪有时可呈地方流行性，绵羊有时可大量发病，家禽特别是鸭群发病时多呈流行性。

【发病机理】

一般认为动物在发病前已经带菌，多杀性巴氏杆菌可大量寄生在动物的上呼吸道和消化道黏膜上，各种诱因使畜禽机体抵抗力降低时，病原菌即可乘虚侵入体内，经淋巴液而入血流，发生内源性感染。此外，也可经呼吸道、消化道以及损伤的皮肤和黏膜感染。病原侵入机体并繁殖的能力同菌体的荚膜有很大关系，高毒力菌株能够在体内存活和繁殖到产生大量内毒素的程度，引起一系列的病理学过程。

【临床症状】

猪巴氏杆菌病又称猪肺疫。潜伏期1～5天，临床上一般分为最急性型、急性型和慢性型3种形式。

1. 最急性型　俗称"锁喉风"，突然发病，迅速死亡。病程稍长、临床症状明显的病例可表现出体温升高（41～42℃）、食欲废绝、全身衰弱、卧地不起、焦躁不安、呼吸困难、心跳加快等临床症状。病猪颈下咽喉部发热、红肿、坚硬，严重者向上延至耳根，向后可达胸前。病猪呼吸极度困难，常作犬坐姿势，伸长头颈呼吸，有时发出喘鸣声，口、鼻流出泡沫，可视黏膜发绀，腹侧、耳根和四肢内侧皮肤出现红斑。病猪一出现呼吸临床症状后，病情即迅速恶化，很快死亡。病程为1～2天，病死率达100%，未见自然康复的病例。

2. 急性型　是该病主要和常见的病型，除具有败血症的一般临床症状外，还表现急性胸膜肺炎。体温升高（40～41℃），初发生痉挛性干咳，呼吸困难，鼻流黏稠液，有时混有血液；后变为湿咳，咳时感痛，触诊胸部有剧烈的疼痛，听诊有啰音和摩擦音；随病情发展，呼吸更加困难，张口吐舌，作犬坐姿势，可视黏膜蓝紫，常有黏脓性结膜炎；初便秘，后腹泻；末期心脏衰竭，心跳加快，皮肤有淤血和小出血点；病猪消瘦无力，卧地不起，多因窒息而死；病程5～8天，不死的转为慢性。

3. 慢性型　主要表现为慢性肺炎和慢性胃炎临床症状。有时有持续性咳嗽与呼吸困难，鼻流少许黏脓性分泌物；有时出现痂样湿疹；关节肿胀；食欲减退，进行性营养不良，常有泻痢现象，极度消瘦。如不及时治疗，多经过2周以上衰竭而死，病死率达60%～70%。

【病理变化】

1. 最急性型　全身黏膜、浆膜和皮下组织有大量出血点，尤以咽喉部及其周围结缔组织的出血性浆液浸润最为特征。切开颈部皮肤时，可见大量胶陈样蛋黄或灰青色纤维素性黏液，水肿可自颈部蔓延至前肢；全身淋巴结出血，切面红色；心外膜和心包膜有小出血点；肺急性水肿；脾有出血，但不肿大；胃肠黏膜有出血性炎症变化；皮肤有红斑。

2. 急性型　除了全身黏膜、浆膜、实质器官和淋巴结出血性病理变化外，特征性的病理变化为纤维素性肺炎。肺有不同程度的肝变区，周围常伴有水肿和气肿，病程长的肝变区内还有坏死灶，肺小叶间浆液浸润，切面呈大理石样纹理；胸膜常有纤维素性附着物，严重的胸膜与病肺粘连；胸腔及心包积液；胸腔淋巴结肿胀，切面发红，多汁；支气管、气管内含有多量泡沫状黏液，黏膜发炎。

3. 慢性型　尸体极度消瘦，贫血；肺肝变区扩大并有黄色或灰色坏死灶，外面有结缔组织包裹，内含干酪样物质，有的形成空洞并与支气管相通；心包与胸腔积液，胸腔有纤维素性沉着，肋膜肥厚，常与病肺粘连；有时在肋间肌、支气管周围淋巴结、纵隔淋巴结以及扁桃体、关节和皮下组织见有坏死灶。

【诊断】

根据病理变化、临床症状和流行病学材料，结合对病畜（禽）的治疗效果，可对该病做出初步诊断，确诊有赖于细菌学检查。败血症病例可从心、肝、脾或体腔渗出物等部位取材，其他病型主要从病理变化部位、渗出物、脓汁等部位取材，如涂片镜检见到两极染色的卵圆形杆菌，接种培养物分离并鉴定该菌则可确诊该病。必要时可用小鼠进行实验，通常是将少量（0.2 ml）病料悬液皮下或肌肉接种小白鼠，小白鼠一般在接种后24～36 h死亡，通过小白鼠对微生物的筛选和增菌作用，其血液涂片中可见到纯的多杀性巴氏杆菌。由于健康动物呼吸道内常常带菌，微生物学检查结果应参照患病动物的临床症状、病理变化综合地做出最后的诊断。随着近年来分子生物学方法在传染病诊断方面的广泛应用，已有用聚合酶链式反应（PCR）来鉴定多杀性巴氏杆菌的报道。

猪巴氏杆菌病有时可与猪瘟发生混合感染。为了确诊疾病，有条件时可采取血液或脾研磨成乳剂，一份接种家兔和小鼠，另一份经细菌滤器过滤或加入足量抗猪肺疫高免血清后分别注射健康的猪瘟未免疫猪和猪瘟免疫猪。如未免疫猪发病，免疫猪及家兔、小鼠健活，则为猪瘟；如免疫猪健活，未免疫猪发病，而家兔与小鼠在接种后2～5天内死亡，剖检组织涂片检出两极杆菌，即可诊断为猪瘟和猪肺疫混合感染。另外，病猪如呈慢性经过，还应与猪气喘病进行区别诊断，如从患气喘病的猪体内分离到巴氏杆菌，一般认为系继发性感染。

【防治】

在巴氏杆菌病的防治方面，根据其传播特点，首先应注意饲养管理，消除可能降低机体抵抗力的各种应激因素，其次应尽可能避免病原侵入，并对圈舍、围栏、饲槽、饮水器具进行定期消毒，同时应定期进行预防接种，增强机体对该病的特异性免疫力。由于多杀性巴氏杆菌有多种血清型，各血清型之间多数无交叉免疫原性，所以应选用与当地常见的血清型相同的血清型菌株制成的疫苗进行预防接种。

发生该病时，应将患病动物隔离，及早确诊，及时治疗。病死动物应深埋或加工工业用，并严格消毒畜（禽）舍和用具。对于同群的假定健康动物，可用高免血清、磺胺类药物或抗生素做紧急预防，隔离观察1周后如无新病例出现，可再注射疫苗。如无高免血清，也可用疫苗进行紧急预防接种，但应做好潜伏期患病动物发病的紧急抢救准备。

猪肺疫的预防可用猪肺疫氢氧化铝灭活疫苗、猪肺疫口服弱毒疫苗、猪丹毒—猪肺疫氢氧化铝二联灭活疫苗、猪瘟—猪丹毒—猪肺疫三联活疫苗，这4种疫苗免疫期均在半年以上。

近年来，在多杀性巴氏杆菌的免疫预防方面，进行了包括多杀性巴氏杆菌亚单位疫苗和基因缺失弱毒疫苗在内的诸多研究并取得了一定的进展。

患病动物发病初期用高免血清治疗，可收到良好的效果。用青霉素、链霉素、四环素族抗生素、磺胺类药物、喹乙醇以及新上市的有关抗菌药物进行治疗也有一定效果。如将抗生素和高免血清联用，则疗效更佳。鸡对链霉素敏感，用药时应慎重，以避免中毒。大群治疗时，可通过将药物投放在饮水或饲料中的方法进行给药。对于细菌的耐药性现象，可通过药敏实验或多种抗生素联合用药来克服。

【公共卫生】

人发生该病后，有两种类型：

1. 伤口感染型　潜伏期数小时至1周；患者创口处肿胀、发热、剧痛，形成脓肿，周围淋巴结肿胀，个别病人可发生败血症或脑膜炎。有被猫抓伤角膜导致整个眼球发炎的病例。

2. 非伤口感染型　一般表现呼吸道感染临床症状。曾有从患肺炎、肺气肿、肺脓肿、支气管炎、支气管扩张、鼻窦炎和扁桃体炎等病人的病灶中分离到多杀性巴氏杆菌的报道。多杀性巴氏杆菌还可能参与腹膜炎、肠炎、阑尾炎和泌尿生殖道感染。

磺胺类药和抗生素（青霉素、链霉素、四环素族等）联合用药可收到良好的疗效。平时应注意防止被动物咬伤或抓伤，伤后要及时对伤口进行消毒处理。处理患病动物时，要戴口罩或防护面具，在通风不良的畜禽舍尤其要注意，以防通过呼吸道感染该病。

六、猪副伤寒

猪副伤寒（paratyphus swine）是由沙门氏菌属细菌引起的疾病总称。临床上多表现为败血症和肠炎，也可使怀孕母畜发生流产。

该病遍发于世界各地，对牲畜的繁殖和幼畜的健康带来严重威胁。沙门氏菌的许多血清型可使人感染，发生食物中毒和败血症等，是重要的人兽共患病原体。由于抗菌药物的广泛使用（包括作为动物饲料添加剂）等因素的影响，该类细菌耐药性日趋严重，发病率逐渐上升，因此目前备受重视。

【病原】

沙门氏菌（salmonella）这一名称是为了纪念美国兽医师丹尼尔·E·沙门（Daniel E.Salmon）而命名的，他于1885年首次分离到猪霍乱沙门氏菌。

沙门氏菌属是肠杆菌科中的一个重要成员，是一大属血清学相关的革兰氏阴性杆菌，不产生芽孢，亦无荚膜。大小为（0.7～1.5）μm×（2.0～5.0）μm，间有形成短丝状体。除鸡白痢沙门氏菌（S.putlorum）（又称雏沙门氏菌）和鸡伤寒沙门氏菌（S.gallinarum）（又称鸡沙门氏菌）无鞭毛不运动外，其余各菌均以周生鞭毛运动，且绝大多数具有I型菌毛。沙门氏菌的培养特性与埃希氏菌属相似。在普通培养基上生长良好，需氧及兼性厌氧，培养适宜温度为37℃，pH7.4～7.6。只有鸡白痢沙门氏菌、鸡伤寒沙门氏菌、羊流产沙门氏菌和甲型副伤寒沙门氏菌等在肉汤琼脂上生长贫瘠，形成较小的菌落。在肠道杆菌鉴别或选择性培养基上，大多数菌株因不发酵乳糖而形成无色菌落。该菌属在培养基上有 S-R 变异。

培养基中加入硫代硫酸钠、胱氨酸、血清、葡萄糖、脑心浸液和甘油等有助于该菌生长。除甲型副伤寒沙门氏菌外，均具有赖氨酸脱羧酶；除伤寒沙门氏菌和鸡沙门氏菌外，均具有鸟氨酸脱羧酶。多数菌株具有精氨酸双水解酶的活性。绝大多数培养物不能在 KCN 肉汤中生长。多数菌株能产生硫化氢，并能在西蒙氏柠檬酸盐琼脂上生长，但甲型副伤寒、猪伤寒、伤寒、都柏林、仙台、鸡伤寒、鸡白痢以及猪霍乱孔成道夫（Kunzendorf）变型等沙门氏菌不利用。在葡萄糖、麦芽糖、甘露醇和山梨醇中，除鸡伤寒沙门氏菌和鸡白痢沙门氏菌不产气外，均能产气。此外，通常还发酵 L- 阿拉伯糖、D- 甘露糖、L- 鼠李糖、海藻糖和 D- 木糖。不分解乳糖、蔗糖和侧金盏花醇，不凝固牛乳，不产生靛基质，不产生乙酰甲基甲醇，不分解尿素（pH7.2）。通常不发酵阿拉伯糖、卫矛醇、鼠李糖、蕈糖和木糖。不发酵肌醇的有甲型副伤寒、乙型副伤寒、猪霍乱、仙台、伤寒、肠炎、纽波特、山夫顿堡、斯坦利和迈阿密等沙门氏菌。多数鸡白痢沙门氏菌菌株不发酵麦芽糖。猪伤寒沙门氏菌不发酵甘露糖。绝大多数菌株能被 Felix O-I 噬菌体裂解。沙门氏菌可存活于人类、温血和冷血动物体内以及食品和外界环境中，对人和许多种动物有致病性，可导致伤寒、肠热病、胃肠炎和败血症 4 种病型。

该属细菌包括肠道沙门氏菌（Salmonella enterica）（又称猪霍乱沙门氏菌，Satmonella choleraesuis）和邦戈尔沙门氏菌（Salmonella bongori）两个菌种，前者又分为 6 个亚种。沙门氏菌具有 O（菌体）、H（鞭毛）、K（荚膜，又叫 Vi）和菌毛 4 种抗原，其中前 2 种是主要抗原。沙门氏菌属依据不同的 O 抗原、H 抗原和 Vi 抗原分为不同的血清型。迄今为止，沙门氏菌共有 51 个 O 群，58 种 O 抗原，63 种 H 抗原，组成了 2 500 种以上的血清型，除了不到 10 个罕见的血清型属于邦戈尔沙门氏菌外，其余血清型都属于肠道沙门氏菌。

分类研究表明，沙门氏菌属的细菌依据其对宿主的感染范围，可分为宿主适应性血清型和非宿主适应性血清型两大类。前者只对其适应的宿主有致病性，包括伤寒沙门氏菌、副伤寒沙门氏菌（A 和 C 型）、马流产沙门氏菌、羊流产沙门氏菌、鸡沙门氏菌、鸡白痢沙门氏菌；后者则对多种宿主有致病性，包括鼠伤寒沙门氏菌、鸭沙门氏菌、德尔卑沙门氏菌、肠炎沙门氏菌、纽波特沙门氏菌、田纳西沙门氏菌等。至于猪霍乱沙门氏菌和都柏林沙门氏菌，原来认为分别对猪和牛有宿主适应性，近来发现它们对其他宿主也能致病。沙门氏菌的血清型虽然很多，但常见的危害人畜的非宿主适应性血清型只有 20 多种，加上宿主适应性血清型，也不过仅 30 余种。

该属细菌对干燥、腐败、日光等因素具有一定的抵抗力，在外界条件下可以生存数周或数月。对化学消毒剂的抵抗力不强，一般常用消毒剂和消毒方法均能达到消毒目的。通常情况下，对多种抗菌药物敏感。但由于长期滥用抗生素，对常用抗生素耐药现象普遍，不仅影响该病防治效果，而且亦成为公共卫生关注的问题。

【流行病学】

沙门氏菌属中的许多类型细菌对人、畜以及其他动物均有致病性。各种年龄的动物均可感染，但幼年者较成年者易感。6 月龄以下的仔猪（尤其以 1 ~ 4 月龄者）最易感。

感染的孕畜多数发生流产。该病可发生于人的任何年龄，但以 1 岁以下婴儿及老人最多。

患病者和带菌者是该病的主要传染源。病原随粪便、尿、乳汁以及流产的胎儿、胎衣和羊水排出，污染水源和饲料等，经消化道感染健畜。患病动物与健康动物交配或用患病动物的精液人工授精可发生感染。此外，子宫内感染也有可能。鼠类可传播该病。人类感染一般是由于直接或间接接触而引起，特别是通过污染的食物。

健康动物的带菌现象（特别是鼠伤寒沙门氏菌）相当普遍。病菌可潜藏于消化道、淋巴组织和胆囊内。当外界不良因素使动物抵抗力降低时，病菌可活化而发生内源感染，连续通过若干易感动物，毒力增强而扩大传染。

该病一年四季均可发生，但猪在多雨潮湿季节发病较多。

该病一般呈散发性或地方流行性，有些动物还可表现为流行性。饲养管理较好的猪群，即使发病，亦多呈散发性；反之，则常为地方流行性。

下列因素可促进该病的发生：环境污秽、潮湿，棚舍拥挤，粪便堆积，通风不良，温度过低或过高，饲料和饮水供应不良；长途运输中气候恶劣、疲劳和饥饿、内寄生虫和病毒感染；分娩、手术；母畜缺奶；新引进动物未实行隔离检疫等。

【发病机理】

沙门氏菌的毒力因子有多种，其中主要的有脂多糖、肠毒素、细胞毒素及毒力基因等。

1. 脂多糖（LPS）　是沙门氏菌外胞壁的基本成分，构成细菌的 O 抗原和内毒素，它是该菌的一个重要的毒力因子，在防止宿主吞噬细胞的吞噬和杀伤作用上起着重要作用，可引起宿主发热、黏膜出血、白细胞减少、弥散性血管内凝血、循环衰竭、中毒临床症状以及休克死亡。

2. 肠毒素　已知有些血清型的沙门氏菌可产生肠毒素。在鼠伤寒沙门氏菌中发现一种热敏的、细胞结合型的霍乱毒素（CT）样肠毒素。它在结构、功能和抗原性上与 CT 和 ETEC 的 LT1 相似，即可引起 CHO 细胞伸长，在兔结肠中诱导液体分泌。

3. 细胞毒素　沙门氏菌病肠炎的一个重要特征是肠上皮细胞的损伤，而造成这种损伤的因素可能是 3 种细胞毒素。第一种对热和胰酶敏感，在许多血清型中均已发现。它可阻止 Vero 细胞的蛋白质合成。第二种是该菌外膜的一种低分子质量成分，已证明该毒素基因序列与其他一些沙门氏菌以及各种志贺氏菌和 ETEC 之间存在高度相关性。第三种是分子质量为 26 000 U 的细胞结合接触性的溶血素，对 Vero 等细胞系均有致死作用，可引起细胞的快速崩解，分子大小和活性不同于已知的其他溶血素。

4. 毒力基因　有毒力的沙门氏菌菌株能侵入小肠黏膜上皮细胞，并穿越该细胞层到达下层组织。细菌虽然可在此部位被吞噬细胞吞噬，但不被杀灭并可在细胞内继续生长繁殖。这种抗吞噬作用除与 O 抗原以及 Vi 抗原有关外，现在认为，沙门氏菌具有质粒和染色体的毒力基因。它们编码的产物有助于病原体在宿主体内定居和（或）造成机体损伤。含毒性质粒的血清型菌株对小鼠的毒力要比其相应的无质粒菌株强数百至数万倍不等。沙门氏菌染色体基因对加强与质粒相关的毒力表达是必需的，在染色体上至少有 9 个侵袭位点和其他许多基因均与该菌的侵袭力有关，如 CT 样肠毒素的染色体基因、细胞毒素基因、LPS 基因、鞭毛基因以及转铁蛋白基因和热休克蛋白（HSPs）基因等。

【临床症状】

各国所分离的沙门氏菌的血清类型相当复杂，其中主要的有猪霍乱沙门氏菌、猪霍乱沙门氏菌 Kunzendorf 变型、猪伤寒沙门氏菌、猪伤寒沙门氏菌 Voldagsen 变型、鼠伤寒沙门氏菌、德尔卑沙门氏菌、肠炎沙门氏菌等。潜伏期一般由 2 天到数周不等。临床上分为急性、亚急性和慢性。

1. 急性（败血型）　体温突然升高（41～42℃），精神不振，不进食。后期间有下痢，呼吸困难，耳根、胸前和腹下皮肤有紫红色斑点。有时出现临床症状后 24 h 内死亡，但多数病程为 2～4 天。病死率很高。

2. 亚急性和慢性　最多见，与肠型猪瘟的临床表现很相似。病猪体温升高（40.5～41.5℃），精神不振，颤战，喜钻垫草，堆叠在一起，眼有黏性或脓性分泌物，上下眼睑常被黏着。少数发生角膜浑浊，严重者发展为溃疡，甚至眼球被腐蚀。病猪食欲减退，初便秘后下痢，粪便淡黄色或灰绿色，恶臭，很快消瘦。部分病猪在病程后期皮肤出现弥漫性湿疹，特别在腹部皮肤，有时可见绿豆大、干涸的浆性覆盖物，揭开可见浅表溃疡。病情为 2～3 周或更长，最后极度消瘦，衰竭而死。有时病猪临床症状逐渐减轻，状似恢复，但以后生长发育不良或经短期又行复发。

有的猪群发生所谓潜伏性"副伤寒"，小猪生长发育不良，被毛粗乱，污秽，体质较弱，偶尔下痢。体温和食欲变化不大，一部分患猪发展到一定时期突然临床症状恶化而引起死亡。

【病理变化】

急性者主要为败血症变化。脾常肿大，色暗带有蓝色，坚实似橡皮，切面蓝红色，脾髓质不软化。肠系膜淋巴结索状肿大。其他淋巴结也有不同程度的增大，软而红，大理石状。肝、肾也有不同程度的肿大、充血和出血。有时肝实质可见黄灰色坏死点。全身黏膜、浆膜均有不同程度的出血斑点，肠胃黏膜可见急性卡他性炎症。

亚急性和慢性的特征性病理变化为坏死性肠炎。盲肠、结肠肠壁增厚，黏膜覆盖一层弥漫性坏死性和腐乳状物质，呈糠麸状，剥开可见底部红色、边缘不规则的溃疡面，此种病理变化有时波及至回肠后段。少数病例滤泡周围黏膜坏死，稍突出于表面，有纤维蛋白渗出物积聚，形成隐约可见的轮环状。肠系膜淋巴结索状肿胀，部分呈干酪样变。脾稍肿大，呈网状组织增殖。肝有时可见黄灰色坏死点。

【诊断】

根据流行病学、临床症状和病理变化，只能做出初步诊断，确诊需做沙门氏菌的分离和鉴定。近年来，单克隆抗体技术和酶联免疫吸附试验（ELISA）已用来进行该病的快速诊断。

动物感染沙门氏菌后的隐性带菌和慢性无临床症状经过较为多见，检出这部分患病动物，是防治该病的重要一环。猪副伤寒除少数急性败血型经过外，多表现为亚急性和慢性，与亚急性和慢性猪瘟相似，应注意区别。该病也可继发于其他疾病，特别是猪瘟，必要时应做鉴别性实验诊断。

【防治】

预防该病应加强饲养管理，消除发病诱因，保持饲料和饮水的清洁、卫生。采用添加抗生素的饲料添加剂，不仅有预防作用，还可促进动物的生长发育。但应注意地区性抗药菌株的出现，如发现对某种药物产生抗药性时，应改用另药。关于菌苗免疫，目前国内已研制出猪、牛和马的副伤寒菌苗，必要时可选择使用。根据不少地方的经验，应用自该场（群）或当地分离的菌株，制成单价灭活苗，常能收到良好的预防效果。

近年来，根据竞争排斥（competitive exclusion，CE）原理研制的活菌制剂 CE 培养物，在鸡沙门氏菌病的防治上取得了进展。国外许多研究已证实，给新孵出的雏鸡提供从成鸡盲肠或粪便排泄物所获细菌构成的 CE 培养物，可使沙门氏菌在盲肠定植的发生率降低。国内自 1986 年以来，一些研究者在不同地区使用活菌剂来预防雏鸡白痢，也获得了较好的效果。应注意的是，活菌剂应避免与抗微生物制剂同时使用。

治疗该病可根据药敏实验选用有效的抗生素，并辅以对症治疗。

【公共卫生】

人沙门氏菌病可由多种沙门氏菌引起，除了伤寒、副伤寒沙门氏菌以外，以人兽共患的鼠伤寒沙门氏菌、肠炎沙门氏菌、猪霍乱沙门氏菌、都柏林沙门氏菌、德尔卑沙门氏菌、纽波特沙门氏菌、鸭沙门氏菌等为最常见。临床症状可分为 3 型：胃肠炎型、败血症型、局部感染化脓型，以胃肠炎型（即食物中毒）最为常见。

1. 胃肠炎型　潜伏期 4～24 h，最短者仅 2 h。多数患者起病急骤，畏寒发热，体温一般 38～39 ℃，多伴有头痛、食欲减退、恶心、呕吐、腹痛、腹泻，每天排便从 3～4 次至数十次不等，呈黄色水粪，带有少量黏液，有恶臭，个别病例可混有脓血。病程一般 2～4 天。

2. 败血症型　潜伏期 1～2 周。多起病急骤，畏寒发热，热型不规则或呈间歇热，持续 1～3 周。血中可查到病原菌，而大便培养常为阴性。如医治不及时，可发生死亡。

3. 局部感染化脓型　患者在发热阶段或退热以后出现一处或几处化脓病灶，可见于身体的任何部位。

20 世纪 80 年代以来，人和动物非伤寒沙门氏菌病的流行发生两次重大改变。一是多重耐药鼠伤寒沙门氏菌的出现及其在食用动物群体中的传播；二是作为主要的蛋源病原体——肠炎沙门氏菌的出现及流行。为了防止该病从动物传染给人，患病动物应严格执行无害化处理，加强屠宰检验，特别是急宰患病动物的检验和处理。肉类一定要充分煮熟，家庭和食堂保存的食物注意防止鼠类窃食，以免被其排泄物污染。饲养员、兽医、屠宰人员以及其他经营动物及其产品的人员，应注意卫生消毒工作。

人食物中毒的治疗一般为选用氟喹诺酮类、氨苄青霉素、复方新诺明等治疗，注意休息和加强护理，同时注意对症治疗。大多数患者可于数天内恢复健康。

七、仔猪红痢

仔猪梭菌性肠炎（clostridial enteritis of piglets）又称仔猪传染性坏死性肠炎（piglets infectious enteritis），俗称仔猪红痢，是由 C 型和 / 或 A 型产气荚膜梭菌引起的 1 周龄仔猪高度致死性的肠毒血症，其特征为出血性下痢、病程短、病死率高、小肠后段的弥漫性出血或坏死性变化。

【流行病学】

该病主要侵害 1 ～ 3 日龄仔猪，1 周龄以上仔猪很少发病。在同一猪群各窝仔猪的发病率不同，病死率一般为 20% ～ 70%，最高可达 100%。该菌常随母猪粪便排出，污染哺乳母猪的乳头及垫料，当初生仔猪吮吸或吞入污染物而感染。

该病除猪和绵羊易感外，还可感染马、牛、鸡、兔等动物。

该菌在自然界分布很广，存在于人、畜的肠道，土壤、下水道和尘埃中，不易清除，猪场一旦感染该病，则顽固存在而难以根除。

【症状及病理变化】

1. 症状　该病按病程经过分为最急性型、急性型、亚急性型和慢性型。

（1）最急性型：仔猪出生后，1 天内就可发病，临床症状多不明显，只见仔猪后躯沾满血样稀粪，病猪虚弱，很快进入濒死状态，少数病猪尚无血痢便昏倒和死亡。

（2）急性型：最常见。病猪排出含有灰色组织碎片的红褐色稀粪，病猪日渐消瘦和虚弱，病程常维持 2 天，一般在第 3 天死亡。

（3）亚急性型：持续性腹泻，病猪排出黄色软粪，以后变成液状，内含坏死组织碎片，病猪极其消瘦和脱水，一般 5 ～ 7 天死亡。

（4）慢性型：病程在 1 周以上，间歇性或持续性腹泻，粪便呈黄灰色糊状，病猪逐渐消瘦，生长停滞，于数周后死亡或淘汰。

2. 病理变化　眼观病理变化，常见于空肠，有的可扩展到回肠。浆膜下和肠系膜中有数量不等的小气泡，空肠呈暗红色，肠腔充满含血液体，空肠的绒毛坏死，肠系膜淋巴结呈鲜红色。病程长的以坏死性炎症为主，黏膜呈黄色或灰色坏死性伪膜，容易剥离，肠腔内有坏死组织碎片。脾边缘有小点出血，肾呈灰白色，肾皮质部小点出血，腹水增多呈血性，有的病例出现胸腔积液。

病理组织学观察可见黏膜下层和肌层有炎性细胞浸润。

【诊断】

根据流行病学、诊断症状和病理变化特点可作出初步诊断，确诊必须进行实验室检查，包括涂片镜检、分离培养和细菌毒素实验等。

查明病猪肠道是否存在 A 型和 C 型产气荚膜梭菌毒素对该病诊断有重要意义。取病猪肠道内容物加等量灭菌生理盐水。以 3 000 r/min 离心沉淀 30 ～ 60 min，取上清液经细菌滤器过滤，取滤液按 0.2 ～ 0.5 ml/ 只静脉注射另一组小鼠，并取滤液与 A 型和 / 或 C

型产气荚膜梭菌抗毒素血清混合，作用 40 min 后注射另一组小鼠。如单注射滤液的小鼠死亡，而另一种小鼠健活，即可确诊。检测细菌毒素基因类型可用 PCR、多重 PCR 及毒素表型的 Western blot 等方法诊断。

应注意该病与其他腹泻性疾病的鉴别诊断。

【防控】

该病关键在于预防，一旦发病，发病迅速，病程短，来不及治疗和药物治疗疗效不佳。预防重在加强防疫工作和消毒工作，特别是产前母猪体表和产床的卫生消毒。

经常发生该病的猪场可进行药物预防和疫苗接种：①新生小猪立即药物预防，如氟苯尼考、庆大霉素、青霉素等每日 2 ～ 3 次；②仔猪出生后可尽早注射抗红痢血清预防；③最有效的方法是疫苗接种，对怀孕母猪注射 C 型和 / 或 A 型魏氏梭菌氢氧化铝菌苗和仔猪红痢干粉疫苗，于产前 1 个月和半个月注射一次，5 ～ 10 ml/ 次，仔猪可经初乳获得被动免疫，由于 A 型和 C 型均会引起发病，最好针对 A 型和 C 型都采取免疫预防措施。

八、猪接触传染性胸膜肺炎

猪接触传染性胸膜肺炎（porcine contagious pleuropneumonia）是由胸膜肺炎放线杆菌引起的一种以急性出血性纤维素性肺炎和慢性纤维素性坏死性胸膜炎为主要特征的呼吸道传染病。急性者病死率高，慢性者常能耐过，典型病理变化为两侧性肺炎，胸膜粘连，肺炎区色暗质脆。

1957 年英国首次报道该病，近 20 年来该病在美洲、欧洲和亚洲一些国家和地区陆续有所报道，且有逐年增长趋势，造成了巨大的经济损失。美国、加拿大（1983 年达34.3%）、丹麦和瑞士等国家，将该病列为主要猪病之一。我国近年来由于引种频繁，该病也随之侵入，其发生和流行日趋严重，已有多个省市报道了该病。

【病原】

胸膜肺炎放线杆菌（actinobacillus pleuropneumoniae，APP）曾被命名为副溶血嗜血杆菌（haemophilus parahaemoelyticus）、胸膜肺炎嗜血杆菌（haemophilus pleuropneumoniae）。后来因该菌在形态、生化特性及 DNA 同源性方面与李氏放线杆菌（Actinobacillus Lignieresii）关系密切，于 1983 年被归入放线杆菌属，正式命名为胸膜肺炎放线杆菌。

APP 为革兰氏阴性小球杆菌，有时呈线状或多形性。有荚膜或不完全荚膜。不形成芽孢。有鞭毛，根据其宿主、温度和寄生部位具有不同的运动性。有菌毛，直径为 0.5 ～ 2 nm，长度为 60 ～ 450 nm。该菌为兼性厌氧菌，且营养要求较高。初次分离时应供给 5% ～ 10%CO_2，且最适合生长的培养基为巧克力琼脂平板和绵羊血琼脂平板。

根据 APP 生长是否需要烟酰胺腺嘌呤二核苷酸（nicotinamide adenine dinucleotide，NAD），分为两个生物型，即生物 I 型（NAD 依赖菌株）和生物 II 型（非 NAD 依赖菌株）。根据 APP 表面荚膜多糖和脂多糖抗原性的不同，又分为 15 个血清型。其中 APP1 型又分为 1a 和 1b 两个亚型，APP5 型又分为 5a 和 5b 两个亚型。生物 Ⅰ 型包括 1～12 型和 15 型，生物 Ⅱ 型包括 13 型和 14 型。各血清型之间的交叉保护性不强，其中 1、4 和 6 型之间及 3、6 和 8 型之间有交叉反应，可能与这些血清型有相似的细胞结构有关。

生物 Ⅰ 型菌初次分离培养时，在血琼脂平板上难以生长或不生长，而需在培养基上画一条金黄色葡萄球菌线，其产生的较多 NAD 可供 APP 生长需要。37 ℃ 培养 24 h 后，在葡萄球菌附近可形成表面光滑、圆形、稍突起、边缘整齐、针尖大小的菌落，呈明显的 β－溶血，这一现象称为"卫星现象"。生物 Ⅱ 型菌初次分离时则可在血液琼脂平板上生长，37 ℃ 培养 24 h 后，同样呈 β－溶血。而 APP 在金黄色葡萄球菌 β－溶血素周围产生一个不断增大的溶血区，越靠近画线的菌苔，溶血区越大，形似杯状，这一现象称为 CAMP。

已证明生物 Ⅱ 型菌的毒力低于生物 Ⅰ 型菌。尽管生物 Ⅰ 型 APP 的 12 种血清型都能引起严重发病和死亡，但其毒力有明显的差异，主要是由 CPS、LPS 成分和 Apx 毒素类型不同造成的。一般来说，分泌 ApxI 的血清 1、5、9、10 和 11 型比其他血清型毒力强，最常见于严重爆发、高死亡率和严重的肺脏病变。其他血清型的毒力较弱，死亡率也较低。血清 3 型和 6 型的毒力通常被认为很低。

APP 的毒力因子很多，包括荚膜多糖、脂多糖、外膜蛋白、转铁结合蛋白、蛋白酶、溶血外毒素、黏附因子和菌毛等，其中溶血外毒素是引起宿主肺部病变的最主要因素。

APP 是一种条件致病菌，对外界环境的抵抗力不强，于 60℃ 15 min 即可死亡。日光、干燥和一般化学消毒剂于短时间内即可杀灭。在干草和秸秆上的生存时间不超过 5 天。

【流行病学】

该病的发生多呈最急性型或急性型病程而迅速死亡，急性暴发猪群，发病率和死亡率一般为 50% 左右，最急性型的死亡率可达 80%～100%。据调查，初次发病猪群的发病率和病死率均较高，经过一段时间，逐渐趋向缓和，发病率和病死率显著降低。因此，该病的发病率和死亡率有很大差异，发病率通常在 8.5%～100% 之间，病死率在 0.4%～100% 之间。

病猪和带菌猪是该病的传染源，而无症状有病变猪，或无症状无病变隐性带菌猪较为常见。种公猪和慢性感染猪在传播该病中起着十分重要的作用。

胸膜肺炎放线杆菌对猪具有高度宿主特异性，急性感染时不仅可在肺部病变和血液中检出，而且在鼻漏中也大量存在。因此，该病的主要传播途径是呼吸道。病原随呼吸、咳嗽、喷嚏等途径排出后形成飞沫，通过直接接触而经呼吸道传播。在大群集约饲养的条件下最易接触感染。据报道，当该病急性暴发时，常可见到感染从一个猪舍跳跃到另一个猪舍。这说明较远距离的气溶胶传播或通过猪场工作人员、车辆、器具等其他媒介造成的污染之间接触传播也能起重要的作用。小啮齿类动物和鸟也可能传播该病。

各种年龄、性别的猪都有易感性，其中 6 周龄至 6 月龄的猪较多发，但以 2～4 月龄仔猪最为易感。

该病的发生具有明显的季节性，多发生于 4～5 月和 9～11 月。饲养环境突然改变、猪群的转移或混群、拥挤或长途运输、通风不良、湿度过高、气温骤变等应激因素，均可引起该病发生或加速疾病传播，使发病率和死亡率提高。我国从北方地区分离的胸膜肺炎放线杆菌以血清 5 型和 7 型居多，南方有血清 2 型存在。

【发病机制】

胸膜肺炎放线杆菌具有荚膜和毒素作用，通过呼吸进入肺脏，借助表面纤毛、荚膜等在肺泡内定居。在肺脏内该菌可以被肺泡巨噬细胞迅速吞噬或吸附并产生毒素，对肺泡巨噬细胞和血液中单核细胞产生细胞毒性作用，导致纤维素出血性胸膜肺炎病理变化。同时，在损伤的肺脏内见血小板凝集和嗜中性粒细胞积聚，同时动脉血栓及血管壁坏死并发生破裂。在受感染的肺泡内可看到菌落并发生菌血症。在肺坏死边缘可见死亡或受损的巨噬细胞及坏死产物。感染后 4 天，肺泡界限分明。同时支气管也充满黏稠的分泌物，随着病理变化时间延长，中心部出现坏死并有纤维化现象。

【临床症状】

自然感染潜伏期为 1 ～ 2 天，人工感染可在 4 ～ 12 h 发病，临床病程可分为最急性型、急性型、亚急性型和慢性型四种，这主要与猪体的免疫状态、应激程度、环境状况以及病原的毒力和感染量等有关。

1. 最急性型　临床表现为突然发病、病程短、死亡快。一般少数几头突然病得很严重，体温升高至 41.5 ℃，精神沉郁，食欲废绝，有短暂的轻微腹泻和呕吐。发病的后期出现呼吸困难，并从口和鼻孔流出带有泡沫的血样渗出液。耳、鼻、腿部皮肤以及全身皮肤先后发绀。有时幼龄仔猪因败血症死亡，但并不出现上述临床症状。

2. 急性型　常有很多猪感染，发病较急。体温上升到 40 ～ 41.5 ℃，精神沉郁，食欲减退，呼吸极度困难，咳嗽。病猪常呈站立或犬坐姿势而不愿卧地，末端及发展为全身皮肤发绀。有的病猪还从鼻孔中流出大量的血色样分泌物，污染鼻孔及口部周围的皮肤。如治疗不及时，常于发病 1 ～ 2 天内窒息死亡。如及时治疗，则症状较快缓和，能度过 4 天以上，则可逐渐康复或转为慢性。

3. 亚急性型和慢性型　病猪的症状轻微，体温不升高或轻微升高。有程度不等的间歇性咳嗽，食欲减退，精神沉郁，不愿走动，喜欢卧坐，生长缓慢。如有其他微生物（如肺炎支原体、巴氏杆菌等）的继发感染而使呼吸障碍表现明显，死亡率增加。

【病理变化】

死于该病的猪，全身多淤血而呈暗红色，或有大面积的瘀斑形成。特征性病变主要局限于呼吸器官。

最急性型病例，眼观患猪流有血色样鼻液，气管和支气管腔内充满泡沫样血色黏液性分泌物。肺炎病变多发生于肺的前下部，而不规则的周界清晰的出血性实变区或坏死灶则常见于肺的后上部，特别是靠近肺门的主支气管周围。肺泡和肺间质水肿，淋巴管扩张，肺充血、出血和血管内纤维素性血栓形成。

急性型死亡的病例，肺炎多为两侧性。常发生于心叶、尖叶及膈叶的一部分。病灶的界限清晰，肺炎区有呈紫红色的红色肝变区和灰白色肝变区；切面见大理石样的花纹，间质充满血色胶胨样液体。肋膜和肺炎区表面有纤维素附着物，胸腔有浑浊的血色液体。

亚急性型病例，肺脏可能发现大的干酪性病灶或含有坏死碎屑的空洞。由于继发细菌感染，致使肺炎病灶转变为脓肿；此时，在病猪的气管内常见大量的黄白色化脓性纤维素性假膜。肺表面被覆的纤维素性渗出物被机化后常与肋胸膜发生纤维素性粘连。病程较长的慢性病例，常于膈叶可见到大小不等的结节，其周围有较厚的结缔组织包绕，肺的表面多与胸壁粘连。

镜检，不论是急性型还是亚急性型，肺脏的主要病变均为纤维素性肺炎变化。红色肝变期时可见肺泡隔的毛细血管极度扩张，肺泡腔中充满红细胞、纤维蛋白和浆液；灰白色肝变期时肺泡腔内则有大量的嗜中性白细胞和纤维蛋白；此时的肺间质则明显水肿、增宽，其中发生纤维素样坏死和形成淋巴栓。

【诊断】

根据该病主要发生于育成猪和架子猪以及天气变化等诱因的存在，比较特征性的临床症状及病理变化特点，可做出初诊。确诊要对可疑的病例进行细菌检查。

根据流行病学、临诊症状和病理变化可以做出初步诊断，确诊需进行实验室诊断，实验室诊断主要包括直接镜检、细菌分离鉴定、血清学诊断和分子生物学诊断。

1. 直接镜检　从鼻、支气管分泌物和肺脏病变部位采取病料涂片或触片，革兰氏染色，显微镜检查，如见到多形态的两极浓染的革兰氏阴性小球杆菌或纤细杆菌，可进一步鉴定。

2. 细菌分离鉴定　将无菌采集的病料接种在 7% 马血巧克力琼脂、画有表皮葡萄球菌十字线的 5% 绵羊血琼脂平板或加入生长因子和灭活马血清的牛心浸汁琼脂平板上，于 37 ℃含 5% ～ 10%CO_2 条件下培养。如分离到可疑细菌，可进行生化特性、CAMP 实验、溶血性测定以及血清定型等检查。

3. 血清学诊断　包括补体结合实验、2- 巯基乙醇试管凝集实验、乳胶凝集实验、琼脂扩散实验和酶联免疫吸附实验等方法。国际上公认的方法是改良补体结合实验，该方法可于感染后 10 天检查血清抗体，可靠性比较高，但操作烦琐，目前认为酶联免疫吸附实验较为实用。

4. 分子生物学诊断　PCR 技术已被用于检测 APP 及对其进行分型。

在该病的最急性期和急性期，应与猪瘟、猪丹毒、猪肺疫及猪链球菌病做鉴别诊断，慢性病例应与猪喘气病区别。猪肺疫常见咽喉部肿胀，皮肤、皮下组织、浆膜以及淋巴结有出血点；而传染性胸膜肺炎的病变常局限于肺和胸腔。猪肺疫的病原体为两极染色的巴氏杆菌，而猪传染性胸膜肺炎的病原体为小球杆状的放线杆菌。猪气喘病患猪的体温不升高，病程长，肺部病变对称，呈胰样或肉样病变，病灶周围无结缔组织包裹。

【防控】

首先应加强饲养管理，严格卫生消毒措施，注意通风换气，保持舍内空气清新。减少各种应激因素的影响，保持猪群足够均衡的营养水平。

应加强猪场的生物安全措施。从无病猪场引进公猪或后备母猪，防止引进带菌猪；采用"全进全出"饲养方式，出猪后栏舍彻底清洁消毒，空栏 1 周才可重新使用。新引进猪或公猪混入一群副猪嗜血杆菌感染的猪群时，应该进行疫苗免疫接种并口服抗菌药物，到达目的地后隔离一段时间再逐渐混入较好。

对已污染该病的猪场应定期进行血清学检查，清除血清学阳性带菌猪，并制定药物防治计划，逐步建立健康猪群。在混群、疫苗注射或长途运输前 1～2 天，应投喂敏感的抗菌药物，如在饲料中添加适量的磺胺类药物或泰妙菌素、泰乐菌素、新霉素、林肯霉素和壮观霉素等抗生素，进行药物预防，可控制猪群发病。

疫苗免疫接种是预防该病的有效途径，国内外均已有商品化的灭活疫苗用于该病的免疫接种。一般在 4 周龄时首免，2～3 周后二免；种公猪一年免疫 2 次；经产种母猪产后 1 个月免疫 1 次，也有在产前 4 周进行免疫接种；后备猪配种前 1 个月加强免疫 1 次。可应用包括国内主要流行菌株和本场分离株制成的灭活疫苗预防该病，效果更好。

猪群发病时，应以解除呼吸困难和抗菌为原则进行治疗，并要使用足够剂量的抗生素和保持足够长的疗程。该病早期治疗可收到较好的效果，但应结合药敏实验结果而选择抗菌药物。一般可用青霉素、新霉素、四环素、泰妙菌素、泰乐菌素、磺胺类等。对发病猪采用注射效果较好，对发病猪群可在饲料中适当添加大剂量的抗生素，有利于控制疫情，每吨饲料添加土霉素 600 g，连用 3～5 天；或每吨饲料用利高霉素（林肯霉素＋壮观霉素）500～1 000 g，连用 5～7 天；或用泰乐菌素（每吨饲料 500～1 000 g）和 4-磺胺嘧啶（每吨饲料 1 000 g），连用 1 周，可防止新的病例出现。抗生素虽可降低死亡率，但经治疗的病猪常仍为带菌者。药物治疗对慢性型病猪效果不理想。

九、猪传染性萎缩性鼻炎

猪传染性萎缩性鼻炎（swine infectious atrophic rhinitis，AR）又称慢性萎缩性鼻炎或萎缩性鼻炎，是由支气管败血波氏杆菌和产毒素多杀性巴氏杆菌引起猪的一种慢性接触性呼吸道传染病。以鼻炎、鼻中隔扭曲、鼻甲骨萎缩和病猪生长迟缓为特征，临床表现为打喷嚏、鼻塞、流鼻涕、鼻出血、形成"泪斑"，严重者出现颜面部变形或歪斜，常见于 2～5 月龄猪。目前已将该病归类于两种表现形式：非进行性萎缩性鼻炎（non-progressive atrophic rhinitis，NPAR）和进行性萎缩性鼻炎（progressive atrophic rhinitis，PAR）。

1830 年首先在德国发现该病，此后在英国、法国、美国、加拿大、俄罗斯也有发生，日本从美国引进种猪时也发现该病，现已遍布养猪发达国家，据报道，世界猪群有 25%～50% 受感染。在美国，该病的血清学阳性率达 54%，已成为重要猪传染病之一。我国于 1964 年在浙江余姚从英国进口"约克夏"种猪时发现该病，20 世纪 70 年代，我国一些省、市从欧、美大批引进瘦肉型种猪使该病经多渠道传入我国，造成广泛流行。

【病原】

大量研究证明，支气管败血波氏杆菌（Bordetella bronchiseptica，Bb）和产毒素多杀性巴氏杆菌（toxigenic pasteurella multocida，T+Pm）是引起猪传染性萎缩性鼻炎的病原。

Bb 为球杆菌，革兰氏染色阴性，呈两极染色，有周鞭毛。需氧培养基中加入血液可助其生长。在葡萄糖中性红琼脂平板上，菌落中等大小，呈透明烟灰色。肉汤培养物有腐霉味。鲜血琼脂上产生 β 溶血。不发酵糖类，能利用柠檬酸盐和分解尿素。根据毒力、生长特性和抗原性的不同，可将 Bb 分为Ⅰ相菌、Ⅱ相菌和Ⅲ相菌。Ⅰ相菌能形成荚膜，具有 K 抗原和强坏死毒素（似内毒素），该毒素与 T+Pm 所产生的皮肤坏死毒素有很强的同源性，Ⅱ相菌和Ⅲ相菌则毒力弱。Ⅰ相菌由于抗体的作用或在不适当的条件下，可向Ⅲ相菌变异。Ⅰ相菌感染新生猪后，在鼻腔里增殖，存留的时间可长达 1 年。在被感染的动物体内，Bb 也大多以Ⅰ相菌存在。

引起该病的 T+Pm 主要是血清 D 型，少数是血清 A 型，该类菌株可产生一种约 145 KU 的巴氏杆菌毒素（pasteurella multocida toxin，PMT），属于皮肤坏死毒素（dermonecrotic toxin，DNT），该毒素由 toxA 基因编码，可直接引起猪鼻炎、鼻梁变形、鼻甲骨萎缩甚至消失，全身代谢障碍，生产性能下降，同时可诱发其他病原微生物感染，甚至导致死亡。

Bb 和 T+Pm 的致病特点不同，Bb 仅对幼龄猪感染有致病变作用，对成年猪感染仅引起轻微的病变或者呈无症状经过，引起鼻甲骨的损伤，但在生长过程中鼻甲骨又能再生修复。T+Pm 感染可引起各年龄阶段的猪发生鼻甲骨萎缩等病变，可导致猪鼻甲骨产生不可逆转的损伤。但除病原因子外，环境及应激因素等也能促进本病发生。任何一种营养成分的缺乏，不同日龄的猪混合饲养，拥挤、过冷、过热、空气污浊、通风不良、长期饲喂粉料等饲养方式，以及遗传因素等均能促进该病的发生。其他病原如铜绿假单胞菌、放线菌、猪细胞巨化病毒、疱疹病毒也参与致病过程，使病理变化加重。因此，由支气管败血波氏杆菌与其他鼻腔菌群混合感染引起的萎缩性鼻炎，称为非进行性萎缩性鼻炎；单独由产毒素多杀性巴氏杆菌感染或与支气管败血波氏杆菌及其他因子混合感染或共同作用引起的严重的猪萎缩性鼻炎，称为进行性萎缩性鼻炎。

Bb 和 T+Pm 的抵抗力不强，一般消毒剂均可使其灭活。

【流行病学】

任何年龄的猪都可感染该病，但以仔猪的易感性最高。1 周龄的猪感染后可引起原发性肺炎，并可导致全窝仔猪死亡，发病率一般随年龄增长而下降。1 月龄以内的猪感染，常在数周后发生鼻炎，并引起鼻甲骨萎缩。断乳后感染，一般只产生轻微病理变化，有的只有组织学变化，但也有病例发生严重病理变化。成年猪感染后，大多呈隐性带菌而不发病。品种不同的猪，易感性也有差异，国内土种猪较少发病。

病猪和带菌猪是主要传染源。其他家畜、家禽、兔、鼠、狐及人均可带菌，甚至引起鼻炎、支气管肺炎等，因此也可能成为传染源。传染方式主要是飞沫传播，主要经呼吸道感染。该病在猪群内传播比较缓慢，多为散发性或地方流行性。各种应激因素可使发病率增加。

【致病机制】

Bb-Ⅰ相菌易固着在鼻腔黏膜上皮细胞上，进行增殖后，其坏死毒素引起鼻腔上皮发炎、增生和退变。如果不是反复感染，这种病理变化是可以修复的。但鼻腔黏膜受损后，给 T+Pm 菌株寄居和增殖创造了条件。T+Pm 毒素使鼻甲骨上皮增生，黏液腺萎缩，软骨溶解和间质细胞增生。这些变化将最终取代骨梁和成骨性与破骨性组织，最后导致软骨溶解，此后可能发生纤维组织化。临床上则发生渐进性萎缩病理变化，使猪吻突变短或歪鼻。

【临床症状】

该病的早期临床症状，多见于 6～8 周龄仔猪，表现鼻炎、打喷嚏、流涕和吸气困难。鼻液为浆液、黏液脓性渗出物，个别猪因强烈喷嚏而发生鼻出血。病猪常因鼻炎刺激黏膜而表现不安，如摇头、拱地、搔抓或摩擦鼻部直至出血。发病严重猪群可见患猪两鼻孔出血不止，形成两条血线。圈栏、地面和墙壁上布满血迹。吸气时鼻孔开张，发出鼾声，严重的张口呼吸。由于鼻炎导致鼻泪管阻塞，泪液外流，在眼内眦下皮肤上形成弯月形的湿润区，被尘土沾污后黏结成黑色痕迹，称为"泪斑"。

继鼻炎后常出现鼻甲骨萎缩，致使鼻梁和面部变形，此为该病的特征性临床症状。如两侧鼻甲骨病理损伤相同时，外观可见鼻短缩，此时因皮肤和皮下组织正常发育，使鼻盘正后部皮肤形成较深的皱褶；若一侧鼻甲骨萎缩严重，则使鼻弯向同一侧；鼻甲骨萎缩，额窦不能正常发育，使两眼间宽度变小和头部轮廓变形。病猪体温、精神、食欲及粪便等一般正常，但生长发育迟滞，育肥时间延长，有的成为僵猪。

鼻甲骨萎缩与猪感染时的周龄、是否发生重复感染以及其他应激因素有非常密切的关系。如周龄越小，感染后出现鼻甲骨萎缩的可能性就越大，越严重。一次感染后，若无发生新的重复或混合感染，萎缩的鼻甲骨可以再生。有的鼻炎延及筛骨板，则感染可经此而扩散至大脑，发生脑炎。此外，病猪常有肺炎发生，可能是因鼻甲骨结构和功能遭到损坏，异物或继发性细菌侵入肺部造成，也可能是主要病原（Bb 或 T+Pm）直接引发肺炎的结果。因此，鼻甲骨的萎缩促进肺炎的发生，而肺炎又反过来加重鼻甲骨萎缩。

【病理变化】

病理变化一般局限于鼻腔和邻近组织，最特征的病理变化是鼻腔的软骨和鼻甲骨的软化和萎缩，特别是下鼻甲骨的下卷曲最为常见。另外也有萎缩限于筛骨和上鼻甲骨的。有的鼻甲骨萎缩严重，甚至消失，而只留下小块黏膜皱褶附在鼻腔的外侧壁上。

鼻腔常有大量的黏液脓性甚至干酪性渗出物，随病程长短和继发性感染的性质而异。急性时（早期）渗出物含有脱落的上皮碎屑。慢性时（后期），鼻黏膜一般苍白，轻度水肿。鼻窦黏膜中度充血，有时窦内充满黏液性分泌物。病理变化转移到筛骨时，当除去筛骨前面的骨性障碍后，可见大量积聚的黏液或脓性渗出物。

【诊断】

依据临床特征易做出现场诊断。有条件者，可用 X 线进行早期诊断。鼻腔镜检查也是一种辅助性诊断方法。

1. 病理解剖学诊断　是目前最实用的方法。一般在鼻黏膜、鼻甲骨等处可以发现典型的病理变化。沿两侧第一、二对前臼齿间的连线锯成横断面，观察鼻甲骨的形状和变化。正常的鼻甲骨明显地分为上下两个卷曲。上卷曲呈现两个完全的弯转，而下卷曲的弯转则较少，仅有一个或 1/4 弯转，有点像钝的鱼钩，鼻中隔正直。当鼻甲骨萎缩时，卷曲变小而钝直，甚至消失。但应注意，如果横切面锯得太前，因下鼻甲骨卷曲的形状不同，可能导致误诊。也可以沿头部正中线纵锯，再用剪刀把下鼻甲骨的侧连接剪断，取下鼻甲骨，从不同的水平作横断面，依据鼻甲骨变化，进行观察和比较做出诊断。这种方法较为费时，但采集病料时不易污染。

2. 微生物学诊断　目前主要是对 T+Pm 及 Bb 两种主要致病菌的检查，尤其是对 T+Pm 的检测是诊断 PAR 的关键。鼻腔拭子的细菌培养是常用的方法。先保定好动物，清洗鼻的外部，将带柄的棉拭子（长约 30 cm）插入鼻腔，轻轻旋转，将棉拭子取出，放入无菌的 4 ℃的 PBS 中，尽快地进行培养。

T+Pm 分离培养可用血液、血清琼脂或胰蛋白大豆琼脂。出现可疑菌落，移植培养后，根据菌落形态、荧光性、菌体形态、染色与生化反应进行鉴定。可用豚鼠皮肤坏死实验和小鼠致死实验判定是否为产毒素菌株，也可用组织细胞培养病变实验、单克隆抗体 ELISA，或用 PCR 对毒素基因进行检测。

Bb 分离培养一般用改良麦康凯琼脂（加 1% 葡萄糖，pH7.2）、5% 马血琼脂或胰蛋白胨琼脂等。可疑菌落可根据其形态、染色、凝集反应与生化反应进行鉴定，再用抗 K 抗原和抗 O 抗原血清进行凝集实验来确认 I 相菌。Bb 有抵抗呋喃妥因（最小抑菌浓度大于 200 g/ml）的特性，用滤纸法（300 µg 纸片）观察抑菌圈的有无，可以鉴别该菌与其他革兰阴性球杆菌。取分离培养物 0.5 ml 腹腔接种豚鼠，如为该菌可于 24 ～ 48 h 内发生腹膜炎而致死，剖检可见腹膜出血，肝、脾和部分大肠有黏性渗出物，并形成伪膜。用培养物感染 3 ～ 5 日龄健康猪，经 1 个月临床观察，再经病理学和病原学检查，结果最为可靠。

3. 血清学诊断　猪感染 T+Pm 和 Bb 后 2 ～ 4 周，血清中即出现凝集抗体，至少维持 4 个月，但一般感染仔猪须在 12 周龄后才可检出。有些国家采用试管血清凝集反应诊断该病。

此外，还可用荧光抗体技术和 PCR 技术进行诊断。已经有双重 PCR 可以同时检测 T+Pm 和 Bb，其灵敏度和特异性比其他方法更高。

该病应注意与传染性坏死性鼻炎和骨软病的区别。前者由坏死杆菌所致，主要发生于外伤后感染，引起软组织及骨组织坏死、腐臭，并形成溃疡或瘘管。骨软病表现为头部肿大变形，但无喷嚏和流泪等表现，有骨质疏松变化，鼻甲骨不萎缩。

【防控】

1. 免疫接种　是预防该病最有效的方法，通过免疫接种母猪使仔猪获得被动保护，从而有效预防仔猪的早期感染；仔猪在哺乳期免疫接种可预防母源抗体消失后的感染。疫苗现有三种：① Bb（I 相菌）灭活油剂苗；② Bb-T+Pm 灭活油剂二联苗；③ Bb-T+Pm 毒素灭活油剂苗。可于母猪产前 2 个月及 1 个月分别接种，以提高母源抗体滴度，保护初生仔猪几周内不感染。也可给 1 ～ 2 周龄仔猪进行免疫，间隔 2 周后进行二免。

通过基因工程方法制备的无毒重组毒素疫苗，其保护效果明显，显示了很好的应用前景。与天然毒素相比，这种重组毒素产量高，不用灭活，更适合生产的需要，这可能是传染性萎缩性鼻炎新型疫苗的发展方向。

2. 药物防控　为了控制母仔链传染，应在母猪妊娠最后 1 个月内给予预防性药物。常用磺胺嘧啶（每吨饲料 100 g）和土霉素（每吨饲料 400 g）。仔猪在出生 3 周内，最好选用敏感的抗生素注射或鼻内喷雾，每周 1 ～ 2 次，每鼻孔 0.5 ml，直到断乳为止。育成猪也可用磺胺或抗生素预防，连用 4 ～ 5 周，育肥猪宰前应停药。

3. 改善饲养管理　采用全进全出饲养模式；适当提高生育母猪群年龄，避免引进大量青年母猪；降低猪群饲养密度，严格执行卫生防疫制度，猪舍应严格消毒，减少空气中的病原体、尘埃与有害气体，改善通风条件；保持猪舍清洁、干燥，注意保暖，减少各种应激。新购入猪，必须隔离检疫。

对有病猪场，实行严格检疫。有明显和可疑临床症状的猪应淘汰。凡曾与病猪及可疑病猪有接触的猪应隔离饲养，观察 3 ～ 6 个月；完全没有可疑临床症状者认为健康；如仍有病猪出现则视为不安全，禁止出售种猪和苗猪。良种母猪感染后，临产时消毒产房，分娩后仔猪送健康母猪带乳，培育健康猪群。在检疫、隔离和处理病猪过程中要严格消毒。

4. 净化与根除　快速检出 T+Pm，淘汰阳性带菌猪，建立健康猪群是根除净化 PAR 的关键。许多国家已启动了 PAR 的根除计划。例如，在荷兰如果连续 2 年，每年 3 次未检测到 T+Pm 的存在，则给猪场颁发无 PAR 的净化证书。

十、猪支原体肺炎

猪支原体肺炎（mycoplasmal pneumonia of swine，MPS）又称为猪地方流行性肺炎（swine enzootic pneumonia），俗称猪气喘病或猪喘气病，是由猪肺炎支原体引起猪的一种慢性呼吸道传染病。主要临床症状为咳嗽和气喘，病理变化特征是肺的尖叶、心叶、中间叶和膈叶前缘呈肉样或虾肉样实变。

该病的病原体早期被认为是病毒，直至 1965 年 Mare 和 Goodwin 等才证实为肺炎支原体。1973 年，上海畜牧兽医研究所首次通过病猪肺组织埋块细胞培养法分离到一株致病性支原体；翌年江苏省农业科学院畜牧兽医研究所以无细胞培养基培养，直接从病猪获得一株致病性支原体；以后广东、广西等 8 个省、自治区亦相继分离到肺炎支原体。

该病广泛分布于世界各地，患猪长期生长发育不良，饲料转化率低。病死率一般不高，但继发性感染可造成严重死亡，所致经济损失很大，对养猪业发展带来严重危害。规模化猪场猪支原体常与多种细菌、病毒及环境因素协同作用，引起猪呼吸道疾病综合征（porcine respiratory disease complex，PRDC），但猪气喘病常是 PRDC 的原发性病因。

【病原】

猪肺炎支原体（mycoplasma hyopneumoniae）是支原体科（Mycoplasmataceac）支原体属（*Mycoplasma*）的成员。因无细胞壁，故呈多形态，有环状、球状、点状、杆状和两极状。革兰染色阴性，但着色不佳，吉姆萨或瑞氏染色良好。

猪肺炎支原体能在无细胞人工培养基上生长，生长条件要求较严格。液体培养基由含有水解乳蛋白的组织缓冲液、酵母浸液和猪血清组成。江苏Ⅱ号培养基可提高猪肺炎支原体的分离率。在液体培养基生长时，首先观察到的是 pH 改变，但产酸的快慢与接种量、培养基新鲜度及菌株不同有关，而产酸程度又与菌体的毒力和数量有关。在固体培养基上生长较慢，接种后经 7 ～ 10 天长成肉眼可见针尖和露珠状菌落。低倍显微镜下菌落呈煎荷包蛋状。

可应用猪肺埋块、猪肾和猪睾丸细胞继代培养。病料接种乳兔，经连续传代 600 多代，对猪的致病力减弱，并仍保持较好的免疫原性。猪肺炎支原体也可在鸡胚中生长。

该菌对自然环境抵抗力不强，在圈舍、用具上，一般在 2 ～ 3 天失活，病料悬液中在 15 ～ 20 ℃放置 36 h 即丧失致病力；对青霉素、链霉素、红霉素和磺胺类药物不敏感，对放线菌素 D、丝裂霉素 C 最敏感，对大观霉素、土霉素、卡那霉素、泰乐菌素、林可霉素、螺旋霉素敏感。常用的化学消毒剂均能达到消毒目的。

【流行病学】

自然病例仅见于猪，不同年龄、性别和品种的猪均能感染，但乳猪和断乳仔猪易感性最高，发病率和病死率较高，其次是妊娠后期和哺乳期的母猪。育肥猪发病较少，病情也轻。母猪和成年猪多呈慢性型和隐性型。

病猪和带菌猪是该病的传染源。很多地区和猪场从外地引进猪只时，未经严格检疫而购入带菌猪，引起该病的暴发。在很多情况下，猪肺炎支原体是从母猪传染给仔猪。病猪在临床症状消失后，在相当长时间内不断排菌，感染健康猪。该病一旦传入，如不采取严密措施，很难彻底扑灭。

病猪与健康猪直接接触，或通过飞沫经呼吸道感染。给健康猪皮下、静脉、肌肉注射或胃管投入病原体都不能致病。

该病一年四季均可发生，但在寒冷、多雨、潮湿或气候骤变时较为多见。饲养管理和卫生条件是影响该病发病率和病死率的重要因素，尤以饲料质量、猪舍潮湿和拥挤、通风不良等影响较大。如继发或并发其他疾病，常引起临床症状加剧和病死率升高。

【致病机制】

支原体聚集并黏附在支气管、细支气管及气管上皮细胞上，首先附着在纤毛上皮细胞上，然后逐渐引起感染细胞病理变化与死亡，导致纤毛萎缩脱落及功能受损。肺部感染后，发展为支气管肺炎，严重影响肺的正常功能。同时，肺炎支原体感染导致免疫抑制，也是该病的重要致病机制。

【临床症状】

潜伏期一般为 11 ～ 16 天，以 X 线检查发现肺炎病灶为标准，最短的潜伏期为 3 ～ 5 天，最长可达 1 个月以上。主要临床症状为咳嗽和气喘。根据发病经过，大致可分为急性型、慢性型和隐性型三个类型。

1. 急性型　主要见于新疫区和新感染的猪群，病初精神不振，头下垂，站立一隅或趴伏在地，呼吸次数剧增，达 60 ~ 120 次 /min。病猪呼吸困难，严重者张口喘气，发出哮鸣声，似拉风箱，有明显腹式呼吸。咳嗽次数少而低沉，有时也会发生痉挛性阵咳。体温一般正常，如有继发感染则体温可升到 40 ℃以上。病程一般为 1 ~ 2 周，病死率较高。

2. 慢性型　多由急性转来，也有部分病猪开始时就取慢性经过，常见于老疫区的架子猪、育肥猪和后备母猪。主要临床症状为咳嗽，清晨和傍晚气温低时或赶猪喂食和剧烈运动时，咳嗽最明显。咳嗽时四肢叉开，站立不动，拱背，颈伸直，头下垂，用力咳嗽多次，声音粗粝、深沉、洪亮，严重时呈连续的痉挛性咳嗽。常出现不同程度的呼吸困难，呼吸次数增加和腹式呼吸（喘气）。上述临床症状时而明显，时而缓和。食欲变化不大，但病势严重时食欲减退或完全不食。病期较长的小猪，身体消瘦而衰弱，生长发育停滞。病程可拖延 2 ~ 3 个月，甚至长达半年以上；病程和预后因饲养管理和卫生条件的好坏而相差很大。条件好则病程较短，临床症状较轻，病死率低；条件差则抵抗力弱，病程长，并发症多，病死率升高。

3. 隐性型　可由急性或慢性转变而来。有的猪只在较好的饲养管理条件下，感染后不表现临床症状，但用 X 线检查或剖检时可发现肺炎病理变化，该型在老疫区中占相当大比例。如加强饲养管理，则肺炎病理变化可逐步吸收消退而康复。反之饲养管理恶劣，病情恶化而出现急性或慢性临床症状，甚至引起死亡。

【病理变化】

主要见于肺淋巴结、肺门淋巴结和纵隔淋巴结。急性死亡者见肺有不同程度的水肿和气肿。在心叶、尖叶、中间叶及部分病例的膈叶前缘出现融合性支气管肺炎，以心叶最为显著，尖叶和中间叶次之，然后波及膈叶。早期病理变化发生在心叶，如粟粒大至绿豆大，逐渐扩展而融合成多叶病理变化，成为融合性支气管肺炎。两侧病理变化大致对称，病变部位的颜色多为淡红色或灰红色，半透明状，界限明显，如鲜嫩肌肉，俗称"肉变"。随着病程延长或病情加重，病变部位颜色转为浅红色、灰白色或灰红，半透明状态的程度减轻，俗称"胰变"或"虾肉样变"。肺门淋巴结和膈淋巴结显著肿大，有时边缘轻度充血。继发感染细菌时，引起肺和胸膜的纤维素性、化脓性和坏死性病理变化，还可见其他脏器的病理变化。组织学病变，早期以间质性肺炎为主，以后则演变为支气管性肺炎，支气管和细支气管上皮细胞纤毛数量减少，小支气管周围的肺泡扩大，泡腔充满多量炎性渗出物，肺泡间组织有淋巴样细胞增生。急性病例中，扩张的泡腔内充满浆液性渗出物，杂有单核细胞、嗜中性粒细胞、少量淋巴细胞和脱落的肺泡上皮细胞。慢性病例，其肺泡腔内的炎性渗出物中液体成分减少，主要是淋巴细胞浸润。

【诊断】

根据流行病学、临床症状和病理变化的特征可做出初步诊断，必要时可做实验室检验以确诊。诊断本病时应以一个猪场整个猪群为单位，只要发现一头病猪，就可以认为该猪群是病猪群。

X 线检查对本病的诊断有重要价值。检查时，猪只以直立背胸位为主，侧位或斜位为辅。病猪在肺脏的内侧区以及心膈角区呈现不规则的云絮状渗出性阴影。隐性或可疑患猪只要 X 线透视检查阳性即可做出诊断。

20 世纪 80 年代后，在血清学和分子生物学诊断方法方面的研究取得较大进展，包括对抗原与抗体的相关方法，使诊断本病的速度和准确性均有所提高。

常用的抗原诊断方法有 3 种，包括 ELISA、荧光抗体技术和 PCR。病原分离培养虽然确实可靠，但在感染后期或病猪使用过抗生素导致肺部支原体数量较少时，没有这三种方法效果好。三种方法在感染后 28 天内的检测灵敏度一直维持很高水平，随后下降，到感染后 85 天降到最低值。

抗体检测方法中 ELISA 被认为是目前的理想方法，取代了敏感性和特异性都较差的其他方法，市场上有商品化的检测试剂盒出售。

本病应注意与猪肺疫和猪肺丝虫相鉴别。猪肺疫为多杀性巴氏杆菌所引起。猪肺丝虫能引起猪咳嗽，主要病理变化是支气管炎，炎症多位于膈叶后端，切开病变部位可发现肺丝虫，粪便检查可见到肺线虫幼虫。

【防控】

1. 预防 自然和人工感染的康复猪能产生免疫力，说明人工免疫是可行的，但免疫保护力与血清 IgG 抗体水平相关性不大，母源抗体保护率低，起主要作用的是局部免疫。目前有两类疫苗可用于预防：一类是弱毒苗，另一类为灭活苗。

但是，弱毒苗和灭活苗的免疫保护力均有限，预防或消灭猪气喘病主要在于坚持采取综合性防控措施。在规模化猪场，猪支原体是引起猪呼吸道疾病综合征（PRDC）常见的病原体之一。PRDC 是一种多因子病，除猪支原体外，还包括猪胸膜肺炎放线杆菌、副猪嗜血杆菌、猪多杀性巴氏杆菌、支气管败血波氏杆菌、猪链球菌、猪流感病毒、伪狂犬病病毒、猪瘟病毒、猪繁殖与呼吸综合征病毒、猪 2 型圆环病毒等。因此，应全面考虑疫苗预防、生物安全与药物控制等综合措施。

在疫区，以康复母猪培育无病后代，建立健康猪群为主，主要措施有：自然分娩或剖腹取胎，以人工哺乳或健康母猪带仔法培育健康仔猪，配合消毒切断传播途径并消灭传染因素；仔猪按窝隔离、防止窜栏，育肥猪、架子猪和断乳仔猪分舍饲养；利用各种检疫方法及早清除病猪和可疑病猪，逐步扩大健康猪群。

未发病地区和猪场的主要措施有：坚持自繁自养，尽量不从外地引进猪只，必须引进时，要严格隔离和检疫；加强饲养管理，搞好兽医卫生工作，推广人工授精，避免母猪与种公猪直接接触，保护健康母猪群；科学饲养，采取全进全出与早期隔离断乳技术（SEW），从系统观念上提高生物安全标准。

健康猪群鉴定标准：观察 3 个月以上，未发现气喘病临床症状的猪群，放入易感小猪两头同群饲养，也不被感染者；1 年内整个猪群未发现气喘病临床症状，所宰杀的育肥猪、死亡猪肺部检查均无气喘病病理变化者；母猪连续生产两窝仔猪，在哺乳期、断乳后到架子猪，经观察无气喘病临床症状，1 年内经 X 线检查，间隔 1 个月再行复查，全部仔猪和架子猪均全部无气喘病病理变化者。

2. 治疗　可选用土霉素、卡那霉素、林可霉素、泰乐菌素或大观霉素等药物，拌料或注射使用。

十一、副猪嗜血杆菌病

副猪嗜血杆菌病是由副猪嗜血杆菌引起猪的一种传染病，主要表现为猪的浆液性或纤维素性多发性浆膜炎、关节炎和脑膜炎，也可表现为肺炎、败血症和猝死。该病于 1910 年由德国学者 Glasser 首次报道，因此又称为革拉斯病（Glasser's disease）。目前，该病已呈世界性分布，并成为全球范围内严重危害养猪业的典型细菌性传染病之一。

【病原】

副猪嗜血杆菌（haemophilus parasuis，HPS）属于巴氏杆菌科（Pasteurellaceac）的嗜血杆菌属（*Haemophilus*）。其具有多种不同的形态，从单个球杆菌到长的、细长的及长丝状的菌体。组织触片和初次培养的细菌常呈长丝状。革兰氏染色阴性，体内生长时具有菌毛，通常可见荚膜，但体外培养时易受影响。

该菌培养特性为需氧，最适生长温度为 37 ℃，最适生长 pH 为 7.2 ～ 7.4，生长时严格需要烟酰胺腺嘌呤二核苷酸（NAD 或 V 因子）。在加入 NAD 的胰蛋白大豆琼脂（TSA）培养基 37 ℃培养 24 ～ 48 h，可见针尖大至针头大的无色透明的菌落，继续延长培养时间，菌落变成灰白色。将副猪嗜血杆菌水平画线于鲜血琼脂平板上，再挑取金黄色葡萄球菌垂直于水平线画线，37 ℃培养 24 ～ 48 h，可出现典型的"卫星生长"现象，并且不出现溶血。

该菌的生化反应特性为：脲酶、氧化酶实验阴性，接触酶实验阳性；可发酵葡萄糖、蔗糖、果糖、半乳糖、D- 核糖和麦芽糖等。生化反应多不明显，必须设立对照并在生化鉴定管内添加 NAD 才能观察到阳性反应。

该菌血清型较多，按 Kieletein-Rapp-Gabriedson（KRG）琼脂扩散血清分型"金标准"，至少可将其分为 15 种血清型，另有 20% 以上的分离株血清型无法定型。各血清型菌株之间的致病力存在极大的差异，其中血清 1、5、10、12、13、14 型毒力最强，其次是血清 2、4、8、15 型，血清 3、6、7、9、11 型的毒力较弱。我国以血清 4 型和 5 型为主，其次为血清 12、13 和 14 型。另外，本菌还具有明显的地方性特征，相同血清型的不同地方分离株遗传差异很大。

该菌为猪上呼吸道的共栖菌，在猪的鼻腔感染率高达 50% ～ 70%。定植能力与荚膜、毛及外膜蛋白相关，已知的毒力因子还有细胞膨胀致死毒素和唾液酸酶等。此外，该菌非常脆弱，在体外的生存时间很短，即使在营养丰富的 TSA 培养基上也只能存活 5 天左右。对物理化学因素的抵抗力较弱，普通消毒剂对该菌都有良好的杀灭作用。

【流行病学】

副猪嗜血杆菌只感染猪，从 2 周龄到 4 月龄的猪均易感，通常见于 5 ～ 8 周龄的猪，主要在保育阶段发病。病死率一般为 30% ～ 40%。目前，在不同的动物混养或引入种猪时，副猪嗜血杆菌的存在是个严重的问题。猪的呼吸道疾病，如支原体肺炎、猪繁殖与呼吸综合征、猪流感、伪狂犬病和猪呼吸道冠状病毒感染等发生时，副猪嗜血杆菌的混合感染可加剧疾病的临床表现。

【致病机制】

副猪嗜血杆菌是猪上呼吸道的一种共栖菌，在猪体抵抗力较低的情况下侵入体内致病。黏膜损伤可能会增加细菌入侵的机会。仔猪人工滴鼻接种后 12 h，可从鼻窦和气管内分离出该菌；接种后 30 h，血液培养物中可分离出该菌；接种后 36 ～ 108 h，全身各组织中可分离出该菌。在猪感染的早期阶段，菌血症十分明显，肝、肾和脑膜上的出血斑和出血点显示已经出现败血症；血浆中可检测到高水平的内毒素，许多器官出现纤维蛋白血栓。后期在多种浆膜表面产生典型的纤维蛋白化脓性多发性浆膜炎、多发性关节炎和脑膜炎。

【临床症状】

临床症状取决于炎性损伤的部位。在健康猪群，发病很快，接触病原后几天内就发病，临床症状包括发热、食欲减退、厌食、反应迟钝、呼吸困难、咳嗽、疼痛（尖叫）、关节肿胀、跛行、颤抖、共济失调、可视黏膜发绀、侧卧、消瘦和被毛凌乱，随之可能死亡。急性感染后可能留下后遗症，即母猪流产，公猪慢性跛行。在常规饲养的猪群中，哺乳母猪的慢性感染可能引起母性行为极端弱化。

【病理变化】

肉眼可见的损伤主要是在单个或多个浆膜面，可见浆液性和化脓性纤维蛋白渗出物，包括腹膜、心包膜、胸膜、肝脏和肠浆膜，损伤也可能涉及脑和关节表面，尤其是腕关节和跗关节。在显微镜下观察渗出物，可见纤维蛋白、中性粒细胞和较少量的巨噬细胞。副猪嗜血杆菌也可能引起急性败血症，在不出现典型的浆膜炎时就呈现发绀、皮下水肿和肺水肿，乃至死亡。此外，副猪嗜血杆菌还可能引起筋膜炎、肌炎以及化脓性鼻炎等。

【诊断】

根据该病流行病学、临床症状和病理变化特点可做出初步诊断，确诊必须进行细菌分离鉴定。因此，在诊断时不仅要对有严重临床症状和病理变化的猪进行尸体剖检，还要对处于疾病急性期的猪在应用抗生素之前采集病料进行细菌的分离鉴定。根据副猪嗜血杆菌 16S rRNA 序列设计引物，对原代培养的细菌进行 PCR 可以快速而准确地诊断出副猪嗜血杆菌病。另外，还可通过间接血凝实验和 ELISA 等血清学方法进行抗体检测。

鉴别诊断应注意与其他败血性细菌感染相区别，如链球菌、巴氏杆菌、胸膜肺炎放线杆菌、猪丹毒丝菌、猪放线杆菌、猪霍乱沙门菌以及大肠杆菌等。另外，3 ～ 10 周龄猪的支原体多发性浆膜炎和关节炎也往往出现与副猪嗜血杆菌病相似的损伤。

【防控】

药物控制通常采用替米考星和氟苯尼考拌料或饮水给药，阿莫西林等肌肉注射。一旦出现临床症状，应立即采用肌肉注射进行治疗。由于细菌对青霉素的抗药性日渐增强，最佳的方案是通过药敏实验确定最适使用的药物。

疫苗接种是预防副猪嗜血杆菌病最有效的方法之一，我国成功研制了副猪嗜血杆菌病灭活疫苗，并且已经在部分猪场推广应用。由于副猪嗜血杆菌血清型较多，最好采用与该地流行血清型一致的菌株制备的灭活疫苗进行免疫接种。通常在 14～16 日龄肌肉注射一次，35 日龄加强免疫一次。如果产房仔猪已经感染发病，建议母猪在产前 1 个月免疫一次。目前国内外正在研究交叉保护效果更好的弱毒苗和基因工程苗。

在平时的预防中应当加强饲养管理，以减少或消除其他呼吸道病原，如提前断乳，减少猪群流动，杜绝养猪生产各阶段的混养状况等。

十二、猪痢疾

猪痢疾（swine dysentery）曾称为血痢、黏液出血性腹泻或弧菌性痢疾，是由致病性猪痢疾短螺旋体引起猪的一种肠道传染病。其特征为黏液性或黏液出血性腹泻，大肠黏膜发生卡他性出血性炎症，有的发展为纤维素性坏死性炎症。

Whiting（1921）首次报道该病，1971 年才确定其病原体为猪痢疾短螺旋体。目前，该病已遍及世界主要养猪国家。我国于 1978 年由美国进口种猪发现该病，由上海市畜牧兽医研究所经临床观察、粪便及大肠黏膜检查、病原分离培养、动物接种等确诊为猪痢疾。20 世纪 80 年代后，疫情迅速扩大，涉及全国 20 多个省市，由于采取综合防治措施，20 世纪 90 年代后该病得到有效控制，但目前仍有散在发生。

【病原】

该病的病原体为猪痢疾短螺旋体（brachyspira hyodysenteriae，B.h），曾称为猪痢疾密螺旋体、猪痢疾蛇形螺旋体，主要存在于猪的病变肠段黏膜、肠内容物及粪便中。短螺旋体有 4～6 个弯曲，两端尖锐，呈缓慢旋转的螺丝线状。在暗视野显微镜下较活泼，以长轴为中心旋转运动；在电子显微镜下可见细胞壁与外膜之间有 7～9 条轴丝。革兰染色阴性，苯胺染料或吉姆萨染液着色良好，组织切片以镀银染色更好。

该菌为严格厌氧菌，对培养基要求严格，一般常用胰酶大豆琼脂或含 5%～10% 脱纤血（通常是绵羊血或牛血）的胰酶大豆琼脂培养基。在 1.013×10^5 Pa 下，80%H_2（或无氧 N_2）+20%CO_2，以钯为催化剂的厌氧罐内，于 37～42 ℃培养 6 天，在鲜血琼脂上可见明显的 β 型溶血，在溶血带的边缘，有云雾状薄层生长物或针尖状透明菌落。猪痢疾短螺旋体在结肠、盲肠的致病性不依赖于其他微生物，但肠内固有厌氧微生物可协助该菌定居和导致严重病理变化。菌体含有两种抗原成分：一种为蛋白质抗原，为种特异性抗原，可与猪痢疾短螺旋体的抗体发生沉淀反应，而不与其他动物短螺旋体抗体发生反应；另一种为脂多糖（LPS）抗原，是型特异性抗原。Hampson 等对北美洲、欧洲和澳大利亚 B.h 菌株的 LPS 进行了研究，将 LPS 分为 9 个血清群（A～I），每群含有几个不同血清型。到目前为止，未见 B.h 血清型之间有毒力差异的报道。

该菌对外界环境抵抗力较强，在粪便中 5℃存活 61 天，25℃存活 7 天；在土壤中 4℃能存活 102 天，-80℃存活 10 年以上。对消毒剂抵抗力不强，普通浓度的过氧乙酸、来苏儿和氢氧化钠溶液均能迅速将其杀死。

【流行病学】

猪痢疾仅引起猪发病，各种年龄和不同品种猪均易感，但 7～12 周龄的猪发生较多。小猪的发病率和病死率比大猪高。一般发病率约为 75%，病死率 5%～25%。

病猪或带菌猪是主要传染源，康复猪带菌可长达数月，经常从粪便中排出大量病菌，污染周围环境、饲料、饮水，或经饲养员、用具等媒介传播。经口感染后，犬 13 天、鸟 8 h 在粪便中仍有菌体排出。苍蝇至少带菌 4 h，小鼠为 100 多天。运输、拥挤、寒冷、过热或环境卫生不良等均可诱发该病。不少国家报道，猪痢疾流行是引进带菌猪所致。但也见于没有购入新猪历史的猪群，可能与上述传播媒介有关。

该病无明显季节性，流行经过比较缓慢，持续时间较长，且可反复发病。该病往往先在一个猪舍开始发生几头，以后逐渐蔓延开来。在较大的猪群流行时，如治疗不及时，常常拖延达几个月，而且很难根除。

【临床症状】

潜伏期 3 天至 2 个月以上，自然感染多为 1～2 周。猪群初次发生该病时，通常为最急性型，随后转变为急性型和慢性型。

1. 最急性型　表现为剧烈腹泻，排便失禁，迅速脱水、消瘦而死亡。

2. 急性型　往往先有个别猪突然死亡，随后出现病猪。病初精神稍差，食欲减退，粪便变软，表面附有条状黏液。以后迅速腹泻，粪便黄色柔软或水样。重病例在 1～2 天内粪便充满血液和黏液。在出现腹泻的同时，腹痛，体温稍高，维持数天，以后下降至常温，死前体温降至常温以下。随着病程的发展，病猪精神沉郁，体重减轻，渴欲增加，粪便恶臭带有血液、黏液和坏死上皮组织碎片。病猪迅速消瘦，弓腰缩腹，起立无力，极度衰弱，最后死亡。病程约 1 周。

3. 慢性型　病情较轻。腹泻，黏液及坏死组织碎片较多，血液较少，病期较长。进行性消瘦，生长迟滞。不少病例能自然康复，但间隔一定时间，部分病例可能复发甚至死亡。病程为 1 个月以上。

【病理变化】

病理变化局限于大肠、回盲结合处。大肠黏膜肿胀，并覆盖着黏液和带血块的纤维素。大肠内容物软至稀薄，并混有黏液、血液和坏死组织碎片。当病情进一步发展时，黏膜表面坏死，形成伪膜；有时黏膜上只有散在成片的薄而密集的纤维素。剥去伪膜露出浅表糜烂面。大肠病理变化导致黏膜吸收机能障碍，使体液和电解质平衡失调，发生进行性脱水、酸中毒和高血钾，这可能是引起该病死亡的原因。其他脏器无明显病理变化。

组织病理学检查，早期病例的肠黏膜上皮与固有层分离，微血管外露而发生灶性坏死。当病理变化进一步发展时，肠黏膜表层细胞坏死，黏膜完整性受到不同程度的破坏，并形成伪膜。在固有层内有多量炎性细胞浸润，肠腺上皮细胞发生不同程度变性、萎缩和坏死。黏膜表层及腺窝内可见数量不一的猪痢疾短螺旋体，但以急性期数量较多，有时密集呈网状。病理变化局限于黏膜层，一般不超过黏膜下层，其他各层保持相对完整性。

【诊断】

根据特征性流行规律、临床症状及病理变化的特点可以做出初步诊断。一般取急性病例的猪粪便和肠黏膜制成涂片染色，用暗视野显微镜检查，每视野见有 3 ～ 5 条短螺旋体，可以作为定性诊断依据。但确诊还需从结肠黏膜和粪便中分离和鉴定致病性猪痢疾短螺旋体。分离该菌多采用添加大观霉素（400 μg/ml）等抑菌剂的胰胨大豆琼脂，加入 5% ～ 10% 牛或马血液，采用直接画线或稀释接种法，于 1.013×10^5 Pa 下，80%H_2+20%CO_2，以钯作催化剂的厌氧环境中 38 ～ 42 ℃培养，每隔 2 天检查一次，当培养基出现无菌落 β 型溶血区即表明有该菌生长，经继代分离培养，一般经 2 ～ 4 代后即可纯化。进一步鉴定做肠致病性实验（口服感染实验和结肠结扎实验），若有 50% 的感染猪发病，即表示该菌株有致病性。结扎肠段，接种菌悬液，经 48 ～ 72 h 扑杀，如见肠段内渗出液增多，内含黏液、纤维素和血液，肠黏膜肿胀、充血、出血，抹片镜检有多量短螺旋体，则可确定为致病性菌株，非致病性菌株接种肠段则无上述变化。也可用 PCR 快速鉴定病原体。

血清学诊断方法有凝集实验、间接荧光抗体技术、被动溶血实验、琼脂扩散实验和 ELISA 等，比较实用的是凝集实验和 ELISA，主要用于猪群检疫。

该病应注意与下列几种病进行鉴别。

沙门菌病：为败血症变化，在实质器官和淋巴结有出血或坏死，小肠内可发现黏膜病理变化，肠道糠麸样溃疡。应根据大肠内有猪痢疾短螺旋体，以及从小肠或其他实质器官中分离出沙门菌来确诊。

猪增生性肠炎：病理变化主要见于小肠，确诊在于增生性肠炎病理变化特点和肠上皮细胞有胞内劳森菌（Lawsonia intracellularis）的存在。

结肠炎：由结肠菌毛样短螺旋体（brachyspira pilosicoli）引起，临床症状与温和型猪痢疾相似，但剖检病理变化局限于结肠，确诊依靠结肠菌毛样短螺旋体的分离鉴定。

另外，还应注意与猪瘟、猪传染性胃肠炎、猪流行性腹泻及其他胃肠出血症的鉴别。

【防控】

至今尚无疫苗可用，因此控制该病应加强饲养管理，采取综合防控措施。严禁从疫区引进生猪，必须引进时，应隔离检疫 2 个月；猪场实行全进全出饲养制度，进猪前应按消毒程序与要求认真消毒猪舍。保持舍内外干燥，防鼠灭鼠，粪便及时无害化处理，饮水应加含氯消毒剂处理。发病猪场最好全群淘汰病猪，彻底清理和消毒，空舍 2 ～ 3 个月，再引进健康猪；对易感猪群可选用多种药物预防，结合清除粪便、消毒、干燥及隔离措施，可以控制甚至净化猪群。

十三、结核病

结核病（tuberculosis）是由分枝杆菌引起的人和动物共患的一种慢性传染病，其特点是在多种组织器官形成结核结节和干酪样坏死或钙化结节病理变化。

该病在世界各地分布很广，曾经是引起人畜死亡最多的疾病之一。结核病是一种有数千年历史的古老疾病，但直到 1882 年 Koch 才发现结核病的病原体是结核杆菌。目前已有不少国家控制了结核病，人畜的发病率和病死率逐年降低，但在防治措施不健全的地区和国家，往往形成地区性流行。我国的人畜结核病虽得到了控制，但近年来发病率又有增长的趋势，因此国际组织和我国政府都将该病作为重点防治的疾病。

【病原】

该病的病原是分枝杆菌属（*Mycobacterium*）的 3 个菌种，即结核分枝杆菌（简称结核杆菌）（M.tuberculosis）、牛分枝杆菌（M.bovis）和禽分枝杆菌（M.avium）。该菌的形态，因种别不同而稍有差异。结核分枝杆菌是直或微弯的细长杆菌，呈单独或平行相聚排列，多为棍棒状，间有分支状。牛分枝杆菌稍短粗，且着色不均匀。禽分枝杆菌短而小，为多形性。该菌不产生芽孢和荚膜，也不能运动，革兰氏染色阳性。用一般染色法较难着色，常用的方法为 Ziehl-Neelsen 氏抗酸染色法。

分枝杆菌为严格需氧菌，生长最适温度为 37.5 ℃，牛分枝杆菌生长最适 pH 为 5.9 ～ 6.9，结核分枝杆菌生长最适 pH 为 7.4 ～ 8.0，禽分枝杆菌生长最适 pH 为 7.2。在培养基上生长缓慢，初次分离培养时更是如此，需用牛血清或鸡蛋培养基，在固体培养基上接种，3 周左右开始生长，出现粟粒大圆形菌落。牛分枝杆菌生长最慢，禽分枝杆菌生长最快。

分枝杆菌含有丰富的脂类，在自然环境中生存力较强，对干燥和湿冷的抵抗力很强。在干痰中能存活 10 个月，在粪便、土壤中可存活 6 ～ 7 个月，在病变组织和尘埃中能生存 2 ～ 7 个月或更久，在水中可存活 5 个月，在冷藏奶油中可存活 10 个月。对热的抵抗力差，60 ℃ 30 min 即可死亡，在直射阳光下经数小时死亡。常用消毒剂经 4 h 可将其杀死，在 70% 酒精或 10% 漂白粉中很快死亡。

该菌对磺胺类药物、青霉素及其他广谱抗生素均不敏感，但对链霉素、异烟肼、对氨基水杨酸和环丝氨酸等敏感，中草药中的白及、百部、黄芩对结核分枝杆菌有一定程度的抑菌作用。

【流行病学】

该病可侵害人和多种动物，据报道约有 50 多种哺乳动物、20 多种禽类可患该病。家畜中牛最易感，特别是奶牛，其次为黄牛、牦牛、水牛，猪和家禽易感性也较强，羊极少患病。野生动物中猴、鹿感性较强，狮、豹等也有发病报道。

牛结核病主要由牛分枝杆菌，也可由结核分枝杆菌引起，牛分枝杆菌也可感染猪和人及其他一些家畜，禽分枝杆菌主要感染家禽，但也可感染牛、猪和人。结核病患病动物尤其是开放型患者是该病的主要传染源，其痰液、粪尿、乳汁和生殖道分泌物中都可带菌，污染饲料、食物、饮水、空气和环境而散播传染。

该病主要经呼吸道、消化道感染，病菌随咳嗽、喷嚏排出体外，存在于空气飞沫中，健康的人、动物吸入后即可感染。饲养管理不当与该病的传播有密切关系，畜（禽）舍通风不良、拥挤、潮湿、阳光不足、缺乏运动，最易患病。

【发病机理】

分枝杆菌是胞内寄生细菌。机体抗结核病的免疫基础主要是细胞免疫，细胞免疫反应主要依靠致敏的淋巴细胞和激活的单核细胞互相协作来完成的，体液免疫因素只是次要的。结核免疫的另一特点是传染性免疫和传染性变态反应同时存在。传染性免疫，是指只有当分枝杆菌的抗原在体内存在时，抗原不断刺激机体才能获得结核特异性免疫力，因此也叫作带菌免疫。若细菌和其抗原消失，免疫力也随之消失。传染性变态反应，是指机体初次感染分枝杆菌后，机体被致敏，当再次接触菌体抗原时，机体反应性大大提高，炎症反应也较强烈，这种变态反应是在结核传染过程中出现的，故称为传染性变态反应。由于机体对分枝杆菌的免疫反应和变态反应一般都是同时产生，伴随存在，故可用结核菌素做变态反应来检查机体对分枝杆菌有无免疫力，或有无感染和带菌。

分枝杆菌侵入机体后，与巨噬细胞相遇，易被吞噬或将分枝杆菌带入局部的淋巴管和组织，并在侵入的组织或淋巴结处发生原发性病灶，细菌被滞留并在该处形成结核。当机体抵抗力强时，此局部的原发性病灶局限化，长期甚至终生不扩散。如果机体抵抗力弱，疾病进一步发展，细菌经淋巴管向其他一些淋巴结扩散，形成继发性病灶。如果疾病继续发展，细菌进入血流，散布全身，引起其他组织器官的结核病灶或全身性结核。

【临床症状】

潜伏期长短不一，短者十几天，长者数月甚至数年。通常取慢性经过，病初临床症状不明显，当病程逐渐延长，病症才逐渐显露。

可由禽分枝杆菌、牛分枝杆菌和结核分枝杆菌引起，猪对禽分枝杆菌的易感性比其他哺乳动物高。养猪场里养鸡或养鸡场里养猪，都可能增加猪感染禽结核的机会。猪结核病很少在猪只之间传染。猪感染结核主要经消化道感染，在扁桃体和颌下淋巴结发生病灶，很少出现临床症状，当肠道有病灶则发生下痢。猪感染牛分枝杆菌则呈进行性病程，常导致死亡。

【病理变化】

结核的病理变化特点是在组织器官发生增生性或渗出性炎症，或两者混合存在。机体抵抗力强时，机体对分枝杆菌的反应以细胞增生为主，形成增生性结核结节，即增生性炎，由类上皮细胞和巨噬细胞集结在分枝杆菌周围，构成特异性肉芽肿。外层是一层密集的淋巴细胞或成纤维细胞形成的非特异性肉芽组织。抵抗力低时，机体反应则以渗出性炎症为主，在组织中有纤维蛋白和淋巴细胞的弥漫性沉积，后发生干酪样坏死、化脓或钙化，这种变化主要见于肺和淋巴结。

猪全身性结核不常见，在某些器官如肝、肺、肾等出现一些小的病灶，或有的病例发生广泛的结节性过程。有的呈干酪样变化，但钙化不明显。在颌下、咽、肠系膜淋巴结及扁桃体等发生结核病灶。

【诊断】

在动物群中有发生进行性消瘦、咳嗽、慢性乳房炎、顽固性下痢、体表淋巴结慢性肿胀等临床症状时，可作为初步诊断的依据。但在不同的情况下，需结合流行病学、临床症状、病理变化、结核菌素实验、细菌学实验和血清学实验等综合诊断较为切实可靠。

1. 血清学诊断　由于实际应用意义不大，目前极少应用。

2. 细菌学诊断　该法对开放性结核病的诊断具有实际意义。采取患病动物的病灶、痰、尿粪、乳及其他分泌物，做抹片检查、分离培养和动物接种实验。采用免疫荧光抗体技术检查病料，具有快速、准确、检出率高等优点。

3. 结核菌素实验　是目前诊断结核病最有现实意义的好方法。结核菌素实验主要包括老结核菌素（OT）和提纯结核菌素（PPD）诊断方法。

（1）老结核菌素诊断法：我国现行乳牛结核病检疫规程规定，应以结核菌素皮内注射法和点眼法同时进行。每次检疫各做2次，两种方法中的任何一种是阳性反应者，即判定为结核菌素阳性反应牛。

（2）提纯结核菌素诊断法（GB/T 18645—2002）：诊断牛结核病时，将牛分枝杆菌提纯菌素用蒸馏水稀释成20 000 IU/ml，颈侧中部上1/3处皮内注射0.1 ml（2 000 IU）。对其他动物的结核菌素实验一般多采用皮内注射法。

诊断鸡结核病用禽分枝杆菌提纯菌素，以0.1 ml（2 500 IU）注射于鸡的肉垂内，24 h、48 h判定，如注射部位出现增厚、下垂、发热、呈弥漫性水肿者为阳性。

诊断猪结核病，用牛分枝杆菌提纯菌素0.1 ml（10 000 IU）或老结核菌素原液0.1 ml，在猪耳根外侧皮内注射，另一侧注射禽分枝杆菌提纯菌素0.1 ml（2 000 IU），48～72 h后观察判定，明显发生红肿者为阳性。如无禽结核菌素，仅用牛结核菌素亦可。

诊断马、绵羊、山羊结核病，同时应用牛分枝杆菌、禽分枝杆菌提纯菌素或老结核菌素，以1：4稀释时分别皮内注射0.1 ml。马的部位与牛同，绵羊在耳根外侧，山羊在肩胛部。判定标准与牛相同。

诊断鹿结核病，用牛分枝杆菌提纯菌素或老结核菌素，以1：2稀释，2次点眼，每次3～4滴，按3 h、6 h、9 h分别观察，判定标准与牛相同。

4. 分子生物学诊断　PCR、核酸探针、基因芯片、DNA序列测定的部分分子生物学方法皆可做特异性诊断。

人结核病可根据病史、体征、X线检查、结核菌素皮内实验等方法进行诊断，其中X

线检查是重要的诊断方法，适用于大规模普查。怀疑开放性结核时，应采取痰液、咯血或粪尿等进行抗酸染色和结核分枝杆菌的分离培养。

【防治】

主要采取综合性防疫措施，防止疾病传入，净化污染群，培育健康群。畜禽结核病一般不予治疗，而是采取加强检疫、隔离、淘汰，防止疾病传入，净化污染群等综合性防疫措施。

【公共卫生】

人结核病主要由结核分枝杆菌引起，牛分枝杆菌和禽分枝杆菌也可以引起感染发病。主要临床症状表现为身体不适，长期发生低热，常呈不规则性，多在午后发热，傍晚下降，晨起或上午正常，倦怠，易烦躁，心悸。食欲减退、消瘦、体重减轻。植物性神经紊乱。盗汗多发生在重症患者。各种器官结核的特殊临床症状如下：肺结核见咳嗽和咯痰，有空洞的患者则咳出脓痰、咯血痰或咯血。胸痛、气短或呼吸困难等。颈淋巴结核见颈部淋巴结肿大，初期可移动，如破溃，可经久不愈。肠结核则腹痛，多位于右下腹，可见腹泻、便秘或两者交替出现，有时发生不全性肠梗阻。另外，还有结核性腹膜炎、结核性脑炎、结核性胸膜炎及肾结核、骨关节结核等。

防治人结核病的主要措施是早期发现，严格隔离，彻底治疗。牛乳应煮沸后饮用；婴儿普遍注射卡介苗；与病人、病畜禽接触时应注意个人防护。治疗人结核病有多种有效药物，以异烟肼、链霉素和对氨基水杨酸钠等最为常用。在一般情况下，联合用药可延缓产生耐药性，增强疗效。

十四、李氏杆菌病

李氏杆菌病（Listeriosis）是一种散发性传染病，家畜主要表现脑膜脑炎、败血症和孕畜流产。

1926 年首次分离到本菌后，现已呈世界性分布。20 世纪 80 年代以来，人类因食用被污染的动物性食物而屡发李氏杆菌病，受到人们广泛关注。

【病原】

病原是产单核细胞李氏杆菌（Listeria monocytogenes），为革兰氏阳性的小杆菌，在抹片中单个分散，或两个菌排成"V"形或互相并列。该菌在分类上属于李氏杆菌属。用凝集素吸收实验，已将实菌抗原分出 15 种 O 抗原（Ⅰ至Ⅳ）和 4 种 H 抗原（A 至 D）。现在已知有 7 个血清型、16 个血清变种。

该菌不耐酸，pH5.0 以上才能繁殖，至 pH9.6 仍能生长。对食盐耐受性强，对热的耐受性比大多数无芽孢杆菌强，常规巴氏消毒法不能杀灭它，65 ℃经 30 ～ 40 min 才杀灭。一般消毒剂都易使之灭活。

【流行病学】

自然发病多见于绵羊、猪、家兔，牛、山羊次之，马、犬、猫很少发病；在家禽中，以鸡、火鸡、鹅较多，鸭较少。许多野兽、野禽、啮齿动物特别是鼠类都易感染，且常为该菌的贮存宿主。

该病为散发性，一般只有少数发病，但病死率高。各种年龄的动物都可感染发病，妊娠母畜和幼龄动物较易感。有些地区牛、羊发病多在冬季和早春。

患病动物和带菌动物是该病的传染源。由患病动物的粪、尿、乳汁、精液以及眼、鼻、生殖道的分泌液都曾分离到该菌。

传播途径还不完全了解。自然感染可能是通过消化道、呼吸道、眼结膜以及皮肤损伤。饲料和水可能是主要的传染媒介。冬季缺乏青饲料，天气骤变，内寄生虫或沙门氏菌感染，均可成为该病发生的诱因。

【临床症状】

自然感染的潜伏期为 2～3 周。有的只有数天，也有长达两个月的。

猪病初有的发低热，至后期下降，意识障碍，做圆圈运动，或无目的地行走，或不自主地后退。肌肉震颤、强硬，颈部和颊部尤为明显。有的表现阵发性痉挛，口吐白沫，侧卧地上，四肢泳动。有的在病初两前肢或四肢发生麻痹，不能起立。一般经 1～4 天死亡，时间长的可达 7～9 天。较大的猪有的身体摇摆，共济失调，步态强拘，有的后肢麻痹，不能起立，拖地而行，病程可达 1 月以上。仔猪多发生败血症，体温显著上升，精神高度沉郁，厌食，口渴；有的表现全身衰弱、僵硬、咳嗽、腹泻、呼吸困难、耳部和腹部皮肤发绀，病程为 1～3 天，病死率高。妊娠母猪常发生流产。

【病理变化】

有神经临床症状的患病动物，脑膜和脑可能有充血、炎症或水肿的变化，脑脊液增加，稍浑浊，含很多细胞，脑干变软，有小脓灶，血管周围有以单核细胞为主的细胞浸润，肝可能有小炎灶和小坏死灶。败血症的患病动物，有败血症变化，肝脏有坏死。家禽心肌和肝脏有小坏死灶或广泛坏死。家兔和其他啮齿动物，肝有坏死灶，血液和组织中单核细胞增多。流产的母畜可见到子宫内膜充血以至广泛坏死，胎盘子叶常见有出血和坏死。

【诊断】

根据流行病学、临床症状和病理变化进行初步诊断，病畜如表现特殊神经症状、妊畜流产、血液中单核细胞增多；剖检见脑膜充血、水肿，肝脏有小坏死灶；镜下脑组织有单核细胞浸润为主的血管套和微细的化脓灶等病变，可做出初步诊断。确诊需要进行实验室检查，包括病原检查、动物实验和血清学检查。

诊断时应注意与表现神经临床症状的其他疾病（如伪狂犬病、猪传染性脑脊髓炎、乙型脑炎等）进行鉴别。

伪狂犬病：传播较快，大猪发病时仅有体温升高，呼吸加快，食欲减退等症状，几天

以后恢复，不表现神经症状，取脑组织做家兔皮下接种实验，表现剧痒症状而死。

猪传染性脑脊髓炎：表现特殊的神经过敏，遇突然刺激，如触动或声响，立即尖叫，发生肌肉痉挛和角弓反张，以无病变脑组织悬液滴鼻或腹腔注射，只能使猪发病。

【防治】

平时需驱除鼠类和其他啮齿动物，驱除外寄生虫，不要从有病地区引入动物。发病时应实施隔离、消毒、治疗（败血型，氯霉素配合青霉素、链霉素治疗；或者青霉素与庆大霉素联合应用。牛羊李氏杆菌病，磺胺嘧啶钠注射 3 天，再口服长效磺胺，每 7 天一次，3 周左右可以控制）等措施，出现神经症状的病例治疗难以奏效。

【公共卫生】

在患病动物的饲养或剖检尸体时，应注意自身防护。患病动物的肉及其产品需经无害化处理后才能利用。平时应注意饮食卫生，防止被污染的蔬菜或乳肉蛋而感染。人李氏杆菌病的诊断主要依靠细菌学检查。对原因不明发热或新生儿感染者，应采取血、脑脊液、新生儿脐带残端及粪尿等进行镜检、分离培养和动物接种实验。

十五、炭疽

炭疽（anthrax）是由炭疽杆菌引起的人兽共患急性、热性、败血性传染病，临床特征是高热，呼吸困难，因败血症死亡或形成痈肿。病变特点是脾脏高度肿大，皮下及浆膜下出血、胶胨样浸润，血液凝固不良，呈煤焦油样，尸体极易腐败。人感染后多表现为皮肤炭疽、肺炭疽及肠炭疽，偶有伴发败血症。OIE 将其列为必须报告的动物疫病，我国将其列为二类动物疫病。

该病分布于世界各国，多呈散发。近数十年来，由于各国兽医法的贯彻执行，该病已有明显减少的趋势。我国在广泛应用炭疽芽孢疫苗预防接种以来，炭疽已基本得到控制，仅个别地区偶尔出现。但是，随着国际上生物战剂的研究发展和恐怖组织的活动，炭疽正在对人和动物构成新的威胁。2001 年发生在美国的炭疽邮件事件重新引起人们对该病的高度重视。

【病原】

炭疽杆菌（Bacillus anthracis）属于芽孢杆菌科（Bacillaceae）的芽孢杆菌属（Bacillus），革兰氏染色为阳性，大小为（1.0 ～ 1.5）μm×（3 ～ 5）μm，菌体两端平直，无鞭毛；在病料检样中多散在或呈 2 ～ 3 个短链排列，有荚膜，在培养基中则形成较长的链条，呈竹节状，一般不形成荚膜。该菌在患病动物体内和未剖开的尸体中不易形成芽孢，但暴露于充足氧气和适当温度下能在菌体中央处形成椭圆形芽孢。目前已知只有单一形态。

炭疽杆菌为兼性需氧菌，在 12 ～ 44 ℃都能生长，最适生长温度为 37 ℃，最适生长 pH 为 7.3 ～ 7.6。普通培养基上生长良好，强毒菌株在马或绵羊血琼脂平板上培养

18～24 h，形成不溶血、灰色或灰白色、"毛玻璃样"外观、表面发黏、奶油样、边缘不整的粗糙型（R）较大菌落，低倍镜下观察菌落有花纹，呈卷发状，中央暗褐色；无毒菌株则形成稍透明、较隆起、表面较湿润和光滑、边缘较整齐的光滑型（S）菌落。强毒菌株在普通肉汤中培养18～24 h，生长成菌丝或絮状的菌团，上液透明，管底有大量絮状沉淀，轻轻摇动，沉淀徐徐升起。

炭疽杆菌能分解葡萄糖、蔗糖、麦芽糖、果糖、菊糖、蕈糖和淀粉。个别菌株能分解甘露糖，产酸不产气，能还原硝酸盐和美蓝。VP试验阴性。

炭疽杆菌的毒力主要取决于荚膜多肽和炭疽毒素。荚膜多肽由多聚D谷氨酸构成，具有抗吞噬作用，不是主要保护性抗原，由97 kb的PXO_2质粒的cap基因编码。炭疽毒素是由184 kb的PXO_1质粒编码的外毒素蛋白复合物，由保护性抗原（PA）、水肿因子（EF）和致死因子（LF）三种蛋白组分构成，分别由质粒的pagA、cya及Lef基因编码。其中任一成分均无毒性作用，三者必须协同作用才对动物致病，它们的整体作用是损伤及杀死吞噬细胞，抑制补体活性，激活凝血酶原，致使发生弥散性血管内凝血，并损伤毛细血管内皮，使液体外漏，血压下降，最终引起水肿、休克及死亡。用特异性抗血清可中和这种作用。

炭疽杆菌菌体对理化因素的抵抗力不强，但芽孢则有坚强的抵抗力，能耐受干燥、热、紫外线、γ射线和多种消毒剂，在干燥的状态下可存活30～50年，150 ℃干热经60 min方可被杀死。现场消毒常用2%戊二醛、5%甲醛、20%漂白粉、0.1%氧化汞和0.5%过氧乙酸。来苏儿、石炭酸和酒精的杀灭作用较差。

【流行病学】

自然条件下，草食动物易感性高，以绵羊、山羊、马、牛和鹿最易感，骆驼和水牛及野生草食动物次之。猪的易感性较低，犬科、猫科等肉食动物很少见，家禽几乎不感染。实验动物中以豚鼠、小鼠、家兔较易感，大鼠易感性差。人对炭疽普遍易感，但主要发生于与动物及其产品接触机会较多的人员。

患病动物是本病的主要传染源，当处于菌血症时，可通过粪、尿、唾液及天然孔出血等方式排菌，加之尸体处理不当，更使大量病菌散播于周围环境，若不及时处理，则形成芽孢，污染土壤、水源或牧场，使之成为长久疫源地。

该病主要通过采食污染炭疽杆菌芽孢的饲料、饲草和饮水经消化道感染，但也可经呼吸道吸入或昆虫叮咬而感染。

该病常呈散发，有时可为地方流行性，干旱或多雨、地震灾后、洪水涝积、吸血昆虫多都是促进炭疽暴发的因素。干旱季节，地面草短，放牧时动物易于接近受污染的土壤，河水干涸，动物饮用污染的河底浊水；大雨后洪水泛滥，易使沉积在土壤中的炭疽芽孢泛起，并随水流扩大污染范围。此外，从疫区输入患病动物产品，如骨粉、皮革、毛发等也常引起该病的暴发。

【致病机制】

该病的发生和预后主要取决于动物的易感性、病原的毒力和数量及其感染途径。该菌的毒力主要与荚膜多肽和炭疽毒素有关，而引起发病和致死的直接因素是炭疽毒素。有毒力的炭疽芽孢进入动物机体后，在侵入的局部组织生长繁殖，同时宿主本身也动员其防御机制来抑制病菌繁殖，并将其部分杀死。当宿主抵抗力较弱时，有毒力的炭疽杆菌能及时形成荚膜，保护菌体不受白细胞吞噬和溶菌酶的作用，使细菌易于扩散和繁殖。炭疽杆菌还产生一种能引起局部水肿的毒素，菌体可在水肿液中繁殖，并经淋巴管进入局部淋巴结，最后侵入血流并大量繁殖，从而导致败血症。

【临床症状】

本病潜伏期一般为 1～5 天，最长可达 20 天。按其临床表现，可分为最急性型、急性型、亚急性型和慢性型四种类型。

猪主要发生于慢性型，多不表现临床症状，或症状轻微，多在屠宰检疫时被发现。常见咽型和肠型两种临床型。咽型炭疽呈现发热性咽炎，咽喉部和附近淋巴结肿胀，有灰黄色坏死灶，导致病猪吞咽、呼吸困难。肠型炭疽多表现呕吐、腹泻等消化道异常的临床症状，出血性肠炎，伴有溃疡，肠系膜水肿。也有个别败血型病例发生急性死亡。

【病理变化】

局部炭疽死亡的猪，咽部、肠系膜以及其他淋巴结常见出血、肿胀、坏死，邻近组织呈出血性胶样浸润，还可见扁桃体肿胀、出血、坏死，并有黄色痂皮覆盖。局部慢性炭疽，屠宰检疫时可见限于几个肠系膜淋巴结的变化。

【诊断】

一般对牛、羊可根据流行病学和临床特点做出初步诊断。但是动物种类不同，其发病经过和表现可能多种多样，特别是最急性病例往往缺乏临床症状，而对疑似病死动物又禁止剖检，因此最后诊断一般要依靠微生物学及血清学方法。

1. 病料采集　可采取患病动物的末梢静脉血或切下一块耳朵，必要时局部做小切口取下一小块脾脏，病料必须放入密封的容器中，多层密封严防外泄，详细标记后尽快送往实验室。

2. 微生物学检测　主要包括对采集病料中炭疽杆菌的涂片镜检、分离培养及鉴定。

3. 免疫学检测　主要是 Ascoli 反应，用已知抗体（炭疽沉淀素血清）诊断菌体抗原，是诊断炭疽简便而快速的方法。其优点是当病料陈腐菌体死亡导致培养失效时，仍可用于诊断，因而适宜于腐败病料、动物皮张、风干或盐浸肉品的检验。但因为炭疽杆菌与其他腐生芽孢杆菌具有共同耐热抗原，因此有时会出现非特异性反应。应用此实验的先决条件是被检组织中必须含有足够量抗原物质。被检样品浸泡液与沉淀素阳性血清接触面 15 min 内出现清晰、致密如线的白色沉淀环即可判为阳性。

4. 动物接种　小鼠腹腔注射 0.5 ml 培养物或病料悬液，经 1～3 天后小鼠因败血症死亡，其血液或脾脏中可检出有荚膜的炭疽杆菌。

5. 聚合酶链反应（PCR）　以炭疽杆菌毒素质粒 PXO_1 和荚膜质粒 PXO_2 特异序列设

计的引物建立的 PCR 方法可用于检测炭疽杆菌强毒菌株。对腐败病料和血液中的炭疽杆菌有较好敏感性，但对炭疽芽孢的检测不够敏感，其最低检出量为每克样品 2 000 个芽孢。

此外，还可用琼脂扩散试验和荧光抗体技术进行检测。

【防控】

由于本病是人兽共患烈性传染病，因此要加强宣传有关本病的危害及防控方法，特别是告诫动物主人不可剖检和食用死于本病的动物。

1. 预防措施　平时应做好生物安全和检疫防范工作。在疫区或常发地区，夏季应避免动物接触、食入洪水新近冲刷过的牧草，防止吸血昆虫对动物的叮咬，新鲜块根类食物应充分洗净后再饲喂。每年对易感动物进行免疫接种是最主要的预防措施，常用的疫苗有无毒炭疽芽孢苗和Ⅱ号炭疽芽孢苗，接种 14 天后产生免疫力，免疫期为 1 年。

2. 治疗措施　对已确诊患病动物，一般不予治疗，而应尽快严格销毁。对特殊动物必须治疗时，采取措施越早越好。治疗应该有严格隔离和防护条件。抗炭疽高免血清是治疗炭疽的特效药物，早期使用可获得很好的效果。猪治疗剂量为 50～120 ml；猪预防剂量为 16～20 ml，有效预防期为 10～14 天。

青霉素、环丙沙星、多西环素及某些磺胺类药物对本病均有良好治疗效果。如果采用几种抗菌药物与抗炭疽血清联合使用，疗效更为显著。

3. 扑灭措施　一旦发生本病，应尽快上报疫情，划定疫点、疫区，采取隔离、封锁等措施，禁止疫区内动物交易和输出动物产品及草料。禁止食用患病动物乳、肉。应对患病动物做无血扑杀处理，疫区、受威胁区所有易感动物进行紧急免疫接种。对病死动物尸体严禁解剖，必须采样时应严格按照技术规范操作，防止病原污染环境，形成永久性疫源地。死尸天然孔及切开处，用 0.1% 氧化汞浸泡的脱脂棉花或纱布堵塞，连同粪便、垫草一起焚烧。尸体可就地深埋，病死动物污染的地面应除去表土 15～20 cm，与20% 漂白粉混合后深埋。疫区内环境、圈舍及用具均应彻底消毒。当达到本病解除封锁的条件要求时，再解除封锁。

【公共卫生】

炭疽是人类有历史记载的最古老疫病之一，曾对人和动物造成严重危害。人感染主要是通过接触患病动物、食用含病原的肉制品、接触带芽孢的动物产品（如毛发、皮张、骨粉等）及实验室污染等引起。特别是近年来生物战剂的发展和恐怖主义的滋生，更增加了人类感染的机会。

人感染炭疽有三种类型，无论哪种类型，都预后不良。

1. 皮肤型炭疽　最为多见，约占人炭疽的 90%，主要是畜牧兽医工作人员和屠宰场职工，经皮肤伤口感染。临床表现感染处先有蚤咬样红肿，继而出现无痛水疱，逐渐变为溃疡，中心坏死，以后结成稍呈凹陷的暗红色痂皮或黑色焦痂（即炭疽痈）。周围组织红肿，绕有多数水疱，附近淋巴组织肿大、疼痛，并伴有头痛、发热、关节痛、呕吐、乏力等症状。严重时可呈败血症。

2．肺型炭疽　多为接触污染羊毛、鬃毛、皮革等动物产品的工厂员工，或是接触吸入性粉末状炭疽芽孢生物战剂、吸入了炭疽芽孢而引起。病程急骤，早期恶寒、高热、咳嗽、咯血、呼吸困难、可视黏膜发绀等。常伴有胸膜炎、胸腔积液，未治疗者经 2 ～ 3 天死亡。

3．肠型炭疽　常因食入污染的肉类所致。发病急，表现高热、呕吐、腹泻、血样便、腹痛、腹胀等腹膜炎症状。

诊断时皮肤型炭疽应与痈及蜂窝织炎相鉴别。痈和蜂窝织炎局部有明显的红肿及压痛，致病菌为金黄色葡萄球菌或溶血性链球菌。肺型炭疽与大叶性肺炎相类似，但其中毒症状较严重。肺型炭疽与肺鼠疫也较难区别，可应用细菌学检查方法加以鉴别。肠型炭疽的急性胃肠炎类型与沙门菌感染易于混淆，可根据流行病学和病原学检查来确定。

人类炭疽的预防应着重于与动物及其产品频繁接触的人员，凡在近 2 ～ 3 年内有炭疽发生的疫区人群、畜牧兽医人员，应在每年 4 ～ 5 月份前接种人用皮上划痕炭疽弱毒活疫苗，每年 1 次，连续 3 次。发生疫情时，病人应住院隔离治疗，病人的分泌物、排泄物及污染的用具、物品及衣、被均要严格消毒，与病人或病死动物接触者要进行医学观察，皮肤有损伤者同时用青霉素预防，局部用 2% 碘酊消毒。应尽量减少触摸皮肤型的炭疽痈，局部涂青霉素软膏。对肺型及肠型炭疽病人，治疗首选青霉素 G，每天 800 万～ 1 000 万 IU，分 4 次肌肉注射，连用 4 ～ 7 天，也可与链霉素联合使用。在抗菌消炎的同时，还要注意对症治疗，如强心、止吐、补液等。所有炭疽病人均应尽早注射抗炭疽血清。

第三节　猪常见内科病

一、消化系统疾病

（一）胃肠炎

胃肠炎是猪胃肠黏膜表层和深层组织发生严重炎症的一种疾病。

1．发病原因

（1）采食了腐败变质、含有毒素的饲料，或饮用不洁水源等引起。

（2）治疗消化不良时用药不当，可以使胃肠壁受到严重刺激从而导致胃肠吸收大量细菌毒素，进而发展为胃肠炎。

（3）营养不良、长途运输及滥用抗生素亦能引发。

2．临床症状　病猪体温升高，升至 40 ～ 41 ℃；肛门及尾部粘有稀粪，有时大便失禁，并混有血液；脉搏加快，并伴有腹泻，食欲减退，口腔干燥有舌苔；消瘦脱水，眼球下陷，触诊皮肤弹性下降。

3．诊断　应注意与传染性腹泻区别，必要时进行剖检，会发现可视黏膜苍白，有败血症变化。

4．治疗　首先要在发病初期，尚未脱水时，用液体石蜡 50 ～ 100 ml 兑水内服，从而清理胃肠道。其次，每千克体重用磺胺脒 0.1 ～ 0.3 g，分 2 ～ 3 次内服，或磺胺脒 5 ～ 10 g、小苏打 2 ～ 3 g 混合内服，每日 2 次，从而达到消炎抗菌的作用。如病猪出现久痢不止时，则用鞣酸蛋白、碱式硝酸铋各 5 ～ 6 g，每日服 2 次，同时用庆大霉素、恩诺沙星等肠道抗菌药物按量给药。再次，当病情有所缓解后，可以用胃蛋白酶、乳酶生各 10 g、安钠咖粉 2 g，混合后分 3 次内服，增强治疗效果，达到痊愈。

5．预防　要加强饲养管理，保持猪舍卫生干燥，温暖通风；提高饲料质量，不喂发霉变质的饲料；要保持饮水的清洁；做好其他传染病、寄生虫病的预防，一旦发现患消化不良的病猪要及时治疗，以防转化为胃肠炎。

（二）消化不良

消化不良主要是因为胃肠黏膜表层受到霉变饲料或饲料忽冷忽热的刺激而导致消化机能紊乱，胃肠消化吸收功能减退而引起的。

1．发病原因　猪只过饱或过饥、久渴暴饮、长途运输后立即饲喂等均可以引发本病。此外，如果猪误食含有刺激性药物也会引起本病。

2．临床症状　病猪食欲减退，精神不振，采食时咀嚼缓慢，口腔黏膜红黄或黄白，肠音增强；常发生呕吐或干呕，病情较重的猪会出现腹痛、肚胀。病猪一般体温无明显变化。

3．诊断　要综合多种情况，以区分是胃和小肠为主的消化不良还是以大肠为主的消化不良。其主要区别是前者口臭重、舌苔厚，食欲接近废绝，并伴发呕吐和便秘；后者排稀软或水样便并混有黏液，肠音明显。

4．治疗

（1）基本原则是除去病因，改善饮食，清肠制酵。

（2）首先，要检查饲料是否变质，同时改喂比较容易消化、营养全价的饲料，给充足的饮水。其次，用硫酸钠或人工盐 30 ～ 50 g，加水适量进行清肠，要及时进行胃肠功能调整，可用酵母片 2 ～ 10 片混入饲料内喂给，每日 2 次。如果病猪腹泻严重，要进行消炎止泻，可用呋喃唑酮 0.2 ～ 1 g 或黄连素 0.2 ～ 0.5 g 内服，每日 2 次。如果病猪脱水，应采用葡萄糖液、复方氯化钠液静脉输液以维持体液平衡。

5．预防　要加强饲养管理，合理调配饲料，防止饲喂发霉变质和过多的粗硬饲料。猪舍要注意卫生和通风，并做好保暖工作。

（三）肠便秘

肠便秘是由肠弛缓，内容物水分被吸收而干燥，导致肠腔阻塞的腹痛性疾病。围生期母猪普遍会发生便秘现象。此外，猪丹毒、猪瘟等热性传染病经过中也会继发本病。

1．临床症状　主要表现为病猪减食、停食，排粪干少，表面有血液或脱落的黏膜，深部腹腔触诊可触摸到圆柱或串珠状干硬粪球。病程中后期体温升高，严重病猪死亡。同时病程较长，肠壁坏死，可并发局限性腹膜炎。

2．治疗　首先应停饲或仅饲喂少量青绿多汁饲料，同时饮用大量温水。对病初体况较好的猪，用硫酸钠或硫酸镁 30 ～ 80 g，加温水 1 000 ml，一次灌服，并用温水、2%小苏打水或肥皂水，反复深部灌肠，配合腹部按摩。剧痛不安时，可肌注 30% 安乃近10 ml，也可用氯化钠 5 ～ 10 g 内服。在药物治疗无效时，应及时作剖腹术，施肠管切开术或肠管切除术。

3．预防　要加强饲养管理，合理搭配饲料，并保证足够的饮水和适量的运动。对于刚断奶的仔猪不能用米糠饲喂。

二、呼吸系统疾病

（一）感冒

感冒是由于寒冷侵袭所引起的，以上呼吸道黏膜炎症为主症的急性全身性疾病，本病无传染性，多发生于早春和晚秋，仔猪更易发生。

1．发病原因

（1）管理不当，寒冷突然袭击、营养不良、受到外界应激等。

（2）天气突然变化，使机体对环境的适应性降低，特别是上呼吸道黏膜防御机能减退，致使呼吸道内的常在菌大量繁殖而引起发病。

2．临床症状　病猪精神沉郁，耳垂头低，眼半闭，嗜睡，食欲减退，皮温不整，鼻盘干燥，耳尖、四肢末梢发凉，畏光流泪、结膜潮红，舌苔淡白，口色微红，体温升高达 40 ℃以上，畏寒怕冷，拱腰战栗，喜钻草堆，呼吸加快，脉搏增数，鼻流清涕，常便秘，少数拉稀。重症病例，躺卧不起，食欲废绝。

3．诊断　主要根据体温突然升高到 40 ℃以上，咳嗽，打喷嚏，畏光流泪，呼吸加快，脉搏增数，舌苔淡白等临床症状，结合受寒受风侵袭的病史一般容易做出确诊。

4．治疗　及时治疗，可很快治愈。若治疗不及时，出现并发症，拖延时间较久。体质良好的患猪通过加强饲养管理，常经过 3 ～ 7 天自愈。

（1）解热镇痛：内服阿司匹林或氨基比林 2 ～ 5 g/ 次，或扑热息痛 1 ～ 2 g/ 次，每天 1 ～ 2 次。

（2）防止继发感染：可适当配合应用抗生素或磺胺类药物。

（3）祛风散寒：应用中药效果较好。柴胡注射液 3 ～ 5 ml 或穿心莲注射液 3 ～ 5 ml，肌肉注射。

5．鉴别诊断　注意与猪流感的区别，二者临床症状相似，但发病率不同，猪流感发病率高达 100%，具有传染性，而感冒发病率低，往往散发，病程短，发病缓慢，没有传染性，没有特异性发病原因，多在猪只抵抗力降低时发病。

6．综合防治　加强管理，在早春、晚秋季节，注意保持猪舍干燥、清洁、保暖，避免贼风侵袭，及早治疗。

（二）鼻炎

鼻炎是猪鼻黏膜炎症的总称。以鼻黏膜充血、肿胀，甚或有顽固性的器质性变化，并分泌有浆液性、浆液黏液性、黏液脓性鼻液为主要病变的疾病。临床上以原发性卡他性鼻炎多见。

1. 发病原因

（1）原发性鼻炎：可由受寒感冒引起。感冒病畜都有程度不同的鼻炎病变，但鼻炎不一定都是由感冒引起，因而可以说鼻炎是感冒的症状或继发病。

由外界环境中吸入的尘埃、霉菌的孢子、麦芒等，猪舍通风不良时的氨气、用漂白粉消毒时的氯气以及各种有害气体的直接刺激，都可使鼻黏膜的防卫功能和完整性受到破坏。

（2）继发性鼻炎：可继发于流感、猪传染性萎缩性鼻炎、猪巴氏杆菌病等。此外，副鼻窦炎、咽喉炎、支气管炎等病炎症的蔓延或转移也可引发。

2. 临床症状　病初患猪可见喷嚏、吸气困难、鼻流清涕，2～4天后转稠或白色泡沫状，10多天后可转脓性。病猪表现不安，摩擦鼻端，鼻塞，可听到因吸气困难发出响亮的"嘘嘘"声。

3. 诊断　可根据鼻黏膜充血、肿胀、流鼻液和打喷嚏，而体温、脉搏、食欲等一般无变化确诊。

4. 治疗　首先除去致病因素，对轻度的卡他性鼻炎可不治而愈。对重症有大量鼻液的患猪，可用温生理盐水、1%小苏打溶液或2%～3%硼酸溶液，根据病情每天冲洗鼻腔1～2次，冲洗后涂以青霉素或磺胺软膏。也可向鼻腔内撒入青霉素或磺胺类粉剂。

当鼻黏膜充血肿胀严重时，为促进局部血管收缩并减轻鼻黏膜的敏感性，可用可卡因0.1 g，1：1 000的肾上腺素溶液1 ml，蒸馏水20 ml的混合液滴鼻，每日2～3次。

对体温高的，全身症状明显的，要及时应用磺胺类药物或抗生素进行治疗。

5. 鉴别诊断

（1）猪流行性感冒。相似处：流鼻液，打喷嚏等。不同处：有传染性，体温高，结膜发炎、肿胀，流泪，咳嗽。

（2）猪传染性萎缩性鼻炎。相似处：鼻黏膜潮红、流鼻液、打喷嚏、呼吸时有鼻息声、摩鼻等。不同处：有传染性，鼻甲骨萎缩变形，鼻面皮肤有皱褶，内眼角下有黄灰或褐色泪斑。

（3）猪坏死性鼻炎。流鼻液，鼻黏膜有溃疡、伪膜等，与格鲁布性鼻炎相类似。不同处：有传染性，咳嗽，呼吸困难，腹泻。用病料染色镜检可见着色部分被几乎完全不着色的空泡分开，形成串球状长丝形菌体或细小的杆菌。

（4）感冒。相似处：流鼻液，偶打喷嚏等。不同处：精神沉郁，低头耷耳，眼半闭喜睡，畏光，流眼泪，体温高，有舌苔，呼吸快，微有咳嗽。食欲减退，严重时废绝。

6. 防治　轻症的不治可愈。

重症的可选下列药液用连胶管的注射器注入鼻腔内：青霉素5万～10万IU溶于5 ml蒸馏水或2%～3%硼酸等。当鼻黏膜严重肿胀呼吸困难时，可用0.1%肾上腺素或用1%薄荷油剂浸润鼻黏膜。

7. 预防　加强饲养管理，增强抵抗力。注意环境卫生，保持猪舍干燥清洁，做好防寒保暖，提高猪体抗病能力。避免感冒和吸入各种刺激性气体。

（三）大叶性肺炎

大叶性肺炎又称纤维素性肺炎或格鲁布性肺炎，是以支气管、肺泡内充满大量纤维蛋白渗出物为特征的急性肺炎，常侵害肺的一个或几个大叶。

1．发病原因　本病的病因至今尚未完全阐明，通常认为有传染性和非传染性两种。

（1）传染性病因：巴氏杆菌引起的猪肺疫和炭疽具有大叶性肺炎的特征，近年来已经证明双球菌也可引起猪的大叶性肺炎。

（2）非传染性病因：非传染性大叶性肺炎是一种变态反应性疾病。可诱发的因素极多，如受寒感冒、长途运输、吸入刺激性气体等。

2．临床症状　突然发病，体温迅速升高到 40 ～ 41 ℃或以上，以后渐退或骤退至常温，患猪精神沉郁，食欲减退或废绝，脉搏增加，当体温升高 10 ℃时，脉搏即增加 10 ～ 15 次，体温继续升高 2 ～ 3 ℃，脉搏则不增加。呼吸急促，呈混合性呼吸困难，黏膜初充血潮红，后黄染发绀，皮温不整，肌肉震颤，病猪频发短痛咳嗽，溶解期变为强咳，肝变初期，流铁锈色或红色鼻汁。重症病例，倒地躺卧，张口呼吸。非典型病例，常止于充血期，临床可见到体温反复升高或仅见红黄色鼻液，全身症状大多不明显。

随病程不同而异，胸部叩诊，充血渗出期呈鼓音或浊鼓音，肺健区叩诊音高朗。胸部听诊，在充血水肿期相继出现肺泡呼吸音增强、干啰音、捻发音、肺泡呼吸音减弱和湿啰音；肝变期，肺泡呼吸音消失，出现支气管呼吸音；溶解期，支气管呼吸音消失，再出现啰音、捻发音。

3．诊断　根据本病的定型经过，高热稽留，铁锈色鼻液，每一时期特征性的叩诊音和听诊音的变化，不难确诊。血液学变化、尿液变化可有助于诊断。

4．治疗　典型的大叶性肺炎，全病程为 2 周左右，非典型的大叶性肺炎，病程长短不一。轻症病例，预后良好。重症病例，常并发肺脓肿、肺坏疽、胸膜炎等症而预后不良。

（1）消除炎症，控制继发感染：新胂凡纳明对该病有较好的疗效，病初按每千克体重 0.015 g，静脉注射，3 ～ 5 天 1 次，连用 3 次，临用时溶于葡萄糖盐水或生理盐水 100 ～ 500 ml 内，但在注射前半小时，最好先皮下注射强心剂，如樟脑磺酸钠或咖啡因，待心脏机能改善后，再注射新胂凡纳明。或将 1 次剂量分多次注射，较为安全。

（2）制止渗出和促进炎性产物吸收：可用 10% 氯化钙液 10 ～ 20 ml 静脉注射，每天 1 次，为促进炎性渗出物吸收和排除，可选用利尿素或醋酸钡等利尿剂内服。分泌物黏稠不易咳出时，可内服氯化铵及碳酸氢钠各 1 ～ 2 g，每天 2 次，混入饲料中喂给。频发痛咳，但分泌物不多时，可应用止咳剂，如复方樟脑酊 5 ～ 10ml 口服，每天 2 ～ 3 次，也可用盐酸吗啡、咳必清等止咳剂。

（3）对症治疗：心力衰竭时，可选用安钠咖液、强心液及樟脑磺酸钠等强心剂，为防止自体中毒，可静注樟酒糖液（含 0.4% 樟脑、6% 葡萄糖、30% 酒精、0.7% 氯化钠的灭菌水溶液）。当呼吸高度困难时，可肌肉注射氨茶碱，并发肺脓肿时，可用 10% 磺胺嘧啶钠溶液，40% 乌洛托品溶液 30 ml，5% 葡萄糖溶液 250 ml 合 1 次静脉注射，每天 1 次，食欲不佳时，应加健胃剂。

（4）中药治疗：常用清瘟败毒散，煎汤、胃管投服。

5. 鉴别诊断　须注意与胸膜炎、小叶性肺炎鉴别。

胸膜炎发热无定型，病的初期可听到胸膜摩擦音，当有渗出液积聚时，叩诊呈水平浊音，触诊或叩诊肺部时，患畜疼痛。小叶性肺炎临床表现弛张热，叩诊有散在的局灶性浊音区，X线检查肺纹理增强，显大小不等的灶状阴影。

6. 预防　加强饲养管理，减少或杜绝本病的各种诱因，增强动物的抗病能力，经常视察猪群，一旦发现各种传染性原发病，就要积极治疗、隔离，以防并发大叶性肺炎和相互传染。

（四）支气管肺炎

支气管肺炎是个别肺小叶或几个肺小叶及其相连接的细支气管的炎症，又称为小叶性肺炎。通常于肺泡内充满由上皮细胞、血浆与白细胞组成的卡他性炎症渗出物，故也称为卡他性肺炎。本病秋冬两季发病较多。

1. 发病原因

（1）原发性病因：受寒感冒，理化因素刺激，在某种程度上都能降低整个机体，特别是肺组织的抵抗力，为各种非特异性的内源性和外源性发病原因菌侵害机体创造了条件，以致引起发病。另外饲养不当，维生素A也可诱发。

（2）继发性病因：本病常继发或并发于许多传染病和寄生虫病，如仔猪的流行性感冒、猪支原体肺炎、仔猪蛔虫、霉菌病等。另外支气管炎常继发支气管肺炎。

2. 临床症状　病初患猪呈现急性支气管炎的症状，如初为干短带痛的咳嗽，继之变为湿长而疼痛减轻或消失，胸部听诊出现干性或湿性啰音，但全身症状重剧。表现精神沉郁，食欲减退或废绝，结膜潮红或蓝紫，体温升高 1.5～2 ℃。呈弛张热，有时为间歇热，脉搏随体温而变化，初期稍强以后变弱，脉搏频率每分钟可达100多次，呼吸困难，并且随病程的发展逐渐加剧，呼吸每分钟可达100多次，咳嗽为固定症状，由干性痛咳转为湿性痛咳，咳嗽的增剧表示病变区域的扩大，其减轻是病情好转的象征，流少量鼻液，初期呈浆液性以后逐渐变成黏液性或脓性，并发肺坏疽的时候鼻液则脓性而恶臭。胸部叩诊，病灶浅在的，可发现一个或数个局灶性的小浊音区，其部位一般在胸前下三角区内，融合性肺炎时则出现大片浊音区；深在病灶则临床上叩诊浊音不明显。胸部听诊，病灶部位肺泡呼吸音减弱，出现捻发音，融合性肺炎病灶区可听到干、湿性啰音和支气管肺泡呼吸音，其他部位可听到肺泡呼吸性代偿性增强。

血液学变化，白细胞总数和嗜中性白细胞增多，并伴有核左移，单核细胞增多，嗜酸性细胞缺乏。X线检查，肺纹理增强，呈现大小不等的灶状阴影，似云雾状，有的融为一片。

3. 诊断　主要根据病史，如继发于支气管炎，临床症状表现弛张热，短干痛咳到湿咳的转化，流鼻液，胸部叩诊呈局灶性浊音区，听诊出现捻发音，肺泡呼吸音减弱或消失，X线检查肺纹理增强，呈现大小不等的局灶性阴影。

4. 治疗　病程一般持续2周，大多数康复痊愈，极少数转化为化脓性肺炎或坏疽性肺炎而预后不良，临床上只要治疗及时、正确，一般预后良好。

（1）抑菌消炎：临床上主要应用抗生素和磺胺类制剂，治疗前最好采取鼻液做细菌对抗生素敏感试验，以便对症用药。

（2）祛痰止咳：当病猪频发咳嗽而鼻液黏稠时，可内服溶解性祛痰剂，常用氯化铵1～2 g，碳酸氢钠1～2 g，两液混合后，1次灌服，每天3次，连用2～3天，频发痛咳分泌物不多时，可用镇痛止咳剂，常用的有复方樟脑酊5～10 ml 口服，每天2～3次，或磷酸可待因0.05～0.1 g 内服，每天1～2次。

（3）制止渗出：用10%氯化钙溶液10～20 ml 或10%葡萄糖酸钙10～20 ml 静脉注射，每天1次，具有较好的效果。溴苄环乙胺能使痰液黏度下降，易于咳出，从而减轻咳嗽，缓解症状。与四环素类抗生素合并应用可提高疗效。

（4）对症治疗：体质变弱时，可静脉注射25%葡萄糖注射液200～300 ml，心脏变弱，可皮下注射10%安钠咖2～10 ml。

5. 鉴别诊断　注意与细支气管炎和大叶性肺炎相区别。

细支气管炎：热型不定，呼吸极度困难，呼气呈冲击状，因继发肺气肿，叩诊呈过清音甚至鼓音，肺界扩大，听诊肺泡呼吸音亢进并出现各种啰音。

大叶性肺炎：呈稽留热，典型病例常呈定型经过，有时可见铁锈色鼻液，叩诊的大片浊音区内肺泡音消失，出现支气管呼吸音，X线检查显现均匀一致的大片阴影。

6. 防治

（1）防止感冒，保护猪只免受寒冷的袭击。

（2）平时应注意饲养管理，喂给营养丰富、易于消化的饲料，圈舍要通风透光，保持空气新鲜清洁，以增强仔猪的抵抗力。

此外，应加强对能继发本病的一些传染病和寄生虫病的预防和控制。

（五）胸膜炎

胸膜炎是伴有渗出液与纤维蛋白沉积的胸膜炎症。主要特征是胸腔内含有纤维蛋白性渗出物。按其病程可分为急性与慢性；按其病变的蔓延程度可分为局限性与弥漫性；按其渗出物的数量可分为干性和湿性；按其渗出物的性质可分为浆液性、浆液－纤维蛋白性、出血性、非脓性和化脓－腐败性等。

1. 发病原因　急性原发性胸膜炎较少见，可由胸壁挫伤、穿透创或机体抵抗力衰弱时微生物侵入胸腔所致。大多数胸膜炎乃是一种继发性的疾病。继发性胸膜炎主要由巴氏杆菌、结核杆菌、化脓杆菌等引发。

2. 临床症状　原发性病例在初期，常有精神不振、被毛蓬乱、食欲减退、震颤，体温初升高，可达40.9 ℃，以后则降至39～40.5 ℃，呈弛张热。如为化脓性胸膜炎，体温可能更高。

在病的初期，胸膜有纤维蛋白性渗出物附着而变得粗糙，可听到胸膜摩擦音；随着渗出液的蓄积，摩擦音消失，有时可听到拍水音；而这个部位的肺泡呼吸音减弱或消失，健康部位肺泡呼吸音则增强。血液学变化：白细胞总数和嗜中性白细胞数增多，核左移，淋巴细胞减少。

食欲变化无常，身体消瘦，心音减弱。常有蛋白尿，尿中氯含量减少，渗出物开始吸收后，尿液又显著增加，呈现多尿。

3. 病理解剖　急性胸膜炎的病变特征是胸膜潮红、粗糙而干燥。可在其上面见到一层疏松附着、容易撕碎的蛛网状或者较厚的纤维蛋白膜。在渗出期胸腔中有大量含着纤维蛋白块团和浑浊的液体。肺的腹侧面衰萎，色彩暗红。慢性胸膜炎时，有的在发炎的胸壁上形成纤维蛋白性结缔组织，有的由于结缔组织的增生，胸膜壁层与脏层发生粘连。

4. 诊断　典型的胸膜炎，根据其临床症状和病理变化进行确诊并不困难。

5. 治疗　治疗原则是消除炎症，制止渗出，促进渗出物的吸收和排除以及防止自体中毒。给予软、富含营养的饲料；如为渗出性胸膜炎，则应适当限制饮水。加速炎性渗出物的吸收与排除，可用利尿剂、强心剂及轻泻剂。对有高热的病例，可用抗生素或磺胺药。

三、心血管系统疾病

（一）心功能不全

心功能不全又称心力衰竭或心脏衰弱，是一个临床综合征，指心肌收缩力减弱或衰竭，使心脏排血量减少，动脉压降低，静脉回流受阻等而呈现全身血液循环障碍的疾病。心功能不全是各种心脏疾病中常有的一种并发病。根据病程分为急性和慢性两种；按其起因分为原发性和继发性两种。

1. 发病原因

（1）急性原发性心力衰竭：多发生在长途驱赶过程中或在治疗过程中，往静脉输液量超过心脏的最大负荷量，尤其是向静脉过快地注射对心肌有较强刺激性的药液，如钙制剂和砷制剂等。

（2）急性继发性心力衰竭：多继发于急性传染病，如猪瘟、传染性胸膜肺炎、口蹄疫以及某些内科疾病，如各种急性心脏疾病、胃肠炎、肠便秘、日射病等；寄生虫病，如弓形体病和各种中毒性疾病的经过中，这多由于发病原因菌或毒素直接侵害心肌所致。

（3）慢性心力衰竭（充血性心力衰竭）：原发如猪心肌型白肌病，常继发或并发于心脏本身各种疾病，如心包炎、心肌炎、慢性心内膜炎以及导致血液循环障碍的某些慢性疾病，如慢性肺泡气肿和慢性肾炎等。

2. 临床症状　急性心力衰竭的初期，患畜呈现精神沉郁，食欲减退，运动中易于疲劳；呼吸加快，肺泡呼吸音增强，可视黏膜轻度发绀，体表静脉怒张；心搏动亢进，第一心音增强，脉搏细数，可增至 100 次 /min 以上，有时出现心内性杂音和节律不齐。

病情发展急剧时，精神极度沉郁，食欲废绝，黏膜高度发绀，体表静脉怒张，呼吸高度困难，发生肺水肿。胸部听诊有广泛的湿性啰音；两侧鼻孔流出多量无色细小泡沫状鼻液。心搏动增强，甚至震动胸壁或全身。第一心音极为高朗，常常带有金属音，而第二心音微弱。伴发阵发性心动过速；有的患畜发生眩晕，倒地痉挛；体温降低后，大多数死亡。

心力衰竭，特别是右心衰竭，静脉系统淤血，除发生胸、腹腔和心包腔积液外，还常常引起脑、胃、肠、肝、肺和肾脏等实质器官的淤血。

3. 诊断　主要根据发病原因，静脉怒张，脉搏增数，呼吸困难和腹下水肿以及心、肺听诊与叩诊的病理变化等临床特征，进行综合分析，建立诊断。

4. 治疗　先应放置患畜于安静厩舍休息，轻型急性心力衰竭患畜，只要适当休息，不用药物治疗也可康复。减轻心脏负担，可根据患畜体质，静脉淤血程度以及心音、脉搏强弱，静脉缓慢注射 20% ～ 25% 葡萄糖溶液 50 ～ 200 ml，增强心脏机能，改善心肌营养。

（1）洋地黄末 0.5 ～ 1 g，内服；洋地黄毒甙注射液（0.02%）0.5 ～ 1 ml 静脉注射。但应注意洋地黄类强心药物的蓄积作用。

（2）安钠咖，既能兴奋中枢神经系统和心肌，扩张冠状动脉血管和肾脏动脉，又有改善心肌营养和利尿作用，故在急性、慢性心力衰竭时，均可应用。20% 安钠咖注射液 1 ～ 10 ml，肌肉或静脉注射。

（3）樟脑，能兴奋心肌和呼吸中枢，在发生某些急性传染病及中毒经过中的心力衰竭时，常用 10% 樟脑磺酸钠注射液 1 ～ 10 ml，皮下或肌肉注射。严重急性心力衰竭患畜，应用速效强心剂进行抢救，首选 0.02% 洋地黄毒甙注射液 0.1 ～ 2 ml，静脉注射；如果心脏机能仍不见好转，可立即应用 1% 肾上腺素溶液 0.5 ～ 1 ml，加在 5% 葡萄糖溶液，静脉注射，效果较好。

5. 预防

（1）补充营养，如蛋白质、VC、VE、硒等营养成分以及黄芪多糖；

（2）减轻刺激，减少驱赶，做好消毒等。

（二）心肌炎

心肌炎是伴发心肌兴奋性增强和心肌收缩机能减弱为特征的心肌纤维的炎症。本病单独发生较少，多继发或并发于其他各种传染性疾病、脓毒败血症或中毒性疾病过程中。临床上以急性非化脓性心肌炎为常见。

1. 发病原因　急性心肌炎可见于猪瘟、口蹄疫、猪丹毒等；急性心肌炎又往往发生于败血症、子宫内膜炎和肺炎等。

此外，风湿病（由于链球菌感染而引起的全身变态反应性疾病）经过；某些药物，如磺胺类药物及青霉素的变态反应，毒物中毒如植物性的夹竹桃中毒和重金属中毒等，也可诱发本病。

2. 临床症状　急性非化脓性心肌炎多以心肌兴奋的症状开始。

（1）脉搏变化：表现为脉搏疾速而充实，随病势的发展，脉性变化显著，心跳与脉搏非常不相称，心跳强盛而脉搏甚微。

（2）心音与心律变化：心搏动亢进，心音高朗，当患畜稍做运动后，心搏动加快，即使运动停止，仍可持续较长时间。这种心肌机能的反应现象，往往是确诊本病的依据之一。

（3）可视黏膜与体表静脉变化：在心脏代偿能力丧失时，呈现可视黏膜发绀，呼吸高度困难，体表静脉怒张，颌下和四肢下端水肿等症状。

（4）心律不齐：当心肌病变严重时，出现明显的期前收缩的心律不齐。

（5）体温升高：由于感染或中毒引起的，还有体温升高和相应的血液学变化，以及一系列传染病和中毒所固有的其他症状。

（6）全身衰竭：重症心肌炎的患猪，精神高度沉郁，食欲废绝，全身虚弱无力，战栗，运步跟跄，甚至出现神志昏迷、眩晕，终因心力衰竭而突然死亡。

3. 病理解剖　急性非化脓性心肌炎的病理变化，炎症初期为局限性充血、浆液和白细胞性浸润。心肌脆弱、松弛、无光泽，心腔扩大。随着病程的延续，呈现心肌纤维细胞变性——浑浊肿胀、颗粒和脂肪变性。心肌组织发生坏死，坏死处结缔组织增生，留有疤痕，形成心肌硬化。心肌多呈苍白色、灰红色或灰白色不等。局灶性心肌炎的特征是心肌患病部分与健康部分相互交织，当沿着心冠横切心脏时，其切面为灰黄色斑纹，形成特异的虎斑心。

4. 诊断　首先应根据病史材料着重了解其继发或并发某些疾病的具体情况；临床症状中主要是心肌收缩次数的变化和过速出现血液循环障碍等。

心肌兴奋性增高，往往导致心脏收缩次数的变化，这是临床诊断急性心肌炎的一项指标。先在安静状态下测定患畜脉搏次数，随后令其步行运动 5 min 再数其脉搏次数，在心肌炎时虽停止运动，甚至经过 2～3 min 以后，脉搏仍可继续加快，必须经历较长时间才能恢复原来的脉搏次数。当心肌炎的后期，必然发生心脏扩张而出现缩期性杂音，节律不齐，血压降低和迅速发生血液循环障碍的症状。这些均可作为诊断的依据。

5. 治疗　本病的治疗主要在于减少心脏负担，增加心脏营养，提高心脏收缩机能和防治其原发病等。

首先使患畜安静，给予良好的护理，以及避免过度的兴奋和运动。多次少量地饲喂易于消化而且富有营养和维生素的饲料，并限制过多饮水。可应用磺胺类药物、抗生素、血清和疫苗等特异性疗法。

对急性心肌炎的初期，不宜用强心剂，以免心脏神经感受器的过度兴奋，使心肌过度兴奋，从而导致心脏迅速地陷于衰弱。故早期可在心区施行冷敷。当心肌炎发展到心力衰竭阶段，为了维持心脏的活动，改善血液循环，可以用 10% 安钠咖溶液 2～10 ml 皮下注射，每 6 h 重复 1 次。

洋地黄强心药被列为禁忌药。因为本药能延缓传导性和增强心肌的兴奋性，使心脏舒张期延长，导致心力过早衰竭，致使病畜死亡。

6. 鉴别诊断　急性心肌炎与心包炎的区别为，后者多伴发摩擦音或心包拍水音。

（三）心内膜炎

心内膜炎变化特征分疣状心内膜炎（良性）和溃疡性心内膜炎（恶性）两种；按其起因分为原发性和继发性；按其病程分为急性和慢性。临床上以血液循环障碍和心内性器质性杂音为特征。

1. 发病原因　急性心内膜炎的病因主要是传染性因素，常由于侵入血液中的各种致病性细菌及其毒素所引起。其致病性细菌有猪丹毒杆菌、链球菌和结核杆菌等。

慢性心内膜炎常由急性转变而来，常继发心瓣膜性心内膜炎。

2．临床症状　急性心内膜炎由于致病性细菌种类及其毒性强弱，炎症的性质（疣状或溃疡性），原发病的表现以及有无全身性感染情况的不同，其临床症状也不一样。通常患畜表现精神沉郁或嗜睡，眼半闭，头下垂，虚弱无力，易于疲劳，运步蹒跚，食欲大减。重型心内膜炎则体温升高（40.5～41 ℃）。但其主要还是表现心脏病的固有症状，如心搏动亢盛，震动胸壁甚至全身；心搏动数增加，可达80～110次/min，节律不齐；轻度兴奋或运动，心搏动次数突然增加。听诊，病初无异常，后期第一心音微弱、浑浊，第二心音几乎消失。有时第一心音和第二心音融合为一个心音。

随着病程发展，心脏机能障碍越发严重，血液循环紊乱，可视黏膜发绀，静脉高度淤血，颈静脉搏动，呼吸困难以及腹下发生水肿。由于溃疡性心内膜炎往往因栓子发生转移性感染，除可视黏膜出血现象外，肝、肺及其他器官发生转移病灶，引起化脓性肺炎、化脓性关节炎、脑膜脑炎以及血尿等现象。

3．病理解剖

（1）疣状心内膜炎：瓣膜游离缘、腱索及乳头肌上形成粟粒大的结节，呈灰白色或灰黄色，被覆血色或无色纤维蛋白的凝固物，随着结节融合而呈菜花状或疣状。由于结缔组织的增生，心内膜增厚，瓣膜短缩，因而瓣孔狭窄或闭锁不全，成为器质性病变。

（2）溃疡性心内膜炎：属深部坏死性炎症（重型）。瓣膜上有大小不等的溃疡面，被覆暗色的坏死性絮状片，常在主动脉瓣和二尖瓣，其游离缘变形、腱索断离或瓣膜穿孔。当坏死组织和纤维蛋白组织软化、分解、脱落成为栓子，随血流带到其他脏器，从右心则进入肺脏；从左心则进入脑、肝、脾、肾脏等，具有栓塞和脓毒败血症的病理变化。

4．诊断　疣状心内膜炎的心脏性杂音较稳定，多与风湿症、猪丹毒有关。溃疡性心内膜炎的杂音出现快，变化多，故不相同。

5．治疗　尽量使患畜避免兴奋或运动，保持安静。给予富有营养、易于消化的优质饲料，每天饮水量不宜过多。积极治疗原发病的同时，初期用抗生素和磺胺类药物，疗效尚好。体温过高时，可用解热药。为了维持心脏机能，可应用强心剂，如洋地黄、毒毛花苷K。必要时可用25%葡萄糖溶液100～500 ml或10%高渗氯化钠溶液50～100 ml静脉注射，每日1～2次，可增进治疗效果。

四、泌尿系统疾病

（一）肾炎

肾炎通常是指肾小球、肾小管或肾间质组织发生炎症性病理变化的统称。肾炎的主要特征是肾区敏感和疼痛，尿量减少，尿液含有病理产物。在临床中以急性肾炎、慢性肾炎及间质性肾炎为多发。

1．发病原因　肾炎的病因尚未完全阐明，目前认为肾炎的发生与感染、中毒及变态反应等因素有关。

（1）急性肾炎：指肾实质的急性炎症病变，由于炎症主要侵害肾小球，故又称为肾小球性肾炎。原发性急性肾炎极少见，引起继发性急性肾炎最常见的病因是感染与中毒。

①感染性因素：某些传染病经过中，如流感、传染性胸膜肺炎、猪瘟以及链球菌感染等常致发或并发急性肾炎。

②中毒性因素：内源性毒物，如重剧胃肠炎、肝炎、肺炎及大面积烧伤等疾病经过中所产生的毒素；外源性毒物，如采食有毒植物、霉败饲料等，经肾脏排出时，可引起本病。

③邻近器官的炎症：因肾盂肾炎、膀胱炎、子宫内膜炎的转移蔓延而引起。

④诱因：机体遭受风、受寒、营养不良以及过劳等，特别是当感冒时，由于机体遭受寒冷的刺激，引起全身血管发生反射性收缩，尤其是肾小球毛细血管的痉挛性收缩，导致肾血液循环及其营养发生障碍，结果肾脏防御机能降低，发病原因微生物侵入，易于发病。

（2）慢性肾炎：指肾小球发生弥漫性炎症，肾小管发生变性以及肾间质组织发生细胞浸润的一种慢性肾脏疾病，或是伴发间质结缔组织增生，致实质受压而萎缩，肾脏体积缩小变硬（慢性间质性肾炎，或称肾硬化）。病因与急性肾炎基本相同，但持续时间较长。

（3）慢性间质性肾炎：慢性间质性肾炎主要与某些慢性传染病（钩端螺旋体病等）和慢性中毒（化学毒物、慢性胃肠疾病或长期喂饲发霉饲料）有关。此外，亦有认为本病是慢性肾炎的持续发展所致，故将本病视为慢性肾炎的转归和结局。

2．临床症状

（1）急性肾炎：前驱感染后1～3周突然起病，病猪精神沉郁，食欲减退，体温升高，背腰拱起，站立时四肢张开或集于腹下，不愿行动，强使行走，则背腰凝硬或后肢举步困难。压迫肾区时，疼痛明显。严重病例，于眼睑、胸腹下及阴囊等处出现浮肿，轻症仅见面部、后肢以及眼睑部浮肿。病猪频频排尿，但每次尿量较少，个别病猪见有无尿现象。尿色浓暗，比重增高。当尿中含有大量红细胞时，则尿呈粉红色，甚至深红色或褐红色（血尿）。尿中蛋白质含量增高。尿沉渣中见有透明、颗粒、红细胞管型，此外，尚见有上皮管型及散在的红细胞、肾上皮细胞、白细胞、发病原因细菌等。

动脉血压升高，主动脉第二心音增强，脉搏强硬。病程延长时，可出现血液循环障碍。

（2）慢性肾炎：多由急性肾炎发展而来，故其症状与急性肾炎基本相似。但慢性肾炎发展缓慢，且症状多不明显。病初患畜全身衰弱，疲乏无力，食欲不定。继则出现食欲减退，消化不良或严重的胃肠炎，病猪逐渐消瘦。病至后期，于眼睑、胸腹下或四肢末端出现水肿，严重时可发生体腔积水或肺水肿。尿量不定（正常或减少），比重增高，蛋白质含量增加，尿沉渣中见有多量肾上皮细胞，管型（颗粒、上皮），少量红细胞和白细胞。重症病猪血中非蛋白氮（可增至 116 mmol/L）和尿液中尿蓝母（可增至 40 mg/L）大量蓄积，而引起慢性氮血症性尿毒症。

（3）间质性肾炎：临床症状视肾受损害的程度不同而异。但主要表现为尿量增多（初期）或减少（后期），尿沉渣中见有少量蛋白、红细胞、白细胞及肾上皮。有时尚可发现透明、颗粒管型，血压升高，心脏肥大，心搏动增强，主动脉第二心音增强，脉搏充实、紧张。随病程的持续出现心脏衰弱，尿量减少，比重增高，皮下水肿（心性水肿）。最后由于肾机能障碍，导致尿毒症而死亡。

3．病理解剖

（1）急性肾炎：眼观变化多不明显，仅见有肾脏轻度肿胀，被膜紧张易剥离。表面及切面呈淡红色，皮质略显增宽，因肾小球肿大，故在切面上呈灰白色半透明的小颗粒状隆起。

（2）慢性肾炎：可见肾脏明显皱缩，表面凸凹不平或呈颗粒状，质度硬实。被膜剥离困难，切面皮质变薄，结构致密，有时在皮质或髓质内见有或大或小的囊腔。

（3）间质性肾炎：肾脏由于结缔组织增生，并形成瘢痕组织而变硬，体积缩小，其表面呈颗粒状，色泽变淡呈灰白色，被膜增厚剥离困难。切面皮质变薄，增生的结缔组织呈灰白色条纹状。

4．诊断　肾炎主要根据病史、典型的临床症状，特别是尿液的变化进行诊断。必要时，亦可进行肾功能测定（酚红排泄试验、尿液浓缩和稀释试验以及肌酐清除率测定）。

5．治疗

（1）改善饲养管理：将病猪置于温暖、干燥、阳光充足且通风良好的畜舍内，并给予充分休息，防止受寒感冒。在饲养方面，病初可施行 1～2 天的饥饿或半饥饿疗法。以后应酌情给予富营养、易消化且无刺激性的糖类饲料。为缓解水肿和肾脏的负担，对饮水和食盐的给予量适当地加以限制。

（2）药物治疗：

①消除感染：应用青霉素、链霉素、卡那霉素等。

②抑制免疫反应：可应用激素类或抗恶性肿瘤类药物。

③利尿消肿：当有明显水肿时，可酌情选用利尿剂。双氢克尿噻，0.05～0.2 g，内服，每日 1～2 次，连用 3～5 天后停药。利尿素，0.5～2 g，内服。氨茶碱25%注射液，5～10 ml，静脉注射。

④尿路消毒：乌洛托品，5～10 g，内服，或应用其 40% 注射液 10 ml，静脉注射。

⑤免疫抑制疗法：醋酸强地松龙、氢化强地松龙等。用量可按每千克体重 0.5～1.5 mg，静脉注射，每周 1 次。也可内服片剂。

⑥对症疗法：当心脏衰弱时可应用强心剂，如安钠咖、樟脑或洋地黄制剂。当出现尿毒症时，可应用 5% 碳酸氢钠注射液，200～500 ml，或应用 2% 乳酸钠溶液，溶于 5% 葡萄糖溶液 500～1 000 ml 中，静脉注射。当有大量蛋白尿时，为补充机体蛋白，可应用蛋白合成药物，如苯丙酸诺龙或丙酸睾丸素。当有大量血尿时，可应用止血剂。

6．鉴别诊断　应注意与肾病的区别。肾病是由于细菌或毒物直接刺激肾脏，而引起肾小管上皮变性的一种非炎性疾病，通常肾小球损害轻微，临床上见有明显的水肿、大量蛋白尿及低蛋白血症，但不见有血尿及肾性高血压现象。

7．防治

（1）加强饲养管理，注意猪舍卫生，防止发病原因微生物的感染。

（2）应避免使用对尿路黏膜具有强烈刺激作用的药物。

（二）肾病

肾病主要是指肾小管上皮发生弥漫性变性的一种非炎性肾脏疾病。

1. 发病原因　肾病主要发生于某些传染病（传染性胸膜肺炎、流行性感冒、口蹄疫等）的经过中。其次有毒物质侵害：化学毒物如汞、磷、砷等；药品的中毒；真菌毒素如采食腐败、发霉饲料；体内的有毒物质如消化道疾病、肝脏疾病、蠕虫病等疾病时，所产生的内毒素中毒。

2. 临床症状　肾病通常缺乏特征性的临床症状，其一般症状与肾炎相似，不同的是不出现血尿（尿沉渣中无红细胞及红细胞管型）。

轻症病猪，尿中见有少量蛋白质和肾上皮细胞。当尿呈酸性反应时，可见有少量管型，但尿量不见明显变化。

重症病猪，见有不同程度的消化机能紊乱（食欲减退、周期性腹泻），逐渐消瘦、衰弱或贫血，并出现水肿，严重时发生胸、腹腔积水。尿量减少，比重增高，蛋白增量，尿沉渣中见有大量肾上皮及透明、颗粒管型，但缺乏红细胞。

血液变化，轻症无明显异常；重症可发现血浆中总蛋白含量降低（可降至 $3 \sim 4$ g/l），血浆胆固醇含量增高。

3. 病理变化　肾小管上皮发生浑浊、肿胀、变性（脂肪和淀粉变性），甚至坏死，通常肾小球的损害轻微。

4. 诊断　肾病主要根据尿液常规检验（尿中有大量蛋白质、肾上皮细胞、透明及颗粒管型，但缺乏红细胞及红细胞管型）、血液变化（蛋白含量降低，胆固醇含量增高），并结合病史（有传染或中毒的病史）及临床症状（仅见有水肿，但无血尿，血压也不升高）进行诊断。

5. 鉴别诊断　应与肾炎进行区别。肾炎既可由于细菌感染，也可由于变态反应所引起，炎症主要侵害肾小球，并伴有渗出、增生等病理变化。病猪肾区敏感、疼痛，尿量减少，出现血尿。在尿沉渣中能发现大量红细胞、红细胞管型及肾上皮细胞。心脏血管系统变化明显，但水肿比较轻微。

6. 治疗　在饲养中应适当给予富蛋白性饲料以补充机体丧失的蛋白质。防止水肿，应适当地限制饮水和饲喂食盐。

在药物治疗上应消除病因，由于感染因素引起者，可选用抗生素或磺胺类药物。

为消除水肿，可选用利尿剂。为补充机体蛋白质的不足，可应用丙酮睾丸酮，$0.05 \sim 0.1$ g，肌肉注射，间隔 $2 \sim 3$ 天 1 次或苯丙酸诺龙，$0.05 \sim 0.1$ g，肌肉注射。

五、神经系统疾病

脑膜脑炎主要是受到传染性或中毒性因素的侵害，首先软脑膜及整个蛛网膜下腔发生炎性变化，继而通过血液和淋巴途径侵害到脑，引起脑实质的炎性反应；或者脑膜与脑实质同时发炎。本病呈现一般脑症状或灶性症状，是一种伴发严重的脑机能障碍疾病。

1. 发病原因　链球菌、葡萄球菌以及沙门氏杆菌等，当机体防卫机能降低，微生物毒力增强时，即能引起本病的发生。又如中耳炎、化脓性鼻炎以及踢伤、骨质坏疽等蔓延至颅腔；或因感染创、褥疮等过程中转移至脑而发生本病。此外，猪囊虫以及血液原虫病等的侵袭及铅中毒、食盐中毒、霉玉米中毒等过程中也可出现该病。

2. 临床症状　急性脑膜脑炎，通常突然发病，多呈现一般脑症状，病情发展急剧。病畜神识障碍，精神沉郁，闭目垂头，站立不动，不听呼唤，直到昏睡，其中有时突然兴奋发作。

病猪，鸣叫，磨牙空嚼，口流泡沫。由传染因素引起的，初期体温升高，颅顶骨灼热，颅内压升高。继发感染，往往伴发菌血症或毒血症现象。病程中，体温变动范围很大，有时上升，有时下降；至病的末期，有时体温又升高。具有兴奋期与抑制期交替发作现象。兴奋期，病畜知觉过敏，皮肤感觉异常，甚至轻轻触摸，即引起剧烈疼痛；瞳孔缩小，视觉扰乱。抑制期，呈现嗜睡、昏睡状态，以及各种强迫姿势；瞳孔散大，视觉障碍，反射机能减弱乃至消失。

呼吸与脉搏变化：兴奋期，呼吸疾速，脉搏增数。抑制期，呼吸缓慢而深长；脉搏有时减少。但在末期，濒于死亡前，多呈现潮式呼吸或毕欧式呼吸，脉搏微弱。

饮食状态：食欲减退或废绝，采食、饮水异常，咀嚼缓慢；有呕吐现象。腹壁紧张，肠蠕动音微弱，排粪迟滞，尿量减少，尿中含有蛋白质、葡萄糖。

此外，由于脑组织的病变部位不同，特别是脑干受到侵害时，所表现的灶性症状也不一样，主要是痉挛和麻痹两个方面。

3. 病理解剖　主要病理学变化，即软脑膜小血管充血、淤血，轻度水肿，有的具有小出血点。切面、蛛网膜下腔和脑室内的脑脊液增多、浑浊，含有蛋白质絮状物；脉络丛充血，灰质与白质充血，并散在小出血点。有的病例，大脑皮层、基底核、丘脑、中脑、脑桥等部位，见有针尖大至小米粒大的灰白色坏死灶，脑实质疏松软化。慢性病例，软脑膜肥厚，呈乳白色，并与大脑皮层密接；镜检，脑实质软化灶周围，并有星状胶质细胞增生。

4. 诊断　如果临床症状明显，结合病史调查、现症观察及病情发展过程进行分析和论证。若病情的病程发展、临床特征不十分明显，可进行穿刺，采取脑脊液检查，其中蛋白质与细胞的含量显著增多；脑膜及脑化脓性炎症，脑脊髓液中的沉淀物除嗜中性白细胞外，尚有病原微生物；若因病毒或中毒性因素引起的，则有淋巴细胞。

5. 治疗　由于本病多因伴发急性脑水肿，颅内压升高，通常用20%甘露醇溶液或25%山梨醇溶液，按每千克体重 1～2 ml，静脉注射，应在 30 min 内注射完毕，降低颅内压。

急救也可以考虑应用 ATP 和辅酶 A 等药物，促进新陈代谢，改善脑循环。当病猪狂躁不安时，可用 2.5% 盐酸氯丙嗪溶液，2～4 ml，肌肉注射。

消炎解毒，用青霉素、链霉素，肌肉注射。

根据病情发展，当病猪精神沉郁，心脏机能衰弱时，应强心利尿，可以用高渗葡萄糖溶液，小剂量，多次静脉注射；同时用安钠咖、氨茶碱，皮下注射；也可以用40%乌洛托品溶液，10～20 ml，加适量维生素 C 和维生素 B$_{12}$ 配合葡萄糖生理盐水，静脉注射。

6. 鉴别诊断　急性热性传染病，通常由于受到病原微生物及其毒素的侵害，引起中枢神经系统机能紊乱，有时与本病容易混同。但一般脑症状不明显，亦无强迫运动和麻痹现象。

李氏杆菌病（神经型）的临床症状与本病类似。猪多发于春秋两季，有时呈地方性流行，伴发下痢、咳嗽以及败血症现象。

六、营养代谢病

（一）仔猪营养性贫血

仔猪营养性贫血，是指 5 ～ 21 日龄的哺乳仔猪缺铁所致的一种营养性贫血，多发于秋、冬、早春季节，呈群发性，对猪的生长发育危害严重。

1. 发病原因　由于缺铁或需求量大而供应不足，影响仔猪体内血红蛋白的生成，红细胞的数量减少，发生缺铁性贫血。另外，母猪及仔猪饲料中缺乏钴、铜、蛋白质等也可发生贫血。

2. 临床症状　一般在 5 ～ 21 日龄发病，精神沉郁，离群伏卧，食欲减退，营养不良，极度消瘦，耳静脉不显露。可视黏膜苍白，轻度黄染。被毛逆立，呼吸加快，心跳加速，体温不高。消瘦的仔猪周期性出现下痢与便秘。

另一类型的仔猪则不见消瘦，外观上可能较肥胖，且生长发育较快，2 ～ 4 周龄时，可在运动中突然死亡。

3. 病理解剖　皮肤及可视黏膜苍白，肌肉颜色变淡，肝脏肿大且有脂肪变性，肌肉淡红色，血液较稀薄，肺水肿或发生炎性病变，肾实质变性。

4. 诊断　据流行病学调查、临诊症状，化验室数据如红细胞计数、血红蛋白含量测定，特异性治疗如用铁制剂时疗效明显等，可做出诊断。

5. 治疗　调节母猪的饲料水平，保持其营养需要，补充铁、铜等微量元素。也可让猪自由采食土或深层干燥泥土。口服铁制剂，常用硫酸亚铁 2.5 g、硫酸铜 1 g、氯化钴 2.5 g，常水 1 L，按每千克体重 0.25 ml，每日一次灌服，连用 7 ～ 14 天。可用硫酸亚铁 100 g、硫酸铜 20 g，磨碎混在 5 kg 细砂中，让仔猪自食。在灌服铁盐时，浓度或剂量不可过大，以防铁中毒，出现呕吐、腹泻。

6. 防治　加强妊娠母猪和哺乳母猪的饲养管理，饲喂富含蛋白质、无机盐（铁、铜）和维生素的日粮。

（二）仔猪低血糖症

仔猪低血糖症是仔猪在出生后最初几天内因饥饿或缺少糖原异生作用的酶导致体内贮备的糖原耗竭而引起的一种营养代谢病，又称乳猪病或憔悴猪病。主要发生于 1 周龄内的新生仔猪。多发于冬春季，夏、秋季节少见。

1. 发病原因

（1）低温环境：新生仔猪由于受寒冷的刺激，为了维持正常体温而增加了体内糖原的消耗，使体内贮存的糖原减少，当新生仔猪对糖原的需求量与糖原的供给量有一定的差距而又不能及时得到补充时，便发生了低血糖症。

（2）母猪无乳或乳量不足：由于母猪饲养管理不良，造成母猪无乳、少乳、乳中含糖量低下，特别是母猪患病，如乳房炎、发热等疾病，致使泌乳障碍，造成产后乳量不足或无乳。仔猪因为饥饿，获取糖原不足或未能获取糖原而发病。

（3）新生仔猪吮乳不足或消化吸收机能障碍：仔猪先天性衰弱，生活能力低下而不能充分吮乳；同窝仔猪数量过多，母猪乳头不足，有的仔猪抢不到乳头而吃不到母乳；新生仔猪消化吸收机能障碍，以及初乳过浓，乳蛋白、乳脂肪含量过高，妨碍了新生仔猪的消化吸收。

（4）新生仔猪在母体内发育不良：由于母猪孕期的营养、管理及疾病等方面的因素，新生仔猪在母猪体内生长发育不良，体内贮存的脂肪酸和葡萄糖不足，生酮和糖原异生作用成熟迟缓，导致仔猪出现低血糖症。

2．临床症状   仔猪出生后第2天突然发病，迟的在3～5天才出现症状。仔猪初期精神不振，四肢软弱无力，肌肉震颤，步态不稳，摇摇晃晃，不愿吮乳，离群伏卧或嗜睡状，皮肤发冷苍白，体温低下。后期卧地不起，多出现神经症状，表现为痉挛或惊厥，空嚼，流涎，肌肉颤抖，眼球震颤，四肢呈游泳样划动。感觉迟钝或完全丧失，心跳缓慢，体温下降到36～37℃，皮肤厥冷。两眼半闭，瞳孔散大，口流白沫，并发出尖叫声。病猪对外界刺激开始敏感，而后失去知觉，最终陷于昏迷状态，衰竭死亡。病程不超过36 h。

3．病理解剖   死猪尸僵不全，皮肤干燥无弹性。颈下、胸腹下及后肢有不同程度的水肿，其液体透明无色；血液凝固不良，稀薄而色淡。胃内无内容物，也未见白色凝乳块，肠系膜血管轻度充血。心脏柔软，肝脏呈橘黄色，表面有小出血点，内叶腹面出现土黄色的坏死灶；切开肝脏后流出淡橘黄色血液，边缘锐薄，质地如豆腐易碎，肝小叶分界明显；胆囊肿大充满半透明淡黄色胆汁。肾脏呈淡土黄色，表面有散在的针尖大小出血点，肾切面髓质暗红色且与皮质界限清楚。脾脏呈樱红色，边缘锐利，切面平整，不见血液渗出。膀胱底部黏膜布满或散在出血点，肾盂和输尿管内有白色沉淀物。

4．诊断   调查病因，常见于母猪怀孕后期饲养管理不当，母猪缺奶或无奶，新生仔猪饥饿24～48 h发病。

病乳猪出现以神经、心脏为主的一系列症状。病初步态不稳，心音频数，呈现阵发性神经症状，发抖、抽动。病后期则四肢绵软无力，呈昏睡状态，心跳变弱而慢，体温低。

给病乳猪腹腔注射5%～20%葡萄糖注射液10～20 ml，疗效明显。

5．治疗   以补糖为主，辅以可的松制剂，促进糖原异生。

腹腔注射5%～20%葡萄糖液10～20 ml，每隔4～6 h1次，直至仔猪能哺乳或吃食人工配料为止。

口服50%葡萄糖水15 ml，每天3～6次。

地塞米松磷酸钠注射液，按每千克体重1～3 mg加入葡萄糖注射液内，腹腔注射；也可肌注，每天1～3次，4天为1个疗程。

为了防止复发，停止注射和灌药后，让其自饮20%的白糖水溶液，连用3～5天。促进糖原异生：醋酸氢化可的松25～50 mg或者促肾上腺皮质激素10～20 U，一次肌肉注射，连续3天。

6．鉴别诊断   本病应与新生仔猪细菌性败血症、细菌性脑膜脑炎和病毒性脑炎等引起明显的惊厥等疾病进行鉴别诊断。

（三）钙和磷营养缺乏

猪钙和磷营养缺乏是指饲料中钙和磷缺乏，二者比例失调或维生素 D 缺乏又日光照射不足时发生，则幼龄猪发生佝偻病，成年猪发生骨软病。

1. 发病原因

（1）日粮钙、磷缺乏或比例失调。

（2）饲料或动物体内维生素 D 缺乏。

（3）断奶过早或胃肠病、寄生虫病、先天性发育不良等因素也可影响钙、磷和维生素 D 的吸收利用。

（4）甲状旁腺机能代偿性亢进，甲状旁腺激素大量分泌，磷经肾排出，增加引起低磷血症，继发佝偻病和骨软症。

2. 临床症状　先天性仔猪佝偻病，面骨肿大，硬腭突出，四肢关节肿大而不能屈曲。临床表现衰弱无力，经过数天仍不能站立，躺卧呈现不自然姿势。后天性佝偻病发病缓慢，早期呈现食欲减退，消化不良，精神不振，不愿站立和运动，出现异嗜癖，随着病情的发展，关节部位肿胀肥厚，触诊疼痛敏感，发生跛行，骨骼变形，仔猪多弯腕站立或以腕关节爬行，后肢侧以跗关节着地，由于血钙水平低下，神经肌肉兴奋性增强，出现低血钙性搐搦，病症后期，骨骼变形加重，出现凹背、"X"形腿，同时伴有咳嗽、腹泻、呼吸困难、消瘦、贫血等症状。成年猪的骨软病，多见于母猪，病初表现为以异嗜为主的消化机能紊乱。随后出现运动障碍，表现为腰腿僵硬、拱背站立、运步强拘、跛行、经常卧地不动或作匍匐姿势。母猪发生产后胎衣不下、流产难产、不孕等。

3. 诊断　佝偻病和骨软症根据猪的年龄、饲养管理条件、病程经过、临床症状及治疗效果等特征，不难做出诊断。其中血清游离羟脯氨酸升高，血清碱性磷酸酶活性增高对该病有重要的诊断意义。

4. 治疗　主要是改善妊娠母猪、哺乳母猪和仔猪的饲养管理，给予无机盐和维生素 D 源充足的饲料，如给予青绿打浆饲料，饲料中可加骨粉、蛋壳粉等，合理调整日粮中钙、磷的含量以及比例，同时适当运动和照射日光。对于发病仔猪，可用维丁胶性钙注射液，按每千克体重 0.2 mg，隔日 1 次肌肉注射，维生素 A、维生素 D 注射液 2～3 ml 肌肉注射，隔日 1 次。对于成年猪，可用 10% 葡萄糖酸钙 50～100 ml 静脉注射，每天 1 次，连用 3 天，或 3% 次磷酸钙溶液 60～70 ml。亦可用 20% 磷酸二氢钠注射液 30～50 ml，1 次耳静脉注射。还可补给酵母麸皮（1.5～2 kg 麸皮加 50～70 g 酵母粉，煮后过夜，每天分次喂给）或用磷酸钙 2～5 g 或 10% 氯化钙溶液每次 1 汤匙，每天 2 次拌饲料中喂给。

七、中毒性疾病

（一）食盐中毒

食盐中毒是指猪因食入过量食盐所致的中毒。

1. 发病原因　采食了含食盐过多的泔水、饭店残羹，饲喂过多的酱渣、咸菜或口粮内添加食盐过多混合不均等，误饮碱泡水、自流井水、油井附近的污染水，投服过量的乳酸钠、碳酸钠、硫酸钠等钠盐。

另外饲料中的矿物质组成、饮水数量以及机体总的水盐代谢状态对食盐中毒亦有重要影响。

2. 临床症状　病初，病猪呈现食欲减退或废绝，精神沉郁，黏膜潮红，便秘或下痢，口渴和皮肤瘙痒，继之出现呕吐和明显的神经症状，兴奋不安，张口咬牙，口吐白沫，四肢痉挛，来回转圈或前冲后退，听觉和视觉障碍。重症病例出现癫痫样痉挛，每隔一定时间发作，依次出现鼻盘抽搐或扭曲，头颈高抬或向一侧歪斜，脊柱上弯或侧弯，呈角弓反张或侧弓反张姿势以至整个身体后退而成犬坐姿势，甚至仰翻倒地，四肢做游泳状划动，心跳加快，达 140～200 次/min。呼吸困难，最后四肢麻痹，卧地不起，瞳孔散大，昏迷死亡，病程一般为 1～4 h，体温在 36 ℃以下者，预后不良。

3. 病理解剖　胃肠黏膜充血、出血，以胃底部最严重，有的胃黏膜可见溃疡，实质器官充血或出血，肝大、质脆，肠系膜淋巴结充血、出血，心内膜有小出血点。脑脊髓各部可能有程度不同的充血、水肿，尤其在急性病例的软脑膜和大脑实质最为明显，以致脑回展平和发水样光泽。切片镜检可见在脑膜及脑实质内有嗜酸性粒细胞浸润，血管周围间隙有大量嗜酸性粒细胞聚集，形成嗜酸细胞血管套。

4. 诊断　根据过饲食盐和饮水不足的病史，结合突出的神经症状和一定的消化紊乱，以及病理剖检时，脑组织中呈现嗜酸性粒细胞浸润现象等即可做出诊断。

5. 治疗　无特效解毒药。发生中毒后应立即停喂含食盐的饲料及饮水，改喂稀糊状饲料，口渴时应多次少量给予饮水，切忌猛然大量给水或任意自由饮水，以免病情突然恶化，同群的猪亦不应突然随意供水，否则会促使处于前驱期钠潴留的猪大批暴发水中毒。

急性中毒的猪，用 1% 硫酸铜 50～100 ml 内服催吐后，内服黏浆剂及油类泻剂 50～100 ml，使胃肠内未吸收的食盐泻下和保护胃肠黏膜，也可在催吐后内服白糖 150～200 g。

如恢复体内离子平衡，可静脉注射 10% 葡萄糖酸钙 50～100 ml，为缓解脑水肿，降低颅内压，可静脉注射 25% 山梨醇液或 50% 高渗葡萄糖液 50～100 ml。为缓解兴奋和痉挛发作，可静脉注射 25% 硫酸镁注射液 20～40 ml，或 2.5% 盐酸氯丙嗪 2～5 ml，静脉或肌肉注射。心脏衰弱时，可皮下注射安钠咖。

（二）有机磷中毒

有机磷中毒是由于猪接触吸入或误食某种有机磷农药而引起的，以体内胆碱酯酶活性被抑制和乙酰胆碱蓄积为毒理学基础，以胆碱能神经兴奋效应为临床特征的中毒性疾病。

1. 发病原因

（1）违反保管和使用农药的安全操作规程，如保管、购销或运输中污染饲料、环境或用盛装过农药的容器装饲料和饮水导致中毒等。

（2）不按用药规定使用农药驱除猪体内外寄生虫而发生中毒。

（3）采食了喷洒农药不久的蔬菜、瓜果等青绿饲料而引起中毒。

2．临床症状 病猪于吸入、吃进或皮肤沾染有机磷农药后数小时内突然起病，表现为神经兴奋、口吐白沫、大量流涎、骚闹不安，也有的流鼻液、流泪液、眼结膜高度充血、瞳孔缩小、磨牙、肠蠕动音亢进、呕吐、肌肉震颤、全身出汗、不断腹泻。病情加重时，呼吸快速、心跳疾速、脉搏细弱，眼斜视，四肢软弱，卧地不起，大小便失禁。若不及时抢救，常会发生肺水肿而窒息死亡。慢性经过的病猪，无瞳孔缩小及腹泻等剧烈症状，只是四肢软弱，两前肢腕部屈曲跪地，欲起不能，尚有食欲，病程长达 5 ～ 7 天。

3．病理解剖 以肝、肾、脑的变化较明显，肝脏可有充血，胆汁淤积，肾脏淤血等；脑出现水肿、充血、脑神经细胞肿胀、细胞核溶解，甚至脑及脊髓软化。此外，肺水肿、气管及支气管内有大量泡沫样液体，肺胸膜有散在点状出血，心外膜下出血，心肌断裂，间质充血，水肿。胃肠黏膜呈弥漫性出血，胃黏膜易脱落，胃内容物似大蒜味。

4．确诊 主要根据接触有机磷农药的病史，胆碱能神经兴奋效应为基础的一系列临床表现以及病理变化做出初步诊断，进行全血胆碱酯酶活力测定，则更有助于早期确诊。

5．治疗

（1）解磷定：每千克体重 0.02 ～ 0.05 g，溶于 5% 葡萄糖生理盐水 100 ml 中作静脉注射或腹腔注射。注意该药使用时忌与碱性溶液配用。

（2）双复磷：每千克体重 0.04 ～ 0.06 g，用盐水溶解后，可供皮下、肌肉或静脉注射。

（3）硫酸阿托品注射液：1 ml（5 mg）1 次皮下注射。

以上 3 种药物用量应根据猪体大小与中毒程度酌情增减，注射后要观察瞳孔变化，在第一次注射后 20 min 左右，如无明显好转应重复注射，直至瞳孔扩大，其他症状消失为止。

在实施特效解毒的同时或稍后，采用除去未吸收毒物的措施。若是经口进入体内引起的中毒可用硫酸铜 1 g 内服，催吐，或用 2% ～ 3% 碳酸氢钠溶液或食盐水洗胃，并灌服活性炭。若是因皮肤涂药引起的中毒，则应用清水或碱水冲洗皮肤，但须注意，敌百虫中毒不能用碱水洗胃和洗皮肤，否则会转变成毒性更强的敌敌畏。

对于危重病例，应对症采用辅助疗法，以消除肺水肿，兴奋呼吸中枢，输入高渗葡萄糖溶液等，有助于提高疗效。常用 20% 甘露醇 200 ml 加入 20% 安钠咖 3 ～ 5 ml，静脉注射。

6．防治

（1）健全对农药的购销、保管和使用制度，防止污染饲料、饮水及周围环境。

（2）禁用刚喷洒过农药的蔬菜、水果等青绿饲料喂猪。

（3）不能用喂猪的器具配制农药，也不能用配制农药的器具喂猪。

（4）对于使用农药驱除猪体内外的寄生虫时，严格控制用药剂量，最好由兽医人员负责，定期组织进行，以防意外中毒事故。

（三）亚硝酸盐中毒

亚硝酸盐中毒是由于猪过量食入或饮入含有硝酸盐或亚硝酸盐的饲料和饮水造成高铁血红蛋白血症，导致机体组织缺氧而引起的中毒。本病常于猪吃饱后不久发生，故俗称"饱食瘟"。

1. 发病原因　用作饲料的蔬菜和作物，如甜菜、萝卜、马铃薯等均含有数量不等的硝酸盐和亚硝酸盐，特别是施氮肥充足时，含量更高。当这些饲料大量饲喂，或由于加工调制不当，如慢火焖煮，或因霜冻、霉烂变质、枯萎等条件，硝酸盐均可因混杂于饲料中反硝化细菌的作用而还原为亚硝酸盐，当亚硝酸盐进入体内超过一定浓度后就能发生中毒。

2. 临床症状　一般在采食后十几分钟到 30 min 突然发病，最迟 2 h 出现症状，同群同饲的猪只多同时或相继发生，病猪突然不安，呼吸困难，继而精神萎靡，呆立不动，四肢无力，行走打晃，起卧不安，犬坐姿势，流涎，口吐白沫或呕吐，皮肤、耳尖、嘴唇及鼻盘等部开始苍白，以后呈青紫色，穿刺耳静脉或剪断尾尖流出酱油状血液，凝固不良。体温一般低于正常，四肢和耳尖冰凉，脉搏稀疏，很快四肢麻痹，全身抽搐嘶叫，伸舌，而后窒息死亡。

3. 病理解剖　中毒病猪的尸体腹部多较膨满，口鼻呈乌紫色。并流出淡红色泡沫状液。眼结膜可能带棕褐色，血液暗褐如酱油状，凝固不良，暴露空气中经久仍不转成鲜红。各脏器血管淤血，胃肠道各部呈不同程度的充血、出血，黏膜易脱落，肠系膜淋巴结轻度出血。肝肾呈暗红色。肺充血，气管和支气管黏膜充血、出血，管腔内充满带红色的泡沫状液，心外膜、心肌有出血斑点。

4. 诊断　根据起病突然，黏膜发绀，血液褐变，呼吸困难，神经紊乱和病程短促的临床表现和病史调查，如青饲料的来源、存放、加工调制方法，即可做出初步诊断。必要的情况下，可在现场做亚硝酸盐简易检验和变性血红蛋白检查。

亚硝酸盐简易检验：取胃肠内容物或残余饲料的液汁 1 滴，滴在滤纸上，加 10% 联苯胺溶液 1～2 滴，再加 10% 醋酸溶液 1～2 滴，滤纸变为棕色即为阳性反应。也可将待检饲料存放在试管内，加 10% 高锰酸钾溶液 1～2 滴，搅匀后，再加 10% 硫酸 1～2 滴，充分摇动，如有亚硝酸盐，则高锰酸钾变为无色，否则不褪色。

5. 治疗　美蓝和甲苯胺蓝是亚硝酸盐中毒的特效解毒药，同时配合应用维生素 C 和高渗葡萄糖液，效果更好。

症状严重者，尽快剪耳、断尾放血，静脉或肌肉注射 1% 美蓝溶液，每千克体重注射 0.1～0.2 ml，或注射甲苯胺蓝，每千克体重 5 mg，内服或注射大剂量维生素 C（按每千克体重 10～20 mg 给予），以及静脉注射 10%～25% 葡萄糖液 300～500 ml。

症状较轻者，仅需要安静休息，投服适量的糖水或牛奶蛋清水即可。

（四）饲料中毒

1. 酒糟中毒　酒糟中毒是猪一次性大量饲入或误食大量腐败变质的酒糟引起的中毒病。

（1）发病原因：突然给猪饲喂大量的酒糟，或对酒糟保管不当，被猪大量偷吃或长期单一饲喂酒糟，而缺乏其他饲料的适当搭配，饲喂严重霉败变质的酒糟，都可使猪发生中毒。

（2）临床症状：病初精神沉郁，食欲减退，粪便干燥，以后发生下痢，体温升高并有不同程度的腹痛，呼吸促迫，心跳疾速。随后患猪兴奋不安，狂暴，步态不稳，易跌倒，食欲废绝，逐渐失去知觉，卧地不起，四肢麻痹，出现皮疹，最后由于呼吸中枢麻痹而死亡。

（3）病理解剖：病理变化有胃肠黏膜充血、出血，小结肠纤维素性炎症，直肠出血、水肿，肠系膜淋巴结充血，心内膜出血，肺充血、水肿，肝肾肿胀、质地变脆。

（4）诊断：根据饲喂酒糟的病史结合临床症状、病理变化进行诊断。

（5）治疗：对于中毒的猪，应立即停喂酒糟，以1%碳酸氢钠溶液1 000～2 000 ml内服或灌肠，同时内服缓泻剂，如硫酸钠30 g，植物油150 ml，加适量水混合后内服，并静脉注射5%葡萄糖生理盐水500 ml，加10%氯化钙溶液20～40 ml，有良好疗效。

重症病例应注意维护心肺功能，可肌肉注射10%～20%安钠咖5～10 ml，兴奋不安的病例可静脉注射5%水合氯醛注射液10～20 ml，或25%硫酸镁注射液10～20 ml。发生皮疹或皮炎的猪，用2%明矾水或1%高锰酸钾溶液冲洗，剧痒时可用5%石灰水冲洗或3%石炭酸酒精涂擦。

2．霉饲料中毒　猪霉饲料中毒就是动物采食了发霉的饲料而引起的中毒性疾病。各阶段猪都可能发生，仔猪及妊娠母猪较敏感。

（1）发病原因：自然环境中，霉菌种类甚多，常寄生于玉米、大麦及豆类等农作物制品中，如果温度（28 ℃左右）和湿度（80%～100%）适宜，就会大量生长繁殖。最常见的有黄曲霉毒素、镰刀菌毒素和赤霉菌毒素，含有这些毒素的饲料被猪采食后可引起中毒，造成大批发病和死亡。

（2）临床症状：中毒仔猪常呈急性发作，出现中枢神经症状，数天内死亡。大猪病程较长，一般体温正常，初期食欲减退，精神沉郁，消瘦，嘴、耳、四肢内侧和腹侧皮肤出现红斑，后期停食、腹痛、下痢、被毛粗乱，迅速消瘦，生长迟缓等。妊娠母猪常引起流产及死胎。公猪可有包皮炎、阴茎肿胀等。

（3）病理解剖：肝脏严重变性、坏死、肿大、色黄、质脆，小叶中心出血和间质明显增生，全身黏膜、皮下、肌肉可见有出血点和出血斑，淋巴结水肿，肾弥漫性出血，肾质变脆弱，色淡呈土黄色。肺淤血水肿，间质增宽，有霉菌结节。胸腹腔积液，胃肠道可见不同程度的卡他性出血性炎症的变化。大脑实质出血、水肿，神经细胞变性，脑实质和脑膜血管明显扩张。组织学可见霉菌孢子。

（4）诊断：主要靠饲喂霉败饲料的病史、临床症状及病理组织学变化，进行综合分析。可做生物学接种、分离培养、纯培养、动物回归试验，以进一步鉴别。

（5）治疗：对于急性中毒，主要是排除毒物、解毒、缓解呼吸困难。用0.1%高锰酸钾溶液或1%双氧水洗胃。内服泻剂和防腐剂，促进毒物的排除和制止异常发酵，也可灌服豆浆、豆清水或牛奶等。为缓解呼吸困难，保护大脑皮层，恢复中枢神经的调节功能，可用安溴合剂静脉注射（即10%溴化钠液10～20 ml，10%安钠咖2～5 ml），也可用3%过氧化氢溶液10～30 ml，加入3倍以上的5%葡萄糖生理盐水，混合后缓慢静脉注射。

酸中毒时，可注射5%碳酸氢钠溶液100 ml，也可用5%～20%硫代硫酸钠注射液20～50 ml静脉注射，或静脉注射40%乌洛托品10～20 ml。骚动不安，有神经症状者可给予镇静止痉剂。

在整个病程中应注意水、电解质失衡，保肝、护肾、镇静、解痉、控制继发感染，以维护中枢、循环、呼吸及泌尿等系统的功能。

3. 药物中毒

（1）磺胺药中毒：指猪长期使用磺胺类药物或药物用量过大引起的中毒病。

①发病原因：持续用药时间过长、技术员没有掌握好磺胺药的特性，用量过大等。

②临床症状：病猪精神不振，食欲减退或不食；体温正常或略高（40～41℃），被毛粗乱，喜卧，皮肤有的部分呈紫红色。有的病猪腹泻，排出灰黄色稀粪，痉挛。本病最突出的症状是病猪后肢跛行或拖拉后肢无力，重者卧地不起。

③病理解剖：剖检可见全身淋巴结肿大，呈暗红色，切面多汁，皮下有少量淡黄色液体，皮下与骨骼肌有不同程度的出血斑，胸腔和腹腔积液，心包积液，心外膜出血，肝脏黄染，有大小不等的坏死灶，脾肾肿大，质脆，胃和小肠黏膜充血、出血，肾肿大，呈淡黄色，肾盂内有黄色磺胺结晶沉积物。

④诊断：根据临床症状、病理解剖变化、实验室检测，结合病史调查，可做出确诊。

⑤治疗：立即停止用药，在饮水中添加 10% 葡萄糖溶液，电解多维，给猪只大量饮水，使其尿量增加，以降低尿中药物浓度，防止形成结晶，加速药物排出。

用 1%～3% 碳酸氢钠溶液饮水，使尿液呈碱性，提高磺胺药物的溶解速度。

在饲料中加入氟苯尼考、泰妙菌素饲喂，以防止继发感染。

（2）灭鼠药中毒：指猪误食灭鼠毒饵或被毒鼠药污染的饲料和饮水，以及因吞食被灭鼠药毒死的老鼠或家禽尸体而发生的中毒性疾病。

①发病原因：主要是因误食灭鼠毒饵或被毒鼠药污染的饲料和饮水所致。另外，有时用有机磷制剂驱虫或用华法林抗凝血治疗时用量过大，疗程过长亦可引起中毒。

②临床症状：

华法林中毒：急性中毒常无前驱症状即致死亡。亚急性中毒常见症状有结膜苍白，吐血，便血，鼻出血，广泛的皮下血肿，肌间出血。关节肿胀，步态蹒跚，共济失调，虚弱，心律失常，呼吸困难，昏迷而急性死亡。

磷化锌中毒：没有特征性症状，病猪早期表现不吃和昏睡，不久发生呕吐、腹泻，呕吐物和粪便有蒜臭味，在暗处可发磷光，较重的呼吸急迫，气喘、黏膜发绀，心律不齐。

安妥中毒：最初特征性症状是呕吐和流涎，以后表现兴奋不安，呼吸困难，咳嗽，两鼻孔流出带血色的泡沫。发病后期运动失调，犬坐姿势，常发生强直痉挛，短时间内窒息死亡。体温低下，尸体发绀。

③病理解剖。

华法林中毒：剖检可见全身各部大量出血。常见出血部位为胸腔纵隔腔，关节和血管周围组织皮下组织，脑膜下和脊髓管，胃肠及腹腔等，心肌松软，心内、外膜下出血。肝小叶中心坏死。病程长的病例，组织黄染。

磷化锌中毒：剖检可见全身各组织充血、水肿和出血。肺、肝、肾明显充血，肺小叶有的水肿、胸膜有渗出，胸膜下出血，消化道黏膜充血、出血和脱落。

安妥中毒：剖检可见全身组织器官淤血和出血，特征性病变为肺水肿，整个肺呈暗红色，极度肿大，散在或密布出血斑。气管内有带血的液体及泡沫。胸腔积有多量、透明液体。

④诊断：主要依据是否接触灭鼠药如安妥、磷化锌或华法林等病史，结合各类灭鼠药中毒后的临床特征和病理特征，参考特效解毒药的治疗疗效进行综合分析，做出初诊。确诊要测定饲料、胃肠内容物、血液及脏器内灭鼠药的有毒成分。

⑤治疗：安妥、磷化锌中毒因无特效解毒剂，只能采取一般的中毒急救措施。如尽快进行催吐、洗胃、缓泻，并配合补液、强心、利尿等疗法。安妥中毒还要采取消除水肿、排除胸腔积液和注射维生素 K 制剂等方法。同时配合中毒的一般急救措施，适当镇静和强心。灭鼠药中毒者，首先选用维生素 K_1 解除凝血。严重者，应输血和输液，以补充血容量；还要安静，缓解呼吸困难等。

第四节　猪常见外科病

一、直肠脱及脱肛

猪直肠部分或全部脱出于肛门外称为直肠脱。直肠后段部分黏膜于肛门外称为脱肛，以 2～4 月龄小猪多发。

（一）发病原因

直肠脱及脱肛主要由于饲养管理不善发病。此外，便秘、腹泻及用刺激性药物灌肠后引起强烈努责，或慢性便秘或下痢、母猪妊娠后期时过度努责或长期下泻也可引发。小猪发育不全或维生素缺乏的也常见发生本病。

（二）临床症状

初期，直肠脱于肛门外，多呈红色，经久则发生充血，水肿，逐步变为暗红色和紫黑色。脱出部常常附有泥土，甚至发生龟裂坏死。病猪精神不振，少食或不食，排粪困难，频频努责。重者可因直肠脱出并发结肠套叠或肠管破裂而发生败血症而死亡。

（三）诊断

本病临诊症状显著，可以此做出诊断。

（四）治疗

一般以手术整复即可。严重者可施行手术摘除。

手术整复：新鲜直肠脱，用 3% 明矾水或艾叶，花椒煎汤，取上清冲洗。0.1% 高锰酸钾溶液或 0.5% 新洁尔灭等清洁脱出部分周围。当脱出直肠黏膜水肿时，可边洗边刺破水肿的黏膜，再涂上枯矾与食油，即可顺利将脱出部分送回，同时应选在努责停止时送回。整复后仍然努责时，可施行肛门周围缝合固定和装上固定环，防止再次脱出。

全身疗法：以补中益气为主，镇痛为治则，可选用补中益气汤：党参、黄芪各 15 ～ 30 g，当归、白术各 12 ～ 24 g，升麻、柴胡各 9 ～ 18 g，陈皮 9 ～ 24 g，炙甘草 6 ～ 12 g。煎汤，候温灌服，小猪用量酌减。

二、疝气

腹腔内脏器官通过腹壁的天然孔或病理性裂口脱出称之为疝。疝分为可复性疝及不可复性疝。根据疝发生的部位，常可分为脐疝、腹股沟疝和腹壁疝。前两者多发，后者发生较少，常由外伤引起。脐疝是腹腔内脏通过脐孔脱至皮下。腹股沟疝是腹腔内脏器官经腹股沟环脱出，进入阴囊称之为腹股沟阴囊疝，多发生于仔猪。

（一）发病原因

主要是生理性孔道闭锁不全或完全没有闭锁，或受外界钝性暴力作用，如冲撞、踢打等作用腹壁，使皮下的肌肉、腱膜等破裂，形成病理性孔道，当在奔跑、捕捉、按压等情况下，腹压增高，腹腔脏器通过生理性或病理性的孔道进入皮下而发病。

（二）临床症状

脐疝多见于 20 kg 以下仔猪，脐部出现大小不等的圆形隆起，触摸柔软，无痛，无热。挤压疝囊或背卧位时，疝内容物可还纳。在该处可触摸到呈圆形的脐孔，当病猪挣扎或立起时，隆起又呈现。此种为可复性疝。

少数病例疝内容物发生粘连或嵌闭，触诊囊壁紧张，压迫或改变体位不能还纳。若疝内容物为肠管则表现为腹痛不安、饮食废绝、呕吐，继发肠臌气死亡。腹股沟阴囊疝阴囊部膨大，听诊可见肠管蠕动音，后肢提起或于推压时消失，但复原后又出现。

（三）诊断

根据临床症状，较容易确诊。

（四）治疗

脐疝的治疗主要采取手术疗法，对于可复性脐疝、粘连性或嵌闭性脐疝的治疗方法如下：

1. 皮外缝合法　本法适用于仔猪，疝轮较小的可复性疝。

（1）纽孔状缝合法：将仔猪仰卧保定，局部消毒后，还纳疝内容物，左手食指隔皮肤插入疝轮内，并压住肠管，用 12 ～ 18 号缝线于疝轮的一侧由外向内入针（孔 1），针经皮肤穿过疝轮一侧于左手食指上方穿出皮肤（孔 2），然后针由孔 2 刺入穿过另侧疝轮，于相应处穿出皮肤（孔 3），再以相反方向，针由孔 3 刺入经皮下于孔 2 穿出，针再于孔 2 刺入经皮下于孔 1 穿出，缝线的两端于孔 1 处打结。此种缝合的缝线不暴露在皮肤外面，可减少感染。

（2）袋口状缝合法：还纳疝内容物，左手食指和中指隔皮肤插入疝轮内，并压住肠管，将疝轮用手向上提起，用针刺入皮下穿过疝轮，再穿出皮肤，反复进行一周，最后一针缝线由原刺入孔穿出打结。打结前用力拉紧缝线，使疝轮尽量靠紧。

以上两种方法，必须确诊无粘连和嵌闭时方能应用。

2. 切开疝囊，还纳肠管，闭锁疝轮　这种方法效果确实可靠，可达到根治的目的，临床上广泛应用。但是，由于发病后经过时间不同，有无粘连等，在实施手术前必须做好术前检查，对不同的病例采用不同的方法。

（1）术前准备：病猪手术前绝食，降低腹压。

（2）保定：患猪行仰卧保定。

（3）麻醉：用 0.25% 盐酸普鲁卡因注射液，局部浸润麻醉。

（4）切开疝囊：患部剃毛消毒后，切开疝囊前，先将疝内容物按压回腹腔内，然后在相应处，将疝囊捏起，于疝囊底或囊体一侧行皱襞切开，先做一小切口，探查有无粘连。然后再扩到所需要的长度，这样可以避免损伤肠管。如果发生粘连的脐疝，疝内容物不能完全还纳于腹腔内，而且在囊底出现较厚的结缔组织壁时，为了避免损伤肠管，可在未粘连处先切开一个小口，然后再根据粘连的情况扩大创口。

（5）还纳疝内容物：疝囊切开后，术者用手指伸入疝囊内，检查是否有粘连，剥离粘连的肠管时，操作要细心，防止撕破肠管，此时使用外科刀或外科剪小心地将肠管与疝囊分离开，一旦肠管切破，应立即清洗消毒后进行缝合。若肠管有坏死，应切除坏死部分，再进行断端吻合。肠管剥离完毕，剪除多余的腹膜和增生的组织。

（6）闭锁疝轮：闭锁疝轮时，腹膜用 6～8 号缝线缝合，用 12～18 号缝线缝合疝轮，再将肌层缝合，疝囊皮肤有多余时应切除，再行结合缝合。必要时再做一至两个减张缝合。最后做结系绷带。

（7）术后护理：术后 1～2 天内不要喂得太饱。为了防止破伤风可以注射抗破伤风血清 1 万～3 万 IU。术后要放于干燥的圈舍内，以防感染化脓。一周后再拆除结系绷带及减张缝合线。

三、肠变位

猪肠变位又称机械性肠阻塞，是由于肠管自然位置发生改变，致使肠系膜或肠间膜受到挤压绞绕，肠管血行发生障碍，肠腔陷入部分或完全闭塞的一种重剧性腹痛病。主要包括肠套叠、肠扭转、肠嵌闭三种类型。

（一）发病原因

1. 肠套叠　哺乳仔猪由于母猪营养不良导致乳的分泌不足及乳的质量降低，造成仔猪饥饿和胃肠道运动失调；在突然受冷、乳温不足和乳头不洁等影响下，引起肠管的异常刺激和个别肠段的痉挛性收缩，从而发生肠套叠。断乳仔猪从哺乳过渡到给饲的过程中，由于饲养条件的改变，特别是给饲品质低劣或变质的饲料时，往往引起胃肠道运动失调，从而发生肠套叠。在某些个体的仔猪，由于肠道存在炎症、肿瘤及蛔虫等刺激物时，或有时由于去势引起某段肠管与腹膜相连时，也可发生肠套叠。

2. 肠扭转 酸败、冷冻饲料刺激部分肠管，使其蠕动加强，而其他部分肠管仍松弛并充满内容物，该充实的肠段由于肠系膜的牵引而紧张，当前段肠管内容物迅速后移时，猪体突然跳跃或翻转等动力作用，而发生肠扭转。

3. 肠嵌闭 仔猪脐孔愈合不全，阴囊孔先天性过大，病理性腹壁孔形成，是该病发生的先决条件。当充满食物的肠管落入以上孔中突起于皮肤内即形成疝，也称赫尔尼亚，这时食物便不能通过孔囊（疝囊）而回到正常的肠腔，产生疼痛、肿胀、淤血和闭塞。肠管坠入较深，致使嵌闭。

（二）临床症状

1. 肠套叠 病猪突然发生剧烈腹痛，翻倒滚转，鸣叫，四肢划动，尾巴扭曲状摇摆，跪地爬行或侧卧，腹部收缩，背拱起，后肢前肢伏地，头抵地面呻吟不止，呼吸、心跳加快，结膜潮红，在 10～15 kg 中等膘度猪，触诊时可触到套叠肠管如香肠状，压迫时痛感明显，但 15 kg 以上的肥胖猪，不容易发现肠套叠的硬块。

2. 肠扭转 基本上同于肠套叠，临床上不易诊断，病程数小时至 1～2 天，腹痛缓和，除不全扭转外常以死亡而告终。

3. 肠嵌闭 有的嵌顿不腹痛，有的发生剧烈腹痛，有的表现周期性慢性腹痛，不腹痛的患猪局部肿胀触诊呈波动感，听诊有肠蠕动音，进行深部触诊可摸索到疝孔且有时可将脱垂的肠段还纳。如疝囊的皮肤因炎症与肠管粘连，但肠依然保持畅通时，患猪表现长期隐痛、慢性消化不良、消瘦、贫血等症状，严重病例，则剧烈腹痛，起卧不安，体温初期正常，后期短时间内明显升高。如治疗不及时，往往伴发肠坏死而预后不良。

（三）诊断

1. 肠套叠 确诊主要依靠剖腹探查。

2. 肠扭转 单纯从临床症状上容易与肠便秘区别，但不容易与其他肠变位区别，因为其他肠变位表现的一系列症状与肠扭转极其相似，只有通过剖腹探查术才能区别诊断。

3. 肠嵌闭 主要根据临床表现，另外结合基本检查、病史调查诊断。

（四）治疗

1. 肠套叠 根据病史和临床症状分析，采用剖腹探查术，以利进一步确诊和手术疗法，严禁投服泻剂，早期轻度肠套叠手术治疗，预后良好，晚期重度肠套叠，预后不良。

2. 肠扭转 尽早施行手术整复、严禁投服泻剂是治疗肠扭转的基本原则，术前应按一般腹痛常规进行治疗，积极采取减压、补液、强心、镇痛、解毒措施。

3. 肠嵌闭 轻度肠嵌闭，可以自然恢复，但最好手术彻底根除，否则易复发。只能手术治疗。早期手术治疗，效果较好。治疗的根本是整复肠管，必要时应做肠管切除术，但同时必须缩小天然孔或闭合病理孔。

第五节 猪常见产科病

一、母猪不孕症

母猪不孕症是母猪生殖机能发生障碍，以致暂时或永久地不能繁殖后代的病理现象。

（一）发病原因

母猪先天性生殖器官发育不良；母猪过肥或过瘦，内分泌活动失调，长期不发情；另外，由于维生素、矿物质不足引起分泌机能紊乱，亦可引发长期不孕。

（二）临床症状

性欲减退或缺乏，长期不发情，排卵失常，屡配不孕。

（三）诊断

在卵巢机能减退时，发情微弱或延长，或发情而不排卵。卵巢囊肿时，由于分泌过多的卵泡素，母猪性欲亢进，经常爬跨其他母猪，但屡配而不孕。当发生持久黄体时，则母猪在较长时间内持续不发情。

（四）治疗

1. 取红糖 250～500 g，放至锅中加热直至熬焦，然后再加入适量的水煮沸，拌入饲料中饲喂，一般内服 2～3 天。此法治母猪不发情或产后停止发情有效。

2. 减喂过肥母猪精料，增喂青绿多汁饲料，可根据母猪膘情和乳房状况，一般母猪产后一个月时，可由日喂 3～4 次减到 1～2 次精料，使母猪泌乳量下降，性机能增强，促进其发情。

3. 按摩母猪乳房法　每天早饲后，用手掌由前往后有力地反复按摩乳头和乳房皮肤，每次 10 min 左右。当母猪有发情表现时，再改为按摩表层和深层各 5 min，能促其发情和排卵。

4. 利用公猪诱情　在人工隔奶期间，将公猪赶到母猪处诱情，通过试情公猪与不孕母猪经常接触以及公猪爬跨等刺激，可促其于短期内发情。采用公猪催情，最好在母猪哺乳后期使用，以免影响仔猪的食欲和发生仔猪的白痢等疫病。

5. 隔离仔猪法　当母猪产仔后，若在断奶前提早配种，可将仔猪与母猪隔离 3～5 天，母猪即可发情。

6. 中草药疗法　用当归、熟地、肉苁蓉、淫羊藿、阴起石、白芍、益母草各 10～15 g，煎水拌食喂母猪。若母猪体弱倦怠，屡配不孕者，可用调补气血、暖腰补肾中药：白术、炙黄芪、黄芩、白芍各 10 g，益母草、阿胶、当归、熟地各 15 g，海带 20 g，川芎、砂仁各 6 g，血竭 5 g，煎水内服。

7. 对子宫颈外口紧闭、畸形、不正的母猪，可行人工授精。

二、乳房炎

乳房炎是哺乳母猪常见的一种疾病，多发于一个或几个乳腺。

（一）发病原因

乳房炎主要是由仔猪尖锐的牙齿咬伤母猪乳头皮肤而引起感染，饲养管理不当也可诱发此病。

（二）临床症状

1. 局限性乳房炎　局限于 1～3 个乳区发病。发生本病时，病猪精神尚好，特别在食欲上并无异常。只是发病乳区肿大，潮红，发热并伴发疼痛，不让仔猪吃奶。乳汁中含有絮状物，或有灰褐色或粉红色乳汁排出，有时也混有血液。

2. 扩散性乳房炎　多于分娩后发病，1～2 天中全乳区急剧肿胀，几乎无乳汁分泌。难产及产仔过多、分娩时间过长和母猪过度疲劳时，全群仔猪虚弱，哺乳力气不足时，以及被化脓菌侵入感染时也可发生本病。

全乳区发炎以后，体温常升高达 40 ℃以上，食欲废绝，惧寒战栗。乳房肿胀硬结，发红，胀平发亮，严重的全部乳腺和腹下部分红热胀硬，触摸患部有疼痛感。患病乳房分泌黄色黏稠水样脓汁乳，发热达 40～41 ℃，该乳汁常引起仔猪拉稀。

（三）诊断

根据猪舍的卫生管理情况及临诊症状不难做出诊断。临诊上以红、肿、热、痛及泌乳减少为特征。

（四）治疗

1. 全身疗法　抗菌消炎，常用抗生素类药物，肌肉注射，连用 3～5 天。

2. 局部疗法　慢性乳房炎时，将乳房洗净擦干后，选用鱼石脂软膏、樟脑软膏、5%～10% 碘酊，将药涂擦于乳房患部皮肤，或用温毛巾热敷。另外，乳头内注入抗生素，效果很好，即将抗生素用少量灭菌蒸馏水稀释后，直接注入乳管。在用药期间，仔猪应人工哺乳，减少母猪刺激，同时使仔猪免受奶汁感染。急性乳房炎时，青霉素 50 万～100 万 IU，溶于 0.25% 普鲁卡因溶液 200～400 ml 中，做乳房基部环形封闭，每日 1～2 次。

3. 中药治疗　蒲公英 15 g，金银花 12 g，连翘 9 g，丝瓜络 15 g，通草 9 g，穿山甲 9 g，芙蓉花 9 g。用法：共为末，开水冲调，一次灌服。

（五）预防

要加强母猪猪舍的卫生管理，保持猪舍清洁，定期消毒。防止哺乳仔猪咬伤乳头。

三、流产

流产，即怀孕中断，是指母猪未达预产期产出胎儿，胎儿也无生存能力。怀孕中断可能发生于全部胎儿，称完全流产，也可能发生于部分胎儿，则称为不完全流产。

（一）发病原因

1. 散发性流产　已孕母猪受到撞击、滑倒、咬架等外部机械性作用时易发生流产。饲喂冰冻饲料、腐败变质饲料、酒糟类的酸酵性饲料等可造成流产。应用胆碱药、麻醉药及利尿药时；发生便秘，内服大量泻药时；长距离运输时，都可引起流产。

2. 传染性流产　妊娠母猪感染布氏杆菌、钩端螺旋体及衣原体等均可发生流产。

（二）临床症状

多数病例常常突然发生。有的在流产前几天有精神倦怠、阵痛起卧、外阴微红和肿胀，阴门流出羊水等症状。一般流产后，母猪常将胎儿吃掉，不易发现。母猪流产前后乳房不膨大，无乳汁分泌。

（三）诊断

对流产物（胎水、胎膜、胎儿）的病原学检查、母体的血清学反应和饲料分析等进行综合检查、分析，方可确诊。

（四）治疗方案

1. 母猪产后，立即饮服"益母红糖汤"。新鲜的益母草 0.5 kg，干的则需 0.25 kg，切碎，加水 4～5 kg，先大火煎开，再小火熬至药汁余 2～2.5 kg，离火去渣留汁，汁内加红糖 250 g，搅匀，待温，给刚产完仔的母猪饮服。

2. 母猪配种的当天，给母猪肌肉注射青霉素 160 万～240 万 U、链霉素 100 万 U、氨基比林 10 ml，混合一次注入。因产道感染最主要原因是配种时，公猪阴茎带菌进入产道造成母猪产道发炎。

3. 孕酮不足，于配种后第 7 天肌肉注射黄体酮 20～30 mg。充足的孕酮不仅可使受精卵平安着床，还可多产仔 1～2 头。

（五）鉴别诊断

临床上与母猪产褥热有相似，所以在进行该病诊断时应多加注意。

1. 相似处：两者阴户都有分泌物。

2. 不同处：母猪流产一般体温不高，呼吸、心跳也不增多，一般多在预产期前发生，阴道黏膜不肿胀，不排污褐色分泌物，四肢关节不肿胀。母猪产褥热体温升高至 41 ℃，稽留热，呼吸短促，脉搏增数。

第四章 猪病中草药防治技术

一、发热

发热是临床常见的症状之一，见于多种疾病过程中。中兽医所谓的发热，不但指体温高于正常，而且包括口色红、脉数、尿短赤等热象。

临床上，根据病因和症状表现的不同，可将发热分为外感发热和内伤发热两大类。一般来说，外感发热，发病急，病程短，热势盛，体温高，多属实证，外邪不退，热势不减，有的还拌有恶寒表现；而内伤发热，发病缓慢，病程较长，热势不盛，体温稍高，或时作时止，或发有定时，多属虚证，常无恶寒表现。

（一）外感发热

外感发热多由感受外界邪气，如风寒、风热、暑热等引起。多因气候骤变，劳役出汗，使畜体腠理疏泄，外邪乘虚侵入所致。外感发热主要有如下证型。

1. 外感风寒 多由风寒之邪侵袭肌表，卫气被郁所致。见于外感病的初起阶段。

主证：发热恶寒，且恶寒重，发热轻，无汗，皮紧毛乍，鼻流清涕，口色青白，舌苔薄白，脉浮紧，有时咳嗽，咳声洪亮。

治则：辛温解表，疏风散寒。

方例：麻黄汤（见解表方）加减。咳喘甚者，加桔梗、冬花、紫菀以止咳平喘；兼有表虚，证见恶风，汗出，脉浮缓者，治宜祛风解肌，调和营卫，方用桂枝汤（见解表方）加减；兼有气血虚者，方用发汗散（见解表方）加减；外感风寒挟湿，证见恶寒发热，肢体疼痛、沉重、困倦，少食纳呆，口润苔白腻，脉浮缓者，治宜解表散寒除湿，方用荆防败毒散（见解表方）加减。

2. 外感风热 感受风热邪气而发病，多见于风热感冒或温热病的初期。

主证：发热重，微恶寒，耳鼻俱温，体温升高，或微汗，鼻流黄色或白色稠脓涕，咳嗽，咳声不爽，口干渴，舌稍红，苔薄白或薄黄，脉浮数；牛鼻镜干燥，反刍减少。

治则：辛凉解表，宣肺清热。

方例：银翘散（见解表方）加减。若热重，加黄芩、石膏、知母、花粉；若为外感风热挟湿，兼见体倦乏力，小便黄赤，可视黏膜黄染，大便不爽，苔黄腻者，除辛凉解表外，还应佐以利湿化浊之药，方用银翘散去荆芥，加佩兰、厚朴、石菖蒲等。

3. 外感暑湿 夏暑季节，天气炎热，且雨水较多，气候潮湿，热蒸湿动，动物易感暑湿而发病。

主证：发热不甚或高热，汗出而身热不解，食欲减退，口渴，肢体倦怠、沉重，运步不灵，尿黄赤，便溏，舌红，苔黄腻，脉濡数。

治则：清暑化湿。

方例：新加香薷饮加味（香薷、厚朴、连翘、金银花、鲜扁豆花、青蒿、鲜荷叶、西瓜皮，《温病条辨》）。夏令时节若发生外感风寒又内伤饮食，证见发热恶寒，倦怠乏力，食少呕呃，肚腹胀满，肠鸣泄泻，舌淡苔白腻者，治宜祛暑解表和中，方用藿香正气散（见祛湿方）。

4. **半表半里发热**　风寒之邪侵犯机体，邪不太盛不能直入于里，正气不强不能祛邪外出，正邪交争，病在少阳半表半里之间。

主证：微热不退，寒热往来，发热和恶寒交替出现，脉弦。恶寒时，精神沉郁，皮温降低，耳鼻发凉，腰拱毛乍，寒战；发热时，精神稍有好转，寒战现象消失，皮温高，耳鼻转热。

治则：和解少阳。

方例：小柴胡汤（见和解方）加减。

5. **热在气分**　多因外感火热之邪直入气分，或其他邪气入里化热，停留于气分所致。

主证：高热不退，但热不寒，出汗，口渴喜饮，头低耳聋，食欲废绝，呼吸喘促，粪便干燥，尿短赤，口色赤红，舌苔黄燥，脉洪数。

治则：清热生津。

方例：白虎汤（见清热方）加减。热盛者，加黄芩、黄连、银花、连翘；伤津者，加玄参、麦冬、生地；尿短赤者，加猪苓、泽泻、滑石、木通。

6. **热结胃肠**　多由热在气分发展而来。因里热炽盛，热与肠中糟粕相结而致粪便干燥难下。

主证：高热，肠燥便干，粪球干小难下，甚至粪结不通或稀粪旁流，腹痛，尿短赤，口津干燥，口色深红，舌苔黄厚而燥，脉沉实有力。

治则：滋阴增液，清热泻下。

方例：大承气汤或增液承气汤（均见泻下方）加减。高热者，加银花、黄芩；肚胀者，加青皮、木香、香附等。

7. **营分热**　外感邪热直入营分，或由卫分热或气分热传入营分所致。

主证：高热不退，夜甚，躁动不安，或神志昏迷，呼吸喘促，有时身上有出血点或出血斑，舌质红绛而干，脉细数。

治则：清营解毒，透热养阴。

方例：清营汤（见清热方）加减。

8. **血分热**　多由气分热直接传入血分，或营分热传入血分所致。

主证：高热，神昏，黏膜、皮肤发斑，尿血，便血，口色红绛，脉洪数或细数。严重者，抽搐。

治则：清热凉血，熄风安神。

方例：犀角地黄汤（见清热方）加减。方中犀角可用水牛角代。出血者，加丹皮、紫草、赤芍、大青叶等；抽搐者，加钩藤、石决明、蝉蜕等，或用羚羊钩藤汤（羚羊片、霜桑叶、川贝、鲜生地、钩藤、菊花、茯神、生白芍、生草、竹茹，《通俗伤寒论》）。

（二）内伤发热

内伤发热多由体质素虚，阴血不足，或血瘀化热等原因所致。

1. 阴虚发热　多因体质素虚，阴血不足；或热病经久不愈，或失血过多，或汗、吐、下太过，导致机体阴血亏虚，热从内生。

主证： 低热不退，午后更甚，耳鼻微热，身热；患畜烦躁不安，皮肤弹性降低，唇干口燥，粪球干小，尿少色黄；口色红或淡红，少苔或无苔，脉细数。严重者，盗汗。

治则： 滋阴清热。

方例： 青蒿鳖甲汤（见清热方）加减。热重者，加地骨皮、黄连、玄参等；盗汗者，加龙骨、牡蛎、浮小麦；粪球干小者，加当归（油炒）、肉苁蓉（油炒）等；尿短赤者，加泽泻、木通、猪苓等。

2. 气虚发热　多由劳役过度，饲养不当，饥饱不均，造成脾胃气虚所引起。

主证： 多于劳役后发热，耳鼻稍热，神疲乏力；易出汗，食欲减退，有时泄泻；舌质淡红，脉细弱。

治则： 健脾益气，甘温除热。

方例： 补中益气汤（见补虚方）加减。

3. 血瘀发热　多由跌打损伤，瘀血积聚，或产后血瘀等引起。

主证： 常因外伤引起瘀血肿胀，局部疼痛，体表发热，有时体温升高；因产后瘀血未尽者，除发热之外，常有腹痛及恶露不尽等表现；口色红而带紫，脉弦数。

治则： 活血化瘀。

方例： 外伤血瘀者，用桃红四物汤或血府逐瘀汤（均见理血方）加减；产后血瘀者，用生化汤（见理血方）加减。

二、不食

不食主要是指因脾胃功能失调而引起的，以食欲减退或食欲废绝为主要症状的一类病证。引起脾胃功能失调，造成慢草与不食的原因有很多。临床上根据病因，常将其分为如下证型。

1. 脾虚　劳役过度，耗伤气血；饲养不当，草料质劣，缺乏营养；或时饥时饱，损伤脾胃，均能导致脾阳不振，胃气衰微，运化、受纳功能失常，从而出现慢草或不食。此外，肠道寄生虫病，也能引起本证。

主证： 精神不振，毛焦吹吊毛焦，四肢无力；食欲减退，日见羸瘦，粪便粗糙带水，完谷不化；舌质如绵，脉虚无力。严重者，肠鸣泄泻，四肢浮肿，双唇不收，难起难卧。

治则： 补脾益气。

方例： 四君子汤、参苓白术散、补中益气汤（均见补虚方）加减。粪便粗糙者，加神曲、麦芽；起卧困难者，加补骨脂、枸杞子；泄泻和四肢浮肿症状严重者，以及因肠道寄生虫引起者，可参见泄泻、水肿及寄生虫病的辨证施治。

2. 胃阴虚　多因天时过燥，或气候炎热，渴而不得饮，或温病后期，耗伤胃阴所致。

主证：食欲大减或不食；粪球干小，肠音不整，尿少色浓；口腔干燥，口色红，少苔或无苔，脉细数。若兼有肺阴耗伤者，则又见干咳不已。

治则：滋养胃阴。

方例：养胃汤（沙参、玉竹、麦冬、生扁豆、桑叶、甘草，《临证指南》）加减。

3. 胃寒　外感风寒，寒气传于脾经；或过饮冷水，采食冰冻草料，以致寒邪直中胃腑；脾胃受寒，致使脾冷不能运化，胃寒不能受纳，发生慢草与不食。

主证：食欲大减或不食，毛焦欣吊，头低耳聋，鼻寒耳冷，四肢发凉；腹痛，肠音活泼，粪便稀软，尿液清长；口内湿滑，口流清涎，口色青白，舌苔淡白，脉象沉迟。

治则：温胃散寒，理气止痛。

方例：温脾散或桂心散（均见温里方）加减。食欲大减者，可加神曲、麦芽、焦山楂等；湿盛者，加半夏、茯苓、苍术等；体质虚弱者，除重用白术外，加党参。

4. 胃热　多因天气炎热，劳役过重，饮水不足，或乘饥喂谷料过多，饲后立即使役，热气入胃；或饲养太盛，谷料过多，胃失腐熟，聚而生热；热伤胃津，受纳失职，引发本病。

主证：食欲大减或废绝，口臭，上腭肿胀，排齿红肿，口温增高；耳鼻温热，口渴贪饮，粪干小，尿短赤；口色赤红，少津，舌苔薄黄或黄厚，脉象洪数。

治则：清胃泻火。

方例：清胃散（当归身、黄连、生地黄、牡丹皮、升麻，《兰室秘藏》）或白虎汤（见清热方）加减。

5. 食滞　长期饲喂过多精料，或突然采食谷料过多，或饥后饲喂难于消化的饲料，致使草料停滞不化，损伤脾胃而发病。

主证：精神倦怠，厌食，肚腹饱满，轻度腹痛；粪便粗糙或稀软，有酸臭气味，有时完谷不化；口内酸臭，口腔粘滑，苔厚腻，口色红，脉数或滑数。

治则：消积导滞，健脾理气。

方例：曲蘖散或保和丸（均见消导方）加减。食滞重者，加大黄、芒硝、枳实等。

三、腹痛

腹痛是多种原因导致胃肠、膀胱及胞宫等腑，气血瘀滞不通，发生起卧不安，滚转不宁，腹中作痛的病证。各种动物均可发生，尤以规模化、集约化养猪场的母猪多发，根据腹痛的不同病因和主证，临床上常将其分为以下证型。

1. 阴寒腹痛　外感寒邪，传于胃肠；或过饮冷水，采食冰冻草料，阴冷直中胃肠，致使寒凝气滞，气血瘀阻，不通则痛，故腹中作痛。

主证：鼻寒耳冷，口唇发凉，甚或肌肉寒战；阵发性腹痛，起卧不安，或刨地蹶腹，回头观腹，或卧地滚转；肠鸣如雷，连绵不断，粪便稀软带水。少数病例，在腹痛间歇期肠音减弱。饮食欲废绝，口内湿滑，或流清涎，口温较低，口色青白，脉象沉迟。

有的病例表现为腹痛绵绵，起卧不甚剧烈，时作时止，病程可达数天；舌色如绵，脉沉细无力。此种病证，称为"慢阴痛"。

治则： 温中散寒，和血顺气。

方例： 橘皮散（见理气方）或桂心散（见温里方）加减。寒盛者，加吴茱萸；痛剧者，加延胡索；体虚者，加党参、黄芪。

2. 湿热腹痛　暑月炎天，劳役过重，役后乘热急喂草料，或草料霉烂，谷气料毒凝于肠中，郁而化热，损伤肠络，使肠中气血瘀滞而作痛。

主证： 体温升高，耳鼻、四肢发热，精神不振，食欲减退，口渴喜饮；粪便稀溏，或荡泻无度，泻粪黏腻恶臭，混有黏液或带有脓血，尿短赤；腹痛不安，回头顾腹，或时起时卧；口色红黄，舌苔黄腻，脉洪数。

治则： 清热燥湿，行郁导滞。

方例： 白头翁汤（见清热方）加减。

3. 血瘀腹痛　各种动物均可因产前营养不良，素体虚弱，而产时又失血过多，气血虚弱，运行不畅，致使产后宫内瘀血排泄不尽，或部分胎衣滞留其间而引起腹痛；或因产后失于护理，风寒乘虚侵袭；或产后过饮冷水，过食冰冻饲料，致使血被寒凝，而致产后腹痛。

主证： 产后腹痛者，肚腹疼痛，蹲腰踏地，回头顾腹，不时起卧，食欲减退；有时从阴道流出带紫黑色血块的恶露；口色发青，脉象沉紧或沉涩。若兼气血虚，又见神疲力乏，舌质淡红，脉虚细无力。

血瘀性腹痛者，常于使役中突然发生。患畜起卧不安，前蹄刨地，或仰卧朝天。时痛时停，在间歇期一如常态。问诊常有习惯性腹痛史，谷道入手，肠中无粪结，但在前肠系膜根处可触及拇指头甚或鸡蛋大肿瘤，检手可感知血流不畅之沙沙音。

治则： 产后腹痛宜补血活血，化瘀止痛；血瘀性腹痛，宜活血祛瘀，行气止痛。

方例： 产后腹痛，宜选用生化汤（见理血方）加减；兼有气血虚弱者，可用当归建中汤（当归、桂枝、白芍、生姜、炙甘草、大枣，《千金翼方》）。血瘀性腹痛，选用血府逐瘀汤（见理血方）。

4. 食滞腹痛　乘饥饲喂太急，采食过多；或骤然更换草料，或采食发酵或霉败饲料，均可使饲料停滞胃腑，不能化导，阻碍气机，引起腹痛。此外，长期采食含泥沙过多的饲料及饮水，沙石沉积于肠胃，阻塞气机，亦可引起腹痛。又虫扰肠中或窜于胆道，也可使气血逆乱，引起腹痛。

主证： 多于食后 1～2 h 突然发病。腹痛剧烈，时起时卧，前肢刨地，顾腹打尾，卧地滚转；腹围不大而气促喘粗；有时两鼻孔流出水样或稀粥样食物；常发嗳气，带有酸臭味；初期尚排粪，但数量少而次数多，后期则排粪停止；口色赤红，脉象沉数，口腔干燥，舌苔黄厚，口内酸臭。谷道入手检查，可摸到显著后移的脾脏和扩大的胃后壁，胃内食物充盈、稍硬，压之留痕。插入胃管则有少量酸臭味气体或食物外溢，胃排空障碍。

治则： 消积导滞，宽中理气。一般应先用胃管导胃，以除去胃内一部分积食，然后再选用方药治之。

方例：本病不宜灌服大量药物，如用药，可根据情况选用曲蘗散（见消导方）或醋香附汤（酒三棱、醋香附、酒莪术、炒莱菔子、青木香、砂仁、食醋，《中兽医治疗学》）。此外，用食醋 0.5～1 L，加水适量，一次灌服，疗效亦佳。

5. **粪结腹痛** 长期饲喂粗硬不易消化的劣质饲料，或空腹骤饮急喂，采食过多；或饲喂后剧烈驱赶，饲料得不到及时消化；或突然更换饲料或改变饲养方式；加之动物脾胃素虚，运化功能减退；再加天气骤变，扰乱胃肠功能，致使饲料停滞胃肠，聚粪成结，阻碍胃肠气机而引发腹痛。

主证：食欲大减或废绝，精神不安，腹痛起卧，回头顾腹，后肢蹴腹；排粪减少或粪便不通，粪球干小，肠音不整，继则肠音沉衰或废绝；口内干燥，舌苔黄厚，脉象沉实。由于结粪的部位不同，具体临床症状也有差异。

前结（小肠便秘）：一般在采食后数小时内突然发病。肚腹疼痛剧烈，前蹄刨地，连连起卧，不时滚转。继发大肚结（胃扩张）时，则呼吸迫促，在颈部可见逆蠕动波，甚或鼻流粪水，导胃可排出多量黄褐色液体。粪结初期，仍可排少量粪便，肠音微弱，口色赤紫，少津，脉沉细而数。谷道入手，常在右肾前方或右下方摸到结粪块。

后结（直肠便秘）：间歇性腹痛，但一般无起卧表现。患畜不断举尾呈现排粪姿势，蹲腰努责，四肢张开，但排不出粪便，肚腹稍胀。谷道入手即可摸到积聚在直肠中的粪便。

治则：破结通下。根据粪结部位和病情轻重可采取捶结、按压、药物及针刺等疗法，捶结、按压可参见《兽医内科学》。

方例：根据病情可选用大承气汤或当归苁蓉汤（均见泻下方）加减。

四、泄泻

泄泻是指排粪次数增多、粪便稀薄，甚至泻粪如水样的一类病证。见于胃肠炎、消化不良等多种疾病过程中。尤以哺乳期仔猪多发，且死亡率较高。

泄泻的主要病变部位在脾、胃及大、小肠，但其他脏腑疾患，如肾阳不足等，也能导致脾胃功能失常而发生泄泻。临床上，常根据泄泻的原因及主证，将其分为如下证型。

1. **寒泻（冷肠泄泻）** 外感寒湿，传于脾胃，或内伤阴冷，直中胃肠，致使运化无力，寒湿下注，清浊不分而成泄泻。多发于寒冷季节。

主证：发病较急，泻粪稀薄如水，甚至呈喷射状排出，遇寒泻剧，遇暖泻缓，肠鸣如雷，食欲减退或不食，精神倦怠，头低耳耷，耳寒鼻冷，间有寒战，尿清长，口色青白或青黄，苔薄白，口津滑利，脉象沉迟。严重者，肛门失禁。

治则：温中散寒，利水止泻。

方例：猪苓散（见祛湿方）加减。

2. **热泻** 暑月炎天，劳役过重，乘饥而喂热料，或草料霉败，谷气料毒积于肠中，郁而化热，损伤脾胃，津液不能化生，则水反为湿，湿热下注，而成泄泻。

主证：发热，精神沉郁，食欲减退或废绝，口渴多饮，有时轻微腹痛，蜷腰卧地，泻粪稀薄，黏腻腥臭，尿赤短，口色赤红，舌苔黄腻，口臭，脉象沉数。

治则：清热燥湿，利水止泻。

方例：郁金散（见清热方）加减。热盛者，去诃子，加银花、连翘；水泻严重者，加车前子、茯苓、猪苓，去大黄；腹痛者，加延胡索等。

3. **伤食泻**　采食过量食物，致宿食停滞，脾胃受损，运化失常，水反为湿，谷反为滞，水谷合污下注，遂成泄泻。

主证：食欲废绝，牛、羊反刍停止。肚腹胀满，隐隐作痛，粪稀黏稠，粪中夹有未消化的食物，气味酸臭或恶臭，嗳气吐酸，不时放臭屁，或屁粪同泄，常伴呕吐（马属动物除外），泄吐之后痛减。口色红，苔厚腻，脉滑数。

治则：消积导滞，调和脾胃。

方例：保和丸（见消导方）加减。食滞重者，加大黄、枳实、槟榔；水泻甚者，加猪苓、木通、泽泻；热盛者，加黄芩、黄连。

4. **虚泻**　多发于老龄动物，一般病程较长，患畜体瘦形羸。根据病情的轻重和病因的不同，又分脾虚泻和肾虚泻两个证型。

（1）脾虚泻：长期使役过度，饮喂失调，或草料质劣，致使脾胃虚弱，胃弱不能腐熟消导，脾虚不能运化水谷精微，以致中气下陷，清浊不分，故而作泻。

主证：形体羸瘦，毛焦欤吊，精神倦怠，四肢无力；病初食欲大减，饮水增多，鼻寒耳冷，腹内肠鸣，不时作泻，粪中带水，粪渣粗大，或完谷不化；严重者，肛弛粪淌；舌色淡白，舌面无苔，脉象迟缓。后期，水湿下注，四肢浮肿。

治则：补脾益气，利水止泻。

方例：参苓白术散或补中益气汤（均见补虚方）加减。

（2）肾虚泻：肾阳虚衰，命门火不足，不能温煦脾阳，致使脾失运化，水谷下注而成泄泻。

主证：精神沉郁，头低耳耷，毛焦欤吊，腰胯无力，卧多立少，四肢厥逆，久泻不愈，夜间及天寒时泻重；严重者，肛门失禁，粪水外溢，腹下或后肢浮肿；口色如绵，脉沉细无力。

治则：温肾健脾，涩肠止泻。

方例：巴戟散（见补虚方）去槟榔，加茯苓、猪苓等；或用四神丸（见收涩方）合四君子汤（见补虚方）加减。

五、痢疾

痢疾是排粪次数增加，但每次量少，粪便稀软，呈胶胨状，或赤或白，或赤白相杂，并伴有弓腰努责，里急后重和腹痛等症状的一类病证，多发生于夏秋两季。

痢疾与泄泻，均属于腹泻，但泄泻主要由湿盛所致，以粪便稀软为主要症状，病情较轻，治疗以利水止泻为主；而痢疾主要由气郁脂伤所致，以粪便带有脓血，排粪时里急后重为主要症状，病情较重，治疗以理气行血为主。

痢疾的类型很多，常见的有湿热痢、虚寒痢和疫毒痢三种。

1. **湿热痢**　多由外感暑湿之邪，或食入霉烂草料，湿热郁结肠内，胃肠气血阻滞，肠道黏膜及肠壁脉络受损，化为脓血而致。

主证：精神短少，蜷腰卧地，食欲减退甚至废绝，反刍动物反刍减少或停止，鼻镜干燥；弓腰努责，泻粪不爽，里急后重，下痢稀糊，赤白相杂，或呈白色胶胨状；口色赤红，舌苔黄腻，脉数。如湿重于热，则痢下白多而血少，若热重于湿，则痢下血多而白少。

治则：清热化湿，行气活血。

方例：可用白头翁汤（见清热方）加减，兼食滞者加麦芽、神曲等。

2. **虚寒痢**　久病体虚，或久泻不止，致使脾肾阳虚，中阳不振，下元亏虚，寒湿内郁大肠，以致水谷并下而发本病。

主证：精神倦怠，体瘦毛焦，鼻寒耳冷，四肢发凉，食欲日渐减退；不时努责，泻痢不止，水谷并下，带灰白色，或呈泡沫状，时有腹痛；严重者，肛门失禁，甚或带血；口色淡白或灰白，舌苔白滑，脉象迟细。

治则：温脾补肾，收涩固脱。

方例：四神丸（见收涩方）合参苓白术散（见补虚方）加减。寒甚，加肉桂；腹痛明显，加木香；久痢不止，加诃子；便中带血，加血余炭、炒地榆；里急后重，加枳壳、青皮。

3. **疫毒痢**　常见于夏秋之间。多因感受疫毒之气，毒邪壅阻胃肠，与气血相搏化为脓血遂成本病。

主证：发病急骤，高热，烦躁不安，食欲减退或废绝；弓腰努责，里急后重，有时腹痛起卧，泻粪黏腻，夹杂脓血，腥臭难闻；口色赤红，舌苔干黄，脉象洪数或滑数。

治则：清热燥湿，凉血解毒。

方例：白头翁汤（见清热方）加减。热毒甚者，加马齿苋、银花、连翘；腹痛明显者，加白芍、甘草；口渴贪饮者，加葛根、麦门冬、玄参、沙参；里急后重剧烈者，加枳壳、槟榔。

六、便秘

便秘是粪便干燥，排粪艰涩难下，甚至秘结不通的病证。临床上常见于怀孕初期、后期及产后的母猪，根据便秘发生的原因及主证不同，常将其分为以下证型。

1. **热秘**　外感之邪，入里化热；或火热之邪，直接伤及脏腑；或饲喂难以消化的草料，又饮水不足，草料在胃肠停积，聚而生热；均可灼伤胃肠的津液，致粪便传导受阻而成本病。

主证：拱腰努责，排粪困难，粪便干硬、色深，或完全不能排粪，肚腹胀满，小便短赤；口干喜饮，口色红，苔黄燥，脉沉数。猪鼻盘干燥，有时可在腹部摸到硬粪块。

治则：清热通便。

方例：大承气汤（见泻下方）加味。肚腹胀满者，加槟榔、牵牛子、青皮；粪干者，加食用油、火麻仁、郁李仁；津伤严重者，加鲜生地、石斛等。

2. **虚秘**　畜体素弱，脾肾阳虚，运化传导无力，以致粪便艰涩难下。

主证：神倦力乏，体瘦毛焦，多卧少立，不时拱腰努责，大便排出困难，但粪球并不很干硬；口色淡白，脉弱。

治则：益气健脾，润肠通便。

方例：当归苁蓉汤（见泻下方）加减。倦怠无力者，加黄芪、党参；粪干津枯者，加玄参、麦门冬。

七、便血

排粪时粪中带血，或便前、便后下血，称为便血。常见于夏秋季节。各种动物均可发生。便血有远血、近血之分。若先便后血，血色暗红，为远血；先血后便，血色鲜红，为近血。远血者，出血部位在小肠或大肠；近血者，出血部位在直肠或肛门。便血与痢疾都有下血的症状，但便血之粪便不呈胶胨状，也无里急后重现象。便血主要有湿热便血和气虚便血两种证型。

1. 湿热便血　多因暑月炎天，使役过重，或久渴失饮，或饮水秽浊不清，或乘热饲喂草料，或草料腐败霉烂，以致湿热蕴结胃肠，灼伤脉络，溢于胃肠而成。

主证：发病较急，精神沉郁，食欲、反刍减少或停止，耳鼻俱热，口渴喜饮，鼻镜、鼻盘干燥，排粪带痛。病初粪便干硬，附有血丝或黏液，继而粪便稀薄带血，气味腥臭，甚至全为血水，血色鲜红，小便短赤。口色鲜红，口温高，苔黄腻，脉滑数。

治则：清热利湿，凉血解毒。

方例：黄连解毒汤（见清热方）合槐花散（见理血方）加减。口渴热盛，纯下鲜血者，加赤芍、丹皮、生地黄、金银花、连翘；腹泻严重者，加茵陈、木通、车前子、茯苓；气滞腹痛者，加木香、枳壳、厚朴。

2. 气虚便血　多因久病体虚，老龄瘦弱，或长期饲养失宜，过度使用，致使脾胃虚弱，中气下陷，以致气不摄血，溢于胃肠而成。

主证：发病较缓，精神倦怠，四肢无力，毛焦欤吊，食欲减退；粪便溏稀带血，多先便后血或血粪混下，重者可纯下血水，血色暗红，有时有轻度腹痛，口色淡白，脉象迟细。日久气虚下陷者，可见肛门松弛或脱肛。

治则：健脾益气，引血归经。

方例：归脾汤（见补虚方）加减，或补中益气汤（见补虚方）加棕榈炭、阿胶、灶心土等。

八、呕吐

呕吐是胃失和降，胃气上逆，食物由胃吐出的病证。怀孕初期的母猪多发，临床常见的有胃热呕吐、伤食呕吐、虚寒呕吐三种证型。

1. 胃热呕吐　暑热或秽浊疫疠之气侵犯胃腑，耗伤胃津，使胃失和降，气逆于上，故而呕吐。

主证：体热身倦，口渴欲饮，遇热即吐，吐势剧烈，吐出物清稀色黄，有腐臭味，吐后稍安，不久又发。食欲大减或不食，粪干尿短，口色红黄，苔黄厚，口津黏腻，脉洪数或滑数。

治则：清热养阴，降逆止呕。

方例：白虎汤（见清热方）加味。呕吐甚者，加竹茹，制半夏、藿香；热甚者，加黄连；粪干者，加大黄、芒硝；伤津者，加沙参、麦冬、石斛。

2. **伤食呕吐**　过食草料，停于胃中，滞而不化，致使胃气不能下行，上逆而呕吐。

主证：精神不振，间有不安，食欲废绝，肚腹胀满，嗳气及呕吐物酸臭，吐后病减。口色稍红，苔厚腻，脉沉实有力或沉滑。

治则：消食导滞，降气止呕。

方例：保和丸（见消导方）加减。食滞重者，加大黄。

3. **虚寒呕吐**　饲喂不当，致使脾胃运化功能失职；再遇久渴失饮，或突然饮冷水过多，寒凝胃腑，胃气不降，上逆而为呕吐。

主证：消瘦，慢草，耳鼻俱凉，有时寒战，常在食后呕吐，呕吐物无明显气味，吐后口内多涎；口色淡白，口津滑利，脉象沉迟或弦而无力。

治则：温中降逆，和胃止呕。

方例：理中汤（见温里方）加味。寒重者，加小茴香、肉桂。

九、腹胀

腹胀是肚腹膨大胀满的一种病证。就腹胀性质而言，有气胀、食胀、水胀之分；按腹胀所属脏腑而论，有肠胀和胃胀之分。猪主要是肠胀。本节主要论述气胀、食胀、水胀三种类型。

1. **气胀**　指猪肠内充满气体，致使肚腹胀大，出现腹痛起卧等症状的病证。临床上可分为气滞郁结、脾胃虚弱、水湿困脾、湿热蕴结四种证型。猪病多见水湿困脾、湿热蕴结。

（1）水湿困脾气胀：多因饲养管理不当，空肠过饮冷水，饲以冰冻露草料，或被阴雨苦淋，久卧湿地等，致使脾胃受损，寒湿内侵，脾为湿困，运化失常，清阳不升，浊阴不降，清浊相混，聚于胃肠而发病。

主证：食欲大减或废绝，欹部胀满，按压稍软，胃内容物呈粥状；口色青黄而暗，脉象沉迟。粪便稀软，肚腹虚胀，日久不消，口粘不渴，精神倦怠，牵行懒动，口色淡黄或黄白相间，舌苔白腻，脉象虚濡。

治则：宜健脾燥湿，理气化浊。

方例：用胃苓汤（见祛湿方之五苓散）加减；胀重，加木香、丁香；体虚，加党参、黄芪；湿重，加车前子、大腹皮；寒重，加吴茱萸、干姜、附子。

（2）湿热蕴结气胀：多因天气炎热，久渴失饮，饮水污浊；或劳役过重，乘热饮冷；或水湿困脾失治，郁久化热，湿热相搏，阻遏气机，致使脾胃运化失职而发病。

主证：腹胀，食欲大减或废绝；粪软而臭，排出不爽，肠音微弱；呼吸喘促，或体温升高；口色红黄，苔黄而腻，脉象濡数。

治则：清热燥湿，理气化浊。

方例：胃苓汤（见祛湿方之五苓散）减桂枝、白术，酌加茵陈、木通、黄芩、黄连、藿香。

2. **食胀**　是采食过多，停积胃肠，滞而不化，发酵膨胀，致使肚腹胀满的病证。多由饥后饲喂过多，贪食过饱，以致胃内食物积聚而致。

主证：食欲大减或废绝，时有呕吐，呕吐物酸臭；腹围膨大，触压腹壁坚实有痛感；重者腹痛不安，前蹄刨地，痛苦呻吟；口臭舌红，苔黄；脉象弦滑。

治则：消食导滞，泻下通便。

方例：曲蘖散、保和丸（均见消导方）或大承气汤（见泻下方）加减。

3. 水胀 主要是指宿水停脐（腹水），是脾、肾等脏功能失调，水湿代谢障碍，停聚胃肠而呈现肚腹胀满的病证。多由或外感湿热，蕴结脾胃，或饲养管理不当，如暴饮冷浊，长期饲以冰冷饲料，久卧湿地，阴雨苦淋等，致使脾失健运，水湿内停，湿留中焦，郁久化热所致。

主证：精神倦怠，头低耳聋，水草迟细，日渐消瘦，腹部因逐渐膨大而下垂，触诊时有拍水音；口色青黄，脉象迟涩。有的病例还兼有湿热蕴结之象，如舌红，苔厚，脉数，粪便稀软，尿少等。

治则：健脾暖胃，温肾利水。

方例：大戟散（大戟、滑石、甘遂、牵牛子、黄芪、芒硝、巴豆,《元亨疗马集》)加减。

十、流涎与吐沫

流涎，指患畜口中流出水样或黏液样液体；吐沫，指口吐泡沫样液体。二者均是唾涎增多，从口中流出的病证。临床上常见的有胃冷流涎、心热流涎、肺寒吐沫、恶癖吐水等证型。

1. 胃冷流涎 阴寒盛，则津液凝聚而口水过多。《普济方》中说："脾气冷不能收制其津液，故流出渍于颐上。"《元亨疗马集》中也说："流涎者，胃冷也。"

主证：精神不振，头低耳聋，食欲减退，易汗，日渐消瘦，行走无力，口流清水。甚者，槽中草料湿如水拌，或口腔受刺激（吃草或灌药）后，流量增加，有时出现空嚼，脉沉细，口舌淡白。

治则：益气健脾，摄涎。

方例：健脾散（见理气方）加减。

2. 心热流涎 胃热壅积，使津液积聚成涎。《太平圣惠方》中说："风热壅结在于脾脏，积聚成涎也。"《活兽慈舟》中也说："口涎长流不息，多归脾胃受邪热所致。"

主证：舌体肿胀或有溃烂，口流黏涎；患畜精神不振，采食困难；口色赤红，脉象洪数。因异物刺伤者，有时可见刺伤或钉、铁、芒刺等物。

治则：清热解毒，消肿止痛。因胃肠有热而致者，治宜清泻胃热。

方例：心热流涎用洗心散（见清热方）加减；因胃肠有热而致者，用石膏清胃散（石膏、大黄、玄明粉、知母、黄芩、天花粉、麦冬、甘草、陈皮、枳壳）；外伤引起的应除去病因。三种原因而致的流涎，均可用青黛散（见外用方）口噙。

3. 肺寒吐沫 多因脾虚，不能运化津液而成涎。《证治准绳》云："……多涎，由脾气不足，不能四布津液而成。"

主证：患畜频频磨牙锉齿，口吐白沫，唇沥清涎，沫多涎少，如雪似棉，洒落槽边桩下，唇舌无疮。兼见头低耳耷，精神不振，食欲减退，毛焦欤吊，鼻寒耳冷，或偶有咳嗽。口色淡白或青白，舌质软，苔薄而阔，脉沉迟。

治则：理肺降逆，温化寒痰。

方例：半夏散（半夏、升麻、防风、飞矾，《新编中兽医治疗大全》）加减。食少欤吊者，加神曲、麦芽、党参、白术；湿盛者沫多，加茯苓、苍术；咳嗽甚，加苏子、莱菔子、紫菀、杏仁。

4．恶癖吐水　多因口舌生疮、牙齿疼痛、风邪证口眼歪斜或嘴唇松弛而流涎。

主证：歇息时，嘴唇触着外物（如缰绳、饲槽、柱桩等），即不断活动，随之流出大量涎水，经久不止，至采食或劳动时才停止。病程可达数年之久。

治则：阻断病因，调整阴阳。

针治：水针注射。可用95%的酒精10 ml肌肉注射或注于下唇两侧的下唇掣肌内。一次不愈，可隔2～3天重复一次。

十一、咳嗽

咳嗽是肺经疾病的主要症状之一，多发于春秋两季。外感、内伤的多种因素，都可使肺气壅塞，宣降失常而发生咳嗽。多见保育阶段和育肥阶段的猪群发病，临床上常见如下证型。

（一）外感咳嗽

1．风寒咳嗽　风寒之邪侵袭肌表，卫阳被束，肺气郁闭，宣降失常，故而咳嗽。

主证：发热恶寒，无汗，被毛逆立，甚至颤抖，鼻流清涕，咳声洪亮，喷嚏，口色青白，舌苔薄白。猪畏寒喜暖，鼻塞不通。

治则：疏风散寒，宣肺止咳。

方例：荆防败毒散（见解表方）或止嗽散（见化痰止咳平喘方）加减。

2．风热咳嗽　感受风热邪气，肺失清肃，宣降失常，故而咳嗽。

主证：发热重，恶寒轻，咳嗽不爽，鼻流黏涕，呼出气热，口渴喜饮，舌苔薄黄，口红少津。

治则：疏风清热，化痰止咳。

方例：银翘散（见解表方）或桑菊饮（桑叶、菊花、杏仁、桔梗、薄荷、连翘、芦根、甘草，《温病条辨》）加减。痰稠，咳嗽不爽，加瓜蒌、贝母、橘红；热盛，加知母、黄芩、生石膏。

3．肺热咳嗽　多因外感火热之邪，或风寒之邪，郁而化热，肺气宣降失常所致。

主证：精神倦怠，饮食欲减退，口渴喜饮，大便干燥，小便短赤，咳声洪亮，气促喘粗，呼出气热，鼻流黏涕或脓涕，口渴贪饮，口色赤红，舌苔黄燥，脉象洪数。

治则：清肺降火，化痰止咳。

方例：清肺散（见清热方）或麻杏甘石汤（见化痰止咳平喘方）或苇茎汤（见清热方）加减。

（二）内伤咳嗽

1. 气虚咳嗽　多因久病体虚，或剧烈驱赶，耗伤肺气，致使肺宣肃无力而发咳嗽。

主证： 食欲减退，精神倦怠，毛焦欣吊，日渐消瘦；久咳不已，咳声低微，动则咳甚并有汗出，鼻流黏涕；口色淡白，舌质绵软，脉象迟细。

治则： 益气补肺，化痰止咳。

方例： 四君子汤（见补虚方）合止嗽散（见化痰止咳平喘方）加减。

2. 阴虚咳嗽　多因久病体弱，或邪热久恋于肺，损伤肺阴所致。

主证： 频频干咳，昼轻夜重，痰少津干，低烧不退，或午后发热，盗汗，舌红少苔，脉细数。

治则： 滋阴生津，润肺止咳。

方例： 清燥救肺汤（见化痰止咳平喘方）或百合固金汤（见补虚方）加减。

3. 湿痰咳嗽　脾肾阳虚，水湿不化，聚而成痰，上渍于肺，使肺气不得宣降而发咳嗽。

主证： 精神倦怠，毛焦体瘦，咳嗽，气喘，喉中痰鸣，痰液白滑，鼻液量多、色白而黏稠；咳时，腹部扇动，肘头外张，胸胁疼痛，不敢卧地，口色青白，舌苔白滑，脉滑。

治则： 燥湿化痰，止咳平喘。

方例： 二陈汤（见化痰止咳平喘方）合三子养亲汤（苏子、白芥子、莱菔子，《韩氏医通》）。

十二、喘证

喘证是气机升降失常，出现以呼吸喘促、鼻咋喘粗，甚或欣肋扇动为主要特征的病症。各种动物均可发生。根据病因及症状的不同，喘证可分为实喘和虚喘两类。一般来说，实喘发病急骤，病程短，喘而有力；虚喘发病较缓，病程长，喘而无力。

（一）实喘

1. 寒喘　外感风寒，腠理郁闭，肺气壅塞，宣降失常，上逆为喘。

主证： 喘息气粗，伴有咳嗽，畏寒怕冷，被毛逆立，耳鼻俱凉，甚或发抖，鼻流清涕，口腔湿润，口色淡白，舌苔薄白，脉象浮紧。

治则： 疏风散寒，宣肺平喘。

方例： 三拗汤（见解表方之麻黄汤）加前胡、橘红等。

2. 热喘　暑月炎天，劳役过重，风热之邪由口鼻入肺，或风寒之邪郁而化热，热壅于肺，肺失清肃，肺气上逆而为喘。

主证： 发病急，气促喘粗，鼻翼扇动，甚或欣肋扇动，呼出气热，间有咳嗽，或流黄黏鼻液，身热，汗出，精神沉郁，耳耷头低，食欲减退或废绝，口渴喜饮，大便干燥，小便短赤，口色赤红，舌苔黄燥，脉象洪数。

治则： 宣泄肺热，止咳平喘。

方例： 麻杏甘石汤（见清热方）加减。热重，加金银花、连翘、黄芩、知母；喘重，加葶苈子、马兜铃、桑白皮；痰稠，加贝母、瓜蒌。

（二）虚喘

1. **肺虚喘**　肺阴虚则津液亏耗，肺失清肃；肺气虚则宣肃无力，二者均可致肺气上逆而喘。

主证： 病势缓慢，病程较长，多有久咳病史。被毛焦燥，形寒肢冷，易自汗，易疲劳，动则喘重。咳声低微，痰涎清稀，鼻流清涕。口色淡，苔白滑，脉无力。

治则： 补益肺气，降逆平喘。

方例： 补肺汤（党参、黄芪、熟地黄、五味子、紫菀、桑白皮，《永类钤法》）加减。痰多，加制半夏、陈皮；喘重，加苏子、葶苈子；汗多，加麻黄根、浮小麦。

2. **肾虚喘**　久病及肾，肾气亏损，下元不固，不能纳气，肺气上逆而作喘。

主证： 精神倦怠，四肢乏力，食少毛焦，易出汗；久喘不已，喘息无力，呼多吸少，呈二段式呼气，胁肋扇动，息劳沟明显，甚或张口呼吸，全身震动，肛门随呼吸而伸缩；或有痰鸣，出气如拉锯，静则喘轻，动则喘重；咳嗽连声，声音低微，日轻夜重；口色淡白，脉象沉细无力。

治则： 补肾纳气，定喘止咳。

方例： 蛤蚧散（见补虚方）加减。

十三、尿血

尿血，是尿中混有血液，或伴有血块的一种病证。临床上常见的有湿热蕴结和脾虚尿血两种。

1. **湿热蕴结**　多因劳役过重，感受热邪的侵袭，致使心火亢盛，下移小肠，以致膀胱积热，湿热互结，损伤脉络而发。此外，尿道结石、努伤、跌打损伤等也可引起尿血。

主证： 精神倦怠，食欲减退，发热，小便短赤，尿中混有血液，或伴有血块，色鲜红或暗紫；口色红，脉细数。因努伤或跌打损伤所致者，行走吊腰，触诊腰部疼痛敏感，尿中常有血凝块。

治则： 清热凉血，散瘀止血。

方例： 八正散（见祛湿方）加白茅根、大蓟、小蓟、生地；或秦艽散（见理血方）加减。

2. **脾虚尿血**　多因劳役过度，饮喂失调，伤及脾胃；或体质素弱，脾胃气虚，致使气虚不能统血，血溢脉外，而成尿血。

主证： 精神不振，耳耷头低，四肢无力，食欲减退，尿中带血，尿色淡红，口色淡白，脉象虚弱。

治则： 健脾益气，摄血止血。

方例： 归脾汤或补中益气汤（均见补虚方）加减。

十四、水肿

水肿是由于水代谢障碍，致使水湿潴留体内，泛溢肌肤的一种病证。水肿多见于颌下、眼睑、胸前、腹下、阴囊、会阴部、四肢等部位。根据病因及主证的不同，常将水肿分为以下四种证型。

1. **风水相搏** 风寒外袭，肺失宣降，不能通调水道，风水泛滥，流溢肌肤，发为水肿。本证相当于现代兽医学中的由感冒引起的急性肾炎初期。

主证： 初起毛乍腰弓，恶寒发热，随之出现眼睑及全身浮肿，腰脊僵硬，肾区触压敏感，尿短少，舌苔薄白，脉浮数。

治则： 宣肺利水。

方例： 越婢加术汤（麻黄、石膏、甘草、大枣、白术、生姜，《金匮要略》）。表证明显者，加防风、羌活；咽喉肿痛者，加板蓝根、桔梗、连翘、射干等。

2. **水湿积聚** 圈舍潮湿，或被雨淋，或暴饮冷水，或长期饲喂冰冻饲料，脾阳为寒湿所困，运化失职，水湿停聚，溢于肌肤，发为水肿。

主证： 精神萎靡，草料迟细，耳耷头低，四肢沉重。胸前、腹下、四肢、阴囊等处水肿，以后肢最为严重。运步强拘，腰腿僵硬。小便短少，大便稀薄。脉象迟缓，舌苔白腻。

治则： 通阳利水。

方例： 五苓散合五皮饮（均见祛湿方）加减。

3. **脾虚水肿** 使用过度，饲料不足，脾气受损，运化失职，以致水液停聚，发为水肿。

主证： 毛焦欣吊，精神短少，食欲减退，四肢、腹下水肿，按之留下凹痕，尿少、粪稀，舌软如绵，脉象沉细无力。

治则： 健脾利水。

方例： 参苓白术散（见补虚方）加桑白皮、生姜皮、大腹皮等。

4. **肾虚水肿** 体质素虚，或劳役过度，或配种过频，或久病失养，以致脾肾阳虚，水液不能正常蒸化，泛滥周身肌肤而为水肿。

主证： 腹下、阴囊、会阴、后肢等处水肿，尤以后肢为甚；拱背，尿少，腰胯无力，四肢发凉；口色淡白，脉象沉细无力。

治则： 温肾利水。

方例： 巴戟散（见补虚方）去肉豆蔻、川楝子、青皮，加猪苓、大腹皮、泽泻等。

十五、黄疸

黄疸，是以眼、口、鼻黏膜及母畜阴户黄染为主要症状的一类病证。各种动物均可发生，尤以犬、猫最为多见。临床上，常将其分为阳黄和阴黄两种。

1. **阳黄** 湿热、疫毒之邪外袭，内阻中焦，脾胃运化失常，湿热交蒸，不得外泄，熏于肝胆，以致肝失疏泄，胆汁外溢，浸渍皮肤而发为黄疸。

主证： 发病较急，眼、口、鼻及母畜阴户黏膜等处均发黄，黄色鲜明如橘；患病动物精神沉郁，食欲减退，粪干或泄泻，常有发热；口色红黄，舌苔黄腻，脉象弦数。

治则：清热利湿，退黄。

方例：茵陈蒿汤（见清热方）加减。热重者，加黄连、生地、丹皮、赤芍；湿重者，加茯苓、猪苓、泽泻等。

2. 阴黄　眼、口、鼻等可视黏膜发黄，黄色晦暗；患病动物精神沉郁，四肢无力，食欲减退，耳、鼻末梢发凉；舌苔白腻，脉沉细无力。

治则：健脾益气，温中化湿。

方例：茵陈术附汤（茵陈、白术、附子、干姜、甘草，《医学心悟》），加茯苓、猪苓、泽泻、陈皮等。

十六、虚劳

虚劳是动物因脏腑亏损、气血不足而发生的一类慢性、虚损性病证。临床上常见的有以下几种证型。

1. 气虚　主要指脾、肺气虚。多因素体虚弱，或老龄体弱，或久病失治、误治耗伤正气，或长期饲养管理不当，劳役过度，脏腑功能衰退所致。

主证：食欲减退，精神不振，欧吊毛焦，体瘦形羸，四肢无力，怠行好卧，口色淡白，脉沉细无力。肺气虚者，呼吸气短，咳声无力，动则气喘、汗出；脾气虚者，粪便清稀，完谷不化或水粪齐下，双唇不收，舌绵软无力。

治则：益气。

方例：肺气虚者，用补肺散（人参、黄芪、熟地、五味子、紫菀、桑白皮，《永类钤方》）；脾气虚者，用补中益气汤（见补虚方）或参苓白术散（见补虚方）加黄芪、熟地黄、五味子、紫菀、桑白皮等。

2. 血虚　主要指心、肝血虚。多由先天不足，体质素虚，或后天失养，脾胃虚弱，血液生化无源；或各种急慢性出血，肠道虫积等所致。

主证：精神不振，体瘦毛焦，口色、结膜淡白无华，脉象细弱。心血虚者，有时心悸，见物易惊；肝血虚者，筋脉拘挛、抽搐，蹄甲焦枯，有时视力减退或失明。

治则：心血虚者，养血安神；肝血虚者，补血养肝。

方例：心血虚者，用八珍汤（见补虚方之四物汤）加龙眼肉、酸枣仁、远志等；肝血虚者，用四物汤（见补虚方）加何首乌、女贞子、枸杞子、钩藤等。

3. 阴虚　主要指肺、肾阴虚。多由营养不足，饮水缺乏，或久病体虚，或泄泻、大汗、失血以及高热伤津所致。

主证：精神倦怠，体瘦毛焦，虚热不退，午后热盛，盗汗，口色红，少苔或无苔，脉象细数。肺阴虚者，干咳无痰，咳声低微，或有气喘；肾阴虚者，腰拖胯輭，公畜举阳滑精，母畜不发情或不孕。

治则：肺阴虚者，养阴润肺；肾阴虚者，滋阴补肾。

方例：肺阴虚者，用百合固金汤（见补虚方）加减；肾阴虚者，用六味地黄丸（见补虚方）加减。

4. 阳虚　主要指脾、肾阳虚。多因素体阳虚，或老龄体弱，久病不愈，脾肾阳虚；或劳损过度，感受寒邪，阳气受损所致。

主证：体瘦毛焦，畏寒怕冷，耳鼻四肢发凉，口色淡白，脉象细弱。脾阳虚者，慢草或不食，久泄不止，四肢虚浮；肾阳虚者，腰膝痿软无力，公畜阳痿、滑精，母畜不孕。

治则：脾阳虚者，温中健脾；肾阳虚者，温肾助阳。

方例：脾阳虚者，用理中汤（见温里方）加减；肾阳虚者，用肾气丸（见补虚方之六味地黄汤）加减。

十七、滑精

滑精是肾失封藏，精关不固，不交配即精液外泄，或交配时早泄的病证，又称流精。只见于公畜。临床上常将滑精分为肾虚不固和阴虚阳亢两种证型。

1. 肾虚不固　多因公畜配种过多，精窍屡开；或因营养不足，劳役过度，致使肾气亏损，下元虚衰，不能封藏所致。

主证：形体瘦弱，倦怠无力，常出虚汗，动则尤甚，形寒肢冷，喜卧暖处，小便频数，或见粪便溏泻；阴茎常常伸出，软而不举，精液自流。口色淡白，舌体绵软，舌津清稀；脉细弱。

治则：温肾壮阳，固精止遗。

方例：金锁固精汤（见收涩方）加减，或右归饮（熟地、山药、山萸肉、枸杞子、杜仲、菟丝子、附子、当归、鹿角胶，《景岳全书》）加龙骨、牡蛎、五味子等。

2. 阴虚阳亢　配种过度，损伤肾精；或劳役过度，气血亏耗；致使心肾阴虚，相火偏胜，虚火妄动，干扰精室，封藏失职所致。

主证：阴茎频频勃起，流出精液，遇见母畜时加重；配种时尚未交配，精液早泄。重者拱腰，举尾，或躁动不安。口色淡红，苔少或无，舌津干少；脉细数。

治则：补肾固精，滋阴降火。

方例：六味地黄汤（见补虚方）加知母、黄柏、龙骨、牡蛎等。

十八、垂脱

垂脱是脏腑气虚，固摄失权，而致直肠、阴道或子宫部分或全部脱出的病证。各种家畜均可罹患，但以久泻、老龄、羸弱者多见。临床上常根据病因和主证的不同，将其分为以下证型。

1. 气虚垂脱　主要由于劳役过度，营养不良，气血虚弱，中气下陷或肾气不足所致。直肠脱多因久泻、久咳，或粪便迟滞，过度努责，或负载奔驰，用力过度，或分娩时努责过度所致。阴道脱和子宫脱，多由运动不足，阴道及子宫周围组织弛缓，或多胎妊娠，分娩时间过长，或分娩时用力过大，努责过度，或难产救助时强拉硬拽等引起。

主证：直肠、阴道或子宫垂脱子宫肛门或阴户外，初时黏膜呈淡粉红色，久则变为暗红，发生水肿，表层肥厚变硬，甚至坏死；食欲减退，精神倦怠，体弱乏力；口色淡，脉象虚弱。

治则：以手术整复为主，佐以补中益气，升提举陷。

方例：

（1）手术整复：直肠脱时，先将病畜适当保定，温水灌肠后，洗净脱出肠头，后用防风汤（见外用方）或3％温明矾水冲洗；如有水肿腐烂，则先用三棱针散刺肿处，后用温药水边洗边剪掉腐烂部分，并用手捏挤，排出水肿液，然后将肠头送入肛门内。对经用上法送入肛门，复又脱出的病例，可行肛门荷包缝合（肛门孔，大动物留二指宽，小动物留一指宽，以便排粪）。阴道脱和子宫脱的手术整复，基本同于直肠脱。在用药水清洗脱出部分后，乘动物不努责时，将其送入骨盆腔内，用手把阴道或子宫的位置拨顺，使其完全复位。中、小动物阴道狭窄，手不能入者，可用手拍打阴户，使其收缩，或用消毒的木棍内送复位。整复后复又脱出者，做阴唇结节缝合。

（2）内服方：补中益气汤（见补虚方）加枳壳或枳实。

2. **肾虚垂脱**　多由动物体虚，久泻，或生产胎次过多，或营养不良，劳役过度，又感受外邪，而致脾肾两虚，脏腑固摄失权所致。

主证：直肠、阴道或子宫垂脱于肛门或阴门外，初时黏膜呈淡粉色，久则变为暗红，水肿；畏寒怕冷，四肢不温，行走无力，尿频或尿失禁，尿液清长。口色淡白，舌体绵软，脉虚弱无力。

治则：补肾益气，升阳固脱。

方例：补中益气汤（见补虚方）加附片、肉桂、破故纸、五味子，或肾气丸（见补虚方之六味地黄汤）加升麻、枳壳，并结合手法复位（同气虚垂脱）。

3. **湿热垂脱**　多因饮食失当，湿热蕴结于肠道，或久泻久痢，中气不纳下坠而发。

主证：直肠脱出于肛门外，黏膜瘀红、肿胀，疼痛不安，不时努责；脱出日久者，因黏膜坏死而有流血，或有风皮；粪便干结，肚腹胀大，尿液短赤。口色红或红黄；舌津黏，舌苔黄腻。

治则：清火泄热，利湿举陷。

方例：凉膈清肠散（生地、白芍、当归、川芎、黄芩、黄连、荆芥、升麻、香附、甘草，《证治准绳》），并结合手法复位（同气虚垂脱）。

十九、虫积

虫积是寄生虫寄生于动物胃肠道所引起的病症，各种动物均可发生，常见的有蛔虫、蛲虫、绦虫等。

1. **蛔虫**　动物吃进污染有蛔虫虫卵或幼虫的生水、草料、泥秽等物，将虫卵带入体内，孵化出成虫，吸收动物的津、血生长繁育，从而使动物致病。

主证：精神倦怠，行动无力，食欲减退，毛焦欣吊，形体消瘦，常有泄泻、浮肿；口色淡白，脉象沉细，吃料不长膘，另外可见消瘦、发育不良等。泄泻或便秘，偶见咳嗽或腹痛。小牛或仔猪、犬、猫等动物，有时可因虫体过多，缠绕成团，阻塞肠道而引起剧烈腹痛，甚至造成肠破裂。如虫体上行胆道，还可能引起黄疸。

治则：驱虫为主，兼顾扶正。

方例：驱虫散（见驱虫方）加减。

2．蛲虫　动物吃进污染有蛲虫虫卵或幼虫的生水、草料、泥秽等物，使虫邪进入体内而致病。

主证：精神倦怠，行动无力，食欲减退，毛焦欣吊，形体消瘦，常有泄泻、浮肿、口色淡白，脉象沉细，肛门奇痒，常在墙壁或树桩上擦痒，尾根部被毛脱落，肛门和会阴周围有时可见到黄白色小虫体。

治则：驱虫为主，兼顾扶正。

方例：驱虫散（见驱虫方）加减，或雷丸、使君子各60 g，槟榔30 g，共研为末，冲服。

3．绦虫　动物吃进污染有绦虫虫卵或幼虫的生水、草料、泥秽等物，使虫邪进入体内而致病。

主证：精神倦怠，行动无力，食欲减退，毛焦欣吊，形体消瘦，常有泄泻、浮肿、口色淡白，脉象沉细，腹泻与便秘交替发生，粪便中混有扁平的绦虫节片。

治则：驱虫为主，兼顾扶正。

方例：万应散（见驱虫方）。

二十、不孕症

适龄母畜经健康公畜交配而不受孕，或产一、二胎后，不能再怀孕的，均称为不孕症。

不孕症有先天性不孕和后天性不孕两种。先天性不孕多因生殖器官的先天性缺陷所致，难以治疗。后天性不孕，多由疾病或饲养管理不当等原因造成。本书主要讨论后天性不孕，据其发病原因，可分为以下证型。

1．虚弱不孕　饲养和管理不当，如饲料品质不良、饲料数量不足、长期过度劳役、挤奶过度等，均可造成气血化生之源不足或耗伤过度，导致气血亏虚，命门火衰，胞脉失养，冲任空虚而不孕。

主证：发情不正常，或发情表现不明显，屡配不孕；精神倦怠，形体消瘦，口色淡白，脉沉细无力，或见阴门松弛，甚者出现"阴吹"现象。

治则：益气补血，健脾湿肾。

方例：催情散（羊红膻、淫羊藿、阳起石，《中国兽医杂志》）。

2．宫寒不孕　多因畜体素虚，或感受寒邪，或阴雨苦淋，久卧湿地，或采食过多冰冻草料，寒邪客于胞中，致使肾阳不足，宫寒不能养精；或寒湿困脾，脾虚不能化生营血为精而不能受胎。常见于慢性子宫内膜炎、慢性子宫颈炎、慢性阴道炎、前庭炎和阴门炎等子宫及产道的慢性炎症过程中。

主证：不发情，或发情周期不正常，发情表现不明显，屡配不孕；喜热恶冷，腹内肠鸣，便溏尿清，带下清稀，口色青白，脉沉弱或沉迟。

治则：暖宫散寒，温肾壮阳。

方例：艾附暖宫丸（艾叶、醋香附、当归、生地、续断、白芍、吴茱萸、川芎、肉桂、炙黄芪，《妇产科学》）。

3. 肥胖型 多因蓄养太盛，运动不足，致使胎液丰满，痰湿内生，阻塞胞宫而不能摄精受孕。

主证：除发情不正常或发情表现不明显，屡配不孕外，患畜体肥膘满，动则易喘，不耐劳役，口色淡白，舌苔白滑或稍腻，带下稠而量多，脉滑。

治则：燥湿化痰。

方例：苍术散（炒苍术、滑石、神曲各、制香附、半夏、陈皮、茯苓、炒枳壳、白术、当归、莪术、三棱、甘草、柴胡、升麻，《中兽医治疗学》）。

4. 血瘀不孕 舍饲期间运动不足，或长期发情不配，或胞宫原有痼疾，或情期气候突变，致使胞宫气滞血凝，形成肿块，不能受孕。

主证：发情周期反常或长期不发情，或自行接近公畜，过多爬跨，有"慕雄狂"之状。

治则：活血祛瘀。

方例：调经散（当归、白芍、熟地、覆盆子、枸杞子、川芎、红花、菟丝子、知母、炒泽泻、炙甘草、炙香附、女贞子，《全国中兽医经验选编》）。

二十一、痹证

痹是闭塞不通的意思。痹证是由于动物体受风寒湿邪侵袭，致使经络阻塞、气血凝滞，引起肌肉关节肿痛，屈伸不利，甚至麻木、关节肿大变形的一类病证，相当于现代兽医学的风湿症。临床上常见的有风寒湿痹和风湿热痹两种。

1. 风寒湿痹 多因动物体阳气不足，卫气不固，再逢气候突变、夜露风霜、阴雨苦淋、久卧湿地、穿堂贼风、劳役过重、乘热渡河、带汗揭鞍等，风寒湿邪便乘虚而伤于皮肤，流窜经络，侵害肌肉、关节、筋骨，引起经络阻塞，气血凝滞，而成本病。由于风、寒、湿三邪偏盛的不同，症状也有差异，风邪偏盛者为行痹，寒邪偏盛者为痛痹，湿邪偏盛者为着痹。

主证：肌肉或关节肿痛，皮紧肉硬，四肢跛行，屈伸不利，跛行随运动而减轻。重则关节肿大，肌肉萎缩，甚或卧地不起。风邪偏盛者（行痹），疼痛游走不定，常累及多个关节，脉缓；寒邪偏盛者（痛痹），疼痛剧烈，痛处固定，得热痛减，遇寒痛重，脉弦紧；湿邪偏盛者（着痹），疼痛较轻，痛处固定，肿胀麻木，缠绵难愈，易复发，脉沉缓。

治则：祛风散寒，除湿通络。

方例：风邪偏盛者，用防风散（见祛湿方）加减；寒邪偏盛者，用独活寄生汤（见祛湿方）减熟地、党参，加川乌；湿邪偏盛者，用薏苡仁汤（薏苡仁、防己、苍术、独活、羌活、防风、桂枝、川乌、豨莶草、川芎、当归、威灵仙、生姜、甘草，《类证治裁》）加减。前肢痹证，加瓜蒌、枳壳等；后肢及腰部痹证，加肉桂、茴香等。

2. 风湿热痹 动物素体阳气偏胜，内有蕴热，又感风寒湿邪，里热为外邪所郁，湿热壅滞，气血不宣；或痹证迁延，风、寒、湿三邪久留，郁而化热，壅阻经络关节，均可导致风湿热痹。

主证：发病较急，患部肌肉关节肿胀、温热、疼痛，常呈游走性，伴有发热出汗、口干、色红、脉数等症状。

治则：清热，疏风化湿。

方例：独活散（见祛湿方）加减。

二十二、跛行

跛行是动物四肢运动机能障碍的一种临床表现，又称为拐症。引起跛行的原因很多，主要是四肢疾病，但有时也与脏腑的机能变化密切相关，如肺部胸脯痛、肾冷拖腰等皆可引起跛行，在跛行诊断时，应加以注意。临床上根据跛行的病因和主证，常将其分为闪伤跛行、寒伤跛行和热伤跛行三种。

1. 闪伤跛行　主要指关节及其周围软组织（如皮肤、肌肉、韧带、肌腱、血管）等的扭挫伤。多由跌打损伤，或滑伸扭伤，筋骨脉络受损，致使气瘀血滞，而成肿痛、跛行。

主证：突然发病，行走时出现跛行，随运动而加剧。四肢闪伤时，患肢疼痛，负重和屈伸困难；腰部闪伤时，拱腰低头，行走困难，后脚难移，起卧艰难，甚至卧地不起。

治则：行气活血，散瘀止痛。

方例：跛行散或跛行镇痛散（均见理血方）加减。

针治：根据局部选穴的原则，选取患肢或患部的穴位。急性者，可用血针或白针；慢性者，用白针或火针。

2. 寒伤跛行　风寒湿邪，侵于皮肤，传入经络，引起气血凝滞，导致跛行。

主证：腰肢疼痛，跛行，患部有游走性，常随运动而减轻。寒伤四肢时，常侵害四肢上部，患肢多伸向前方，以避免负重；运动时，步幅极短，拘行束步，抬不高，迈不远。如为寒伤腰胯，则背腰拱起，腰脊板硬，胯軃腰拖，重者难起难卧。

治则：祛风散寒。

方例：参见痹证。

3. 热伤跛行　感受风、寒、湿邪，郁久化热；或因跌打损伤，致使筋脉受损，气滞血瘀，瘀而化热；或感受热毒之邪等，均可导致关节肿痛，引起跛行。

主证：除有跛行症状外，患部有红、肿、热、痛的表现，触诊局部灼热而敏感；严重者，舌红脉数，全身发热，精神沉郁，食欲减退。

治则：活血化瘀，清热止痛。

方例：定痛散（见理血方）加丹皮、丹参、赤芍、桑枝等。

二十三、疮黄疔毒

疮、黄、疔、毒是皮肤与肌肉组织发生肿胀和化脓性感染的一类病证，简称疮黄。我们这里只叙述"毒"。

毒是脏腑毒气积聚，反映于体表的病证，有阴毒、阳毒之分。

1. **阴毒** 乃阴邪结毒，阴火挟痰而成。如《元亨疗马集》中说："阴毒浑身生瘰疬。"

主证：多在前胸、腹底或四肢内侧发生瘰疬结核，累累相连，肿硬如石，不发热，不易化脓，难溃，难敛，或敛后复溃。

治则：消肿解毒，软坚散结。

方例：内服土茯苓散（土茯苓、白藓皮、川萆薢、海桐皮、茵陈、蒲公英、金银花、苦参、昆布、海藻、苍术、荆芥、防风、花椒，民间验方）。慢性虚弱性阴毒，可内服阳和汤（见温里方）加黄芪、忍冬藤、苍术，外用斑蝥酒（斑蝥10个，研末，加白酒30 ml）涂擦，每日1次，一般可擦3～5次。

2. **阳毒** 多由于膘肥体壮，热毒内盛，加之鞍具不适，或气候骤变，劳役中汗出雨淋，湿热交结，郁伏于肤腠而成肿毒。

主证：两前膊、梁头、脊背及四肢外侧发生肿块，大小不等，发热疼痛，脓成易溃，溃后易敛。

治则：清热解毒，软坚散结；溃后排脓生肌。

方例：内服昆海汤（昆布、海藻、酒炒黄芩、金银花、连翘、酒炒黄连、蒲公英、酒知母、酒黄柏、酒栀子、桔梗、木通、荆芥、防风、薄荷、大黄、芒硝、甘草，民间验方），外敷雄黄散（见外用方）。

二十四、胎产病证治概要

母畜的发情、带、胎、产、哺乳，都是脏腑经络气血生化作用的表现。孕育胎儿的器官是胞宫，气血是胎产、哺乳的物质基础，脏腑是生化气血的源泉，经络是运行气血的通路。

就脏腑而言，肾藏精，主生育，与胎产关系最为密切。胎儿的孕育和乳汁的生化都有赖于血，而心主血，肝藏血，脾统血，故此三脏亦与胎产休戚相关。经络是运行气血的通路，又以冲、任二脉至关重要。冲脉为全身气血运行的要冲；任脉主统各阴经，为"阴脉之海"，具有任养胞胎的作用，故云"任主胞胎"。冲、任二脉又同起于胞中，因此和胎产关系密切。

基于以上生理特点，胎产病的病理就主要包括三个方面，即气血失调，脏腑（特别是肝、脾、肾）机能失常，冲、任二脉受损。

1. **气血失调** 因母畜在胎、产、哺乳过程中，均以气血为用，易于耗血，故机体常处于血不足、气偏盛的状态。

2. **脏腑机能失常** 对于家畜而言，脏腑机能失常主要指肝、脾、肾三脏的机能失常。肝藏血，母畜以血为本，若肝脏贮藏和调节血量的功能失常，可导致胎产过程障碍。肾藏精，胞脉系于肾，肾虚则精亏，冲任受损，故不孕，或胎元不固，或乳汁缺少。脾主运化，为气血源泉，其运化失职，则气血虚或水湿停，故虚而不孕，或流产，或缺乳，或出现带下等证。

3. **冲、任二脉受损** 多由邪毒外侵，劳役过度，或饲养管理不当所致。至于其损伤，则表现为多种病证。同时，气血失调或脏腑功能失常，也常常影响冲、任二脉而引发疾病。

胎产病一般包括妊前病证，如不孕症、带下等；胎期病证，如胎动不安、胎气（妊娠浮肿）、产前不食、流产等；产后病证，如胎衣不下、恶露不尽、胎风、缺乳等。胎产病的辨证，除用八纲、脏腑辨证等一般辨证方法外，主要应考虑到胎产的上述生理和病理特点。

胎产病的治疗，尤其是对胎期和产后病症的治疗，应以调气血、健脾胃、养肝肾为基本原则。

胎娠期间的病证，以养血固胎为主，调理脾胃为辅，凡大汗、峻下、滑利，以及行血、破气、耗气、散气、有毒性的药物，均应慎用或忌用。如果发生了疾患，一般应在养血安胎的基础上随证论治。《傅青主女科》指出："世人用四物汤治胎前诸症者，正以其能生肝之血也。然补肝以生血，未为不佳；但生血而不知生气，则脾胃衰微，不胜频呕。犹恐气虚则血不易生也，故于平肝补血之中，加以健脾开胃之品，以生阳气，则气能生血，尤益胎气耳。"另外，妊娠期间，胎气偏旺，用药宜稍偏凉，最忌辛热燥烈，故有"胎前宜凉"之说。

产后病证，有多瘀、多虚以及虚实夹杂的特点，稍用温补并注意活血祛瘀是比较恰当的，即使在毒邪充盛之下，也应注意不能轻易用霸药猛攻，而宜攻补并行。正如傅青主在《产后编》中所说："凡病起于血气之衰，脾胃之虚，而产后尤甚。是以丹溪先生论产后必大补气血为先，虽有他证，以末治之。"又说："有气毋专耗散，有食毋专消导，热不可用芩连，寒不可用桂附；寒则血块凝滞，热则新血奔流。"总之，治产后疾病，用药宜温通而忌寒凝，故有"产后宜温"之说。

另外，胎产疾病还需注意幼畜疾病。由于幼畜为"稚阴稚阳"之体，气形不密、卫外不固。一方面易受外感，易发时病；另一方面，脾胃功能不完善，极易因饮食不节、饮喂不洁致成内伤，发生消化不良、腹泻、肚胀之证，临床中应予注意。

第五章 养猪过程安全用药知识

据资料介绍，美国大约有10%食品动物在其一生中不等数量地服用过药物。兽药作为药物添加剂用于饲料中，对促进动物生长、提高饲料转化率、控制繁殖性能、改善饲料的适口性、提高动物性食品的风味等起到了很重要的作用。实际生产中，不合理地使用和滥用兽药及饲料药物添加剂的情况普遍存在，造成兽药在动物性食品中残留，并通过生物链进入人体，对人体健康构成威胁，甚至严重影响了我国畜产品的市场竞争力。近年来国内多次发生的食品安全事件，给行业生产和发展带来了极大的负面影响，既严重影响了消费者信心，同时也对经济、社会乃至政治和外交带来了深刻的影响，使得农畜产品质量安全问题已从单纯的经济问题扩大为政治、社会等综合问题。

一、兽药残留的危害

兽药残留是"兽药在动物源食品中的残留"的简称，根据联合国粮农组织和世界卫生组织食品中兽药残留联合立法委员会的定义，兽药残留是指动物产品的任何可食部分所含兽药的母体化合物及（或）其代谢物，以及与兽药有关的杂质。所以，兽药残留既包括原药，也包括药物在动物体内的代谢产物和兽药生产中所伴生的杂质。一般以 $\mu g/ml$ 或 $\mu g/g$ 计量。

随着人们对动物源食品由需求型向质量型的转变，动物源食品中的兽药残留已逐渐成为全世界关注的一个焦点。食品添加剂和污染物联合专家委员会从20世纪60年代起开始评价有关兽药残留的毒性，为人们认识兽药残留的危害及其控制提供了科学依据。

兽药在防治动物疾病、提高生产效率、改善畜产品质量等方面起着十分重要的作用。然而，由于养殖人员对科学知识的缺乏以及一味地追求经济利益，致使滥用兽药现象在当前畜牧业中普遍存在。滥用兽药极易造成动物源食品中有害物质的残留，这不仅对人体健康造成直接危害，而且对畜牧业的发展和生态环境也造成极大危害。

1. 影响我国畜产品的外贸出口 20世纪90年代欧盟多次派兽医官员到我国考察和评价兽医工作及畜产品的安全质量，得出的结论是中国的动物卫生状况和产品质量安全达不到欧盟的要求，禁止从中国进口禽肉，至今没有解除禁止令。

近年来技术性贸易壁垒使我国畜产品出口遭受巨大损失，仅2001年就有70亿美元的出口额受到技术壁垒的影响，各国的检测水平精确值越来越高。美国、日本对中国肉鸡产品检测克球酚标准是0.01 ppm，而对美国及其他国家畜产品，按世界卫生组织0.05 ppm标准。

2. 危害人类健康及生态环境 一是致毒、致畸、致突变作用。一些化学合成物，如盐酸克仑特罗（瘦肉精），其脂溶性很高，毒性很大，对肝脏、肾脏等内脏器官产生一定的毒性作用，损害人体健康。中国香港、内地均有关于瘦肉精中毒事件的报道。氯霉素对人体造血系统的毒性极大，特别是杀伤颗粒性的白细胞，影响红细胞成熟，一次食入一定量或长期摄入，极能引起再生障碍性贫血，尤其对敏感人群、新生儿、早产儿以及肝肾功能不全的病人影响大。长期食用含有己烯雌酚等性激素可致儿童性早熟、肥胖，并有致癌的危险。试验证明，长期摄入含有抗生素如青霉素、四环素、磺胺类氨基糖药残的动物性食品，可使敏感人群发生致敏作用，产生抗体，轻者引起皮肤过敏、瘙痒、荨麻疹，重者引起急性血管性水肿和休克，甚至引起死亡。

研究证实，一些药物及某些化学物质可引起基因突变或染色体畸变，如苯丙咪唑、呋喃唑酮、喹乙醇、苏丹红Ⅳ均对人类构成潜在危害。

二是诱导细菌产生耐药性。因人们长期大量不科学地使用抗生素等添加剂，细菌的耐药性不断增强，给畜禽疾病的治疗带来极大的困难，造成抗生素研究成本加大，抗生素生命周期缩短，如志贺氏菌100%具有抗药性，对四环素最明显，大肠杆菌对喹诺酮类耐药性已达60%以上，而欧美只有5%左右，最后导致微生物的变异，沙门氏菌、大肠杆菌、葡萄球菌、链球菌现已上升为动物的主要传染病。

三是污染生态环境。兽药残留对环境的影响程度取决于兽药对环境的释放程度及释放速度。有的抗生素在肉制品降解速度缓慢，如链霉素加热也不会丧失活性，有的抗生素降解的产物比自体的毒性更大，如四环素的溶血及肝毒作用。

我国动物养殖生产中滥用兽药、药物添加剂的情况比较严重，动物的排泄物、动物产品加工的废弃物未经无害化处理排放于自然界中，有毒有害有机物持续性蓄积，从而导致环境严重污染，破坏土壤和水中微生物的平衡，打破生态环境的平衡，最后导致对人类的危害。

3．过敏反应与变态反应　过敏反应和变态反应是一种与药物有关的抗原抗体反应，与遗传性有关，与药物的剂量大小无关。临床上过敏和变态反应无本质不同，难以区别。引起过敏和变态反应的物质很多，如异种血清和蛋白、细菌、药物、食品等。在兽药中，青霉素、四环素及某些氨基糖甙类抗生素潜在威胁较大。虽然许多抗生素被用作治疗药物或饲料药物添加剂，但只有少数抗生素能致敏易感的个体。抗生素具有抗原性，能刺激机体内抗体的形成，其中，由于青霉素具有强抗原性，且在人和动物中广泛应用，因而青霉素具有最大的潜在危害性，据统计，对青霉素有过敏反应的人为0.7%～10%，过敏休克的人达0.004%～0.015%，严重者可致死，同时对神经系统也有很大影响。

4．毒性作用　链霉素对听神经有明显的毒性作用，能造成耳聋，对过敏胎儿更为严重；氯霉素可抑制骨髓造血细胞线粒体内蛋白质合成，引起再生障碍性贫血，虽发生少，但死亡率达80%以上。

残留在食品中的抗生素，有些加热不能完全失活，如氨基糖甙类的链霉素、新霉素等，因此，烹调不能成为避免变态反应的措施；四环素降解产物具有更强的溶血或肝毒作用；金霉素、土霉素在烹调过程中可转变为异金霉素、α和β阿朴氧四环素，较为安全。

5．肠道菌群失调　近年来国外许多研究表明，有抗菌药物残留的动物源食品可对人类胃肠的正常菌群产生不良的影响，使一些非致病菌被抑制或死亡，造成人体内菌群的平衡失调，从而导致长期的腹泻或引起维生素的缺乏等反应。菌群失调还容易造成病原菌的交替感染，使得具有选择性作用的抗生素及其他化学药物失去疗效。

6. 严重影响畜牧业发展 　长期滥用药物严重制约着畜牧业的健康持续发展。如长期使用抗生素易造成畜禽机体免疫力下降，影响疫苗的接种效果；还可引起畜禽内源性感染和二重感染。此外，耐药菌株的增加，使有效控制细菌疫病变得越来越困难。

二、兽药残留产生的原因

养殖环节用药不当是产生兽药残留的最主要原因，兽药残留的产生有以下几个方面。

1. 非法使用违禁或淘汰药物 　我国农业部在 2003 年（265）号公告中明文规定，不得使用不符合《兽药标签和说明书管理办法》规定的兽药产品，不得使用《食品动物禁用的兽药及其他化合物清单》所列 21 类药物及未经农业部批准的兽药，不得使用进口国明令禁用的兽药，畜禽产品中不得检出禁用药物。但事实上，养殖户为了追求最大的经济效益，将禁用药物当作添加剂使用的现象相当普遍，如饲料中添加瘦肉精引起的猪肉中毒事件等。

2. 不遵守休药期规定 　休药期的长短与药物在动物体内的消除率和残留量有关，而且与动物种类、用药剂量和给药途径有关。国家对有些兽药特别是药物饲料添加剂都规定了休药期，但是大部分养殖场（户）使用含药物添加剂的饲料时很少按规定施行休药期。

3. 滥用药物 　在养殖过程中，普遍存在长期使用药物添加剂，随意使用新或高效抗生素，大量使用医用药物等现象。此外，还大量存在不符合用药剂量、给药途径、用药部位和用药动物种类等用药规定以及重复使用几种商品名不同但成分相同药物的现象。所有这些因素都能造成药物在体内过量积累，导致兽药残留。抗生素等兽药能预防和治疗许多疾病，又能促进动物生长，一些养殖场（户）为了获得最大经济利益，违反国家规定在饲料中超量使用或滥用抗生素等兽药，有的直接将兽药原料添加到饲料或动物饮水中。

4. 违背有关标签的规定 　《兽药管理条例》明确规定，标签必须写明兽药的主要成分及其含量等。可是有些兽药企业为了逃避报批，在产品中添加一些化学物质，但不在标签中进行说明，从而造成用户盲目用药。这些违规做法均可造成兽药残留超标。

5. 屠宰前用药 　屠宰前使用兽药用来掩饰有病畜禽临床症状，以逃避宰前检验，这也能造成肉食畜产品中的兽药残留。此外，在休药期结束前屠宰动物同样能造成兽药残留量超标。

6. 长期或超用量标准使用兽药 　养殖企业为了预防动物阶段性疾病，如球虫病，在饲料中大量加入抗菌、抗球虫药物，造成某些药物在动物体内的蓄积。有的养殖户长期用药，不执行休药期。据资料记载，20% 的养殖企业没有执行休药期且 50% 的养殖户没有专职兽医，而是自己买药自己治疗，一旦治疗效果不好，就停止治疗，直接出售养殖动物。

7. 故意使用违禁药物及其他有毒有害的化合物 　因利益驱动，有的养殖户为缩短动物生长周期，快速育肥，有目的地饲喂国家明令禁用的氯霉素、己烯雌酚、氯丙嗪、瘦肉精、苏丹红Ⅳ等兽药及化合物，有的使用禁用的人用药品。

三、抗生素滥用与耐药性

目前，我国在使用抗生素药物方面存在许多误区，常见的有以下三类：一是使用抗生素治疗感冒，而感冒大多数属病毒感染，经常使用会增加副作用，使细菌产生抗药性。二是在病畜病重时能按时按量服用，一旦病情缓解，就停药了，而抗生素的药效依赖于有效的血药浓度，如达不到有效的血药浓度，不但不能杀灭细菌，反而会使细菌产生抗药性。三是为使疾病早日康复，同时使用多种抗生素，由于各种抗生素的抗菌谱不同，用药不当，轻者达不到理想的疗效，重者加大药物的毒副作用。

　　滥用抗生素对动物有五大危害：①诱发细菌耐药。细菌为躲避药物，在不断变异，耐药菌株随之产生。目前几乎没有一种抗生素不存在耐药现象，就连青霉素对丹毒的作用也没有原来的理想效果。②严重的毒副作用。如青霉素的过敏率为1.5%，氯霉素引起再生障碍性贫血，链霉素类（包括庆大霉素、卡那毒素）引起耳聋，四环素引起肝脓肿和牙腐蚀等。③导致二重感染。在正常情况下，口腔、呼吸道、肠道等都有细菌寄生，寄生菌群在相互拮抗下维持平衡状态。如长期使用，将杀灭原有的寄生菌，丧失平衡状态，此时，未被杀灭的外来细菌就可乘虚而入，诱发又一次感染。④造成社会危害。耐药菌在人群中和动物中传播，即使从未有用过抗生素的人和动物，同样可能成为抗生素滥用的受害者，这样对治疗感染疾病会变得十分困难，照此发展下去，人类将对细菌完全没有办法。进入"后抗生时代"，即回到抗生素药物发现之前的黑暗时代。⑤残留作用。就是用了这些药之后，它留在血、肉、奶、皮毛内，会毒害使用这些产品的人畜，所以有药品残留的畜产品不能出口，甚至不能上市销售。此外，久用抗生素还会引起致畸、致癌、致突变作用，后果十分可怕。

　　1929年青霉素发明以来，人们对细菌性传染病的治疗发生了历史性的转变，使得许多疾病得到了有效的控制和彻底的治疗。但是，抗生素在全球的广泛使用，导致了日益严重的细菌耐药性问题，特别是多重耐药现象进一步复杂化，并且有漫延扩散趋势。细菌耐药性问题已经引起了人们的广泛关注和重视。细菌耐药性的现状、耐药机理及应对措施等方面具体如下所述。

　　1. 细菌耐药性的现状　抗生素的问世，也伴随着细菌耐药性的出现。最初，在青霉素应用于临床治疗的2～3年内，75%的金黄色葡萄球菌即对其产生了耐药性，至1992年，对青霉素敏感的金黄色葡萄球菌不到10%。目前关于细菌耐药性的调查报告越来越多，张玉芳等测定了致病菌种类对抗生素的敏感性：绿脓杆菌25%，金黄色葡萄球菌12%，嗜血杆菌11%，肺炎双球菌10%，白色念珠菌10%，大肠杆菌9%，结核杆菌7%。结果显示，所有杆菌均对青霉素、氨苄青霉素、链霉素、红霉素有不同程度的耐药性。绿脓杆菌对青霉素、氨苄青霉素、头孢唑林、链霉素耐药和结核杆菌对利福平、异烟脐耐药均为48%，金黄色葡萄球菌对苯唑青霉素、头孢唑林耐药50%以上，庆大霉素对各类细菌耐药达70%。

　　2. 细菌耐药机制　细菌耐药机制的形成极为复杂，既包括细菌本身固有因素，更含有由于抗生素广泛使用或使用措施不当，细菌在强大的选择压力之下逐步形成耐药性并且日益严重的原因。

　　一是灭活酶或钝化酶的产生。细菌被诱导产生钝化酶或活性酶，通过修饰或水解作用破坏抗生素而导致耐药。目前已知革兰氏阴性杆菌对氨基糖甙类抗生素的耐药机理主要为细菌产生氨基糖甙类钝化酶，即乙酰转移酶、核苷转移酶和磷酸转移酶三大类。方渊等分析了 132 株庆大霉素耐药菌株，结果表明，88% 的菌株含 N- 乙酸转移酶。

二是抗生素的渗透障碍。细菌发生突变，使细菌外膜上的某种特异多孔蛋白发生变异，使抗生素失去进入细菌细胞的通道。如由质粒控制的细菌细胞膜通透性的改变使许多抗生素如四环素、氯霉素、磺胺药和某些氨基糖甙类抗生素难以进入细胞，因而细菌获得了耐药性。此外，革兰氏阴性杆菌对膜通透性能力变化较大，膜孔蛋白通道非常狭窄，能对大分子疏水性化合物的穿透形成有效屏障，因此外膜屏障使细菌对抗菌药物产生不同程度的固有耐药性。

三是抗生素作用靶位的改变。与抗生素有效结合的部位变异使细菌对药物不敏感而保持细菌正常生理功能。细菌通过产生诱导酶对菌体成分（即抗生素作用靶位）的化学修饰，或通过基因突变造成靶位变异均可导致耐药。

四是先天耐药性。细菌耐药性来源于该细菌本身存在其染色体上的耐药基因。

3. 细菌耐药性的应对措施　随着抗生素的使用，耐药菌株的出现，对临床用药提出了严峻的考验。就现状，切实可行的措施就是防制细菌对抗生素的耐药性。

一是合理使用抗生素。合理使用抗生素，是指在明确用药指导下使用适宜的抗细菌药物，采用适当的剂量和疗程，既能杀灭微生物和控制感染，又可防止不良反应发生。抗生素的用量常被作为抗生素应用与细菌耐药性发生关系的评价指标。过量使用或滥用抗生素是细菌产生耐药性的重要原因。减少抗生素的用量可明显降低细菌耐药性的发生。合理使用抗生素就是要充分重视抗生素的种类、用量、应用时机及联合用药的配伍，尽最大可能避免细菌产生耐药性。

二是抗生素的改造及钝化酶抑制剂的研究。现在人们正积极开展氨基糖甙类药物钝化酶抑制剂的研究工作，如卡那霉素的耐药性主要是由于羟基的磷酸化，针对这一点进行改造出现了大炭霉素、托布拉霉素等。

三是交替使用抗菌药物。细菌产生耐药性后有一定的稳固性，有的抗菌药物在停用一段时间后敏感性可逐渐恢复，如细菌对庆大霉素的耐药性维持时间较短，停药一段时间后易恢复其敏感性，因此在局部地区如养殖场不要长期固定使用某几种药物，要有计划地分期、分批交替使用。对已存在耐药性的抗菌药，应改用对病原菌敏感的药物或采用联合用药来代替耐药性抗菌药物，同时应考虑药物间的交叉耐药性，当使用某一药物治疗无效时，不要用具有交叉耐药的同类药物来替代；在疗程结束后，如需继续进行抗菌药物治疗，应考虑替换抗菌药或改变联合应用抗菌药的组合，以延缓或逆转细菌对抗菌药的耐药性。

总之，细菌耐药性已成为一个全球性的严重问题，它向微生物学界提出了严峻的挑战。对此国内外学者已基本达成共识，即该问题需要从分子水平和基因水平进行深入研究才有希望得以解决，这同时又可促进分子细菌学、药理学和生物化学等学科的快速发展。可见，该问题的出现对人类既是挑战，又是机遇。

四、禁用或禁止添加兽药有关规定

《兽药管理条例》规定：兽药使用单位，应当遵守国务院兽医行政管理部门制定的兽药安全使用规定，并建立用药记录。

禁止使用假、劣兽药以及国务院兽医行政管理部门规定禁止使用的药品和其他化合物。禁止使用的药品和其他化合物目录由国务院兽医行政管理部门制定公布。

有休药期规定的兽药用于食用动物时，饲养者应当向购买者或者屠宰者提供准确、真实的用药记录；购买者或者屠宰者应当确保动物及其产品在用药期、休药期内不被用于食品消费。

国务院兽医行政管理部门，负责制定公布在饲料中允许添加的药物饲料添加剂品种目录。

禁止在饲料和动物饮用水中添加激素类药品和国务院兽医行政管理部门规定的其他禁用药品。

经批准可以在饲料中添加的兽药，应当由兽药生产企业制成药物饲料添加剂后方可添加。禁止将原料药直接添加到饲料及动物饮用水中或者直接饲喂动物。

禁止将人用药品用于动物。

《饲料和饲料添加剂管理条例》相关条款规定：

养殖者使用自行配制的饲料的，应当遵守国务院农业行政主管部门制定的自行配制饲料使用规范，并不得对外提供自行配制的饲料。

使用限制使用的物质养殖动物的，应当遵守国务院农业行政主管部门的限制性规定。禁止在饲料、动物饮用水中添加国务院农业行政主管部门公布禁用的物质以及对人体具有直接或者潜在危害的其他物质，或者直接使用上述物质养殖动物。

禁止在反刍动物饲料中添加乳和乳制品以外的动物源性成分。

饲料、饲料添加剂在使用过程中被证实对养殖动物、人体健康或者环境有害的，由国务院农业行政主管部门决定禁用并予以公布。

饲料、饲料添加剂生产企业发现其生产的饲料、饲料添加剂对养殖动物、人体健康有害或者存在其他安全隐患的，应当立即停止生产，通知经营者、使用者，向饲料管理部门报告，主动召回产品，并记录召回和通知情况。召回的产品应当在饲料管理部门监督下予以无害化处理或者销毁。

饲料、饲料添加剂经营者发现其销售的饲料、饲料添加剂具有前款规定情形的，应当立即停止销售，通知生产企业、供货者和使用者，向饲料管理部门报告，并记录通知情况。

养殖者发现其使用的饲料、饲料添加剂违反相关规定的，应当立即停止使用，通知供货者，并向饲料管理部门报告。

禁止生产、经营、使用未取得新饲料、新饲料添加剂证书的新饲料、新饲料添加剂以及禁用的饲料、饲料添加剂。

禁止经营、使用无产品标签、无生产许可证、无产品质量标准、无产品质量检验合格证的饲料、饲料添加剂。

禁止经营、使用无产品批准文号的饲料添加剂、添加剂预混合饲料。

禁止经营、使用未取得饲料、饲料添加剂进口登记证的进口饲料、进口饲料添加剂。

禁止对饲料、饲料添加剂做具有预防或者治疗动物疾病作用的说明或者宣传。但是，饲料中添加药物饲料添加剂的，可以对所添加的药物饲料添加剂的作用加以说明。

附 录

一、猪病鉴别诊断表

表 1 皮肤病的鉴别诊断表

病 名	病毒性水泡性疾病	真菌	猪丹毒	猪痘	坏死杆菌病	渗出表皮炎	脓疱性皮炎	溃疡性肉芽肿	疥癣	角化不全	过度角化症
病因学	病毒	矮小孢子菌、毛鲜菌	猪丹毒杆菌	牛痘病毒、猪痘病毒	创伤+坏死杆菌+继发细菌	皮肤擦伤、炎症因子	葡萄球菌、链球菌	猪疏螺旋体+坏死杆菌	猪疥螨感染+超敏反应	锌缺乏、钙过量	环境、脂肪酸
发病年龄	各种年龄	各种年龄	各种年龄，哺乳猪不常见	出生至4月龄	出生至3周龄	14周为急性，4~12周为局发性	哺乳仔猪	小猪，但也见各种年龄的猪	各种年龄尤是断乳猪架子猪	各种年龄尤是架子猪	种猪
病变	水泡	小点致大圆形病变、褐色结痂、形成痂性边缘	红斑、隆起长方形肿块、坏死、吸血症	水泡、丘疹、脓疱	浅表溃疡、褐色硬痂	皮肤渗出、油脂斑、红斑	脓疱、红斑瘀点、脓肿	肉芽肿、耳部有结痂	丘斑、黑斑、红斑、过度角化	隆起的红斑、薄痂角化	皮屑过黑
部位	蹄冠、鼻、舌	广泛分布、常见于耳后	分布广、肩、背、腹	分布广，腹部多见	面部、颊部、眼、齿龈	小猪广泛分布，大猪呈局限性	耳、眼、背、尾部、大腿	任何部位的感染伤口	耳、眼、颈、四肢、躯干	四肢、面部、颈部	颈、肩、背、臀
发病率/死亡率	高达100%/低	低/无	高达100%/不定	不定/不定	高达100%/低	低/低	低/低	低/低	100%/低	不一定/无	10%~100%
诊断	实验室检查、动物试验等	证明真菌孢子、无癣菌	特征性皮肤病变、细菌分离	临床症状、组织学、血清学	齿伤、细菌学	临床症状、细菌学、组织学	细菌学	细菌学、组织学	剧烈瘙痒、耳刮物检查	检测日粮	临床症状
鉴别诊断	玫瑰糠、渗出性皮炎、疥癣	玫瑰糠、渗出性、皮炎、疥癣	吸血症、脓疱性皮炎	脓疱性皮炎	渗出性皮炎	疥癣、角化不全、面部坏死性脓疱性皮炎	疥癣、痘、渗出性皮炎	喙食癣、脓肿、压迫坏死、血肿	猪痘、过度角化、渗出性皮炎	疥癣、渗出性皮炎	疥癣、角化不全

表 2　引起猪腹泻的疾病鉴别表

疾病	发病年龄	腹泻特征	其他症状	剖检特点	诊断
传染性胃肠炎	各种猪	浓黄色水样，褐色、恶臭	呕吐、脱水、发病率高，多发见于寒冷季节，死亡率较高	胃有不同内容物，肠中有黄褐色液体、肠血管充血、胃壁出血、小肠壁薄	荧光抗体法、病原分离、电镜检查
大肠杆菌病（仔猪黄痢，仔猪白痢）	仔猪	黄白色水样，有气泡	猪脱水、无呕吐、尾环死、典型全窝感染	肠充血或不充血，肠壁轻度水肿、黏液充盈稀软、黏液和气	细菌学分离鉴定
流行性腹泻	各种猪	淡黄色水样，褐色、恶臭	呕吐、脱水、发病率高，死亡率较高	仅小肠病变，如小肠扩张、内充满黄色液体	荧光抗体、病源分离、电镜检查
轮状病毒病	仔猪（1～5 周）	水样、糊状、有黄凝乳样物	偶见呕吐、消瘦、发病率高，死亡率低	肠壁变薄、充有液体、结肠扩张	核酸电泳、间接血凝、病菌分离
低血糖	仔猪（1～5 周）	水样	虚弱、不活泼、体温低、神经症状	胃空虚	典型症状、无病原体
球虫病	6～15 日龄	腹泻不止、水样、灰黄色、恶臭	消瘦、被毛粗乱、发病率不等、死亡率高，在 8、9 月份多发	纤维性坏死性肠炎、空、回肠出现固膜、大肠无变化	空肠或回肠黏膜片、裂殖子黏膜涂片、病理组织学
仔猪红痢	仔猪、青年猪	带血性腹泻	虚脱、偶见呕吐	空、回肠肠壁充血、肠腔内有血性液体、黏膜增厚坏死、腹腔淋巴结出血	细菌培养、病理组织学
猪痢疾	7 日龄以上青年猪	水样带血和黏膜	无脱水、成窝散发、死亡率低、晚夏和秋季多发	病变限于大肠、肠系膜和大肠壁充血水肿、轻度腹水、带有伪膜	细菌培养、病理组织学
猪副伤寒	3 周左右	黏液带血	吮血症、偶见中枢神经症状	胃肠道卡他、出血到坏死性炎症、实质器官和淋巴结出血坏死	血清学检查、皮试、病毒分离
猪伪狂犬病	任何年龄	不定	呆滞、呕吐、共济失调，呼吸困难、流涎、中枢神经症状	肠溃疡、各器官均见白色坏死灶、肺炎、淋巴结炎	小鼠接种、组织学和病原体检查
猪丹毒	大于 1 周龄	水样	全身症状、死亡率中到高	急必败血性变化	小鼠接种、组织学和病原体检查
类圆虫病	仔猪 4～10 日龄	不定	呼吸困难、中枢神经症状	肠黏膜小点出血	粪内虫卵检查
猪瘟	各种猪	水样带黏液、血液	全身症状、死亡率高、神经症状等	肠纽扣状溃疡、全身败血性变化、大理石状淋巴结	免疫交叉试验、血清学检查

表 3　引起母猪流产、死胎的疾病鉴别表

病因	母猪症状	胎儿年龄	胎儿和胎盘变化	诊断
猪细小病毒病	无症状	胎儿常死在不同的发育阶段	产仔数少、木乃伊常见、死胎或弱猪分解的叶盘紧抱胎儿	病毒分离
猪乙型脑炎	无症状	胎儿常死在不同的发育阶段	产仔数少、木乃伊常见、胎儿脑积水、皮下水肿、肝脾坏死灶	胎儿荧光抗体
猪伪狂犬病	喷嚏、咳嗽、便秘、流涎、厌食、呕吐、中枢神经系统症状	胎儿常死在不同的发育阶段	肝局灶坏死、木乃伊、产仔数少、坏死性胎盘炎	从母猪采取双份血清样品测定
猪瘟	嗜睡、厌食、发热、全身症状	胎儿常死在不同的发育阶段	木乃伊、死胎、水肿、脱水、头和肢畸形、肝坏死	胎儿组织切片荧光检查
猪流感	极度衰弱、嗜睡、呼吸用力	胎儿常死在不同的发育阶段	产仔数少、木乃伊、死胎、出生仔猪虚弱	双份血清样品测定
猪水疱性疾病	鼻、口、蹄部水泡	相同年龄或任何年龄	无肉眼变化	水泡液血清检查
猪巨细胞病毒感染	无症状	胎儿常死在不同的发育阶段	产仔数少、木乃伊、死胎、出生仔猪虚弱	双份血清样品测定
钩端螺旋体病	少数有发热、厌食、腹泻、流产	妊娠中后期，小猪为同一个年龄	死胎或弱胎、偶见流产、弥漫性胎盘炎	暗视检查菌体、动物接种、母猪血清双份样品测定
布氏杆菌病	少见症状、妊娠的任何时间流产	相同年龄或任何年龄	自溶、外观正常、皮下水肿、腹泻积水、出血、化脓性胎盘炎	培养细菌、双份血清样品检查
维生素 A 缺乏症	少见症状、妊娠的任何时间流产	相同年龄或任何年龄	自溶、外观正常、皮下水肿、腹泻积水、出血、化脓	病毒分离
饲料不足	极瘦、可能多尿、剧渴	相同年龄或任何年龄	无	病史、母猪争食
有机磷中毒	流涎、呕吐、排粪、肌肉震颤、麻痹	相同年龄或任何年龄	无	症状、病史
五氯酚钠中毒	沉郁、呕吐、极虚弱、后肢麻痹	足月死胎	无	接触史
碘缺乏症	无症状	任何年龄	木乃伊、死胎、初生重低、畸形猪	症状、病史

续表

病因	母猪症状	胎儿年龄	胎儿和胎盘变化	诊断
其他细菌感染（大肠杆菌、金黄色葡萄球菌、李氏杆菌、猪丹毒杆菌）	一般无临床症状	所有仔猪同一年龄	可近乎正常，稍自溶，有水肿，脓性胎盘炎	胎儿培养
猪繁殖与呼吸综合征	一般无明显临床症状，仅见轻度呼吸困难，食欲减退，发热	胎儿常在怀孕后期	死胎，木乃伊化，早产，头部水肿，胸腹腔积水	胎儿培养

表 4 猪神经性疾病的鉴别诊断表

病因	发病年龄	发病率	死亡率	临床症状	剖检	诊断
猪伪狂犬病	所有年龄，小猪严重	整群感染	高	肌痉挛，共济失调，昏迷，咳嗽，便秘，呕吐，流涎，流产	少见肉眼病变，肺水肿，肝白色小坏死灶	病毒分离，检测抗体
猪水肿病	20～30 kg 的猪	15% 左右	高	突然死亡，步态摇摆，共济失调	腹部皮肤红，皮下和胃水肿	症状、流行病学、细菌分离
猪传染性脑脊髓炎	任何年龄	整群感染	高	发热，厌食，共济失调，抽搐，麻痹，角弓反张和昏迷	无肉眼可见病变	病毒分离，荧光抗体
猪脑心肌炎	20 周龄以内的仔猪发病率高	整群发生	仔猪高	震颤，蹒跚，麻痹，呕吐，呼吸困难，沉郁	心肌灰白色坏死区，肝大，腹水	病理检查，病毒分离
先天性震颤	出生仔猪	整群发生，头胎发生	高	不同程度的震颤，病初时严重	无肉眼可见病变	组织学检查
猪狂大病	大于 2 月龄	散发	高	兴奋，虚弱，空嚼，流涎，全身性阵发性痉挛	无肉眼病变	组织学检查，荧光抗体
猪血凝性脑脊髓炎	3 周龄内	新引进猪群散发	高	发热，嗜睡，呕吐，便秘，中枢神经系统症状，大坐姿势	血管周围有管套，细胞增生	组织学检查，病毒分离
链球菌病	哺乳仔猪多发	散发	高	体温高，前肢虚弱，步态僵直，伸展运动不平衡，角弓反张	脑和脑膜出血，炎症变化	细菌分离
李氏杆菌病	任何年龄，青年猪严重	散发	高	发热，震颤，不平衡，前肢僵直，后肢拖拉，应激性高	脑膜炎，局灶性肝坏死	细菌分离

续表

病因	发病年龄	发病率	死亡率	临床症状	剖检	诊断
猪副嗜血杆菌病	5～8日龄多见	10%～50%	中等	发热、肌震颤、后肢不稳、卧倒划动	纤维素性脑膜炎、心包炎、胸膜炎	细菌分离
低血糖症	未断奶仔猪、2～3日龄	散发	高	共济失调、侧卧、抽搐、前肢划动、心律缓、体温下降	胃无内容物、无体脂、肌肉浓棕红色	血糖低
有机磷中毒	任何年龄	不等	仔猪高	共济失调、后躯不全麻痹、鹅步、失眠、麻痹	无、有时见肺水肿	有机磷使用史、化验含量
食盐中毒	任何年龄	整群发生	高	失明、肌肉无力、迟钝、呕吐、腹泻、角弓反张等	胃炎、肠炎、便秘	脑组织学检查
破伤风	任何年龄	散发	高	步态僵硬、耳尾直立、侧卧、角弓反张、强直性痉挛	无肉眼可见变化	有损伤病史、细菌分离
脑脊髓损伤	任何年龄	散发	低	局灶性神经功能缺乏	脑、脊髓局灶性损伤	剖检变化
维生素A缺乏	任何年龄	散发	不定	头歪斜、不平衡、夜盲、麻痹	全身性水肿、眼睛畸形	病史、治疗效果
钙、磷缺乏	任何年龄	散发	不定	步态僵硬、感觉过敏、后肢麻痹	软骨肿大、骨质疏松	血液化验
中毒（无机砷、亚硝酸盐、汞、呋喃类药物等）	任何年龄	散发	高	抽搐、肌肉震颤、昏迷、呕吐、腹泻、无力、衰弱	不定、胃肠病变明显	病史、毒素化验

表 5　猪呼吸道疾病鉴别表

病名	发病年龄	症状	剖检特点	诊断
萎缩性鼻炎	1周龄以上	喷嚏、呼吸困难、仔猪死亡率高，偶有发热，眼下见泪痕、鼻偏歪	鼻甲骨萎缩、浆液至脓性鼻液出物	典型病变、分离败血波氏杆菌
巨细胞病毒病	1周龄内症状明显	喷嚏、呼吸困难、有水肿、小点出血	轻度鼻炎、皮下水肿、小点出血、肺水肿	组织学检查包涵体、巨细胞、荧光抗体
嗜血杆菌病、猪接触性传染性胸膜炎	1周龄以上	呼吸困难、咳嗽、发热、厌食、跛行等	肺前胸部膨胀不全、质坚实、心包炎、关节炎	细菌分离培养、荧光抗体

续表

病名	发病年龄	症状	剖检特点	诊断
猪肺疫巴氏杆菌	1周龄以上	呼吸困难，咳嗽，有痰，发热，全身皮肤红斑，指压不完全褪色，精神沉郁，死亡率中等	咽喉炎性水肿，出血变化，气管中有大量泡沫，淋巴结肿大，脾脏无明显病变	细菌分离培养
猪副伤寒	断奶以后3天或更大	呼吸困难，咳嗽，有痰，发热，肠炎，腹泻等，发病率中，死亡率高	肺膨胀不全，质坚实，肠充血、坏死	细菌分离培养
猪伪狂犬病	任何年龄	呼吸困难，咳嗽，有痰，发热，神经症状，小猪严重	肉眼变化不明显，咽炎、坏死性扁桃体炎，肝有白色坏死灶	病毒分离，扁桃体荧光检查
猪流感	断奶以后	呼吸困难，阵发性咳嗽，高热，发病率高，传播快，极度衰弱，厌食	一般无死亡	血清学检查，临床特征
硝酸盐中毒	1月龄以上	呼吸困难，咳嗽，气喘，病急，死亡快，窒息或单独发生	血凝不良，胃底弥漫性出血，心肌苍白，肺气肿，肝显著肿胀	临床和饲料分析
贫血	1.5~2周或更大	呼吸困难，咳嗽，无力，黏膜苍白	肌肉苍白，肺水肿，心扩张，脾缩小	血细胞压积少，血红蛋白低
蛔虫移行	1月龄	呼吸困难，咳嗽，无热，乳斑	肺膨胀不全，出血，气肿，水肿，肝小叶出血、坏死	剖检病变，检查粪便虫卵
曲霉菌病	断奶以后	呼吸困难，咳嗽，发热，厌食，精神沉郁	无明显病变	毒素检验
猪气喘病	1周以上	呼吸困难，活动后咳嗽明显，干咳，发热，厌食	肺实变，膨胀不全，肺炎病变	细菌分离，血清学检查
腺病毒病	1月以上	咳嗽，干咳，有痰，发热，发病率低	无明显病变	病毒分离
肺脓肿	断奶以后	咳嗽，活动后加剧，干咳，呼吸困难，发热	肺脓肿	剖检病变
组织胞浆菌病	断奶以后	咳嗽，干咳，呼吸困难，发热	肺肉芽肿	剖检病变，细菌检查
分枝杆菌病	断奶以后大猪	咳嗽，干咳，喷嚏，发热	肺、肠肉芽肿	剖检病变，细菌检查
坏死性鼻炎	1月龄以上仔猪	呼吸困难，喷嚏，偶有发热，由蝉传染，多发夏季	鼻腔黏膜充血、坏死	细菌分离鉴定，剖检
弓形虫病	任何年龄	呼吸困难，咳嗽，流涕，高热，精神不振，全身症状	肺退缩不全，水肿，肺切面有带泡的液体，肝大，全身淋巴结肿大	病原分离，药物疗效
猪瘟	任何年龄	呼吸困难，咳嗽，喷嚏，发热，全身症状，消化道症状	全身败血性病变	病原分离，血清学检查
猪繁殖与呼吸综合征	仔猪多发	呼吸困难，咳嗽，发热，食欲减退，发热，耳朵发绀，母猪流产，死胎	病死仔猪头部水肿，胸、腹腔有积水	病原分离，血清学检查

表6 常见的猪全身性疾病鉴别表

病因	发病年龄	发病率/死亡率	临床症状	剖检特点	诊断
猪瘟	任何年龄	高/高	嗜睡、厌食、沉郁、41~42℃、结膜炎、早期便秘、后期水泻、扎堆、抽搐、虚弱、发绀、步态蹒跚、少数发现时已死亡、母猪流产	组织水肿、淋巴结肿胀、有出血点、肾、膀胱、喉头、心有出血点、脾梗死、大肠扣状溃疡、气管肺炎或肺出血	荧光抗体、兔体交互试验
非洲猪瘟	任何年龄	高/高	沉郁、不愿起立、40.5~42℃、厌食、皮肤充血、呼吸困难、可能腹泻、呕吐、流产	水肿、腹水、心外膜和肺出血点、淋巴结肿胀、水肿、出血、脾肿大硬死、肺水肿、肾出血、不同程度肠炎	敏感猪接种、血清学检查
猪丹毒	3月至7岁	高/高	发热、体温40~42℃、躯卧、不愿站立、沉郁、厌食、皮肤荨麻疹肿头、少数猪发现时已死亡、发绀	弥漫性皮肤血停滞、肺充血、水肿、胃炎、肝脾肿大、关节积液、心外膜出血	从心、肺、肝、等分离细菌鉴定
副伤寒	断奶至4月	10%/高	发热、体温40.5~41.5℃、少数猪发现时已死亡、扎堆、3~4天后可发生腹泻、沉郁、厌食	皮肤轻度血停滞、胃黏膜硬死、肝、脾肿大、淋巴结湿润肿大、肝寮粒大白色坏死灶、坏死性结肠炎	从肝、脾中分离细菌
猪链球菌病	多发于仔猪8周龄以内小架子猪和临床母猪	低~中/高	猪发热、体温41~43℃、食欲减退、粪干硬、眼结膜潮红、浆性鼻漏、部分出现多发性关节跛行、部分有神经症状、共济失调、后期呼吸困难	鼻、喉头、气管充血、出血、肺充血、肿胀、全身淋巴结肿大、充血、出血。心包积液、脑膜充血、脾肿大易脆裂、胃、小肠黏膜有不同程度的充血和出血	脑、心、肺、肝等处涂片镜检或细菌分离链球菌
猪肺疫	任何年龄，但以架子猪居多	低~中/高	体温上升至41~42℃、呼吸困难、心跳加快、不食、口鼻黏膜发紫、体表多处出血性红斑、咽喉肿胀、常作犬坐姿势	咽喉黏膜急性炎症、周围组织浆液浸润、淋巴结出血、肿胀、肺急性水肿、脾不肿大	肺、血液中分离多杀性巴氏杆菌

续表

病因	发病年龄	发病率/死亡率	临床症状	剖检特点	诊断
接触传染性胸膜肺炎	1～4月龄	低～中/高	发热，体温40.5～42℃，厌食，沉郁，发绀，步态僵硬，不愿动，犬坐，呼吸困难，眼睑可能水肿	纤维素性或浆液纤维素脑胸膜炎，胸膜炎，心包炎，关节炎	从病变处分离细菌
猪鼻霉形体感染	3～10月龄	低/高	中等发热，沉郁，厌食，不愿动，可能呼吸困难	浆液纤维素性到纤维素性脓性心包炎，胸膜炎，关节炎，腹膜炎	从病变处分离细菌
猪弓形体病	3～10月龄	低/高	猪发热，体温41～42℃，腹泻，呼吸困难，神经症状，母猪流产，死胎	肺炎，肠溃疡，脾肿大，各种脏器出现白色坏死灶	分离鉴定虫体
黄曲霉素中毒	任何年龄	低/高	厌食，贫血，黄疸，体温正常	腹水，肿大的脂肪肝到坏死的硬化	饲料毒素检查
桔霉素或赭曲霉毒素	任何年龄	低/高	腹泻，多尿，剧渴脱水，体温正常	可能肾纤维化，肝脂变和坏死	饲料毒素检查
猪水肿病	4～12周龄	15%/高	常在断奶后1～2周，多见体质肥胖的仔猪发病，少数发现时已死亡，步态蹒跚，震颤，共济失调，眼睑水肿，体温一般正常	皮下组织，胃黏膜下和结肠同膜水肿，胃充盈，小肠空虚，心包，腹腔，胸腔有浆性液体，混有少量纤维素丝	肝、脾中分离溶血性大肠杆菌

二、一、二、三类动物疫病病种名录（2008-12-11）

1. 一类动物疫病（17 种）

口蹄疫、猪水疱病、猪瘟、非洲猪瘟、高致病性猪蓝耳病、非洲马瘟、牛瘟、牛传染性胸膜肺炎、牛海绵状脑病、痒病、蓝舌病、小反刍兽疫、绵羊痘和山羊痘、高致病性禽流感、新城疫、鲤春病毒血症、白斑综合征。

2. 二类动物疫病（77 种）

多种动物共患病（9 种）：狂犬病、布鲁氏菌病、炭疽、伪狂犬病、魏氏梭菌病、副结核病、弓形虫病、棘球蚴病、钩端螺旋体病。

牛病（8 种）：牛结核病、牛传染性鼻气管炎、牛恶性卡他热、牛白血病、牛出血性败血病、牛梨形虫病（牛焦虫病）、牛锥虫病、日本血吸虫病。

绵羊和山羊病（2 种）：山羊关节炎脑炎、梅迪－维斯纳病。

猪病（12 种）：猪繁殖与呼吸综合征（经典猪蓝耳病）、猪乙型脑炎、猪细小病毒病、猪丹毒、猪肺疫、猪链球菌病、猪传染性萎缩性鼻炎、猪支原体肺炎、旋毛虫病、猪囊尾蚴病、猪圆环病毒病、副猪嗜血杆菌病。

马病（5 种）：马传染性贫血、马流行性淋巴管炎、马鼻疽、马巴贝斯虫病、伊氏锥虫病。

禽病（18 种）：鸡传染性喉气管炎、鸡传染性支气管炎、传染性法氏囊病、马立克氏病、产蛋下降综合征、禽白血病、禽痘、鸭瘟、鸭病毒性肝炎、鸭浆膜炎、小鹅瘟、禽霍乱、鸡白痢、禽伤寒、鸡败血支原体感染、鸡球虫病、低致病性禽流感（包括 H7N9 禽流感）、禽网状内皮组织增殖症。

兔病（4 种）：兔病毒性出血病、兔黏液瘤病、野兔热、兔球虫病。

蜜蜂病（2 种）：美洲幼虫腐臭病、欧洲幼虫腐臭病。

鱼类病（11 种）：草鱼出血病、传染性脾肾坏死病、锦鲤疱疹病毒病、刺激隐核虫病、淡水鱼细菌性败血症、病毒性神经坏死病、流行性造血器官坏死病、斑点叉尾鮰病毒病、传染性造血器官坏死病、病毒性出血性败血症、流行性溃疡综合征。

甲壳类病（6 种）：桃拉综合征、黄头病、罗氏沼虾白尾病、对虾杆状病毒病、传染性皮下和造血器官坏死病、传染性肌肉坏死病。

3. 三类动物疫病（63 种）

多种动物共患病（8 种）：大肠杆菌病、李氏杆菌病、类鼻疽、放线菌病、肝片吸虫病、丝虫病、附红细胞体病、Q 热。

牛病（5 种）：牛流行热、牛病毒性腹泻 / 黏膜病、牛生殖器弯曲杆菌病、毛滴虫病、牛皮蝇蛆病。

绵羊和山羊病（6 种）：肺腺瘤病、传染性脓疱、羊肠毒血症、干酪性淋巴结炎、绵羊疥癣、绵羊地方性流产。

马病（5 种）：马流行性感冒、马腺疫、马鼻腔肺炎、溃疡性淋巴管炎、马媾疫。

猪病（4 种）：猪传染性胃肠炎、猪流行性感冒、猪副伤寒、猪密螺旋体痢疾。

　　禽病（4 种）：鸡病毒性关节炎、禽传染性脑脊髓炎、传染性鼻炎、禽结核病。

　　蚕、蜂病（7 种）：蚕型多角体病、蚕白僵病、蜂螨病、瓦螨病、亮热厉螨病、蜜蜂孢子虫病、白垩病。

　　犬猫等动物病（7 种）：水貂阿留申病、水貂病毒性肠炎、犬瘟热、犬细小病毒病、犬传染性肝炎、猫泛白细胞减少症、利什曼病。

　　鱼类病（7 种）：鲴类肠败血症、迟缓爱德华氏菌病、小瓜虫病、黏孢子虫病、三代虫病、指环虫病、链球菌病。

　　甲壳类病（2 种）：河蟹颤抖病、斑节对虾杆状病毒病。

　　贝类病（6 种）：鲍脓疱病、鲍立克次体病、鲍病毒性死亡病、包纳米虫病、折光马尔太虫病、奥尔森派琴虫病。

　　两栖与爬行类病（2 种）：鳖腮腺炎病、蛙脑膜炎败血金黄杆菌病。

三、OIE 疫病、感染及侵染名录（2017-01-01）

　　多种动物共患传染病和寄生虫病（23 种）：炭疽、蓝舌病、布鲁氏菌病（流产布鲁氏菌、马耳他布鲁氏菌、猪布鲁氏菌）、克里米亚刚果出血热、流行性出血病、东部马脑脊髓炎、口蹄疫、心水病、伪狂犬病病毒感染、细粒棘球蚴感染、多房棘球蚴感染、狂犬病病毒感染、裂谷热病毒感染、牛瘟病毒感染、旋毛虫感染、日本脑炎、新大陆螺旋蝇蛆病（嗜人锥蝇）、旧大陆螺旋蝇蛆病（倍赞氏金蝇）、副结核病、Q 热、苏拉病（伊氏锥虫病）、野兔热、西尼罗热。

　　牛病（14 种）：牛无浆体病、牛巴贝氏虫病、牛生殖道弯曲菌病、牛海绵状脑病、牛结核病、牛病毒性腹泻、地方流行性牛白血病、出血性败血症、牛传染性鼻气管炎 / 传染性脓疱性外阴阴道炎、丝状支原体丝状亚种 SC 感染（牛传染性胸膜肺炎）、疙瘩皮肤病、泰勒虫病、滴虫病、伊氏锥虫病（采采蝇传播）。

　　绵羊和山羊病（11 种）：山羊关节炎 / 脑炎、传染性无乳症、山羊传染性胸膜肺炎、流产衣原体感染（地方流行性母羊流产、绵羊衣原体病）、小反刍兽疫病毒感染、梅迪 / 维斯那病、内罗毕绵羊病、绵羊附睾炎（绵羊布氏杆菌）、沙门氏菌病（流产沙门氏菌）、痒病、绵羊痘和山羊痘。

　　马病（11 种）：马传染性子宫炎、马媾疫、马脑脊髓炎（西部）、马传染性贫血、马流感、马梨形虫病、马鼻疽、非洲马瘟病毒感染、马疱疹病毒 -1 感染（EHV-1）、马动脉炎病毒感染、委内瑞拉马脑脊髓炎。

　　猪病（6 种）：非洲猪瘟、古典猪瘟病毒感染、尼帕病毒性脑炎、猪囊尾蚴病、猪繁殖与呼吸综合征、传染性胃肠炎。

　　禽病（13 种）：禽衣原体病、鸡传染性支气管炎、鸡传染性喉气管炎、禽支原体病（鸡败血支原体）、禽支原体病（滑液囊支原体）、鸭病毒性肝炎、禽伤寒、禽流感病毒感染、非家禽的鸟类包括野生鸟类高致病性 A 型流感病毒感染、新城疫病毒感染、传染性法氏囊病（甘布罗病）、鸡白痢、火鸡鼻气管炎。

兔病（2种）：黏液瘤病、兔病毒性出血症。

蜜蜂病（6种）：蜜蜂蜂房球菌感染（欧洲幼虫腐臭病）、蜜蜂幼虫芽孢杆菌感染（美洲幼虫腐臭病）、蜜蜂武氏螨侵染、蜜蜂小蜂螨侵染、蜜蜂瓦螨侵染（大螨病）、蜂房小甲虫侵染（小蜂房甲虫）。

其他病（2种）：骆驼痘、利什曼病。

鱼类病（10种）：流行性造血器官坏死病、丝囊霉菌感染（流行性溃疡综合征）、唇齿鲷三代虫感染、HPR缺失型或HPR0型鲑鱼传染性贫血症病毒感染、鲑鱼甲病毒感染、传染性造血器官坏死、锦鲤疱疹病毒病、红海鲷虹彩病毒病、鲤春病毒血症、病毒性出血性败血症。

软体动物病（7种）：鲍鱼疱疹病毒感染、杀砺包拉米虫感染、牡蛎包拉米虫感染、折光马尔太虫感染、海水派琴虫感染、奥尔森派琴虫感染、加州立克次体感染。

甲壳动物病（9种）：急性肝胰腺坏死病、螯虾瘟（变形藻丝囊霉菌）、黄头病毒感染、传染性皮下及造血组织坏死、传染性肌肉坏死、坏死性肝胰腺炎、桃拉综合征、白斑病、白尾病。

两栖动物病（2种）：蛙壶菌感染、蛙病毒感染。

参考文献

[1] 季海峰. 目标养猪新法（第三版）[M]. 北京：中国农业出版社，2014.

[2] 蔡宝祥. 动物传染病诊断学 [M]. 南京：江苏科技出版社，1993.

[3] W·A·黑根，D·W·布隆纳尔. 家畜传染病 [M]. 胡祥璧，等，译. 北京：农业出版社，1988.

[4] 于恩庶. 中国人兽共患传染病（第二版）[M]. 福州：福建科学技术出版社，1988.

[5] 中国农业科学院哈尔滨兽医研究所编. 家畜传染病学 [M]. 北京：农业出版社，1989.

[6] 蔡宝祥. 实用家畜传染病学 [M]. 上海：上海科学技术出版社，1989.

[7] 中国兽医协会. 2012年执业兽医资格考试应试指南（兽医全科类，上册）[M]. 北京：中国农业大学出版社，2012.

[8] 马学恩，王凤龙. 家畜病理学（第五版）[M]. 北京：中国农业出版社，2016.

[9] 陈怀涛. 兽医病理学原色图谱 [M]. 北京：中国农业出版社，2008.

[10] 刘永宏. 高致病性猪繁殖与呼吸综合征病理学研究及其病毒的序列分析 [D]. 呼和浩特：内蒙古农业大学，2010.

[11] 陈溥言. 兽医传染病学（第五版）[M]. 北京：中国农业大学出版社，2006.

[12] 蔡宝祥. 家畜传染病学（第四版）[M]. 北京：中国农业出版社，2001.

[13] 赵德明，张仲秋，沈建中. 猪病学（第九版）[M]. 北京：中国农业大学出版社，2008.

[14] 费恩阁. 动物传染病学 [M]. 长春：吉林科学技术出版社，1995.

[15] 陈溥言. 兽医传染病学（第六版）[M]. 北京：中国农业大学出版社，2015.

[16] 殷震，刘景华. 动物病毒学（第2版）[M]. 北京：科学出版社，1997.

[17] 中国农业科学院哈尔滨兽医研究所. 兽医微生物学 [M]. 北京：中国农业出版社，1998.

[18] 吴清民. 兽医传染病学 [M]. 北京：中国农业大学出版社，2002.

[19] 赵德明，张仲秋，周向梅. 猪病学（第十版）[M]. 北京：中国农业大学出版社，2014.

[20] 陈杖榴. 兽医药理学（第三版）[M]. 北京：中国农业出版社，2009.

[21] 张彦明，佘锐萍. 动物性食品卫生学（第三版）[M]. 北京：中国农业出版社，2003.

［22］甘孟侯，杨汉春．中国猪病学［M］．北京：中国农业出版社，2003．

［23］中华人民共和国国务院令第 404 号《兽药管理条例》

［24］中华人民共和国农业部公告第 168 号《饲料药物添加剂使用规范》

［25］中华人民共和国农业部公告第 278 号《兽药国家标准和专业标准中部分品种的停药期规定和部分不需制订停药期规定的品种》

［26］中华人民共和国国务院令第 609 号《饲料和饲料添加剂管理条例》

［27］J A W Coetzer ，R C Tustin．Infectious diseases of livestock （2nd edition）［M］．New York：Oxford University Press，2005．